Springer-Lehrbuch

Rainer E. Burkard · Uwe T. Zimmermann

Einführung in die Mathematische Optimierung

Rainer E. Burkard
TU Graz
Institut für Optimierung und Diskrete Mathematik
Steyrergasse 30
8010 Graz
Österreich

Uwe T. Zimmermann
TU Braunschweig
Institut für Mathematische Optimierung
Pockelsstr. 4
38106 Braunschweig
Deutschland

ISSN 0937-7433
ISBN 978-3-642-28672-8   ISBN 978-3-642-28673-5 (eBook)
DOI 10.1007/978-3-642-28673-5

Die Deutsche Nationalbibliothek verzeichnet diese Publikation in der Deutschen Nationalbibliografie; detaillierte bibliografische Daten sind im Internet über http://dnb.d-nb.de abrufbar.

Mathematics Subject Classification (2010): 90C05, 90C25

Springer Spektrum
© Springer-Verlag Berlin Heidelberg 2012
Das Werk einschließlich aller seiner Teile ist urheberrechtlich geschützt. Jede Verwertung, die nicht ausdrücklich vom Urheberrechtsgesetz zugelassen ist, bedarf der vorherigen Zustimmung des Verlags. Das gilt insbesondere für Vervielfältigungen, Bearbeitungen, Übersetzungen, Mikroverfilmungen und die Einspeicherung und Verarbeitung in elektronischen Systemen.

Die Wiedergabe von Gebrauchsnamen, Handelsnamen, Warenbezeichnungen usw. in diesem Werk berechtigt auch ohne besondere Kennzeichnung nicht zu der Annahme, dass solche Namen im Sinne der Warenzeichen- und Markenschutz-Gesetzgebung als frei zu betrachten wären und daher von jedermann benutzt werden dürften.

Einbandentwurf: WMX Design, Heidelberg

Gedruckt auf säurefreiem und chlorfrei gebleichtem Papier

Springer Spektrum ist eine Marke von Springer DE.
Springer DE ist Teil der Fachverlagsgruppe Springer Science+Business Media
www.springer-spektrum.de

Vorwort

Das Bestmögliche zu erreichen oder zumindest in seine hinreichende Nähe zu gelangen, ist eine natürliche Forderung. Sport und Wissenschaft, Industrie und Wirtschaft, Politik und Gesellschaft liefern Beispiele ohne Ende. Ebenso alt wie dieses Streben ist der Streit darüber, was die beste Lösung eines vorliegenden Problems, die beste Antwort auf eine Herausforderung ist. Unklare Zielsetzungen und verschwommene Annahmen über die Rahmenbedingungen sind eher die Regel als die Ausnahme, wenn man komplexe Probleme unter mehreren Beteiligten diskutiert.

Für den Mathematiker liegt gerade hier der erste wesentliche Schritt, bevor er mit seinem Instrumentarium an das Problem herangehen kann, nämlich in der Präzisierung von Zielsetzung und Rahmenbedingungen. Diese Notwendigkeit zur Präzisierung ist zweischneidig. Einerseits hilft sie allen Beteiligten, sich Rechenschaft über die eigenen Ziele und die akzeptierten oder unumgänglichen Einschränkungen bei der Lösung eines Problems abzulegen. Andererseits zwingt sie in der Regel zur weit gehenden Vereinfachung des „realen" Problems, es ergibt sich ein mathematisches Modell des „realen" Problems. Die richtige Modellierung ist ein kreativer Prozess, bei wirklichen Herausforderungen gibt es stets verschiedene Möglichkeiten, das Problem mit einem mathematischen Modell zu beschreiben. Steht das Modell, so scheiden sich die potentiellen Lösungen in die zulässigen Lösungen, die den Rahmenbedingungen genügen, und die unzulässigen, die eine der Rahmenbedingungen verletzen. Wenn eine „optimale zulässige Lösung", also eine beste der im Rahmen des Modells zulässigen Lösungen gesucht wird, spricht man in der Mathematik von einer Optimierungsaufgabe. Ob das gewählte mathematische Modell die Wirklichkeit sinnvoll wiedergibt oder zu weit gehend vereinfacht, entscheidet sich, wenn die Beteiligten prüfen, ob die mit Hilfe mathematischer Methoden gefundene optimale zulässige Lösung der Optimierungsaufgabe eine für das ursprünglich diskutierte reale Problem brauchbare, plausible und akzeptable Lösung liefert.

Im Anschluss an die Modellierung ist es die zentrale Aufgabe der *Mathematischen Optimierung*, konstruktive Verfahren zur Berechnung von optimalen Lösungen der durch das Modell definierten Optimierungsaufgabe zu entwickeln, zu analysieren und zu bewerten. Nicht jede Optimierungsaufgabe besitzt eine optimale

Lösung. Wenn sich die ins Modell aufgenommenen Rahmenbedingungen, die so genannten „Restriktionen" oder „Nebenbedingungen", widersprechen, gibt es nicht einmal zulässige Lösungen. Selbst wenn zulässige Lösungen bekannt sind, kann es sein, dass keine zulässige Lösung besser ist als jede andere. Umgekehrt können auch mehrere, sogar unendlich viele beste zulässige Lösungen vorhanden sein, die dann im Sinne der Zielsetzung alle „optimal" sind.

In der historischen Entwicklung der Mathematik findet sich die Bestimmung des größten oder kleinsten Wertes einer Funktion unter den ältesten mathematischen Grundaufgaben. Zum klassischen Bestand der Mathematiker gehören Sätze über die Existenz vom Maximum und Minimum einer stetigen Funktion auf einer kompakten Menge. Mit Hilfe der Differenzialrechnung kann man Extrema differenzierbarer Funktionen charakterisieren und die Theorie der Lagrange'schen Multiplikatoren gestattet es, Nebenbedingungen in Form von Gleichungen bei der Extremwertberechnung zu berücksichtigen.

Erst relativ spät wurden Extremwertaufgaben mit *Ungleichungen* als Nebenbedingungen betrachtet. Die Untersuchung und Lösung von Extremwertaufgaben mit Nebenbedingungen in Form von Ungleichungen zählt heute zum Kernbereich der Mathematischen Optimierung. Abgesehen von einigen sporadischen Publikationen, wie z. B. bereits im Jahr 1850 der Lösung des Zuordnungsproblems im Zusammenhang mit der Bestimmung der kleinsten Ordnung eines Systems gewöhnlicher Differenzialgleichungen durch Jacobi [44] oder im Jahr 1926 der Bestimmung kürzester spannender Bäume durch Borůvka [11], nahm die Mathematische Optimierung ihren Ausgangspunkt in Arbeiten russischer und amerikanischer Wissenschaftler in den vierziger Jahren des zwanzigsten Jahrhunderts. Sie hat, stimuliert durch den Einsatz effizienter elektronischer Rechenanlagen, seither eine stürmische Entwicklung genommen. Moderne Verfahren werden professionell implementiert und können Optimierungsaufgaben mit Millionen Variablen und vielen tausenden Nebenbedingungen lösen.

Zur rasanten Entwicklung der Mathematischen Optimierung hat wesentlich beigetragen, dass mathematische Optimierungsmodelle in einer ständig wachsenden Anzahl wichtiger Bereiche unseres Lebens erfolgreich einsetzbar werden. Nicht zuletzt sind darunter etliche, in denen es zuvor nur wenige mathematische Ansätze gab, wie etwa in den Wirtschaftswissenschaften. Für den Mathematiker resultieren aus dieser breiten Entwicklung neue interessante theoretische Fragen, die die Forschung auf dem Gebiet der Mathematischen Optimierung fruchtbar vorantreiben.

Die Integration der Mathematischen Optimierung in das Studium der Mathematik trägt dem seit vielen Jahren Rechnung. Lineare und Konvexe Optimierung legen die Grundlagen für komplexere Themen der Diskreten und Nichtlinearen Optimierung. Dieses Buch bietet Studierenden eine entsprechende und hoffentlich auch ansprechende solide Basis für weitergehende Studien im Gebiet der Mathematischen Optimierung. Andererseits werden im vorliegenden Buch nur einige Grundkenntnisse der Linearen Algebra und Analysis vorausgesetzt, wie sie in den ersten beiden Semestern jedes mathematisch fundierten Bachelorstudiums vermittelt werden.

Bei Auswahl, Umfang und Aufbau der gewählten einführenden Themen stützen wir uns auf langjährige Erfahrungen mit einschlägigen Vorlesungen für Studierende an den technischen Universitäten Braunschweig und Graz. Das Buch eignet sich dementsprechend etwa als Grundlage einer vierstündigen (oder zweier zweistündigen) Vorlesung(en) zur Linearen Optimierung und einer zweistündigen Vorlesung zur Konvexen Optimierung im Bachelorstudium. Es enthält mehr Material als hierfür erforderlich, so dass jedem Dozenten Raum und Anreiz für subjektive Schwerpunktbildung oder thematische Straffung geboten wird.

Selbstverständlich sind wir von etlichen der in den vergangenen mehr als vierzig Jahren erschienenen Bücher zur Linearen und Konvexen Optimierung beeinflusst worden und möchten dafür allen Autoren und Kollegen danken. Besonders erwähnen wollen wir an dieser Stelle und aus diesem Grunde jedoch allein das inspirierende Buch von Collatz und Wetterling [20], das sich mit Erstauflage im Jahre 1966 als eines der ersten Bücher im deutschsprachigen Raum mit derartigen mathematischen Optimierungsaufgaben beschäftigte. Sein Einfluss ist auch heute noch in den Abschnitten zu Trennungs- und Sattelpunktsätzen erkennbar.

TU Graz   Rainer E. Burkard
TU Braunschweig   Uwe T. Zimmermann
Dezember 2011

Inhaltsverzeichnis

Teil I
Lineare Optimierung

Kapitel 1
Lineare Optimierungsmodelle

Die einfachsten mathematischen Optimierungsmodelle sind die linearen Optimierungsmodelle. Hiermit beschäftigen wir uns in der Linearen Optimierung. In diesem Teil des vorliegenden Buchs wollen wir eine Einführung in dieses grundlegende Gebiet der Optimierung geben. Mathematisch werden Ziel und Restriktionen der linearen Optimierungsaufgaben mit Hilfe von linearen Funktionen beschrieben, die von sehr vielen Unbekannten (Variablen) abhängen. Wer lineare Funktionen, Vektoren und Matrizen schon aus der Linearen Algebra kennt oder sich zumindest mit Vektoren und Matrizen beschäftigt hat, hat es in der Linearen Optimierung leichter. Die vielen Modellvariablen werden nämlich in einem Vektor zusammengefasst, durch den sich alle möglichen Lösungen beschreiben lassen. Die Restriktionen bestehen aus linearen Gleichungen und Ungleichungen. Nur Vektoren, die diese Restriktionen erfüllen, liefern zulässige Lösungen. Die Menge dieser zulässigen Vektoren bildet ein so genanntes „Polyeder". Eine optimale Lösung, also eine zulässige Lösung mit optimalem Wert der linearen Zielfunktion, kann immer auch auf dem Rande des Polyeders gefunden werden. Dies ist schon seit mehr als zwei Jahrhunderten bekannt.

Die eigentliche Entwicklung der Linearen Optimierung beginnt aber erst im zwanzigsten Jahrhundert. Im Jahre 1939 erscheint das Buch „Mathematische Modelle der Organisation und Planung der Produktion" von Kantorowicz (1912–1986) [47]. Er zeigt darin, dass sich viele Produktionsprobleme mathematisch in einheitlicher Weise formulieren lassen und dass sich diese mathematischen Modelle einer nummerischen Behandlung zugänglich erweisen. Unabhängig von Kantorowicz untersuchte zwei Jahre später Hitchcock (1875–1957) [41] Transportprobleme, bei denen die Kosten zum Versand von Waren von mehreren Fabriken an mehrere Abnehmer minimiert werden sollten. Stigler [67] betrachtete 1945 ein Ernährungsmodell, in dem jene Nahrungsmittel gefunden werden sollten, die einerseits die notwendigen Stoffe für ein gesundes Leben gewährleisten und andererseits möglichst wenig Kosten verursachen. Eine kurze Diskussion des Stigler'schen Ernährungsmodells findet sich in Abschn. 1.3. Derartige Modelle haben auch heute noch eine gewisse Bedeutung für die Tierhaltung bzw. Düngung.

R. E. Burkard, U. T. Zimmermann, *Einführung in die Mathematische Optimierung*
DOI 10.1007/978-3-642-01728-5_1, © Springer-Verlag Berlin Heidelberg 2012

Erst 1947 gelang es Dantzig (1914–2005) ein wirkungsvolles Verfahren zur Lösung all dieser Optimierungsaufgaben anzugeben, das heute unter dem Namen *Simplexverfahren* weltweit zu den am meisten eingesetzten Standardverfahren der Angewandten Mathematik zählt. Im Jahr 1975 erhalten Kantorowicz und Koopmans (1910–1985) den ersten Nobelpreis für Wirtschaftswissenschaft „... for their contributions to the theory of optimum allocation of resources".

Die Frage nach einer theoretisch garantierten Laufzeitschranke des Simplexverfahrens führte zur Entdeckung von Ellipsoid- und Inneren-Punkte-Verfahren. Die Ellipsoidverfahren sind heute vor allem von theoretischer Bedeutung. Mit dem 1984 von Karmarkar beschriebenen nichtlinearen *Inneren-Punkte-Verfahren* zur Lösung linearer Optimierungsaufgaben wurde die Entwicklung einer weiteren praktisch nutzbaren Klasse von Verfahren möglich. Somit stehen heute zur Lösung linearer Optimierungsaufgaben zwei praktisch bedeutsame Verfahrensklassen zur Verfügung, deren geometrische Interpretation jedoch sehr unterschiedlich ist.

Ist die lineare Zielfunktion auf der Menge der zulässigen Lösungen beschränkt, so wird der Optimalwert stets auch in einer Ecke des Polyeders angenommen. Mit Hilfe beider Verfahren wird solch eine „optimale Ecke" des Polyeders gesucht. Das Simplexverfahren startet dabei in einer Ecke des Polyeders und läuft am Rand des Polyeders über Kanten zu benachbarten Ecken mit wachsenden Zielfunktionswert bis eine optimale Ecke erreicht ist. Für das Verständnis dieser Methode genügen grundlegende Kenntnisse aus der linearen Algebra. Bei der Inneren-Punkte-Methode bewegt man sich längs einer nichtlinearen Kurve durch das Innere des Polyeders bis in die Nähe einer optimalen Lösung und bestimmt anschließend eine benachbarte optimale Ecke durch Runden und Lösen eines linearen Gleichungssystems. Zum Verständnis dieser Methode benötigen wir grundlegende Kenntnisse aus der Analysis und werden einige Ergebnisse über konvexe Optimierungsaufgaben aus dem zweiten Teil des vorliegenden Buchs verwenden.

Bei geeigneter Struktur sind heute lineare Optimierungsmodelle mit Millionen Variablen durchaus mit den auf Computern verfügbaren ausgefeilten Implementationen der oben angedeuteten Verfahren lösbar. Die erfolgreiche Nutzung mathematischer Optimierungsmodelle für komplexe Anwendungen setzt allerdings gründliche Kenntnisse und Erfahrungen im Umgang mit linearen Optimierungsmodellen und Optimierungsmethoden voraus. Standen infolge des zweiten Weltkrieges anfangs militärische Anwendungen und damit im Zusammenhang stehende Probleme im Vordergrund, so werden heute lineare Optimierungsaufgaben in vielen Bereichen von Industrie und Wirtschaft angewandt.

Wir wollen uns einige wenige Beispiele ansehen, an Begriffe und Bezeichnungen aus der linearen Algebra erinnern und Klassen linearer Optimierungsmodelle kennenlernen.

1.1 Produktionsmodelle

Beispiel 1. Ein Maschinenbelegungsproblem

In einer Werkstatt können zwei Arten von Werkstücken auf drei unterschiedlichen Maschinen in beliebiger Reihenfolge bearbeitet werden. Zur Vorbereitung eines Werkstattmodells wurden die Bearbeitungszeiten der Werkstücke E_1, E_2 auf den Maschinen M_1, M_2, M_3 in h/Stück ermittelt. Die Laufzeiten der Maschinen sind bekannt. Wie viele Werkstücke können wir demnach höchstens bearbeiten?

Alle Daten sind in der folgenden Tabelle zusammengestellt:

	E_1	E_2	Laufzeit
	h/Stück	h/Stück	h
M_1	10	10	8000
M_2	10	30	18000
M_3	20	10	14000

Die Maschinen werden durch die Werkstücke unterschiedlich belastet. Wir wollen ein mathematisches Modell der Restriktionen entwickeln. Bezeichnen wir die unbekannte Anzahl der Werkstücke E_1, E_2 mit x_1 und x_2, so ergibt sich etwa auf Maschine M_2 die Bearbeitungsdauer $10x_1 + 30x_2$. Daher muss die lineare Ungleichung

$$10x_1 + 30x_2 \leq 18000$$

beachtet werden. Außerdem müssen die Bedingungen $x_1, x_2 \geq 0$ berücksichtigt werden, da die Anzahl der Werkstücke nur nicht negativ sein kann. In unserem mathematischen Modell vereinfachen wir die Situation allerdings immer noch, da eigentlich nur ganze Zahlen für x_1 und x_2 vernünftig sind. Wenn wir die Ganzzahligkeit vernachlässigen, lauten die linearen Restriktionen unseres mathematischen Modells

$$10x_1 + 10x_2 \leq 8000$$
$$10x_1 + 30x_2 \leq 18000$$
$$20x_1 + 10x_2 \leq 14000$$
$$x_1 \geq 0, \quad x_2 \geq 0 .$$

Die Komponenten x_1, x_2 einer möglichen Lösung fassen wir, wie in der Linearen Algebra, in einem Vektor x zusammen:

$$x = \begin{pmatrix} x_1 \\ x_2 \end{pmatrix} .$$

Alle Vektoren x, die das obige Ungleichungssystem erfüllen, sind *zulässige Lösungen* unserer Optimierungsaufgabe. Setzen wir etwa die fünf Vektoren

$$x^1 = \begin{pmatrix} 700 \\ 0 \end{pmatrix}, \quad x^2 = \begin{pmatrix} 0 \\ 600 \end{pmatrix}, \quad x^3 = \begin{pmatrix} 300 \\ 500 \end{pmatrix}, \quad x^4 = \begin{pmatrix} 100 \\ 100 \end{pmatrix}, \quad x^5 = \begin{pmatrix} 200 \\ 600 \end{pmatrix}$$

in die Ungleichungen ein, so können wir leicht ausrechnen, ob die Ungleichungen erfüllt werden. Während x^1, x^2, x^3, x^4 alle Ungleichungen erfüllen und somit zulässige Lösungen sind, erhält man für x^5:

$$10 \cdot 200 + 10 \cdot 600 = 8000 = 8000 \,,$$
$$10 \cdot 200 + 30 \cdot 600 = 20000 > 18000 \,,$$
$$20 \cdot 200 + 10 \cdot 600 = 10000 \leq 14000 \,,$$

Vektor x^5 verletzt die zweite Ungleichung und somit ist x^5 eine *unzulässige Lösung*.

Die oben formulierte Frage „Wie viele Werkstücke können wir höchstens bearbeiten?" ist ungenau und erlaubt verschiedene Präzisierungen. Wenn wir beide Werkstücke als gleichwertig einstufen, gilt es die gesamte Anzahl $x_1 + x_2$ möglichst groß zu wählen. Die Bearbeitungsdauer der Werkstücke ist allerdings unterschiedlich, E_1 wird in 40 h, E_2 in 50 h gefertigt. Wenn der Wert eines Werkstücks proportional zur Bearbeitungszeit ist, dann sollte $40x_1 + 50x_2$ eine sinnvollere Zielsetzung modellieren. Diese entspricht der maximal nutzbaren Maschinenlaufzeit, die wir mit $z(x)$ bezeichnen. Dann lautet die zugehörige Optimierungsaufgabe

$$\begin{array}{rrcrcr}
\max & 40x_1 & + & 50x_2 & & \\
\text{unter} & 10x_1 & + & 10x_2 & \leq & 8000 \\
& 10x_1 & + & 30x_2 & \leq & 18000 \\
& 20x_1 & + & 10x_2 & \leq & 14000 \\
& x_1 \geq 0 & & x_2 \geq 0 \,. & &
\end{array}$$

Unter allen zulässigen Lösungen x ist diejenige zu finden, die die Maschinenlaufzeit $z(x) := 40x_1 + 50x_2$ maximiert. Wir bezeichnen die lineare Funktion $z(x)$ als Zielfunktion der linearen Optimierungsaufgabe. Setzen wir die Komponentenwerte der zulässigen Lösung x^1 in die Zielfunktion ein, ergibt sich ihr Wert

$$z(x^1) = 40 \cdot 700 + 50 \cdot 0 = 28000 \,,$$

d. h. die Maschinenlaufzeit für 700 Werkstücke E_1 und 0 Werkstücke E_2 ist 28000 h. Nur die Maschine M_3 ist voll ausgelastet. Auf Maschine M_1 bleiben 1000 h, auf Maschine M_2 11000 h ungenutzt. Von den auf allen Maschinen insgesamt zur Verfügung stehenden 40000 Stunden Laufzeit sind 12000 Stunden ungenutzt. Für die zulässigen Lösungen x^2, x^3, x^4 ergibt sich

$$z(x^2) = 30000 \,, \quad z(x^3) = 37000 \,, \quad z(x^4) = 9000 \,.$$

Offenbar ist x^3 eine gute Lösung. Die Maschinen M_1, M_2 sind ausgelastet, nur auf Maschine M_3 verbleiben 3000 h Leerlauf. Wir werden später sehen, dass x^3 tatsächlich eine *optimale Lösung* ist, d. h. es gibt keine zulässige Lösung mit größerer nutzbarer Maschinenlaufzeit.

Beispiel 2. Ein Produktionsplanungsproblem

In einer Firma sollen zwei Nahrungsmittel N_1 und N_2 produziert werden, die im Wesentlichen aus den Grundstoffen G_1 und G_2 hergestellt werden. Zur Vorbereitung der Produktionsplanung wird ermittelt, wie viele Grundstoffe vorhanden sind und welche Mengen (in t) zur Herstellung einer Palette der Nahrungsmittel jeweils benötigt werden. Alle Daten sind in der folgenden Tabelle zusammengestellt:

	G_1	G_2
	t/Palette	t/Palette
N_1	0.15	0.2
N_2	0.2	0.1
Vorrat	60	40

Nach Abzug der Produktionskosten wird für eine Palette des Nahrungsmittel N_1 bzw. N_2 ein Gewinn in Höhe von 1000 € bzw. 2000 € erwartet. Gesucht ist ein Produktionsplan, der den maximalen Gewinn erbringt. Wegen bestehender Verträge müssen mindestens 50 Paletten N_1 und 100 Paletten N_2 hergestellt werden.

Bezeichnen wir mit x_1 und x_2 die Palettenanzahlen der Produkte N_1 und N_2, so berechnet sich der Gewinn $z(x)$ zu

$$z(x) = 1000x_1 + 2000x_2.$$

Die dafür benötigten Grundstoffmengen G_1 bzw. G_2 ergeben sich aus der Tabelle zu

$$0.15x_1 + 0.2x_2, \quad 0.2x_1 + 0.1x_2.$$

Unter Berücksichtigung der Vorräte und der bestehenden Verträge formulieren wir die lineare Optimierungsaufgabe

$$\begin{aligned}
\max \quad & 1000x_1 + 2000x_2 \\
\text{unter} \quad & 0.15x_1 + 0.2x_2 \le 60 \\
& 0.20x_1 + 0.1x_2 \le 40 \\
& x_1 \ge 50, \quad x_2 \ge 100.
\end{aligned}$$

Die Ganzzahligkeit der Lösungen spielt hier keine Rolle, da auch Bruchteile einer Tonne hergestellt werden können. Zwei zulässige Lösungen lauten:

$$x^1 = \begin{pmatrix} 50 \\ 100 \end{pmatrix}, \quad x^2 = \begin{pmatrix} 50 \\ 262.5 \end{pmatrix}.$$

Die zugehörigen Gewinne sind $z(x^1) = 250\,000$, $z(x^2) = 575\,000$. Da für x^1 die minimal zulässigen Palettenanzahlen produziert werden, ist $z(x^1)$ der minimale Gewinn. Man kann sich leicht überlegen, dass der Produktionsplan x^2 den maximalen Gewinn liefert.

Das letzte Beispiel gehört zu einer Klasse linearer Optimierungsmodelle, die als Produktionsmodelle bezeichnet werden. Dabei können in einem Betrieb n ($n \geq 1$) verschiedene Güter erzeugt werden. Der Gewinn, der beim Verkauf einer Einheit des j-ten Produktes erzielt wird, sei c_j €. Die Produktion kann nicht beliebig ausgeweitet werden, da Arbeitskräfte, Arbeitsmittel und Rohstoffe nur in beschränktem Maße zur Verfügung stehen. Wieviel soll von jedem einzelnen Produkt erzeugt werden, damit der Gesamtgewinn maximal wird?

Bezeichnen wir mit x_j die vom j-ten Produkt erzeugte Menge. Der zugehörige Gewinn ist dann der Wert der linearen *Zielfunktion*

$$c_1 x_1 + c_2 x_2 + \cdots + c_n x_n \,, \tag{1.1}$$

die unter den linearen *Nebenbedingungen* oder *Restriktionen*

$$a_{i1} x_1 + a_{i2} x_2 + \cdots + a_{in} x_n \leq b_i \quad (1 \leq i \leq m) \tag{1.2}$$

und den *Vorzeichenbedingungen*

$$x_1 \geq 0, x_2 \geq 0, \ldots, x_n \geq 0\,. \tag{1.3}$$

maximiert werden muss.

Jede einzelne der m Ungleichungen beschreibt eine Kapazitätsbeschränkung der Produktion. Die Vorzeichenbedingungen (1.3) stellen sicher, dass die vom j-ten Produkt hergestellte Menge nicht negativ ist.

Beispiel 3. Lackproduktion

Eine Firma stellt vier verschiedene Lacksorten L_1, L_2, L_3 und L_4 her. Der Gewinn pro kg beträgt 1.50 € bei L_1, 1.− € bei L_2, 2.− € bei L_3 und 1.40 € bei L_4. Verfahrensbedingt können pro Tag zusammen höchstens 1300 kg der Lacksorten L_1 und L_2 sowie zusammen höchstens 2000 kg der Lacksorten L_1, L_3 und L_4 hergestellt werden. Die Mindestproduktion von L_3 soll 800 kg betragen. Von L_4 weiß man, dass pro Tag nicht mehr als 500 kg benötigt werden. Wieviel kg jeder Lacksorte soll die Firma pro Tag herstellen, um einen möglichst großen Gewinn zu erzielen?

In diesem Produktionsmodell bezeichnen wir die gesuchten Lackmengen mit x_1, x_2, x_3 und x_4. Die Lackmengen x_j, $j = 1, 2, 3, 4$, müssen dann so gewählt werden, dass der Gewinn

$$z = 1.5x_1 + x_2 + 2x_3 + 1.4x_4$$

unter den Nebenbedingungen

$$
\begin{aligned}
x_1 + x_2 \quad\quad\quad &\leq 1300 \\
x_1 \quad\quad + x_3 + x_4 &\leq 2000 \\
x_3 \quad\quad &\geq\ \ 800 \\
x_4 &\leq\ \ 500
\end{aligned}
$$

möglichst groß wird. Die produzierten Lackmengen können nicht negativ sein, also muss gelten

$$x_j \geq 0, \quad (j = 1, 2, 3, 4)\,.$$

1.2 Mischungsprobleme

Soll durch Mischung aus mehreren vorhandenen Materialien möglichst preiswert ein neues Material mit gewissen Eigenschaften hergestellt werden, so kann man die dazu benötigten Anteile der vorhandenen Materialien über eine lineare Optimierungsaufgabe ermitteln.

Beispiel 4. Schadstoffgehalt in Gasen

In einer Schadstoffbestimmung wurde der Schadstoffgehalt eines in einer chemischen Fabrik produzierten Gases auf $8\,\text{mg/m}^3$ nach oben begrenzt. Die Verwendung des Gases in anderen Prozessen setzt einen Mindestgehalt von $6\,\text{mg/m}^3$ des Schadstoffs voraus. Drei verschiedene Produktionswege liefern Gas als Vorprodukt mit verschiedenem Schadstoffgehalt von 5, 7 und $9\,\text{mg/m}^3$ und unterschiedlichen Produktionskosten in Höhe von 10, 8 und $7\,\text{€/m}^3$. Durch Mischung soll das Gas kostenminimal hergestellt werden.

Wir bezeichnen mit x_1, x_2, x_3 die unbekannten Anteile der Vorprodukte G_1, G_2, G_3 in der gesuchten Mischung. Die Summe der nicht negativen Anteile beträgt 1. Daher lautet die zugehörige lineare Optimierungsaufgabe

$$
\begin{aligned}
\min \quad\quad 10x_1 \ + \ &8x_2 \ + \ 7x_3 \\
\text{unter } 6 \leq \quad 5x_1 \ + \ &7x_2 \ + \ 9x_3 \ \leq 8 \\
x_1 \ + \ &x_2 \ + \ x_3 \ = 1 \\
x_1 \geq 0, \quad x_2 \geq 0, \quad &x_3 \geq 0\,.
\end{aligned}
$$

Vier zulässige Mischungen sind

$$x^1 = \begin{pmatrix} 0 \\ 1 \\ 0 \end{pmatrix}, \quad x^2 = \begin{pmatrix} 0.5 \\ 0 \\ 0.5 \end{pmatrix}, \quad x^3 = \begin{pmatrix} 0.3 \\ 0.4 \\ 0.3 \end{pmatrix}, \quad x^4 = \begin{pmatrix} 0 \\ 0.5 \\ 0.5 \end{pmatrix}.$$

x^1 enthält nur G_2 mit einem Schadstoffgehalt von $7\,\mathrm{mg/m^3}$ zum Preis von $8\,€/\mathrm{m^3}$. x^2 enthält zu gleichen Teilen G_1 und G_3, hat einen Schadstoffgehalt von $5 \cdot 0.5 + 9 \cdot 0.5 = 7\,\mathrm{mg/m^3}$ und einen Preis von $10 \cdot 0.5 + 7 \cdot 0.5 = 8.50\,€/\mathrm{m^3}$. In x^3 sind alle drei Gassorten enthalten, der Schadstoffgehalt ist wieder $7\,\mathrm{mg/m^3}$, der Preis jedoch $8.30\,€/\mathrm{m^3}$. In x^4 sind nur die Gassorten G_2, G_3 enthalten, der Schadstoffgehalt beträgt $8\,\mathrm{mg/m^3}$ und der Preis ist mit $7.50\,€/\mathrm{m^3}$ am niedrigsten. Die Mischung x^4, die an der oberen Schadstoffgrenze liegt, ist kostenminimal.

Beispiel 5. Bleigehalt in Legierungen

Das folgende Mischungsproblem für Metalllegierungen kann leicht für beliebige Stoffe umformuliert werden. Eine neue Metalllegierung soll $b\,\%$ Blei enthalten. Als vorhandene Metalllegierungen stehen zur Verfügung:

Legierung	L_1	L_2	L_3	...	L_n
Pb-Gehalt in %	a_1	a_2	a_3	...	a_n
Kosten pro kg	c_1	c_2	c_3	...	c_n

Welche Legierungen L_j, $j = 1, \ldots, n$, sollen in welchem Verhältnis gemischt werden, damit die Kosten für die neue Legierung möglichst klein werden?

　　Im linearen Optimierungsmodell des Mischungsproblems bezeichnet x_j den Anteil pro Einheit, mit dem die vorhandene Legierung L_j in der gesuchten Legierung enthalten ist. Damit erhält man die zwei Restriktionen

$$a_1 x_1 + a_2 x_2 + \cdots + a_n x_n = b$$
$$x_1 + x_2 + \cdots + x_n = 1.$$

Die erste Nebenbedingung gewährleistet den richtigen Bleigehalt der neuen Legierung, die zweite Restriktion stellt sicher, dass die Summe der Anteile 1 ergibt. Für die Variablen x_j gelten die Vorzeichenbedingungen

$$x_j \geq 0 \quad (j = 1, 2, \ldots, n)$$

und die zu minimierende Zielfunktion lautet wieder

$$c_1 x_1 + c_2 x_2 + \cdots + c_n x_n.$$

1.3 Ernährungsmodell von Stigler

Stigler [67] behandelte 1945 das Problem, die Kosten der Ernährung eines durchschnittlichen Mannes unter Gewährleistung seines täglichen Bedarfs an Kalorien und Nährstoffen zu minimieren. Er erfasste in seiner Studie 77 Lebensmittel und bezog ihre Kosten in US\$ auf das Jahr 1939. Für jedes Lebensmittel betrachtete er dessen Kalorien sowie seinen Gehalt an Eiweiß, Kalzium, Eisen und den Vitaminen A, B_1, B_2, C und Nikotinsäureamid (Niacin). Die folgende Nährwertliste gibt diese Werte für 10 Nahrungsmittel an, wobei die jeweilige Mengeneinheit für die Nahrungsmittel so gewählt wurde, dass sie genau 1 \$ kostet.

Nährstoff Maßeinheit	Kalorien 10^3 kcal	Eiweiß g	Ca g	Fe mg	Vit. A 10^3 E	Vit. B_1 mg	Vit. B_2 mg	Niacin mg	Vit. C mg
Weizenmehl	44.7	1411	2.0	365	–	55.4	33.3	441	–
Maismehl	36.0	897	1.7	99	30.9	17.4	7.9	106	–
Kondensmilch	8.4	422	15.1	9	26.0	3.0	23.5	11	60
Erdnussbutter	15.7	661	1.0	48	–	9.6	8.1	471	–
Schweinefett	41.7	–	–	–	0.2	–	0.5	5	–
Rinderleber	2.2	333	0.2	139	169.2	6.4	50.8	316	525
Kohl	2.6	125	4.0	36	7.2	9.0	4.5	26	5369
Kartoffeln	14.3	336	1.8	118	6.7	29.4	7.1	198	2522
Spinat	1.1	106	–	138	918.4	5.7	13.8	33	2755
Weiße Bohnen	29.6	1691	11.4	792	–	38.4	24.6	217	–
Bedarf	3000	70	0.8	12	5000	1.8	2.7	18	75

Der in der letzten Zeile der Tabelle angegebene mittlere Bedarf bezieht sich auf einen 70 kg schweren, mäßig aktiven Mann. Aufgrund der oben vorgenommenen Normierung der Gewichtsmengen der einzelnen Nahrungsmittel kann man das Problem lösen, indem man die Summe der Variablen, die jeweils dem Anteil des jeweiligen Nahrungsmittels in der Kost entsprechen, minimiert.

Durch plausibles Schließen war es Stigler möglich, eine Kost herauszufinden, die nur 39.93 \$ pro Jahr kostete, also weniger als 11 Cent pro Tag. Diese Kost bestand aus Weizenmehl, Kondensmilch, Kohl, Spinat und Weißen Bohnen. Ersetzt man die Kondensmilch durch Rinderleber, so erhält man eine Optimallösung mit Jahreskosten von 36.64 \$. Es ist interessant festzuhalten, dass in jeder Optimallösung dieses Problems nur die oben angeführten 10 Lebensmittel auftreten. Man könnte sich also schon im vornherein auf sie beschränken. Für eine genauere Diskussion des Modells sei auf Dantzig [21] verwiesen.

Ähnliche Modelle wie das oben angeführte werden heute in der Viehhaltung verwendet.

1.4 Transportprobleme

Die Aufgabe, produzierte Waren auf die preiswerteste Weise von den Erzeugern bedarfsdeckend an die Abnehmer zu senden, bezeichnet man als *Transportproblem*. Im Transportmodell werden in m Fabriken jeweils die Warenmengen a_i, $i = 1, \ldots, m$, hergestellt. Diese Waren sollen an n Abnehmer, die jeweils die Warenmenge b_j, $j = 1, \ldots, n$, benötigen, so versandt werden, dass die Gesamttransportkosten minimal werden. Man kann o. B. d. A. annehmen, dass Gesamtangebot und Gesamtbedarf übereinstimmen:

$$\sum_{i=1}^{m} a_i = \sum_{j=1}^{n} b_j \,.$$

Die Transportkosten pro Wareneinheit von Fabrik i zum Abnehmer j betragen c_{ij}. Die Variablen x_{ij} bezeichnen die Wareneinheiten, die von Erzeuger i an den Abnehmer j geliefert werden. Damit erhält man das Transportmodell

$$\min \ \sum_{i=1}^{m} \sum_{j=1}^{n} c_{ij} x_{ij}$$

$$\text{unter} \qquad \sum_{j=1}^{n} x_{ij} = a_i \quad (1 \leq i \leq m)$$

$$\sum_{i=1}^{m} x_{ij} = b_j \quad (1 \leq j \leq n)$$

$$x_{ij} \geq 0 \quad (1 \leq i \leq m, 1 \leq j \leq n) \,.$$

Knödel [51] berechnete 1960 einen optimalen Transportplan für den Versand von Zucker, der in 7 Fabriken in Österreich erzeugt wurde und an rund 300 Abnehmer geliefert werden sollte. Durch die erzielten Einsparungen bei den Transportkosten amortisierten sich innerhalb kürzester Zeit die in Rechnung gestellten Kosten für die Bestimmung dieses Transportplans.

Lineare Transportprobleme werden näher im Abschn. 10.2 untersucht. Im speziellen Fall $m = n$ und $a_i = b_j = 1$ für $i = 1, \ldots, m$, $j = 1, \ldots, n$, ergibt sich ein *Zuordnungsproblem*. Lineare Zuordnungsprobleme spielen etwa in der Personaleinsatzplanung eine Rolle. Burkard, Dell'Amico und Martello [13] beschreiben umfassend Theorie und Anwendungen linearer und quadratischer Zuordnungsprobleme.

1.5 Vom Modell zur Lösung

In allen voranstehenden Modellen gilt es, eine lineare Zielfunktion zu maximieren oder zu minimieren, wobei lineare Gleichungen und Ungleichungen als Nebenbedingungen berücksichtigt werden müssen. Man nennt solche Modelle daher lineare

Optimierungsmodelle und bezeichnet die Bestimmung einer zugehörigen optimalen Lösung als *lineare Optimierungsaufgabe* oder *lineares Optimierungsproblem*. Abgekürzt werden lineare Optimierungsaufgaben mit *LP* bezeichnet. Die Abkürzung LP geht auf „lineares Programm" zurück, eine aus dem englischen Sprachraum stammende weitere Bezeichnung für lineare Optimierungsaufgaben.

Die Optimierung praktischer Aufgabenstellungen ist ein vielstufiger Prozess. Zunächst versucht man, ein adäquates mathematisches Modell für die vorliegende Aufgabe zu finden. Das Modell wird dann soweit sinnvoll möglich und für die spätere Lösbarkeit notwendig vereinfacht. Lineare Optimierungsmodelle, wie hier behandelt, sind besonders effektiv lösbar. Sie bilden auch die Basis vieler komplizierterer Verfahren, die für nichtlineare und diskrete Modelle entwickelt worden sind. Hat man sich mit dem Praxispartner über das Modell verständigt, so müssen aussagekräftige Modelldaten zur Beschreibung der konkret vorliegenden Praxisaufgabe gewonnen werden, was meist eine echte Herausforderung an den Praxispartner darstellt. Dann muss ein geeignetes Lösungsverfahren ausgewählt werden, dass den Anforderungen der Praxis sowohl in Hinsicht auf die Qualität der Lösung als auch in Hinsicht auf die zur Verfügung stehende Laufzeit Rechnung trägt. Die damit gewonnene Lösung muss dann im Licht der Daten und der Praxisaufgabe interpretiert und bewertet werden. In der Praxis wird der gesamte Prozess meist iteriert, wobei das Modell unter Berücksichtigung weiterer praktischer Gesichtspunkte variiert wird.

Kapitel 2
Geometrie der Linearen Optimierung

Die Menge der zulässigen Punkte einer linearen Optimierungsaufgabe besitzt wichtige Eigenschaften, die zusammen mit der Linearität der Zielfunktion eine wesentliche theoretische Vereinfachung bei der Suche nach einer optimalen Lösung erlauben. Nach Festlegung auf eine für die geometrische Untersuchung besonders günstige aber gleichzeitig allgemeine Form linearer Optimierungsaufgaben werden kurz konvexe Mengen, insbesondere Polyeder, und konvexe Funktionen eingeführt. Das Kapitel schließt mit dem Hauptsatz der linearen Optimierung.

Die Kanonische Form der Linearen Optimierungsaufgabe

Eine Lösung der linearen Optimierungsaufgabe wird in der Sprache der Linearen Algebra durch einen Spaltenvektor $x \in \mathbb{R}^n$ mit den n Komponenten $x_1, x_2, \ldots, x_n$ beschrieben. Der Wert $z(x)$ der linearen Zielfunktion für eine Lösung x wird mit Hilfe der Zielfunktionskoeffizienten $c_1, c_2, \ldots, c_n, z_0 \in \mathbb{R}$ durch

$$z(x) := z_0 + c_1 x_1 + c_2 x_2 + \cdots + c_n x_n$$

ausgedrückt. z ist eine affin-lineare Funktion in den Variablen x_j, $j = 1, \ldots, n$. Die Koeffizienten c_j, $j = 1, \ldots, n$, lassen sich wieder in einem Spaltenvektor $c \in \mathbb{R}^n$ zusammenfassen. Durch Transposition erhalten wir aus einem Spaltenvektor c einen Zeilenvektor, den wir mit c^{T} bezeichnen, d. h.

$$c^{\mathrm{T}} := (c_1, c_2, \ldots, c_n).$$

Mit Hilfe der Matrixmultiplikation können wir dann den Wert von x aus $z(x) = z_0 + c^{\mathrm{T}} x$ berechnen. Jede affin-lineare Funktion kann man mit Hilfe geeigneter Koeffizienten in dieser Form schreiben.

R. E. Burkard, U. T. Zimmermann, *Einführung in die Mathematische Optimierung*
DOI 10.1007/978-3-642-01728-5_2, © Springer-Verlag Berlin Heidelberg 2012

Auch die Ungleichungen, die zu beachten sind, lassen sich ähnlich beschreiben. Ein System aus m linearen Ungleichungen und n Nichtnegativitätsbedingungen

$$
\begin{aligned}
a_{11}x_1 + a_{12}x_2 + \ldots + a_{1n}x_n &\leq b_1 \\
a_{21}x_1 + a_{22}x_2 + \ldots + a_{2n}x_n &\leq b_2 \\
\ldots \quad\quad \ldots \quad\quad \ldots \quad\quad \ldots \quad\quad \ldots & \\
a_{m1}x_1 + a_{m2}x_2 + \ldots + a_{mn}x_n &\leq b_m \\
x_1 \geq 0, \quad x_2 \geq 0, \quad \ldots \quad x_n &\geq 0
\end{aligned}
$$

wird durch die Koeffizienten $a_{ij} \in \mathbb{R}$, $i = 1, \ldots, m$, $j = 1, \ldots, n$, und $b_i \in \mathbb{R}$, $i = 1, \ldots, m$, beschrieben.

Ungleichungen zwischen Vektoren werden komponentenweise interpretiert, d. h. für zwei Vektoren $x, y \in \mathbb{R}^n$ ist $x \leq y$ gleich bedeutend mit $x_j \leq y_j$, $j = 1, \ldots, n$. Wenn man die Koeffizienten der Ungleichungen in einer Matrix und einem Vektor

$$
A = \begin{pmatrix} a_{11} & a_{12} & \ldots & a_{1n} \\ a_{21} & a_{22} & \ldots & a_{2n} \\ \vdots & \vdots & \ddots & \vdots \\ a_{m1} & a_{m2} & \ldots & a_{mn} \end{pmatrix}, \quad b = \begin{pmatrix} b_1 \\ b_2 \\ \vdots \\ b_m \end{pmatrix}
$$

zusammenfasst, kann man mit Hilfe der Matrixmultiplikation die Restriktionen der linearen Optimierungsaufgabe kurz in Matrixform als

$$
Ax \leq b, \quad x \geq 0
$$

schreiben. Hier bezeichnet 0 einen Nullvektor mit entsprechender Anzahl von Komponenten. Die Spaltenvektoren einer $(m \times n)$-Matrix A werden wir mit $A_j \in \mathbb{R}^m$, $j = 1, \ldots, n$, also insbesondere mit großen Buchstaben bezeichnen. Die Zeilen werden als a_i^{T} durch die Vektoren $a_i \in \mathbb{R}^n$, $i = 1, \ldots, m$, insbesondere mit kleinen Buchstaben beschrieben:

$$
A = (A_1, \cdots, A_n) = \begin{pmatrix} a_1^{\mathrm{T}} \\ \vdots \\ a_m^{\mathrm{T}} \end{pmatrix}.
$$

Die allgemeine lineare Optimierungsaufgabe in *kanonischer Form* lässt sich in Matrixschreibweise ebenso kurz formulieren:

$$
z_0 + \max \left\{ c^{\mathrm{T}}x \mid Ax \leq b, x \geq 0 \right\}. \tag{2.1}
$$

Die Konstante z_0 spielt bei der Maximierung keine direkte Rolle, da sie den Zielfunktionswert aller Lösungen gleichmäßig verschiebt. Sie kann wie hier aus der Maximierung herausgezogen werden und wird in der folgenden Diskussion zur Vereinfachung meist weglassen. Die Menge

$$P(A, b) := \{x \in \mathbb{R}^n \mid Ax \leq b, x \geq 0\} \, . \tag{2.2}$$

wird als Menge der *zulässigen Lösungen* oder kurz als *zulässige Menge* bezeichnet.

Umformungen auf die kanonische Form

Alle Optimierungsaufgaben mit affin-linearer Zielfunktion und linearen Restriktionen lassen sich leicht auf die kanonische Form transformieren.

1. Minimierung von $c^{\mathrm{T}}x$ ist äquivalent zur Maximierung von $(-c)^{\mathrm{T}}x$.
2. Eine Ungleichung der Form $a^{\mathrm{T}}x \geq b$ kann durch $(-a^{\mathrm{T}})x \leq (-b)$ ersetzt werden.
3. Eine Gleichung $a^{\mathrm{T}}x = b$ kann durch zwei Ungleichungen $a^{\mathrm{T}}x \leq b$ und $(-a^{\mathrm{T}})x \leq (-b)$ ersetzt werden. Alternativ kann mit Hilfe einer Gleichung eine Variable durch die übrigen ausgedrückt und dann in allen Restriktionen eliminiert werden.
4. Nicht vorzeichenbeschränkte Variable x_j lassen sich durch Paare von beschränkten Variablen modellieren: $x_j = x_j^+ - x_j^-$, mit $x_j^+, x_j^- \geq 0$.

Daher kann jedes LP in die kanonische Form (2.1) gebracht werden. Bei der Mischungsaufgabe kann man zum Beispiel die Gleichung $x_1 + x_2 + x_3 = 1$ durch die beiden Ungleichungen $x_1 + x_2 + x_3 \leq 1$ und $-x_1 - x_2 - x_3 \leq -1$ ersetzen. Durch diese Umformung wächst aber die Anzahl der Zeilen der Matrix A. Das Aufspalten einer nicht vorzeichenbeschränkten Variablen erhöht gleichermaßen die Anzahl der Spalten von A, hierbei kann man unter x_j^+ den positiven Teil von x_j und unter x_j^- den negativen Anteil verstehen. Solche Umformungen sind daher mit Vorsicht zu betrachten und nur von theoretischem Interesse. In Implementationen von Algorithmen zur Lösung linearer Optimierungsaufgaben wird man anders vorgehen.

2.1 Lineare Funktionen, Geraden, Halbräume und Polyeder

Die lineare Zielfunktion und die Menge der zulässigen Lösungen einer linearen Optimierungsaufgabe besitzen einige Eigenschaften, die in der Mathematischen Optimierung eine wichtige Rolle spielen und in diesem Abschnitt vorgestellt werden.

Zwei verschiedene Punkte $u, v \in \mathbb{R}^n$ definieren eine *Gerade*

$$G := \langle u, v \rangle := \{u + \lambda(v - u) \mid \lambda \in \mathbb{R}\} \, .$$

Der Parameter $\lambda = \lambda(x)$ ist dabei für jedes $x = u + \lambda(v - u) \in G$ eindeutig festgelegt und erfüllt $\lambda(x) = \frac{x_j - u_j}{v_j - u_j}$ für alle j mit $v_j \neq u_j$. Je nach Einschränkung des Parameters λ ergeben sich *Halbgeraden*

$$[u, v\rangle := \{u + \lambda(v - u) \mid \lambda \geq 0\} \, ,$$

und abgeschlossene oder offene *Intervalle*

$$[u, v] := \{u + \lambda(v - u) \mid \lambda \in [0, 1]\} \, , \quad (u, v) := \{u + \lambda(v - u) \mid \lambda \in (0, 1)\} \, .$$

Die Entwicklung einer affin-linearen Zielfunktion $z(x) := z_0 + c^{\mathrm{T}}x$ längs einer Geraden $\langle u, v \rangle$ kann wegen $z(x) = z_0 + c^{\mathrm{T}}(u + \lambda(x)(v - u)) = z_0 + c^{\mathrm{T}}u + \lambda(x)c^{\mathrm{T}}(v - u)$ durch $z(x) = \alpha + \lambda(x)\beta$ mit $\alpha := z_0 + c^{\mathrm{T}}u$, $\beta := c^{\mathrm{T}}(v - u)$ in einfacher Weise beschrieben werden. Offenbar nimmt $z(x)$ je nach Vorzeichen von β Maximum und Minimum auf dem Intervall $[u, v]$ in den Endpunkten u, v an; analog liegt entweder das Maximum oder das Minimum auf einer Halbgeraden $[u, v\rangle$ im Endpunkt u.

Lemma 2.1.1. (Affin-lineare Funktionen auf Geraden)

1. Eine affin-lineare Funktion $z_0 + c^{\mathrm{T}}x$ nimmt das Maximum und das Minimum auf einem Intervall in dessen Endpunkten an.
2. Eine affin-lineare Funktion $z_0 + c^{\mathrm{T}}x$ nimmt entweder das Maximum oder das Minimum auf einer Halbgeraden in deren Endpunkt an .

Die Lösungsmenge einer linearen Ungleichung, etwa

$$H_\leq := \left\{x \mid a^{\mathrm{T}}x \leq b\right\}$$

für $0 \neq a \in \mathbb{R}^n, b \in \mathbb{R}$, wird als *abgeschlossener Halbraum* bezeichnet. Analog heißt $H_< := \left\{x \mid a^{\mathrm{T}}x < b\right\}$ *offener Halbraum*. Beide werden durch die *Hyperebene* $H_= := \left\{x \mid a^{\mathrm{T}}x = b\right\}$ begrenzt.

Die Lage einer Geraden $G = \langle u, v \rangle$ in Bezug auf eine Hyperebene $H = \left\{x \mid a^{\mathrm{T}}x = b\right\}$ wird durch eine der folgenden drei sich ausschließenden Alternativen beschrieben. Falls $a^{\mathrm{T}}u = b$, $a^{\mathrm{T}}(v - u) = 0$, gilt $G \subseteq H$; falls $a^{\mathrm{T}}u \neq b$, $a^{\mathrm{T}}(v - u) = 0$, liegt G „parallel" zu H in der Hyperebene $H' = \left\{x \mid a^{\mathrm{T}}x = a^{\mathrm{T}}u\right\}$, also insbesondere in dem offenen Halbraum, der u und v enthält und durch H begrenzt wird; anderenfalls schneidet die Gerade G die Hyperebene H in einem Punkt, d. h. falls $a^{\mathrm{T}}(v - u) \neq 0$, gilt $G \cap H = \{s\}$ mit $\lambda(s) = \frac{b - a^{\mathrm{T}}u}{a^{\mathrm{T}}(v - u)}$.

Lemma 2.1.2. (Geraden und Hyperebenen) Falls die Gerade $G = \langle u, v \rangle$ weder in der Hyperebene $H = \left\{x \mid a^{\mathrm{T}}x = b\right\}$ noch in einem der durch H begrenzten offenen Halbräume enthalten ist, schneidet die Gerade G die Hyperebene H in einem Punkt und es gilt $G \cap H = \left\{u + \frac{b - a^{\mathrm{T}}u}{a^{\mathrm{T}}(v - u)}(v - u)\right\}$.

Die Wahl der Darstellung einer Geraden durch zwei ihrer Punkte ist nicht eindeutig. Es kann durchaus hilfreich sein, diese Punkte geschickt zu wählen. Für eine Gerade $G = \langle u, v \rangle$ und einen Punkt $\bar{x} \in G$ kann man stets eine Darstellung wählen, so dass $\bar{x} \in (u, v)$. Außerdem sei $\bar{x} \in H_< = \left\{x \mid a^{\mathrm{T}}x < b\right\}$. Falls $G \subseteq H_<$, so sind auch $u, v \in H_<$. Anderenfalls, da die Gerade wegen $\bar{x} \in G \cap H_<$ nicht in der Hyperebene $H_=$ liegt, schneidet sie diese in genau einem Punkt s und man erhält $G = \langle \bar{x}, s \rangle$ mit $a^\mathrm{T}(s - \bar{x}) > 0$. Mit $u := \bar{x} + \lambda(s - \bar{x})$ für ein $\lambda < 0$ und $v := s$ erhält man eine Darstellung $\langle u, v \rangle$ der Geraden mit $\bar{x} \in (u, v) \subseteq H_<$ und $v \in H_=$.

Entsprechende Darstellungen einer Geraden kann man auch wählen, wenn $\bar{x}$ im Schnitt Q endlich vieler offener Halbräume $H_{i<}, i \in I$, liegt. Wieder sei zunächst $G = \langle u, v \rangle$ mit $\bar{x} \in (u, v)$. Offene Halbräume, die G enthalten, schränken die Wahl der Darstellung nicht ein. Daher wird o. B. d. A. angenommen, dass G jede der begrenzenden Hyperebenen H_i schneidet, etwa im Schnittpunkt s_i mit Parameterwert $\lambda(s_i)$. Falls die Menge $I_> := \{i \in I \mid \lambda(s_i) > \lambda(\bar{x})\}$ nicht leer ist, wählt man einen Schnittpunkt s_ρ, $\rho \in I_>$, mit

$$\lambda(s_\rho) := \min \{\lambda(s_i) \mid i \in I_>\}$$

als neuen Punkt v der gesuchten Darstellung. Dies ist der zu $\bar{x}$ nächstgelegene dieser Schnittpunkte. Anderenfalls liegt die Halbgerade $[\bar{x}, v\rangle$ in Q, d. h. $v \in Q$. Ist die Menge $I_< := \{i \in I \mid \lambda(s_i) < \lambda(\bar{x})\}$ nicht leer, so liefert entsprechend das Maximum der Menge $\{\lambda(s_i) \mid i \in I_<\}$ einen Schnittpunkt, den man in der gesuchten Darstellung als neuen Punkt u wählt. Anderenfalls liegt die Halbgerade $\langle u, \bar{x}]$ in Q, d. h. $u \in Q$. Darstellungen mit $u, v \in Q$ erhält man, indem man etwa die oben gewählten Schnittpunkte s_ρ durch einen Punkt zwischen $\bar{x}$ und s_ρ ersetzt. In jedem Fall gilt $(u, v) \subseteq Q$.

Lemma 2.1.3. (Darstellung von Geraden durch Punkte offener Halbräume) Für eine Gerade G durch einen Punkt $\bar{x}$ im Schnitt Q endlich vieler offener Halbräume kann man eine Darstellung $G = \langle u, v \rangle$ mit $\bar{x} \in (u, v)$ und $u, v \in Q$ wählen. Falls die Halbgerade $[\bar{x}, v\rangle$ bzw. die Halbgerade $\langle u, \bar{x}]$ nicht in Q enthalten ist, kann man als $v \in \bar{Q}$ bzw. $u \in \bar{Q}$ auch den zu $\bar{x}$ nächstgelegen Schnittpunkt der jeweiligen Halbgerade mit den begrenzenden Hyperebenen wählen. In jedem Fall gilt $(u, v) \subseteq Q$.

Der Durchschnitt endlich vieler Halbräume wird als *Polyeder* bezeichnet. Ein nichtleeres, aber beschränktes Polyeder wird auch *Polytop* genannt. Insbesondere ist die Menge der zulässigen Punkte $P(A, b)$ einer linearen Optimierungsaufgabe ein Polyeder.

2.2 Konvexe Funktionen und konvexe Optimierungsaufgaben

Eine Punktmenge P heißt *konvex*, wenn für alle Punkte $x, y \in P$ das Intervall $[x, y]$ Teilmenge von P ist. Der Durchschnitt $P \cap Q$ zweier konvexer Mengen P, Q ist wieder konvex. Das gilt auch für den Durchschnitt beliebig vieler konvexer Mengen.

Halbräume sind konvexe Mengen. Um dies etwa für $H_\leq$ einzusehen, wählt man zu zwei Punkten $u, v \in H_\leq$ einen beliebigen Zwischenpunkt $x = u + \lambda(v - u)$, $\lambda \in (0, 1)$. Dann ergibt sich aus $a^\mathrm{T}x = a^\mathrm{T}u + \lambda a^\mathrm{T}(v - u) = (1 - \lambda)a^\mathrm{T}u + \lambda a^\mathrm{T}v \leq$

$(1-\lambda)b+\lambda b = b$ die Behauptung. Folglich sind auch Durchschnitte beliebig vieler Halbräume konvex. Daher sind insbesondere Polyeder konvex.

Eine Funktion $f\colon S \to \mathbb{R}$ mit konvexem Definitionsbereich $S \subseteq \mathbb{R}^n$ heißt *konvex*, falls die *Konvexitätsungleichung* gilt:

$$f(\lambda x + (1-\lambda)y) \le \lambda f(x) + (1-\lambda)f(y), \quad (x,y \in S, \lambda \in (0,1)). \qquad (2.3)$$

Affin-lineare Funktionen sind konvex und erfüllen (2.3) sogar als Gleichung. Konvexe Optimierungsaufgaben $\min\{f(x) \mid x \in S\}$, die wir im zweiten Teil dieses Buches untersuchen, sind insofern eine Verallgemeinerung der linearen Optimierungsaufgaben.

Im Gegensatz zu allgemeineren Optimierungsaufgaben, die nicht konvex sind, müssen wir für konvexe Optimierungsaufgaben nicht zwischen lokalen und globalen Minima unterscheiden. Zur Definition lokaler Minima führen wir Würfelumgebungen ein, die sich mit Hilfe der *Maximumnorm*

$$\|x\|_\infty := \max\left\{|x_j| \mid j = 1,\ldots,n\right\} \quad (x \in \mathbb{R}^n),$$

beschreiben lassen. Für $\epsilon > 0$ ist die *Würfelumgebung* $W_\epsilon(x)$ eines Punktes $x \in \mathbb{R}^n$ definiert durch

$$W_\epsilon(x) := \{y \mid \|y - x\|_\infty \le \epsilon\}.$$

Ein Punkt $x_* \in S$ heißt *lokales Minimum* der konvexen Funktion f auf S, wenn für ein $\epsilon > 0$

$$f(x_*) \le f(x), \quad (x \in W_\epsilon(x_*) \setminus \{x_*\})$$

gilt. Falls die Ungleichung für alle $x \in S \setminus \{x_*\}$ erfüllt ist, so heißt x_* *globales Minimum*.

Satz 2.2.1. *Alle lokalen Minima einer konvexen Funktion $f\colon S \to \mathbb{R}$ auf einer konvexen Menge $S \subseteq \mathbb{R}^n$ sind auch globale Minima. Die Menge der Minima ist konvex.*

Beweis. Sei $\epsilon > 0$ und x_* ein lokales Minimum mit $f(x_*) = \alpha$. Für $x \in S, x \ne x_*$ wählen wir dazu passend ein $0 < \lambda < 1$ mit $x' := \lambda x + (1-\lambda)x_* \in W_\epsilon(x_*)$. Die lokale Minimalität liefert

$$\alpha \le f(x') \le \lambda f(x) + (1-\lambda)f(x_*) = \lambda f(x) + (1-\lambda)\alpha,$$

d. h. $\alpha \le f(x)$.

Sind $x_*, x' \in S$ zwei globale Minima, also $f(x_*) = f(x') = \alpha$, so gelten für $x = \lambda x_* + (1-\lambda)x'$ mit $0 < \lambda < 1$ die Ungleichungen $\alpha \le f(x) \le \lambda f(x_*) + (1-\lambda)f(x') = \alpha$, d. h. $f(x) = \alpha$. $\qquad\square$

Die Menge der optimalen Lösungen einer linearen Optimierungsaufgabe ist nicht nur konvex, sondern sogar ein Polyeder. Ist etwa α der endliche Optimalwert einer affin-linearen Zielfunktion $z(x)$ über dem Polyeder P, so ist $\{x \in P \mid z(x) = \alpha\}$ das Polyeder der optimalen Lösungen.

2.3 Geometrische Darstellung in zwei Variablen

Zur Entwicklung einer geometrischen Anschauung zur Linearen Optimierungsaufgabe (2.1) betrachten wir den zweidimensionalen Fall. In zwei Variablen lautet die Aufgabe

$$\begin{aligned} \max \quad & c_1 x_1 \;+\; c_2 x_2 \\ \text{unter} \quad & a_{i1} x_1 \;+\; a_{i2} x_2 \;\le\; b_i, \quad (1 \le i \le m), \\ & x_1 \ge 0 \quad x_2 \ge 0, \end{aligned}$$

wobei wir wieder die Konstante z_0 weglassen. Die Menge der Lösungen, die die Ungleichungen erfüllen, bilden das Polyeder P der zulässigen Punkte in der Ebene.

Für $(a_1, a_2) \ne 0$ ist $H_\le = \{x \mid a_1 x_1 + a_2 x_2 \le b\}$ ein abgeschlossener Halbraum; Halbräume werden im zweidimensionalen Fall auch als *Halbebenen* bezeichnet. Analog ist mit umgekehrter Ungleichung die Halbebene $H_\ge$ definiert. Der Durchschnitt dieser beiden Halbebenen ist die Gerade $H_=$. Halbebenen und Durchschnitte von endlich vielen Halbebenen bilden die Polyeder in der Ebene. Der Durchschnitt zweier Halbebenen ist entweder leer oder unbeschränkt (vgl. Abb. 2.1). Das Polyeder P ist entweder leer, unbeschränkt oder ein Polytop (vgl. Abb. 2.2). Die Zielfunktion $z(x) = c_1 x_1 + c_2 x_2$ mit $c \ne 0$, kann man sich als Schar von Geraden $\{x \mid c_1 x_1 + c_2 x_2 = z\}$ mit einem Parameter $z \in \mathbb{R}$ veranschaulichen. Es gilt, die Gerade mit maximalem Parameterwert z zu finden, die mit P einen nichtleeren Durchschnitt hat. Ist die Optimallösung eindeutig, so berührt diese Gerade das Polyeder in genau einem Punkt, einer „Ecke" des Polyeders (vgl. Abb. 2.3). Dieser Punkt ist als Schnittpunkt derjenigen Restriktionen festgelegt, die er mit Gleichheit erfüllt. Wenn dies etwa die beiden Restriktionen H_1, H_2 sind, so kann man die Optimallösung x_* aus den Gleichungen zu H_1, H_2 berechnen:

$$\begin{pmatrix} a_{11} & a_{12} \\ a_{21} & a_{22} \end{pmatrix} x_* = \begin{pmatrix} b_1 \\ b_2 \end{pmatrix}$$

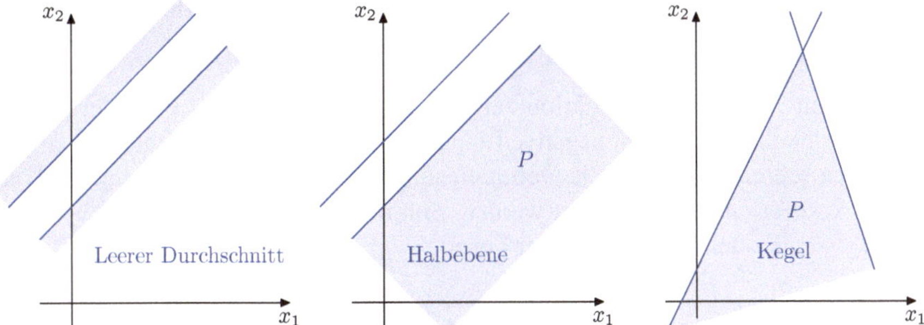

Abb. 2.1 Alle möglichen Fälle für den Durchschnitt P zweier Halbebenen

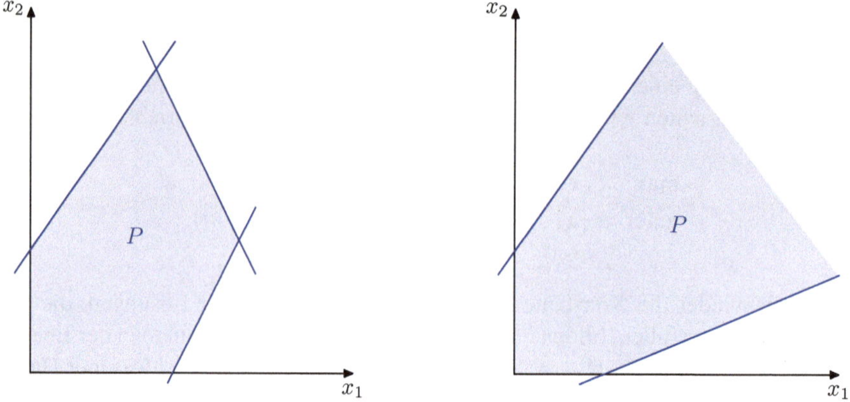

Abb. 2.2 Der Durchschnitt P ist *im linken Bild* ein Polytop (Schnitt von 5 Halbräumen) und *im rechten Bild* ein unbeschränktes Polyeder (Schnitt von 4 Halbräumen).

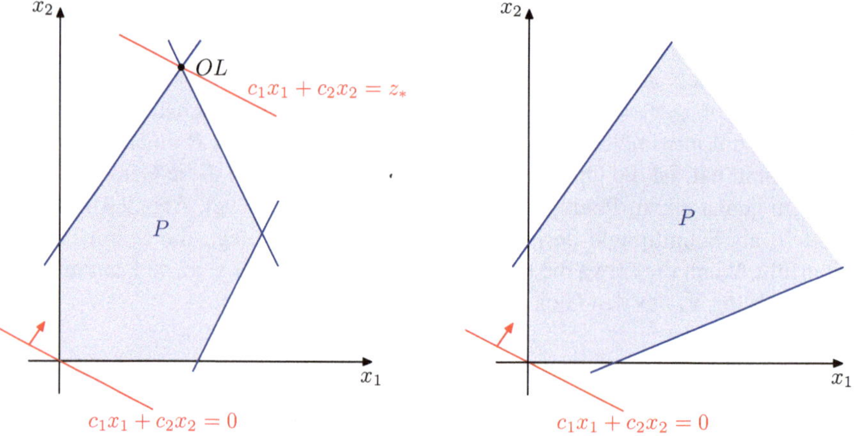

Abb. 2.3 Während *im linken Bild* die Zielfunktion $z(x) = c_1 x_1 + c_2 x_2$ eine endliche Optimallösung (Optimum OL) besitzt, kann sie *im rechten Bild* beliebig große Werte annehmen.

Der Gradient $\binom{c_1}{c_2}$ der Zielfunktion zeigt am Optimum aus dem Polyeder hinaus und lässt sich daher als nicht negative Linearkombination der Gradienten jener Restriktionen schreiben, die für die Optimallösung mit Gleichheit erfüllt sind und als „*aktive Restriktionen*" bezeichnet werden. Somit gilt $\binom{c_1}{c_2} = y_1 \binom{a_{11}}{a_{12}} + y_2 \binom{a_{21}}{a_{22}}$ mit $y_1, y_2 \geq 0$, oder in transponierter Form:

$$\begin{pmatrix} c_1 & c_2 \end{pmatrix} = y^{\mathrm{T}} \begin{pmatrix} a_{11} & a_{12} \\ a_{21} & a_{22} \end{pmatrix}.$$

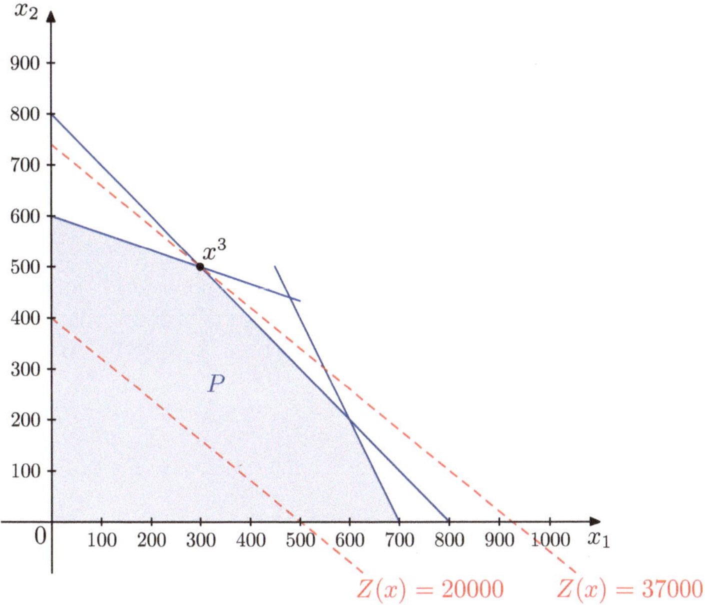

Abb. 2.4 Polyeder der zulässigen Lösungen des Maschinenbelegungsproblems (Beispiel 1 des Einleitungskapitels)

Für das Maschinenbelegungsproblem (Beispiel 1 des Einleitungskapitels) wird das Polyeder der zulässigen Lösungen in Abb. 2.4 dargestellt.

Man erkennt, dass die ersten drei der folgenden zulässigen Lösungen

$$x^1 = \begin{pmatrix} 700 \\ 0 \end{pmatrix}, \quad x^2 = \begin{pmatrix} 0 \\ 600 \end{pmatrix}, \quad x^3 = \begin{pmatrix} 300 \\ 500 \end{pmatrix}, \quad x^4 = \begin{pmatrix} 100 \\ 100 \end{pmatrix}$$

Ecken des Polyeders sind. Der Zielfunktion $z(x) = 40x_1 + 50x_2$ entspricht wieder eine Schar paralleler Geraden. Die eingezeichnete Gerade zum Zielfunktionswert $z(x) = 20000$ schneidet das Polyeder. Die parallele Gerade durch den Ursprung gehört zum Zielfunktionswert 0. Verschieben wir die parallele Gerade in entgegengesetzter Richtung über den Punkt x^3 hinaus, besitzt sie leeren Durchschnitt mit dem Polyeder. Also ist x^3 eine optimale Lösung.

An graphischen Darstellungen können viele wesentliche Eigenschaften von Optimierungsaufgaben abgelesen werden. Sie werden daher häufig zur Erläuterung benutzt. Da aber im Wesentlichen nur lineare Optimierungsaufgaben mit zwei Variablen graphisch gelöst werden können, andererseits jedoch Optimierungsaufgaben in der Praxis sehr viele Variable besitzen, sind zur Lösung praktischer Optimierungsaufgaben andere Methoden erforderlich. Allerdings erlauben lineare Optimierungsaufgaben mit zwei Variablen rechnerisch besonders schnelle Lösungsverfahren, die im Abschn. 8.3 diskutiert werden.

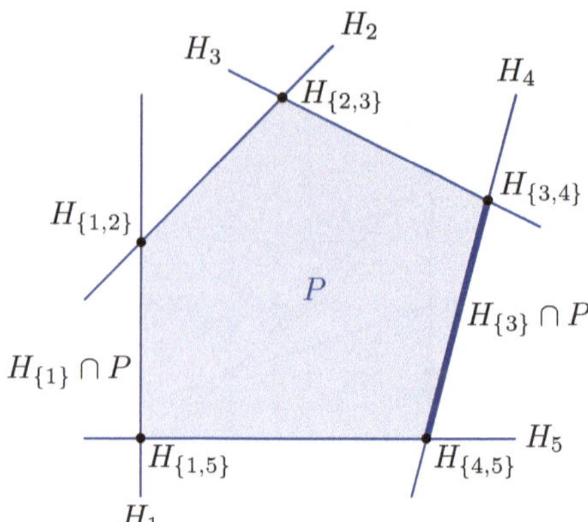

Abb. 2.5 Affine Unterräume, etwa $H_{\{i\}} = H_i$, und Seiten, etwa $H_{\{1,5\}}$ oder $H_{\{3\}} \cap P$

2.4 Seiten von Polyedern

In diesem Abschnitt werden einige grundlegende geometrische Ergebnisse für Polyeder erarbeitet. Wir betrachten ein Polyeder P, das durch eine reelle $(m \times n)$-Matrix A und einen reellen m-Vektor b beschrieben wird:

$$P = P(A, b) := \{x \in \mathbb{R}^n \mid Ax \le b\} . \tag{2.4}$$

Ohne Beschränkung der Allgemeinheit können wir annehmen, dass für die Zeilenvektoren a_i^{T}, $i \in \{1, \ldots, m\}$, von A stets $a_i \ne 0$ gilt. Dann beschreibt $a_i^{\mathrm{T}} x \le b_i$ einen Halbraum, den die Hyperebene $H_i := \{x \mid a_i^{\mathrm{T}} x = b_i\}$ begrenzt. Aus der Linearen Algebra ist bekannt, dass man einen affinen Unterraum erhält, wenn man Hyperebenen schneidet. Somit ist für jede Teilmenge $I \subseteq \{1, \ldots, m\}$ die Menge $H_I := \{x \mid a_i^{\mathrm{T}} x = b_i, i \in I\}$ ein affiner Unterraum des $\mathbb{R}^n$. Ist $H_I \cap P \ne \emptyset$, so nennt man diese Menge *Seite von P*. Eine Seite ist *minimal*, wenn sie keine andere Seite echt enthält.

Der Würfel W im $\mathbb{R}^3$ etwa besitzt 27 Seiten: den ganzen Würfel (entspricht $H_I \cap W$ mit der leeren Indexmenge $I = \emptyset$), die 6 Seitenflächen des Würfels, die 12 Kanten des Würfels und die 8 Ecken des Würfels. Die Ecken des Würfels bilden die minimalen Seiten. Ein Streifen in der Ebene besitzt nur drei Seiten: seine beiden begrenzenden Geraden, die die minimalen Seiten bilden, und den ganzen Streifen. In Abb. 2.6 sind diese Beispiele dargestellt.

Seiten von Polyedern lassen sich auch folgendermaßen beschreiben. Wie in (2.4) sei das Polyeder P durch die Hyperebenen H_i, $1 \le i \le m$, gegeben. Zu jeder nichtleeren Punktmenge $S \subseteq \mathbb{R}^n$ enthalte

$$I(S) := \{i \mid S \subseteq H_i\}$$

die Indizes der Hyperebenen, die die Menge S enthalten. Für eine einelementige Menge $S = \{x^0\}$ schreiben wir kurz $I(x^0)$. Der Durchschnitt der Hyperebenen H_i,

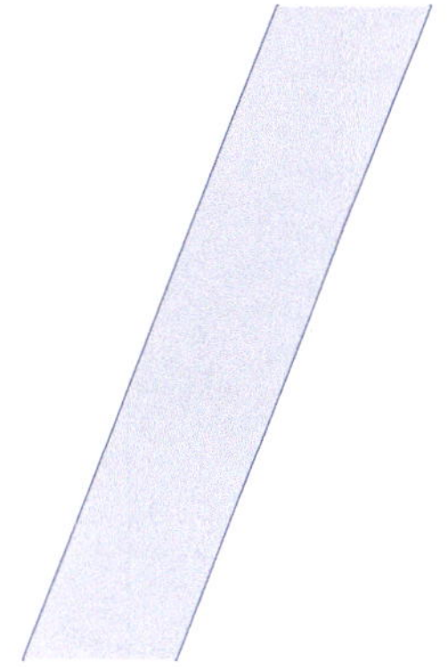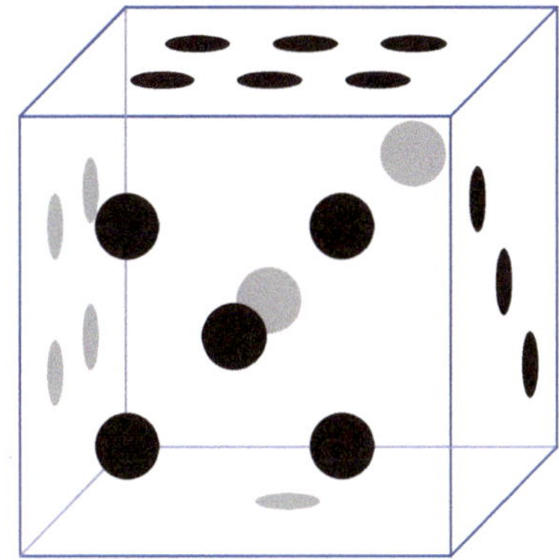

Abb. 2.6 Streifen im $\mathbb{R}^2$ und Würfel im $\mathbb{R}^3$

$i \in I(S)$, bildet den kleinsten affinen Raum $L(S)$, der S enthält. Somit gilt

$$L(S) := \left\{ x \mid a_i^{\mathrm{T}} x = b_i, i \in I(S) \right\} .$$

Eine nichtleere Punktmenge S ist genau dann eine Seite, wenn $S = L(S) \cap P$ gilt. Für minimale Seiten ist der affine Unterraum $L(S)$ sogar ein Teil des Polyeders, d. h. es gilt in diesem Fall $S = L(S)$.

Als *Dimension* einer Seite S definieren wir die Dimension des kleinsten affinen Unterraums $L(S)$, der diese Seite enthält, d. h. $\dim S := \dim L(S)$. Seiten der Dimension 0 werden als *Ecken* bezeichnet. Nicht jedes Polyeder besitzt Ecken. Eine Gerade etwa hat keine Ecken. Polyeder mit Ecken heißen *spitz*. Eine Ecke u ist offenbar eine minimale Seite und daher eindeutige Lösung des zugehörigen Gleichungssystems $a_i^{\mathrm{T}} x = b_i$, für alle $i \in I(u)$.

Hat für $\bar{x} \in P(A, b)$ die Seite $S = L(\bar{x}) \cap P$ eine Dimension $\dim S \geq 1$, so kann man durch $\bar{x}$ eine Gerade $G \subseteq L(\bar{x})$ legen. Offenbar liegt $\bar{x}$ im Schnitt der offenen Halbräume $H_{i<} = \left\{ x \mid a_i^{\mathrm{T}} x < b_i \right\}$, $i \notin I(\bar{x})$. Nach Lemma 2.1.3 kann man daher eine Darstellung der Geraden $G = \langle c, d \rangle$ mit $c, d \in S$ und $\bar{x} \in (c, d)$ wählen (vgl. Abb. 2.7).

Wird die Halbgerade $[\bar{x}, d\rangle$ durch eine der begrenzenden Hyperebenen dieser offenen Halbräume beschränkt, so ist d als nächstgelegener Schnittpunkt der Geraden mit einer dieser Hyperebenen H_i, $i \notin I(\bar{x})$ gewählt. In diesem Fall folgt $I(d) > I(\bar{x})$ und daher $\dim L(d) < \dim L(\bar{x})$. Analog ist c bei Beschränkung der Halbgerade $\langle c, \bar{x}]$ gewählt und dann folgt $\dim L(c) < \dim L(\bar{x})$. Diese geometrischen Beobachtungen führen auf

Satz 2.4.1. *(Spitze Polyeder)*

1. *Ein nichtleeres Polyeder ist genau dann spitz, wenn es keine Gerade enthält.*
2. *Jede Seite eines spitzen Polyeders enthält eine Ecke.*
3. *Ein Polyeder hat höchstens endlich viele Ecken.*

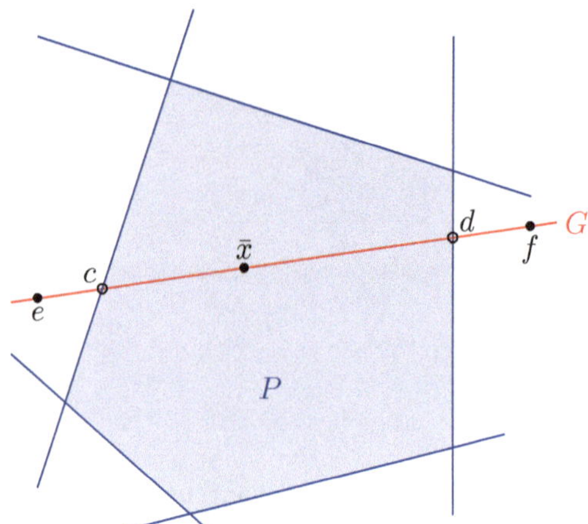

Abb. 2.7 Punkte c, d nach Lemma 2.1.3 auf der Geraden G durch $\bar{x}$ in $L(\bar{x})$; im Bild ist $L(\bar{x}) = P$

Beweis. Zu 1.: P enthalte keine Gerade. Sei $x_0 \in P$. Wenn x_0 eine Ecke ist, dann ist P spitz. Ist x_0 keine Ecke, dann hat die Seite $S := L(x_0) \cap P$ eine Dimension dim $S \geq 1$ und man wählt eine Gerade $G = \langle c, d \rangle \subseteq L(x_0)$, wobei c, d entsprechend der vorangegangenen geometrischen Beobachtungen gewählt werden. Als Teilmenge von P enthält auch S keine Gerade; o. B. d. A. sei etwa die Halbgerade $[x_0, d\rangle$ beschränkt und daher d so gewählt, dass dim $L(d) <$ dim $L(x_0)$. Ist d wiederum keine Ecke, so ersetzt man x_0 durch d und wiederholt die Konstruktion. Da die Dimension von $L(x_0)$ in jeder Iteration echt kleiner wird, konstruiert man auf diese Weise in höchstens n Schritten eine Ecke von P. Ist umgekehrt P spitz, so wählt man eine Ecke $\bar{x}$ und n Ungleichungen $I \subseteq I(\bar{x})$ mit maximalem Zeilenrang, d. h. die zugehörige Koeffizientenmatrix A_I hat Rang$A_I = n$. Wäre eine Gerade, etwa $G = \langle u, v \rangle$ mit $u \neq v$, ganz in P enthalten, so müssten die Ungleichungen $A_I u + \lambda A_I (v - u) \leq b_I$ für alle $\lambda \in \mathbb{R}$ erfüllt sein. Da λ nicht beschränkt ist, muss dann aber $A_I(v - u) = 0$ und damit $v - u = 0$ im Widerspruch zur Wahl von u, v gelten.

Zu 2.:   Eine Seite S eines spitzen Polyeders P kann wegen $S \subseteq P$ nach 1. keine Gerade enthalten. Da auch S ein Polyeder ist, enthält es nach 1. eine Ecke.

Zu 3.:   Da $\{1, 2, \ldots, m\}$ nur endlich viele Teilmengen enthält, gibt es nur endlich viele Seiten und insbesondere höchstens $\binom{m}{n}$ Ecken. $\square$

Nach Satz 2.4.1 sind nichtleere Polyeder $P = \{x \mid Ax \leq b, x \geq 0\}$, die in der kanonischen Form (2.1) einer linearen Optimierungsaufgabe auftreten, stets spitz, da die Menge $\{x \mid x \geq 0\}$ keine Gerade enthält.

2.5 Hauptsatz der Linearen Optimierung

Abschließend wollen wir uns überlegen, in welchen Punkten die optimalen Werte
einer affin-linearen Funktion auf einem nichtleeren Polyeder angenommen werden.
Im Fall von Intervallen und Halbgeraden sind dies nach Lemma 2.1.1 insbesondere
die Endpunkte, also die jeweiligen Ecken.

Satz 2.5.1. *(Hauptsatz der Linearen Optimierung) Nimmt eine affin-lineare Funktion $z(x)$ auf einem Polyeder P ihr Maximum (Minimum) in $\bar{x} \in P$ an, so in allen
Punkten der Seite $L(\bar{x}) \cap P$. Insbesondere wird das Optimum auch in einer Ecke
von P angenommen, falls P spitz ist.*

Beweis. Sei etwa $\bar{x}$ ein Maximum und $S := L(\bar{x}) \cap P$ enthalte einen weiteren
Punkt a mit $\bar{x} \neq a \in S$. Dann liegt die Gerade $G = \langle \bar{x}, a \rangle$ in $L(\bar{x})$. Die Gerade hat
nach Lemma 2.1.3 eine Darstellung $G = \langle c, d \rangle$ durch zwei verschiedene Punkte
$c, d \in P$ mit $\bar{x} \in (c, d)$. Die affin-lineare Funktion $z(x)$ nimmt nach Lemma 2.1.1
ihr Maximum auf dem Intervall $[c, d]$ in c oder d an, etwa in c. Also gilt $z(c) \geq
z(\bar{x})$, da $\bar{x} \in (c, d)$. Andererseits ist $z(c) \leq z(\bar{x})$, da $c \in P$. Folglich gilt $z(c) =
z(\bar{x})$ und $z(x)$ ist auf der Geraden konstant. Somit erhält man $z(a) = z(\bar{x})$. Da
$a \in S$ beliebig gewählt war, ist $z(x)$ konstant auf S.

Der zweite Teil des Hauptsatzes ergibt sich aus Satz 2.4.1, Punkt 2, wonach jede
Seite eines spitzen Polyeders eine Ecke enthält. $\square$

Die in linearen Optimierungsaufgaben in kanonischer Form betrachteten Polyeder
$P = \{x \mid Ax \leq b, x \geq 0\}$ sind entweder leer oder spitz. Da man jede lineare Optimierungsaufgabe in kanonischer Form schreiben kann, liegt die Bedeutung des
Hauptsatzes der Linearen Optimierung darin, dass man nicht *alle* Punkte eines Polyeders in Hinblick auf Optimalität untersuchen muss, sondern dass man sich auf
die *endlich vielen Ecken* eines spitzen Polyeders beschränken kann.

Wenn man mit $V(P)$ die Menge der Ecken des spitzen Polyeders P bezeichnet,
gilt

Korollar 2.5.2. *Falls die lineare Optimierungsaufgabe* $\max\{c^{\mathrm{T}}x \mid x \in P\}$ *eine
endliche Optimallösung $\bar{x}$ besitzt, so ist $c^{\mathrm{T}}\bar{x} = \max\{c^{\mathrm{T}}x \mid x \in V(P)\}$. Anderenfalls ist $c^{\mathrm{T}}x$ auf P (nach oben) unbeschränkt.*

Die Reduktion der Optimierungsaufgabe im ersten Fall folgt aus dem vorangegangenen Satz 2.5.1. Spitze Polyeder sind offenbar nicht leer.

Kapitel 3
Das generische Simplexverfahren

Das von Dantzig entwickelte *Simplexverfahren* zur Lösung linearer Optimierungs-aufgaben stützt sich auf die Beobachtung, dass es für spitze Polyeder genügt, eine optimale *Ecke* des Polyeders zu finden. Ausgehend von einer beliebigen Ecke des Polyeders wird längs einer Kante des Polyeders eine benachbarte Ecke des Polyeders mit besserem Zielfunktionswert gesucht. Da Polyeder nur endlich viele Ecken haben, bricht das Verfahren nach endlich vielen Schritten in einer Ecke ab, die keine „bessere" Nachbarecke besitzt oder für die der Zielfunktionswert längs einer in dieser Ecke beginnenden Kante nicht beschränkt ist.

Liegt eine lineare Optimierungsaufgabe in kanonischer Form vor, so ist die zulässige Menge entweder leer oder ein spitzes Polyeder P. Im letzteren Fall kann man das generische Simplexverfahren in der in Algorithmus 3.1 gezeigten Weise geometrisch beschreiben.

Die Bestimmung der Startecke erfolgt i. Allg. mit Hilfe einer speziellen linearen Optimierungsaufgabe mit bekannter Startecke. Dabei zeigt sich, ob P tatsächlich nicht leer ist. Falls der Algorithmus nicht wegen einer unbeschränkten Zielfunktion abbricht, muss noch gezeigt werden, dass die letztlich bestimmte Ecke tatsächlich optimal ist. Bei der Bestimmung der Kante, die zu einer „besseren" Nachbarecke führt, können im Rechenverfahren Schwierigkeiten auftreten, die dazu führen, dass

---

Algorithmus 3.1: Generisches Simplexverfahren in geometrischer Form

---

Start: Wähle eine beliebige Ecke des Polyeders als aktuelle Ecke;
while *Ausgehend von der aktuellen Ecke gibt es eine Kante mit wachsendem Zielfunktionswert* **do**
> Wähle eine solche Kante;
> **if** *Ist diese Kante keine Halbgerade des Polyeders* **then**
> > | Ersetze die aktuelle Ecke durch die andere Ecke auf dieser Kante;
>
> **end**
> **else return** Die lineare Zielfunktion ist unbeschränkt;

end
return Die aktuelle Ecke ist optimal;

R. E. Burkard, U. T. Zimmermann, *Einführung in die Mathematische Optimierung*   29
DOI 10.1007/978-3-642-01728-5_3, © Springer-Verlag Berlin Heidelberg 2012

das Verfahren auf einer nicht optimalen Ecke stehen bleibt und daher nicht endlich ist. Theoretisch kann man die Endlichkeit durch einfache Zusatzregeln erzwingen. In der Praxis stört man die Daten der Optimierungsaufgabe geschickt, falls die Ecke in zu vielen Iterationen unverändert bleibt.

3.1 Normalform, Basen und Ecken

Effiziente nummerische Implementationen nutzen die Effektivität von Lösungsmethoden für lineare Gleichungssysteme. Daher wollen wir die nicht negativen Lösungen des Ungleichungssystems $Ax \leq b$ als nicht negative Lösungen eines Gleichungssystems beschreiben. Für lineare Optimierungsaufgaben in kanonischer Form $\max \{ c^{\mathrm{T}}x \mid x \in P \}$ liegen die zulässigen Lösungen $P := \{x \mid Ax \leq b, x \geq 0\}$ im $\mathbb{R}^n$. Wir führen für jede Ungleichung $a_i^T x \leq b_i$ eine nicht negative Variable y_i ein, die bei Einsetzen einer zulässigen Lösung die Lücke in der Ungleichung schließt, d. h.

$$y_i := b_i - a_{i1}x_1 - \cdots - a_{in}x_n \,, \quad i = 1, \ldots, m \,,$$

oder in Vektorschreibweise $y := b - Ax \in \mathbb{R}^m$. Diese Variablen $y_i, i = 1, \ldots, m,$ nennen wir *Schlupfvariablen*. Damit erhalten wir zu jedem Punkt $x \in \mathbb{R}^n$ genau einen Punkt $\left(\begin{smallmatrix} x \\ y \end{smallmatrix} \right) \in \mathbb{R}^{n+m}$. Insbesondere geht das Polyeder P in das Polyeder

$$\hat{P} := \{ \left(\begin{smallmatrix} x \\ y \end{smallmatrix} \right) \in \mathbb{R}^{n+m} \mid Ax + y = b, x \geq 0, y \geq 0 \}$$

über. Dabei bleibt die Dimension jeder Seite des Polyeders erhalten, insbesondere gehen Ecken in Ecken über.

Der Teil der erweiterten Koeffizientenmatrix, der zu den Schlupfvariablen gehört, ist eine $(m \times m)$-*Einheitsmatrix* E. In unserer allgemeinen Bezeichnungsweise von Spalten und Zeilen einer Matrix entsprechen die Spalten $E_i, i = 1, \ldots, m,$ von E gerade den Einheitsvektoren des $\mathbb{R}^m$. Analoges gilt für die Zeilen $e_i^{\mathrm{T}}, i = 1, \ldots, m,$ von E. Wir werden diese Bezeichnungsweise für Einheitsmatrizen und Einheitsvektoren jeder Dimension verwenden, wobei sich die Dimension jeweils aus dem Zusammenhang ergibt. Durch $y^{\mathrm{T}} =: (x_{n+1}, \ldots, x_{n+m})$ erhalten wir wieder eine einheitliche Bezeichnung aller Variablen.

Dies führt auf die *Normalform* der linearen Optimierungsaufgabe:

$$
\begin{array}{llllll}
\max & c_1 x_1 & + \cdots & & + c_{n+m} x_{n+m} & \\
\text{unter} & a_{11} x_1 & + \cdots + a_{1n} x_n & + x_{n+1} & & = b_1 \\
& a_{21} x_1 & + \cdots + a_{2n} x_n & \phantom{+ x_{n+1}} + x_{n+2} & & = b_2 \\
& \cdots & \ddots \quad \cdots & \ddots & & \cdots \\
& a_{m1} x_1 & + \cdots + a_{mn} x_n & & + \; x_{n+m} & = b_m \\
& x_1 \geq 0, & \cdots \quad x_n \geq 0, & \cdots & x_{n+m} \geq 0 &
\end{array}
$$

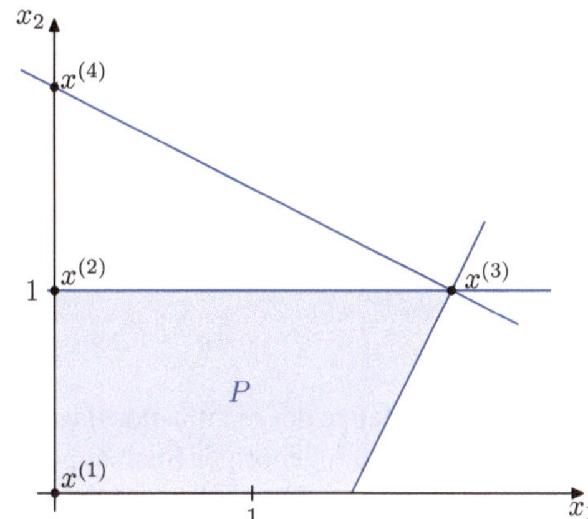

Abb. 3.1 Graphische Darstellung der Ungleichungen des Beispiels 3.1.1 im $\mathbb{R}^2$

wobei $c_j := 0$ für $j > n$. In Matrixschreibweise ergibt sich

$$\max\left\{c^{\mathsf{T}}x \mid Ax = b, x \geq 0\right\}, \tag{3.1}$$

wobei die erweiterte Koeffizientenmatrix im Folgenden wieder mit $A := [A_{\text{kanonisch}} | E]$ bezeichnet wird. Diese $m \times (n + m)$-Matrix hat den $\operatorname{rang}(A) = m < n + m$.

Beispiel 3.1.1. (Normalform) Die folgende Optimierungsaufgabe in kanonischer Form im $\mathbb{R}^2$ geht durch Schlupfvariablen über in eine äquivalente Optimierungsaufgabe in Normalform im $\mathbb{R}^5$:

$$
\left.\begin{array}{rl}
\max & x_1 + x_2 \\
\text{unter} & x_1 + 2x_2 \leq 4 \\
& 2x_1 - x_2 \leq 3 \\
& x_2 \leq 1 \\
& x_j \geq 0,\, j = 1,2
\end{array}\right\}
\rightarrow
\left\{\begin{array}{l}
\max \quad x_1 + x_2 \\
\text{unter} \quad x_1 + 2x_2 + x_3 \qquad\qquad = 4 \\
\qquad\quad 2x_1 - x_2 \qquad + x_4 \qquad = 3 \\
\qquad\qquad\qquad x_2 \qquad\qquad + x_5 = 1 \\
\qquad\quad x_j \geq \ 0, \quad j = 1,\ldots,5
\end{array}\right.
$$

Da sich jede lineare Optimierungsaufgabe in kanonischer Form auf Normalform (3.1) transformieren lässt, werden im Folgenden nur noch lineare Optimierungsaufgaben, die unmittelbar in Normalform gegeben sind, diskutiert. Dabei wird insbesondere vorausgesetzt, dass die $m \times (n + m)$ Koeffizientenmatrix den Rang m besitzt. P bezeichnet im Folgenden das Polyeder zur Normalform im $\mathbb{R}^{n+m}$. In diesem Polyeder sind einige Lösungen ausgezeichnet, die wir im nächsten Abschnitt einführen.

Um Teile der linearen Optimierungsaufgabe angeordnet gruppieren zu können, führen wir für $\{J(1), J(2), \ldots, J(k)\} \subseteq \{1, 2, \ldots, m + n\}$ *Indexvektoren* $J := (J(1), J(2), \ldots, J(k))$ ein. Dann ist $\{A_{J(1)}, \ldots, A_{J(k)}\}$ eine Teilmenge der Spalten der Matrix A und

$$A_J := \left(A_{J(1)} \cdots A_{J(k)}\right)$$

bildet eine *Teilmatrix* von A. Wenn die Anordnung der Indizes keine Rolle spielt, werden Indexvektoren in Operationen und Relationen wie Mengen behandelt. So bedeutet etwa $r \in J \cap L$, dass es i, j mit $r = J(i) = L(j)$ gibt.

Eine Menge $\{A_{B(1)}, \ldots, A_{B(m)}\}$ aus m linear unabhängigen Spalten bildet eine *Basis* des $\mathbb{R}^m$, die durch den Indexvektor $B := (B(1), B(2), \ldots, B(m))$ beschrieben wird. Da B die Basis repräsentiert, sprechen wir auch kurz von der Basis B. Die zu einer Basis B gehörige *Basismatrix*

$$A_B = \begin{pmatrix} A_{B(1)} \cdots A_{B(m)} \end{pmatrix}$$

ist regulär. Die Menge der nicht in der Basis enthaltenen Spalten nennen wir *Nichtbasis* und fassen die zugehörigen Spaltenindizes im Indexvektor $N := (N(1), N(2), \ldots, N(n))$ zusammen. Da N die Nichtbasis repräsentiert, sprechen wir auch kurz von der Nichtbasis N. Entsprechend nennt man A_N eine *Nichtbasismatrix*. Eine Variable x_j mit $j \in B$ heißt *Basisvariable*, die übrigen Variablen heißen *Nichtbasisvariablen*.

Variablenvektoren, Koeffizientenvektoren und Matrizen können wir in *angeordneter Blockschreibweise* notieren:

$$x_B, x_N, \quad c_B, c_N, \quad A_B, A_N.$$

Ein Vektor $x \in \mathbb{R}^{n+m}$ heißt *Basislösung* der linearen Optimierungsaufgabe (3.1), wenn es eine Basis B mit

$$A_B x_B = b, \quad x_N = 0$$

gibt. Eine Basislösung heißt *zulässig*, falls $x_B \geq 0$. In diesem Fall nennt man B eine *zulässige Basis*. Die Basislösung heißt *nicht entartet*, falls $x_{B(i)} \neq 0$, $i = 1, \ldots, m$. Offenbar gehört eine Basislösung genau dann zu P, wenn sie zulässig ist. Die Existenz von Basislösungen folgt aus der Bedingung rang $A = m$.

Beispiel 3.1.2. (Einige Basislösungen im Beispiel 3.1.1) Für Nichtbasisvariable x_1, x_2 erhält man die zulässige Basislösung $x^{(1)} = (0, 0, 4, 3, 1)^{\mathrm{T}}$, die dem Ursprung im $\mathbb{R}^2$ entspricht. Für Nichtbasisvariable x_1, x_5 ergibt sich das eindeutig lösbare Gleichungssystem

$$\begin{pmatrix} 2 & 1 & 0 \\ -1 & 0 & 1 \\ 1 & 0 & 0 \end{pmatrix} \begin{pmatrix} x_2 \\ x_3 \\ x_4 \end{pmatrix} = \begin{pmatrix} 4 \\ 3 \\ 1 \end{pmatrix}.$$

Die resultierende Basislösung $x^{(2)}$ ist zulässig. Die Basislösung $x^{(3)} = (2, 1, 0, 0, 0)^{\mathrm{T}}$ gehört zu drei verschiedenen Basen $B = (1, 2, 3)$, $B = (1, 2, 4)$, $B = (1, 2, 5)$ und ist offenbar entartet. Die Basislösung $x^{(4)}$ zur Basis $(2, 4, 5)$ ist nicht zulässig.

Wir erinnern uns daran, dass das Optimum einer linearen Optimierungsaufgabe in kanonischer Form und damit auch in Normalform stets in einer Ecke angenommen wird. Der folgende Satz zeigt, dass es genügt, mit den nummerisch gut zu handhabenden Basislösungen zu rechnen.

Satz 3.1.1. *Zulässige Basislösungen entsprechen Ecken des Polyeders und umgekehrt. Ist eine Basislösung nicht entartet, so ist die zugehörige Basis eindeutig bestimmt.*

Beweis. Eine Basislösung $\hat{x}$ ist, da A_B regulär, eindeutig durch die Bedingung $\hat{x}_N = 0$ festgelegt, d.h. $\{\hat{x}\} = \{x \mid x_N = 0\} \cap \{x \mid Ax = b\}$. Falls $\hat{x}$ zulässige Basislösung ist, so gilt $\hat{x}_B \geq 0$ und daher $\hat{x} \in P$. Also ist $\hat{x}$ Ecke von P. Umgekehrt erfüllt eine Ecke $\hat{x}$ von P die Vorzeichenbedingungen und ist durch $m + n$ Gleichungen zu den Restriktionen eindeutig festgelegt, d.h. $\{\hat{x}\} = \{x \mid x_N = 0\} \cap \{x \mid Ax = b\}$ für ein $N \subseteq (1, \ldots, n + m)$. Dann muss A_B regulär sein, d.h. die Ecke $\hat{x}$ ist eine Basislösung. Ist eine Basislösung nicht entartet, so besitzt sie genau m Nichtnull-Komponenten, so dass B und N eindeutig festgelegt sind. $\quad\square$

Ecken des Polyeders, die zulässige, nicht entartete Basislösungen sind, entsprechen genau einer Nichtbasis N und damit auch genau einer Basis B. In Abb. 3.1 finden sich Beispiele für Ecken und die zugehörigen Hyperebenen der Nichtbasen N in kanonischer Darstellung. Im generischen Simplexverfahren wählt man als übliche Startecke die Basislösung zur Nichtbasis $N = (1, \ldots, n)$ und Basis $B = (n + 1, \ldots, n + m)$. Wegen $x_N = 0, x_B = b$ ist dies zulässig, falls $b \geq 0$. Die Startecke entspricht offenbar dem Ursprung des Koordinatensystems in kanonischer Form.

3.2 Basisabhängige Darstellung der Linearen Optimierungsaufgabe

Darstellung der zulässigen Menge durch Basis- und Nichtbasisvariable

B sei eine fest gewählte Basis. Multipliziert man die Gleichung

$$A_B x_B + A_N x_N = b$$

mit A_B^{-1}, so erhält man die äquivalente Gleichung

$$x_B = A_B^{-1} b - A_B^{-1} A_N x_N \,.$$

Man nennt $\tilde{A}_N := A_B^{-1} A_N$ die *reduzierte Matrix* und $\tilde{b} := A_B^{-1} b$ den *reduzierten Vektor*. Damit erhält man für das Polyeder P die Beschreibung

$$x_B = \tilde{b} - \tilde{A}_N x_N, \quad x_B \geq 0, x_N \geq 0 \,. \tag{3.2}$$

Die Koeffizienten der rechten Seite der Gleichung nennen wir *Darstellungskoeffizienten* und bezeichnen sie mit t_{ij}, $i = 1, \ldots, m$, $j = 0, \ldots, n$. Die resultierende Darstellung ist

$$x_{B(i)} = t_{i0} + \sum_{j=1}^{n} t_{ij} x_{N(j)}, \quad i = 1, \ldots, m. \tag{3.3}$$

Jede mögliche Lösung der Gleichung kann durch Angabe von x_N eindeutig angegeben werden. Entsprechend sind die Basisvariablen *abhängige* und die Nichtbasisvariablen *unabhängige* Variable und wir können das Polyeder in den Raum der unabhängigen Variablen x_N projizieren. In diesem Raum werden die zulässigen Lösungen dann wieder in kanonischer Form beschrieben:

$$\tilde{A}_N x_N \leq \tilde{b}, \quad x_N \geq 0.$$

Beispiel 3.2.1. (Darstellung (3.3) zu $N = (1, 5)$, $B = (3, 4, 2)$ im Beispiel 3.1.1)

$$x_3 = 2 - x_1 + 2x_5$$
$$x_4 = 4 - 2x_1 - x_5$$
$$x_2 = 1 - x_5.$$

Darstellung der Zielfunktion z(x) durch Basis- und Nichtbasisvariable

B sei eine fest gewählte Basis. Der Zielfunktionswert z der affin-linearen Zielfunktion $z(x)$ sei gegeben durch $z = z_0 + c^T x$ mit einer beliebigen Konstanten z_0. Drückt man die Zielfunktion durch die Basis- und Nichtbasisvariablen aus, erhält man

$$\begin{aligned}
z &= z_0 + c_B^T x_B + c_N^T x_N \\
&= (z_0 + c_B^T A_B^{-1} b) - c_B^T A_B^{-1} A_N x_N + c_N^T x_N \\
&= \tilde{z}_0 + (c_N^T - c_B^T A_B^{-1} A_N) x_N \\
&= \tilde{z}_0 + \tilde{c}_N^T x_N.
\end{aligned}$$

Die Größen $\tilde{z}_0 := z_0 + c_B^T A_B^{-1} b$ und $\tilde{c}_N := c_N^T - c_B^T A_B^{-1} A_N$ werden als *reduzierte Kostenkoeffizienten* $\tilde{z}_0, \tilde{c}_N$ bezeichnet. Die Form

$$z = \tilde{z}_0 + \tilde{c}_N^T x_N \tag{3.4}$$

der Zielfunktion zeigt, dass der Wert jeder Lösung der Gleichung (3.3) allein durch x_N festgelegt ist. Die zugehörigen Darstellungskoeffizienten der rechten Seite werden analog zu (3.3) festgelegt:

$$z =: t_{00} + \sum_{j=1}^{n} t_{0j} x_{N(j)} \,.$$

(3.5)

Beispiel 3.2.2. (Darstellung von z zu $N = (1,5)$, $B = (3,4,2)$ im Beispiel 3.1.1) Die Zielfunktion hat wegen der Darstellung der Basisvariablen $x_2 = 1 - x_5$ die Darstellung $z = x_1 + x_2 = x_1 + (1 - x_5) = 1 + x_1 - x_5$.

Hinreichendes Optimalitätskriterium in einer Ecke $\bar{x}$

Eine Ecke $\bar{x}$ des Polyeders ist Basislösung einer zulässigen Basis B und es gilt $\bar{x}_B = \tilde{b} \geq 0, \bar{x}_N = 0$. An der kanonischen Form

$$\max \left\{ \tilde{c}_N^{\mathrm{T}} x_N \mid \tilde{A}_N x_N \leq \tilde{b}, x_N \geq 0 \right\}$$

der Aufgabe im Raum der unabhängigen Variablen lesen wir das hinreichende Optimalitätskriterium

$$\tilde{c}_N \leq 0$$

(3.6)

ab.

Beispiel 3.2.3. (Optimalitätskriterium zu $N = (1,5)$, $B = (3,4,2)$ im Beispiel 3.1.1) Die Zielfunktion hat die zugehörige Darstellung $z = 1 + x_1 - x_5$. Die reduzierten Kostenkoeffizienten $\tilde{c}_N^{\mathrm{T}} = (1, -1)$ erfüllen das hinreichende Optimalitätskriterium nicht.

Verbesserung der Zielfunktion, falls $t_{0s} > 0$

Die grundlegende Idee besteht darin, sukzessive zulässige Basiswechsel durchzuführen, wobei der Zielfunktionswert nicht fallen darf. Ist das hinreichende Optimalitätskriterium nicht erfüllt, so wählt man einen Spaltenindex s mit $t_{0s} > 0$ und versucht, die Variable $x_{N(s)}$ möglichst groß zu machen, wobei man gleichzeitig für alle anderen Nichtbasisvariablen $k \neq s$ den Wert $x_{N(k)} = 0$ beibehält. An der Darstellung zur aktuellen zulässigen Basis

$$z = t_{00} + \sum_{j=1}^{n} t_{0j} x_{N(j)}$$

(3.7)

$$x_{B(i)} = t_{i0} + \sum_{j=1}^{n} t_{ij} x_{N(j)}, \quad i = 1, \dots, m \,,$$

(3.8)

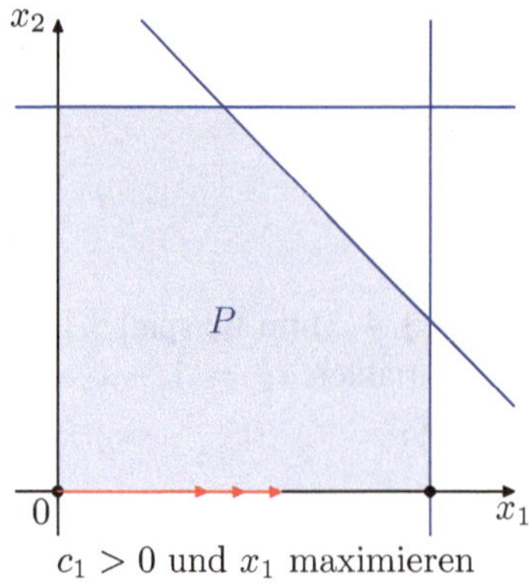

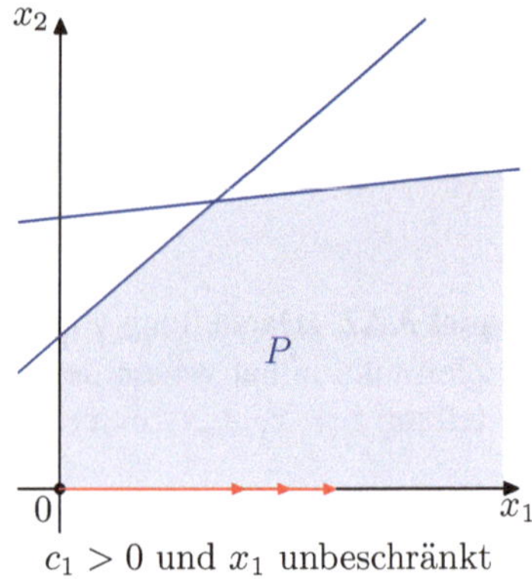

$c_1 > 0$ und x_1 maximieren

$c_1 > 0$ und x_1 unbeschränkt

Abb. 3.2 Pivotschritt im beschränkten und unbeschränkten Fall

lesen wir ab, dass der Zielfunktionswert mit $x_{N(s)}$ wächst. Falls $t_{is} \geq 0$ für alle $i = 1, \ldots, m$, so wachsen alle Basisvariablen mit, d. h. alle Vorzeichenbeschränkungen bleiben erfüllt. In diesem Fall ist die Zielfunktion nicht beschränkt und die Optimierungsaufgabe besitzt keine endliche Optimallösung. Anderenfalls fallen die Werte der Basisvariablen $x_{B(i)}$ mit $t_{is} < 0$ und $x_{N(s)}$ kann nur soweit erhöht werden, wie es die Vorzeichenbeschränkungen dieser Basisvariablen erlauben. Aus den entsprechenden Bedingungen $0 \leq x_{B(i)} = t_{i0} + t_{is} x_{N(s)}$ folgern wir, dass

$$x_{N(s)} := \frac{t_{r0}}{-t_{rs}} := \min \left\{ \frac{t_{i0}}{-t_{is}} \mid t_{is} < 0 \right\} \tag{3.9}$$

der maximale zulässige Wert von $x_{N(s)}$ ist. Für diesen Wert wird $x_{B(r)} = 0$ und wir erhalten eine passende neue Basis $\bar{B}$, indem wir die Basisvariable $x_{B(r)}$ gegen die Nichtbasisvariable $x_{N(s)}$ austauschen:

$$\bar{B}(i) := \begin{cases} B(i) & i \neq r, \\ N(s) & i = r, \end{cases} \qquad \bar{N}(j) := \begin{cases} N(j) & j \neq s, \\ B(r) & j = s, \end{cases}$$

Der Zeilenindex r des in Gleichung (3.9) ermittelten *Pivotelements* t_{rs} ist möglicherweise nicht eindeutig bestimmt; gegebenenfalls wählt man einen der möglichen Zeilenindizes. Der Wechsel zur nächsten Basis wird als *Pivotschritt* bezeichnet. In Abb. 3.2 sind die auftretenden beschränkten und unbeschränkten Fälle geometrisch verdeutlicht. Ausgehend von der Ursprungsecke im Raum der Nichtbasisvariablen bewegen wir uns mit Erhöhung von $x_{N(s)}$ längs einer Kante des Polyeders, bis wir auf eine der Restriktionen stoßen und damit am Ende der Kante die nächste Ecke mit zugehöriger zulässiger Basis $\bar{B}$ finden.

Beispiel 3.2.4. (Austausch zu $N = (1, 5)$, $B = (3, 4, 2)$ im Beispiel 3.1.1) Da der reduzierte Kostenkoeffizient zu x_1 positiv ist, wird x_1 soweit wie möglich unter

Beachtung von $x_{(3,4,2)} \geq 0$ erhöht. Wegen

$$z = 1 + x_1 - x_5$$
$$x_3 = 2 - x_1 + 2x_5$$
$$x_4 = 4 - 2x_1 - x_5$$
$$x_2 = 1 - x_5$$

ist das Maximum für $x_1 = 2$ erreicht, wobei gleichzeitig x_3 und x_4 auf 0 fallen. Unter diesen wählt man etwa die Basisvariable x_4 zum Tausch gegen die Nichtbasisvariable x_1 aus.

Darstellungswechsel für $B(r) \leftrightarrow N(s)$

Zur Berechnung der neuen Darstellungskoeffizienten $\bar{t}_{ij}$ zur Basis $\bar{B}$ lösen wir zunächst die Pivotzeile r aus Darstellung (3.7) nach $x_{N(s)}$ auf und erhalten

$$-t_{rs} x_{N(s)} = t_{r0} - x_{B(r)} + \sum_{j \neq s} t_{rj} x_{N(j)},$$

$$x_{\bar{B}(r)} = x_{N(s)} = \frac{t_{r0}}{-t_{rs}} + \frac{1}{t_{rs}} x_{B(r)} + \sum_{j \neq s} \frac{t_{rj}}{-t_{rs}} x_{N(j)},$$

$$\bar{x}_{\bar{B}(r)} = \bar{t}_{r0} + \bar{t}_{rs} x_{\bar{N}(s)} + \sum_{j \neq s} \bar{t}_{rj} x_{\bar{N}(j)}.$$

Die Werte der neuen Darstellungskoeffizienten in der letzten Gleichung ergeben sich durch Koeffizientenvergleich mit der vorletzten Gleichung. Anschließend ersetzen wir in allen anderen Zeilen der Darstellung (3.7) die Variable $x_{N(s)}$. Dadurch ergeben sich die Koeffizienten der neuen Darstellung der Zielfunktion und der Basisvariablen in gleicher Weise. Für die Basisvariablen $x_{\bar{B}(i)}$, $i \neq r$, finden wir:

$$x_{\bar{B}(i)} = x_{B(i)} = t_{i0} + t_{is}\left(\frac{t_{r0}}{-t_{rs}} + \frac{1}{t_{rs}} x_{B(r)} + \sum_{j \neq s} \frac{t_{rj}}{-t_{rs}} x_{N(j)} \right) + \sum_{j \neq s} t_{ij} x_{N(j)},$$

$$x_{\bar{B}(i)} = \left(t_{i0} - \frac{t_{is}}{t_{rs}} t_{r0} \right) + \frac{t_{is}}{t_{rs}} x_{\bar{N}(s)} + \sum_{j \neq s} \left(t_{ij} - \frac{t_{is}}{t_{rs}} t_{rj} \right) x_{\bar{N}(j)},$$

$$x_{\bar{B}(i)} = \bar{t}_{i0} + \bar{t}_{is} x_{\bar{N}(s)} + \sum_{j \neq s} \bar{t}_{ij} x_{\bar{N}(j)}.$$

Auch hier ergeben sich die neuen Darstellungskoeffizienten in der letzten Zeile durch Koeffizientenvergleich mit der vorletzten Zeile. Für $i = 0$ finden wir analog die neuen Darstellungskoeffizienten der Zielfunktion.

3.3 Simplexverfahren in Tableauform

Die sukzessive berechneten Daten in Form der reduzierten $\tilde{A}_N, \tilde{b}, \tilde{c}_N, \tilde{z}_0$ oder in Form der Darstellungskoeffizienten t_{ij} lassen sich in einem Tableau T zusammenfassen. Die Zeilen von T werden in der Reihenfolge der Zielfunktion z und der Basisvariablen $x_{B(1)} \ldots x_{B(m)}$ und die Spalten von T in der Reihenfolge der Nichtbasisvariablen $x_{N(1)} \ldots x_{N(n)}$ angeordnet:

$$
\begin{array}{|c|ccc|}
\hline
T & & x_N & \\
\hline
z & t_{00} & t_{01} \cdots & t_{0n} \\
\hline
 & & t_{11} & \\
x_B & & \ddots & \\
 & t_{m0} & & t_{mn} \\
\hline
\end{array}
=
\begin{array}{|c|c|c|}
\hline
T & & x_N \\
\hline
z & \tilde{z}_0 & \tilde{c}_N^{\mathrm{T}} \\
\hline
x_B & \tilde{b} & -\tilde{A}_N \\
\hline
\end{array}
\equiv
\begin{array}{|c|c|c|}
\hline
T & & x_N \\
\hline
z & z_0 + c_B^{\mathrm{T}} A_B^{-1} b & c_N^{\mathrm{T}} - c_B^{\mathrm{T}} A_B^{-1} A_N \\
\hline
x_B & A_B^{-1} b & -A_B^{-1} A_N \\
\hline
\end{array}
$$

(3.10)

Das Tableau enthält insbesondere die Information über die aktuelle Basis und Nichtbasis.

Das vollständige Simplexverfahren wird in Algorithmus 3.2 in einer Form beschrieben, die eine Implementation in einer geeigneten Programmiersprache ohne aufwändige Zusatzüberlegungen erlaubt. Unter der Voraussetzung $b \geq 0$ soll eine optimale Lösung der linearen Optimierungsaufgabe in kanonischer Form bestimmt werden.

Man erkennt deutlich die modulare Struktur, die auch eine einfache Beschreibung späterer Varianten erlaubt. Die zwei auftretenden Funktionen `Pivotspalte` und `Pivotzeile` liefern den Pivotspaltenindex und den davon abhängenden Pivotzeilenindex, wodurch der Pivotschritt festgelegt ist.

Dieser wird in der folgenden Prozedur `Pivotschritt` beschrieben, wobei zum besseren Verständnis in jeder Iteration die erforderliche Aktualisierung der Darstellungskoeffizienten t_{ij}, der Basis und der Nichtbasis explizit angegeben ist. In einer Implementation benötigt man aber nicht etwa ein zweites Tableau $\bar{t}_{ij}$ als Zwischenspeicher, sondern speichert die neuen Werte direkt auf dem alten Tableau ab. Das ist in genau der angegebenen Reihenfolge der Berechnungen möglich und verringert gleichzeitig den Rechenaufwand, da die bereits berechneten Werte in der jeweils nächsten Zeile der Berechnungen genutzt werden. Statt der expliziten Form ergibt sich dann:

$$t_{rs} := \frac{1}{t_{rs}}; \tag{3.11}$$

$$t_{is} := t_{is} t_{rs}, \qquad (i = 0, \ldots, m, \ i \neq r); \tag{3.12}$$

$$t_{ij} := t_{ij} - t_{is} t_{rj}, \qquad (i = 0, \ldots, m, \ i \neq r), (j = 0, \ldots, n, \ j \neq s); \tag{3.13}$$

$$t_{rj} := -t_{rj} t_{rs}, \qquad (j = 0, \ldots, n, \ j \neq s); \tag{3.14}$$

Für die Aktualisierung der Basis und Nichtbasis genügt es selbstverständlich, $B(r)$ gegen $N(s)$ auszutauschen.

Algorithmus 3.2: Simplexverfahren in Tableauform

EINGABE: Lineare Optimierungsaufgabe max $\{c^{\mathrm{T}}x \mid Ax \leq b, x \geq 0\}$ mit $b \geq 0$.
AUSGABE: Optimale Lösung x mit Optimalwert z.

$$B := (n+1, \ldots, n+m); \ N := (1, \ldots, n); \ (t_{ij})_{i=0,\ldots,m,\ j=0,\ldots,n} := \begin{pmatrix} 0 & c^{\mathrm{T}} \\ b & -A \end{pmatrix};$$

while $t_{0j} > 0$ *für ein* $j = 1, \ldots, n$ **do**

> $s = \texttt{Pivotspalte}(T);$
> **if** $t_{is} < 0,$ *für ein* $i = 1, \ldots, m,$ **then** $r = \texttt{Pivotzeile}(T, s);$
> **else return** $c^{\mathrm{T}}x$ unbeschränkt;
> $\texttt{Pivotschritt}(T, r, s);$

end

$x_{B(i)} := t_{i0}, i = 1, \ldots, m; \ x_{N(j)} := 0, j = 1, \ldots, n; \ z := t_{00};$
return x, z, B, N ;

Funktion Pivotspalte(T)

EINGABE: 0-te Zeile von Tableau T.
AUSGABE: Pivotspaltenindex s.

Wähle s mit $t_{0s} := \max\{t_{0j} \mid j = 1, \ldots, n\};$ **return** s;

Funktion Pivotzeile(T, s)

EINGABE: 0-te und s-te Spalte von Tableau T.
AUSGABE: Pivotzeilenindex r.

Wähle r mit $\frac{t_{r0}}{-t_{rs}} := \min\left\{\frac{t_{i0}}{-t_{is}} \mid t_{is} < 0, i = 1, \ldots, m\right\};$ **return** r;

Prozedur Pivotschritt(T, r, s)

EINGABE: Tableau T, Pivotzeile r, Pivotspalte s.
AUSGABE: Tableau T.

$$\bar{t}_{rs} := \frac{1}{t_{rs}};$$

$$\bar{t}_{is} := \frac{t_{is}}{t_{rs}}, \qquad (i = 0, \ldots, m, \ i \neq r);$$

$$\bar{t}_{ij} := t_{ij} - \frac{t_{is}}{t_{rs}}t_{rj}, \quad (i = 0, \ldots, m, \ i \neq r), (j = 0, \ldots, n, \ j \neq s);$$

$$\bar{t}_{rj} := -\frac{t_{rj}}{t_{rs}}, \qquad (j = 0, \ldots, n, \ j \neq s);$$

$$\bar{B}(i) := \begin{cases} B(i) & (i = 1, \ldots, m, \ i \neq r) \\ N(s) & i = r \end{cases};$$

$$\bar{N}(j) := \begin{cases} N(j) & (j = 1, \ldots, n, \ j \neq s) \\ B(r) & j = s \end{cases};$$

$B := \bar{B}; \ N := \bar{N}; \ t_{ij} := \bar{t}_{ij}, (i = 0, \ldots, m), (j = 0, \ldots, n);$
return T;

Beispiel 3.3.1. (Fortsetzung von Beispiel 3.1.1) Wir berechnen mit Algorithmus 3.2 eine optimale Lösung der linearen Optimierungsaufgabe aus Beispiel 3.1.1:

<table>
<tr><td>

$$\begin{aligned}
\max \quad & x_1 + x_2 \\
\text{unter } & x_1 + 2x_2 \le 4 \\
& 2x_1 - x_2 \le 3 \\
& x_2 \le 1 \\
& x_1, \, x_2 \ge 0
\end{aligned}$$

</td><td>$\rightarrow$</td><td>

T_0		x_1	x_2
z	0	1	1
x_3	4	-1	-2
x_4	3	$-\mathbf{2}$	1
x_5	1	0	-1

</td></tr>
</table>

Das Starttableau T_0 gehört zu einer zulässigen Basislösung, die nicht als optimal erkennbar ist. Man sagt kurz, das Tableau ist zulässig, aber nicht optimal. Da beide reduzierten Kostenkoeffizienten den gleichen Wert haben, wählen wir die erste Spalte als Pivotspalte, d. h. $s = 1$. Damit ergibt sich die Pivotzeile $r = 2$. In der Pivotoperation wird daher x_4 gegen x_1 ausgetauscht.

<table>
<tr><td>

T_1		x_4	x_2
z	$\frac{3}{2}$	$-\frac{1}{2}$	$\frac{3}{2}$
x_3	$\frac{5}{2}$	$\frac{1}{2}$	$-\frac{5}{2}$
x_1	$\frac{3}{2}$	$-\frac{1}{2}$	$\frac{1}{2}$
x_5	1	0	$-\mathbf{1}$

</td><td>$\rightarrow$</td><td>

T_2		x_4	x_5
z	3	$-\frac{1}{2}$	$-\frac{3}{2}$
x_3	0	$\frac{1}{2}$	$\frac{5}{2}$
x_1	2	$-\frac{1}{2}$	$-\frac{1}{2}$
x_2	1	0	-1

</td></tr>
</table>

Das resultierende Tableau T_1 ist wieder nicht optimal. Der einzige positive reduzierte Kostenkoeffizient definiert die Pivotspalte $s = 2$, wodurch sich die möglichen Pivotzeilen $r = 1$ oder $r = 3$ ergeben. Nach Wahl von $r = 3$ wird in der Pivotoperation x_5 gegen x_2 ausgetauscht. Das resultierende Tableau T_2 ist zulässig und optimal. Die zur Basis $B = (3, 1, 2)$ zugehörige Basislösung $x^{\mathrm{T}} = (2, 1, 0, 0, 0)$ ist wegen $x_3 = 0$ entartet. Der optimale Zielfunktionswert ist $z = 3$.

In der bisherigen Durchführung des generischen Simplexverfahrens blieben zwei offensichtliche Schwierigkeiten unberücksichtigt, die nunmehr nacheinander behandelt werden sollen:

- falls $b \not\geq 0$, so ist die übliche Startbasis für die lineare Optimierungsaufgabe in kanonischer Form (2.1) nicht zulässig,
- falls entartete Basislösungen auftreten, wird eine Pivotzeile mit $x_{B(r)} = t_{r0} = 0$ gewählt, daher ist $\bar{t}_{00} = t_{00}$, d. h. der Wert der Zielfunktion ändert sich nicht und es kann nicht ausgeschlossen werden, dass ein Zyklus von verschiedenen Basen zur aktuellen Basislösung auftritt. Damit ist aber die Endlichkeit des Verfahrens nicht gesichert.

3.4 Anfangslösung

Zur Bestimmung einer zulässigen Startbasis stehen mehrere Verfahren zur Verfügung. In der *Zweiphasenmethode* von Dantzig wird eine Hilfszielfunktion, die die augenblickliche Unzulässigkeit modelliert, optimiert. In der *M-Methode* wird eine zusätzliche Variable eingeführt. Für die so erweiterte Optimierungsaufgabe ist eine zulässige Lösung bekannt. Da der neu eingeführten Variablen in der zu maximierenden erweiterten Zielfunktion ein hinreichend kleines Gewicht $-M$ zugewiesen wird, fällt die neue Variable nach einigen Iterationen auf ihren kleinstmöglichen Wert. Ist dieser Wert 0, hat man eine zulässige Lösung für die ursprüngliche Optimierungsaufgabe bestimmt.

Zulässige Startbasen: Die Zweiphasenmethode

Um eine zulässige Startbasis zu finden, wird bei der Zweiphasenmethode zunächst in einer ersten Phase eine geeignete Hilfsaufgabe gelöst. Danach wird ausgehend von der gefundenen zulässigen Startbasis in einer zweiten Phase die eigentliche lineare Optimierungsaufgabe gelöst.

Man sortiert die Restriktionen so, dass in den ersten Zeilen die Ungleichungen mit negativer rechter Seite stehen. Dann zerlegt man den Vektor b entsprechend, d. h. $b = \left[\begin{smallmatrix} b' \\ b'' \end{smallmatrix} \right]$ mit $b' < 0$, $b'' \geq 0$. In Normalform mit den zugehörigen Schlupfvariablen y', y'' lauten die entsprechenden Restriktionen

$$
\begin{aligned}
A'x + y' \quad\;\; &= b' \\
A''x + \quad\;\; y'' &= b''
\end{aligned}
$$

Nach Multiplikation des oberen Gleichungsblocks mit -1 fügen wir einen Vektor u mit entsprechend vielen nicht negativen Hilfsvariablen ein

$$
\begin{aligned}
-A'x - y' + \quad\;\; u &= -b' \\
A''x + \quad\quad\; y'' \;\; &= \;\; b''
\end{aligned}
$$

und wählen als Basisvariable u, y''. Bei Auflösung der Gleichungen nach diesen Basisvariablen

$$
\begin{aligned}
u &= -b' + A'x + y' \\
y'' &= \;\; b'' - A''x
\end{aligned}
$$

ergibt sich die zulässige Basislösung $u = -b'$, $y'' = b''$.

Gelingt es, alle Hilfsvariablen mit Hilfe des Simplexverfahrens auf $u = 0$ abzusenken, ist eine zulässige Basislösung der ursprünglichen Optimierungsaufgabe gefunden. Wir maximieren daher die Hilfszielfunktion

$$
z_H = -\mathbb{1}^\mathrm{T} u = \mathbb{1}^\mathrm{T} b' - \mathbb{1}^\mathrm{T} A'x - \mathbb{1}^\mathrm{T} y'
$$

unter Berücksichtigung der Gleichungen und aller Nichtnegativitätsbedingungen. Die jeweiligen Darstellungskoeffizienten der ursprünglichen Zielfunktion $z = c^{\mathrm{T}}x$ werden in der Pivotoperation des Simplexverfahrens mit berechnet. Dann ist bei Erreichen einer zulässigen Basislösung der ursprünglichen Optimierungsaufgabe die entsprechende Darstellung der ursprünglichen Zielfunktion bekannt.

Für die Startbasis u, y'' fassen wir die Darstellungskoeffizienten in einem erweiterten Tableau T_0 zusammen:

T_0		x	y'
z_H	$1^{\mathrm{T}}b'$	$-1^{\mathrm{T}}A'$	-1^{T}
z	0	c^{T}	0
u	$-b'$	A'	E
y''	b''	$-A''$	0

Die Hilfszielfunktion $-1^{\mathrm{T}}u$ ist nach oben durch 0 beschränkt. Wird diese Schranke für eine optimale Basislösung der Hilfsaufgabe nicht angenommen, so ist das ursprüngliche Polyeder leer. Anderenfalls ist $u = 0$ und (x, y) eine zulässige Lösung für die ursprüngliche Optimierungsaufgabe. Falls bei Entartung einige Hilfsvariablen Basisvariable sind, kann man diese gegen ursprüngliche Variable in der Nichtbasis austauschen. Anschließend streicht man die zu Hilfsvariablen gehörenden Spalten im Tableau und setzt in der zweiten Phase mit der Optimierung der ursprünglich gegebenen Zielfunktion fort.

Beispiel 3.4.1. (Zweiphasenmethode) Aufgrund der vorangegangenen Überlegungen führen wir im Folgenden Beispiel neben den Schlupfvariablen $y_1, \ldots, y_4$ noch zwei Hilfsvariable u_1, u_2 ein und erhalten dann für die Startbasis u_1, u_2, y_3, y_4 das erste Tableau T_0, das wegen $x_1 = x_2 = 0$ im Raum dieser Variablen dem Ursprung P_0 entspricht (vgl. Abb. 3.3):

$$
\begin{aligned}
\max \quad & -x_1 - 2x_2 \\
\text{unter} \quad & x_1 + x_2 \geq 3 \\
& x_2 \geq 2 \\
& -x_1 + x_2 \leq 3 \\
& x_1 - x_2 \leq 3 \\
& x_j \geq 0, \ (j = 1, 2).
\end{aligned}
\quad \Biggr\} \quad \rightarrow
$$

T_0		x_1	x_2	y_1	y_2
z_H	-5	1	2	-1	-1
z	0	-1	-2	0	0
u_1	3	-1	-1	1	0
u_2	2	0	$-\mathbf{1}$	0	1
y_3	3	1	-1	0	0
y_4	3	-1	1	0	0

Zunächst wird die Hilfszielfunktion (vgl. Abb. 3.3, gestrichelt eingezeichnet) mit dem Simplexverfahren maximiert. In der ersten Iteration mit $s = r = 2$ verlässt die Hilfsvariable u_2 die Basis und fällt damit auf den Wert 0. Solche Hilfsvariablen werden nicht länger benötigt und die entsprechende Spalte im Tableau kann entfallen. Daher erhalten wir das Tableau T_1 zum Punkt P_1 mit $x_1 = 0, x_2 = 2$. Eine weitere Iteration mit $s = r = 1$ führt unter Streichung einer weiteren Spalte auf das

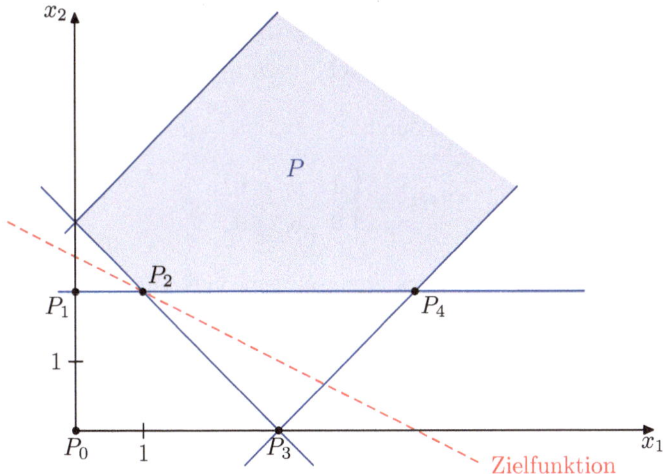

Abb. 3.3 Graphische Darstellung des Beispiels 3.4.1

Tableau T_2 zu P_2 mit $x_1 = 1, x_2 = 2$.

T_1		x_1	y_1	y_2
z_H	-1	1	-1	1
z	-4	-1	0	-2
u_1	1	-1	1	-1
x_2	2	0	0	1
y_3	1	1	0	-1
y_4	5	-1	0	1

$\rightarrow$

T_2		y_1	y_2
z_H	0	0	0
z	-5	-1	-1
x_1	1	1	-1
x_2	2	0	1
y_3	2	1	-2
y_4	4	-1	2

Das Maximum der Hilfszielfunktion wird hier für den Wert 0 erreicht und daher haben wir eine zulässige Lösung der ursprünglichen Optimierungsaufgabe gefunden. Die Zeile der Hilfszielfunktion und, falls noch nicht zuvor durchgeführt, Spalten zu den Hilfsvariablen werden entfernt. Das verbleibende Tableau dient als Starttableau für Algorithmus 3.2. In unserem Beispiel ist es, d. h. die zugehörige Basislösung, nicht nur zulässig sondern auch bereits optimal und daher entspricht P_2 der gesuchten Optimallösung auch der ursprünglichen Optimierungsaufgabe.

Zulässige Startbasen: Die M-Methode

Für die Optimierungsaufgabe in Normalform $\max\{c^\mathsf{T}x \mid Ax + y = b, x \geq 0,$ $y \geq 0\}$ kann wegen $b \not\geq 0$ die übliche Startbasis mit Basisvariablen y nicht benutzt werden. Wir erweitern die Aufgabe daher mit einer Hilfsvariablen zu

$$\max\left\{c^{\mathrm{T}}x - M\tilde{x} \mid Ax + y - \tilde{x}\mathbb{1}^- = b, x \geq 0, y \geq 0, \tilde{x} \geq 0\right\}$$

wobei der Koeffizientenvektor $\mathbb{1}^-$ durch

$$\mathbb{1}^-(i) := \begin{cases} 1 & b_i < 0, \\ 0 & b_i \geq 0, \end{cases}$$

definiert ist. Das Polyeder der Optimierungsaufgabe in Normalform ist genau dann nicht leer, wenn es eine zulässige Lösung des erweiterten Systems mit $\tilde{x} = 0$ gibt. Der Koeffizient $-M$ der Hilfsvariablen $\tilde{x}$ in der erweiterten Zielfunktion wird klein genug zu wählen sein, um bei Maximierung die Variable auf einen möglichst kleinen Wert zu treiben. Die nicht zulässige Basis zu den Basisvariablen y und Nichtbasis-variablen $x, \tilde{x}$ hat die Darstellung $y = -Ax + \tilde{x}\mathbb{1}^-$ und führt durch Austausch von $\tilde{x}$ gegen die Basisvariable y_r mit minimalem Wert $b_r := \min\{b_i \mid i = 1, \ldots, m\}$ zu einer zulässigen Basis $\bar{B}$, deren Basisvariable die nicht negativen Werte

$$y_i = x_{\bar{B}(i)} = \begin{cases} b_i - b_r & b_i < 0, \\ b_i & b_i \geq 0, \end{cases} \tag{3.15}$$

$$\tilde{x} = x_{\bar{B}(r)} = -b_r, \tag{3.16}$$

annehmen. Ausgehend von dieser zulässigen Basis lösen wir mit Hilfe des Sim-plexverfahrens die erweiterte Aufgabe. Sobald sich eine zulässige Basislösung mit $\tilde{x} = 0$ findet, haben wir eine zulässige Lösung der ursprünglichen Aufgabe gefunden. Bei Entartung, falls die Hilfsvariable noch Basisvariable sein sollte, kann sie gegen eine der ursprünglichen Variablen in der Nichtbasis getauscht werden. Nach Streichen der Hilfsvariablen kann ausgehend von der gefundenen zulässigen Start-basis die ursprüngliche Aufgabe gelöst werden.

Andererseits, falls trotz hinreichend großem M in der Optimallösung der erwei-terten Aufgabe $\tilde{x} > 0$ sein sollte, so ist das ursprüngliche Polyeder leer. Die For-derung, dass M hinreichend groß sein muss, ist allerdings problematisch. Bei einer nicht hinreichend großen Wahl und einer Optimallösung mit $\tilde{x} > 0$ bleibt es unklar, ob das ursprüngliche Polyeder leer ist. Um solche Schwierigkeiten zu umgehen, kann man statt sich auf einen nummerischen Wert der Konstante M festzulegen eine zweidimensionale Zielfunktion einführen. Dabei entspricht der Zielfunktionskoeffi-zient $\alpha_j M + \beta_j$ in der M-Methode einem Vektor $(\alpha_j, \beta_j)^{\mathrm{T}} \in \mathbb{R}^2$. Die Koeffizienten der neuen Zielfunktion sind als Vektoren lexikographisch geordnet. Allgemein ist die *lexikographische Ordnung von k-dimensionalen Vektoren* folgenderweise defi-niert:

Definition 3.4.1. *(Lexikographische Ordnung) Ein Vektor $v = (v_1, \ldots, v_k)^{\mathrm{T}} \in \mathbb{R}^k$ heißt* lexikographisch positiv, *in Zeichen $v \succ 0$, wenn seine erste von Null verschie-dene Komponente positiv ist. Ein Vektor $v \in \mathbb{R}^k$ heißt* lexikographisch größer oder gleich *als ein Vektor $u \in \mathbb{R}^k$, in Zeichen $v \succeq u$, wenn $v = u$ oder $v - u \succ 0$ gilt.*

So ist etwa $v = (0, 0, 1, -20)^\mathrm{T}$ lexikographisch positiv und lexikographisch größer als $u = (0, 0, 0, 100)^\mathrm{T}$. Die lexikographische Ordnung $\succeq$ von Vektoren $u \in \mathbb{R}^k$ erfüllt die Ordnungsaxiome, d. h. sie ist reflexiv, transitiv und antisymmetrisch. Außerdem ist sie eine vollständige Ordnung, d. h. es gilt $v \succ u$, $v = u$ oder $u \succ v$. Ferner ist die lexikographische Ordnung verträglich mit der Vektoraddition, d. h.

$$v \succeq u \Rightarrow v + w \succeq u + w$$

für alle $u, v, w \in \mathbb{R}^k$ und verträglich mit der skalaren Multiplikation, d. h.

$$v \succeq u \Rightarrow c \cdot v \succeq c \cdot u$$

für alle $c > 0$, $u, v \in \mathbb{R}^k$. In der Sprache der linearen Algebra bilden die Vektoren des $\mathbb{R}^k$ nicht nur eine „angeordnete kommutative Gruppe" sondern sogar einen „angeordneten Vektorraum" über $\mathbb{R}$.

In Analogie zur M-Methode wird die zweidimensionale Zielfunktion

$$Z(x, y, \tilde{x}) := \begin{pmatrix} z_M \\ z \end{pmatrix} := \sum_{i=1}^{n} x_j \begin{pmatrix} 0 \\ c_j \end{pmatrix} + \sum_{i=1}^{m} y_i \begin{pmatrix} 0 \\ 0 \end{pmatrix} + \tilde{x} \begin{pmatrix} -1 \\ 0 \end{pmatrix}$$

gebildet, deren *lexikographisches Maximum*

$$\mathrm{lexmax}\, \{ Z(x, y, \tilde{x}) \mid Ax + y - \tilde{x}\mathbb{1}^- = b, x \geq 0, y \geq 0, \tilde{x} \geq 0 \} \qquad (3.17)$$

bestimmt werden muss. Dazu wird im Tableau oberhalb der bisherigen Zielfunktionszeile zu z eine weitere Zielfunktionszeile zu z_M eingefügt. Für die Startbasis y fassen wir die Darstellungskoeffizienten in einem erweiterten Tableau T_0 zusammen:

T_0		x	$\tilde{x}$
z_M	0	0	-1
z	0	c^T	0
y	b	$-A$	$\mathbb{1}^-$

In der ersten Iteration wird wieder $\tilde{x}$ gegen y_r ausgetauscht. Die Zielfunktionszeilen werden beide entsprechend umgerechnet. Als Pivotspalte in den weiteren Iterationen wird jeweils die zu einem lexikographisch maximalen reduzierten Koeffizientenvektor der beiden Zielfunktionen gewählt. Sobald die erste Zielfunktionszeile den Zielfunktionswert 0 erreicht, ist $\tilde{x} = 0$ und, nach einem etwaigen Austausch gegen eine ursprüngliche Nichtbasisvariable, ist wieder eine zulässige Basis der ursprünglichen Aufgabe gefunden. Anderenfalls, wenn der Wert der ersten Zielfunktion in einer optimalen Lösung der lexikographischen Optimierungsaufgabe (3.17) nicht 0 ist, so ist das Polyeder der ursprünglichen Optimierungsaufgabe leer.

Beispiel 3.4.2. (Lexikographische M-Methode für Beispiel 3.4.1)

T_0		x_1	x_2	$\tilde{x}$
z_M	0	0	0	-1
z	0	-1	-2	0
y_1	-3	1	1	**1**
y_2	-2	0	1	1
y_3	3	1	-1	0
y_4	3	-1	1	0

$\rightarrow$

T_1		x_1	x_2	y_1
z_M	-3	1	1	-1
z	0	-1	-2	0
$\tilde{x}$	3	-1	-1	1
y_2	1	**-1**	0	1
y_3	3	1	-1	0
y_4	3	-1	1	0

$\rightarrow$

T_2		y_2	x_2	y_1
z_M	-2	-1	1	0
z	-1	1	-2	-1
$\tilde{x}$	2	1	**-1**	0
x_1	1	-1	0	1
y_3	4	-1	-1	1
y_4	2	1	1	-1

$\rightarrow$

T_3		y_2	y_1
z_M	0	0	0
z	-5	-1	-1
x_2	2	1	0
x_1	1	-1	1
y_3	2	-2	1
y_4	4	2	-1

Im letzten Pivotschritt verlässt die Hilfsvariable die Basis und fällt damit auf den Wert $\tilde{x} = 0$. Daher kann die entsprechende Nichtbasisspalte im Tableau gestrichen werden und wir erhalten das Tableau T_3, das sich in diesem Beispiel nicht nur als zulässig sondern auch als optimal erweist. Insbesondere wird wieder die optimale, zulässige Basislösung $x^{\mathrm{T}} = (1, 2, 0, 0, 0)$ gefunden.

3.5 Endlichkeit

Da die Anzahl der Ecken endlich ist, ist das Simplexverfahren endlich, falls die Zielfunktion in jedem Schritt echt wächst. Wegen $t_{0s} > 0$, $t_{rs} < 0$ wächst der neue Zielfunktionswert $\bar{t}_{00} = t_{00} + \frac{t_{0s}}{-t_{rs}} t_{r0}$ nur dann nicht, wenn $t_{r0} = x_{B(r)} = 0$, also wenn die Basislösung zur Basis B entartet ist. Im Falle einer entarteten Basislösung gibt es verschiedene Basen, die auf die gleiche Basislösung führen. Es könnte also sein, dass im Simplexverfahren Basen, die zu einer Lösung gehören, in zyklischer Weise ausgetauscht werden und damit das Simplexverfahren ins Kreisen gerät.

Das folgende kleine Beispiel zeigt, dass diese Situation tatsächlich eintreten kann.

Beispiel 3.5.1. (Kreisen beim Simplexverfahren, Gass [34], 1964)

$$\begin{array}{rl}
\max & \frac{3}{4}x_1 - 150x_2 + \frac{1}{50}x_3 - 6x_4 \\
unter & \frac{1}{4}x_1 - 60x_2 - \frac{1}{25}x_3 + 9x_4 \le 0 \\
& \frac{1}{2}x_1 - 90x_2 - \frac{1}{50}x_3 + 3x_4 \le 0 \\
& x_3 \le 1 \\
& x_1, \quad x_2, x_3, \quad x_4 \ge 0
\end{array}$$

Mit dem Simplexverfahren durchlaufen wir eine zyklische Folge von Basen, deren zugehörige Darstellungen wir in Tableauform angeben:

T_0		x_1	x_2	x_3	x_4
z	0	$\frac{3}{4}$	-150	$\frac{1}{50}$	-6
x_5	0	$-\frac{1}{4}$	60	$\frac{1}{25}$	-9
x_6	0	$-\frac{1}{2}$	90	$\frac{1}{50}$	-3
x_7	1	0	0	-1	0

$\to$

T_1		x_5	x_2	x_3	x_4
z	0	-3	30	$\frac{7}{50}$	-33
x_1	0	-4	240	$\frac{4}{25}$	-36
x_6	0	2	-30	$-\frac{3}{50}$	15
x_7	1	0	0	-1	0

$\to$

T_2		x_5	x_6	x_3	x_4
z	0	-1	-1	$\frac{2}{25}$	-18
x_1	0	12	-8	$-\frac{8}{25}$	84
x_2	0	$\frac{1}{15}$	$-\frac{1}{30}$	$-\frac{1}{500}$	$\frac{1}{2}$
x_7	1	0	0	-1	0

$\to$

T_3		x_5	x_6	x_1	x_4
	0	2	-3	$-\frac{1}{4}$	3
x_3	0	$\frac{75}{2}$	-25	$-\frac{25}{8}$	$\frac{525}{2}$
x_2	0	$-\frac{1}{120}$	$\frac{1}{60}$	$\frac{1}{160}$	$-\frac{1}{40}$
x_7	1	$-\frac{75}{2}$	25	$\frac{25}{8}$	$-\frac{525}{2}$

$\to$

T_4		x_5	x_6	x_1	x_2
	0	1	-1	$\frac{1}{2}$	-120
x_3	0	-50	150	$\frac{125}{2}$	-10500
x_4	0	$-\frac{1}{3}$	$\frac{2}{3}$	$\frac{1}{4}$	-40
x_7	1	50	-150	$-\frac{125}{2}$	10500

$\to$

T_5		x_3	x_6	x_1	x_2
	0	$-\frac{1}{50}$	2	$\frac{7}{4}$	-330
x_5	0	$-\frac{1}{50}$	3	$\frac{5}{4}$	-210
x_4	0	$\frac{1}{150}$	$-\frac{1}{3}$	$-\frac{1}{6}$	30
x_7	1	-1	0	0	0

$\to$

T_6		x_3	x_4	x_1	x_2
	0	$\frac{1}{50}$	-6	$\frac{3}{4}$	-150
x_5	0	$\frac{1}{25}$	-9	$-\frac{1}{4}$	60
x_6	0	$\frac{1}{50}$	-3	$-\frac{1}{2}$	90
x_7	1	-1	0	0	0

In Tableau T_6 erhält man wieder dieselbe Basis wie im Anfangstableau T_0; daher ist das Simplexverfahren für dieses Beispiel nicht endlich und kreist auf einer Basislösung!

Von Dantzig wurde die Frage nach möglichst kleinen linearen Optimierungsaufgaben aufgeworfen, bei denen Kreisen auftreten könnte. Es gilt

Satz 3.5.1. *(Marshall und Suurballe [56], 1969) Werden im Simplexverfahren die Pivotspalte durch*

$$s := \min \left\{ j^* \mid c_{j^*} = \max c_j \right\}$$

und die Pivotzeile durch

$$r := \min \left\{ i^* \,\middle|\, \frac{b_{i^*}}{a_{i^*s}} = \min \left(\frac{b_i}{a_{is}} \,\middle|\, a_{is} > 0 \right) \right\}$$

gewählt, so muss $m \geq 2$, $n \geq 3$ und $m + n \geq 6$ gelten, damit ein Kreisen auftritt. Falls Kreisen in einer nicht optimalen Basislösung auftritt, muss $m \geq 3$, $n \geq 3$ und $m + n \geq 7$ gelten. Ferner sind diese Schranken scharf.

Ein Beweis dieses Satzes sowie Beispiele für die angegebenen Werte von m und n finden sich in [56].

Lexikographische Zusatzregel

Um die Endlichkeit des Verfahrens zu erzwingen, müssen wir eine Zusatzregel finden, die das Kreisen verhindert. Dazu betrachten wir noch einmal, wie sich die Pivotoperation auf die Zeilen der Darstellung zur Basis B auswirkt. Bei geeigneter Nummerierung der Variablen dürfen wir $B = (1, \ldots, m)$, $N = (m + 1, \ldots, m + n)$ annehmen. Wenn wir alle Variablen einschließlich der Schlupfvariablen auf der rechten Seite sammeln, lauten die Gleichungen der Darstellung vor der Pivotoperation

$$z_0 = z - c_N^{\mathrm{T}} x_N, \tag{3.18}$$

$$b = x_B + A_N x_N. \tag{3.19}$$

Deren Koeffizienten fassen wir zu Zeilenvektoren $h_0, h_1, \ldots, h_m \in \mathbb{R}^{2+m+n}$ und diese zu einem langen Tableau H zusammen. H enthält im Wesentlichen die gleichen Informationen wie die bisherigen Tableaus (mit teilweise umgekehrten Vorzeichen). Vor der Pivotoperation hat H das folgende Aussehen:

$$H = \begin{array}{|c|c|c|c|} \hline t_{00} & 1 & 0 \ldots 0 & -t_{0j} \\ \hline t_{i0} & 0 & E & -t_{ij} \\ \hline \end{array} = \begin{array}{|c|c|c|c|} \hline z_0 & 1 & 0 \ldots 0 & -c_N^{\mathrm{T}} \\ \hline b & 0 & E & A_N \\ \hline \end{array} \tag{3.20}$$

Die Pivotoperation mit dem Pivotelement $-t_{r,s-m-2} = h_{r,s} > 0$ wird dann durch die folgenden Zeilenoperationen beschrieben:

$$\bar{h}_r := \frac{1}{h_{rs}} h_r; \quad \bar{h}_i := h_i - h_{is} \bar{h}_r, \quad \text{für} \quad i = 0, \ldots, m, i \neq r. \tag{3.21}$$

Da ein strenges Anwachsen der Zielfunktionswerte bei Entartung nicht gesichert werden kann, versuchen wir ein strenges „Anwachsen" der Zielfunktionszeile h_0 bezüglich der bereits bei der M-Methode eingeführten lexikographischen Ordnung (Definition 3.4.1) von Vektoren zu erreichen. Wir untersuchen, ob sich die Pivotelemente so wählen lassen, dass die Zielfunktionszeile bezüglich der lexikographischen Ordnung streng monoton wächst.

Wenn wir wieder $b \geq 0$ voraussetzen, sind die Zeilenvektoren $h_i, i > 0$, der Anfangsdarstellung (3.18) wegen der enthaltenen Einheitsvektoren lexikographisch positiv und linear unabhängig.

Zur Maximierung der Zielfunktion wird die Pivotspalte s unverändert durch ein $h_{0s} = -t_{0s} < 0$ bestimmt. Die Wahl der Pivotzeile r erfolgt jedoch durch die neue aufwändigere Regel

$$\frac{1}{h_{rs}} h_r := \operatorname{lexmin} \left\{ \frac{1}{h_{is}} h_i \mid i = 1, \ldots, m, h_{is} > 0 \right\} \tag{3.22}$$

Durch das lexikographische Minimum der gewichteten Zeilen des langen Tableaus wird r eindeutig fixiert, denn die lineare Unabhängigkeit der Zeilen verbietet $\frac{1}{h_{is}} h_i = \frac{1}{h_{js}} h_j$ für $i \neq j$. Die Regel verfeinert offenbar die frühere Zeilenauswahlregel.

Lemma 3.5.2. Für das Simplexverfahren mit lexikographischer Zeilenauswahlregel (3.22) gilt:

1. h_0 nimmt streng lexikographisch zu,
2. h_i ist stets für alle $i = 1, \ldots, m$ lexikographisch positiv.

Beweis. Zu Beginn ist die zweite Aussage erfüllt. Ist dies vor einer Iteration richtig, d. h. $h_i \succ 0$, für alle $i = 1, \ldots, m$, so zeigen wir, dass dies auch für die neuen Zeilen $\bar{h}_i, i = 1, \ldots, m$, in (3.21) gilt.

Für $i = r$ folgt $\bar{h}_r \succ 0$ aus $h_{rs} > 0$. Für $i \neq r$ mit $h_{is} \leq 0$ gilt $\bar{h}_i = h_i - h_{is}\bar{h}_r \succeq h_i \succ 0$. Für $i \neq r$ mit $h_{is} > 0$ folgt aus der lexikographischen Zeilenauswahlregel $\frac{1}{h_{is}} h_i \succ \frac{1}{h_{rs}} h_r$. Also ist $h_i \succ \frac{h_{is}}{h_{rs}} h_r = h_{is}\bar{h}_r$, woraus die Behauptung folgt.

Die erste Aussage ergibt sich aus $\bar{h}_r \succ 0$, $h_{0s} < 0$, da dann $\bar{h}_0 = h_0 - h_{0s}\bar{h}_r \succ h_0$. $\qquad\square$

Satz 3.5.3. *Das Simplexverfahren mit lexikographischer Zeilenauswahlregel (3.22) ist endlich.*

Beweis. Folgt unmittelbar aus Lemma 3.5.2. $\qquad\square$

Beispiel 3.5.2. (Lexikographische Zeilenauswahlregel für Beispiel 3.5.1) Verwendet man beim Beispiel von Gass die lexikographische Zusatzregel, so erhält man nach 5 Iterationen die Optimallösung. Da in diesem Beispiel bereits die Zeilen von A_N lexikographisch positiv sind, können wir die Schlupfvariablen, wie z. B. in Normalform üblich, hinten anfügen. Die resultierenden Zeilen h_i, $i = 0, \ldots, m$ von

$$z_0 = z - c_N^{\mathrm{T}} x_N,$$
$$b = 0 + A_N x_N + x_B$$

fassen wir zu einem Tableau H zusammen. Die ersten beiden Pivotschritte bleiben unverändert:

H_0	z	x_1	x_2	x_3	x_4	x_5	x_6	x_7
0	1	$-\frac{3}{4}$	150	$-\frac{1}{50}$	6	0	0	0
0	0	$\frac{1}{4}$	-60	$-\frac{1}{25}$	9	1	0	0
0	0	$\frac{1}{2}$	-90	$-\frac{1}{50}$	3	0	1	0
1	0	0	0	1	0	0	0	1

$\rightarrow$

H_1	z	x_1	x_2	x_3	x_4	x_5	x_6	x_7
0	1	0	-30	$-\frac{7}{50}$	33	3	0	0
0	0	1	-240	$-\frac{4}{25}$	36	4	0	0
0	0	0	$\mathbf{30}$	$\frac{3}{50}$	-15	-2	1	0
1	0	0	0	1	0	0	0	1

Durch die lexikographische Zeilenauswahlregel wird aber im Tableau H_2 ein anderes Pivotelement gewählt:

H_2	z	x_1	x_2	x_3	x_4	x_5	x_6	x_7
0	1	0	0	$-\frac{2}{25}$	18	1	1	0
0	0	1	0	$\frac{8}{25}$	-84	-12	8	0
0	0	0	1	$\frac{1}{500}$	$-\frac{1}{2}$	$-\frac{1}{15}$	$\frac{1}{30}$	0
1	0	0	0	1	0	0	0	1

$\rightarrow$

H_3	z	x_1	x_2	x_3	x_4	x_5	x_6	x_7
0	1	0	40	0	-2	$-\frac{5}{3}$	$\frac{7}{3}$	0
0	0	1	-160	0	-4	$-\frac{4}{3}$	$\frac{8}{3}$	0
0	0	0	500	1	-250	$-\frac{100}{3}$	$\frac{50}{3}$	0
1	0	0	-500	0	$\mathbf{250}$	$\frac{100}{3}$	$-\frac{50}{3}$	1

In Tableau H_3 wird infolgedessen das Pivotelement so gewählt, dass die entartete Basislösung verlassen wird und der Wert der Zielfunktion echt wächst:

H_4	z	x_1	x_2	x_3	x_4	x_5	x_6	x_7
$\frac{1}{125}$	-1	0	36	0	0	$-\frac{7}{5}$	$\frac{4}{5}$	$\frac{1}{125}$
$\frac{2}{125}$	0	1	-168	0	0	$-\frac{4}{5}$	$\frac{12}{5}$	$\frac{2}{125}$
1	0	0	0	1	0	0	0	1
$\frac{1}{250}$	0	0	-2	0	1	$\frac{2}{15}$	$-\frac{1}{15}$	$\frac{1}{250}$

$\rightarrow$

H_5	z	x_1	x_2	x_3	x_4	x_5	x_6	x_7
$\frac{1}{20}$	1	0	15	0	$\frac{21}{2}$	0	$\frac{3}{2}$	$\frac{1}{20}$
$\frac{1}{25}$	0	1	-180	0	6	0	2	$\frac{1}{25}$
1	0	0	0	1	0	0	0	1
$\frac{3}{100}$	0	0	-15	0	$\frac{15}{2}$	1	$-\frac{1}{2}$	$\frac{3}{100}$

Geometrische Interpretation (ϵ-Störung) der lexikographischen Zeilenauswahlregel

In der Darstellung zur Startbasis stören wir b_i, $i = 1, \ldots, m$, mit Hilfe der Zeilen h_i des langen Tableaus H in (3.20) auf folgende Weise:

$$b_i \mapsto b_i(\epsilon) := b_i + \epsilon^{i+1} + a_{i1}\epsilon^{m+2} + \cdots + a_{in}\epsilon^{m+n+1} = \sum_{j=0}^{m+n} h_{ij}\epsilon^j . \quad (3.23)$$

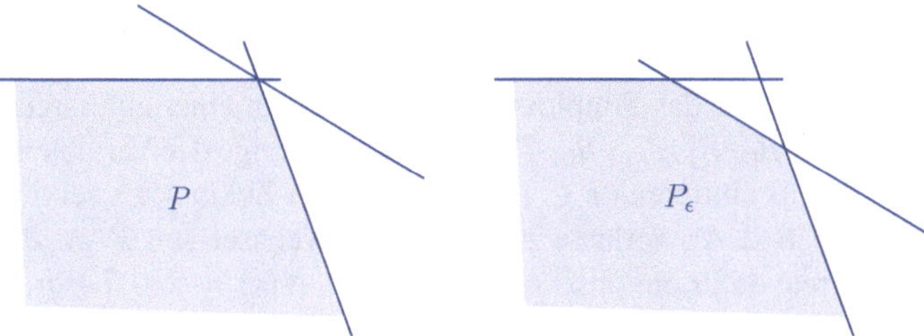

Abb. 3.4 Die entartete Basislösung (*links*) geht nach *Störung* in eine nicht zulässige und zwei zulässige Basislösungen (*rechts*) über.

Für genügend kleines ϵ ist $b_i(\epsilon) > 0$ genau dann, wenn $h_i \succ 0$. Die Beziehung bleibt auch nach einem Pivotschritt gültig, da die neuen Zeilen $\bar{H}$ Linearkombination der Zeilen von H sind, d. h.

$$\bar{b}_i(\epsilon) = \sum_{j=0}^{m+n} \bar{h}_{ij}\epsilon^j \,.$$

Da bei der lexikographischen Methode nur endlich viele zulässige Basislösungen durchlaufen werden und die Zeilen h_i der zugehörigen langen Tableaus lexikographisch positiv sind, kann man ϵ klein genug wählen, so dass $\bar{b}_i(\epsilon), i = 1,\ldots,m$, für alle zulässigen Basislösungen positiv ist, d. h. das gestörte Problem besitzt keine entartete Basislösung. Die lexikographische Zeilenauswahlregel für das ungestörte Problem liefert dann die gleiche Folge von Pivotelementen wie die ursprüngliche Regel für das gestörte Problem.

Blands Regel

Eine andere einfache Möglichkeit, das Kreisen beim Simplexverfahren zu verhindern, gab Bland [8] an. Sie beruht auf kombinatorischen Überlegungen und ist nicht von Zahlenwerten abhängig. Daher spielt sie eine Rolle bei der Verallgemeinerung des Simplexverfahrens in „orientierten Matroiden" (siehe Bachem und Kern [4]). Die Regel von Bland schreibt nicht nur die Wahl der Pivotzeile s vor, sondern auch die Wahl der Pivotspalte r in der Menge

$$R(s) := \left\{ i \,\left|\, \frac{t_{i0}}{-t_{is}} = \min\left(\frac{t_{k0}}{-t_{ks}} \,\middle|\, t_{ks} < 0,\, k = 1,\ldots,m \right) \right.\right\}$$

der zu s wählbaren Pivotspalten.

1. Pivotspalte s: Wähle zuerst s durch $N(s) := \min\{N(j) \mid t_{0j} > 0\}$,
2. Pivotzeile r: Wähle dann r durch $B(r) := \min\{B(i) \mid i \in R(s)\}$.

Satz 3.5.4. *Das Simplexverfahren mit Blands Regel ist endlich.*

Beweis. Nehmen wir an, das Simplexverfahren kreise in einer zulässigen Basislösung mit den Basen $B_0, B_1, \ldots, B_0$. T sei die Indexmenge der Variablen x_j, die in die Basen des Zyklus eintreten ($j \in T \Rightarrow x_j = 0$ im Zyklus). Es sei q der größte Index in T und, o. B. d. A., verlasse x_q beim Basiswechsel von $B = B_0$ nach B_1 die Basis. $x_{N(s)}$ trete dafür ein (also $B(r) = q \in T$, $N(s) = p \in T$), $p < q$. Beim Wechsel von $B = B_\mu$ nach $B_{\mu+1}$ trete x_q wieder in die Basis ein.

Da auf der Ecke der Zielfunktionswert konstant ist, gilt $t_{00} = \bar{t}_{00}$ in:

$$
\left.\begin{aligned}
&(1) \qquad z = t_{00} + \sum t_{0j} x_{N(j)} \\
&(2) \; x_{B(i)} = t_{i0} + \sum t_{ij} x_{N(j)}
\end{aligned}\right\} \text{ Basis } B, \; t_{0s} > 0
$$

$$
\left.\begin{aligned}
&(3) \qquad z = \bar{t}_{00} + \sum \bar{t}_{0j} x_{\bar{N}(j)} \\
&(4) \; x_{\bar{B}(i)} = \bar{t}_{i0} + \sum \bar{t}_{ij} x_{\bar{N}(j)}
\end{aligned}\right\} \text{ Basis } \bar{B}, \; \bar{t}_{0\varrho} > 0, \; \bar{N}(\varrho) = q
$$

Aus (1) und (3) folgt $t_{00} + c^{\mathrm{T}} x = t_{00} + \bar{c}^{\mathrm{T}} x$, wobei $c_B \equiv 0$, $\bar{c}_{\bar{B}} \equiv 0$.

Für $x_{N \setminus p} \equiv 0$ ergibt sich daraus und aus (2)

$$
c_p x_p = \bar{c}_p x_p + \sum_{i=1}^{m} \bar{c}_{B(i)}(t_{i0} + t_{is} x_p) \text{ für alle } x_p \in \mathbb{R}.
$$

Somit folgt

$$
\left(c_p - \bar{c}_p - \sum_{i=1}^{m} \bar{c}_{B(i)} t_{is} \right) x_p = \sum_{i=1}^{m} \bar{c}_{B(i)} t_{i0} \text{ für alle } x_p \in \mathbb{R}.
$$

Diese Gleichung kann nur dann für alle $x_p \in \mathbb{R}$ gültig sein, wenn beide Seiten verschwinden, es gilt daher $c_p - \bar{c}_p - \sum \bar{c}_{B(i)} t_{is} = 0$ und $\sum \bar{c}_{B(i)} t_{i0} = 0$.

Weiterhin ist $c_p = t_{0s} > 0$ sowie $\bar{c}_p \leq 0$, da zwar $p < q$, aber x_p nicht in die Basis eintritt. Es gilt daher

$$
\sum_{i=1}^{m} \bar{c}_{B(i)} t_{is} = c_p - \bar{c}_p > 0.
$$

Daher ist $\bar{c}_{B(k)} t_{ks} > 0$ für mindestens ein k mit $1 \leq k \leq m$. Insbesondere ist $\bar{c}_{B(k)} \neq 0$, und damit muss $B(k) \in \bar{N}$ sein. Es folgt $B(k) \in T$, $B(k) \leq$, $x_{B(k)} = 0$.

Andererseits: $\bar{c}_q = \bar{t}_{0\varrho} > 0$ (da x_q in der entsprechenden Iteration in die Basis eintritt) und $t_{rs} < 0$ ($x_{B(r)}$ verlässt die Basis), und somit gilt $\bar{c}_{B(r)} t_{rs} < 0$, woraus $r \neq k$, $B(k) < q$ folgt.

Da $x_{B(k)}$ nicht in die Basis eintritt, gilt $\bar{c}_{B(k)} \leq 0$, also $t_{ks} < 0$. Dann ist $x_{B(k)}$ aber Kandidat, um B zu verlassen im Widerspruch zur Wahl von x_q (da $B(k) < q$)!

$$\square$$

Man beachte, dass bei der Regel von Bland sowohl Pivotspalte als auch Pivotzeile vorgeschrieben werden müssen. Wird nur die Zeilenauswahlregel verwendet, so gibt es Beispiele für Kreisen.

Bemerkung: Blands Regel führt im Vergleich zu einfachen Störungsansätzen der rechten Seite, die von (3.23) motiviert sind, in der Praxis meist zu längeren Rechenzeiten. Eine Störung wird in der Praxis erst und nur dann angewandt, wenn etliche Iterationen nicht von einer Ecke wegführen.

Folgerungen aus der Endlichkeit

Aufgrund der Endlichkeit des Simplexverfahrens mit Zusatzbedingungen wie der lexikographischen Auswahlregel, der Störung oder Blands Regel liefern die drei Bedingungen, unter denen das Simplexverfahren abbrechen kann, drei grundlegende Alternativen, von denen für jede lineare Optimierungsaufgabe in kanonischer Form genau eine erfüllt ist.

Satz 3.5.5. *Für die Lineare Optimierungsaufgabe* $\max \left\{ c^{\mathrm{T}} x \mid Ax \leq b, x \geq 0 \right\}$ *gilt eine der folgenden strengen Alternativen:*

1. *Das Polyeder* $P = \{x \mid Ax \leq b, x \geq 0\}$ *ist leer,*
2. $c^{\mathrm{T}} x$ *ist auf dem Polyeder* P *nach oben unbeschränkt,*
3. *Es gibt eine optimale Basislösung mit nichtpositiven reduzierten Kosten (d. h.* $\tilde{c}_N \leq 0$*).*

Man kann wegen der Endlichkeit offenbar mit Hilfe des Simplexverfahrens einen konstruktiven Beweis für diesen Satz führen. An späterer Stelle werden wir damit das Lemma von Farkas beweisen.

3.6 Simplexinterpretation des Simplexverfahrens

Dantzig [21] hat anhand eines Mischungsproblems aufgezeigt, woher der Simplexalgorithmus seinen Namen hat. Ein *Simplex* ist ein volldimensionales Polytop mit $n + 1$ Ecken im $\mathbb{R}^n$, z. B. der *Einheitssimplex* $\{x \in \mathbb{R}^n \mid \mathbb{1}^{\mathrm{T}} x = 1, x \geq 0\}$. In Anlehnung an Dantzigs Ausführungen werden wir zeigen, dass dem Übergang von einer Basislösung zur nächsten, geometrisch ein Simplex entspricht. Aus dieser geometrischen Interpretation leitet sich der Name des Verfahrens ab.

Wir minimieren im Mischungsproblem die der Zielfunktion entsprechende Variable z mit

$$
\begin{aligned}
c_1 x_1 + \ldots + c_n x_n &= z \\
a_1 x_1 + \ldots + a_n x_n &= b \\
x_1 + \ldots + \quad x_n &= 1 \\
x_j &\geq 0 \ (j = 1, \ldots, n).
\end{aligned}
$$

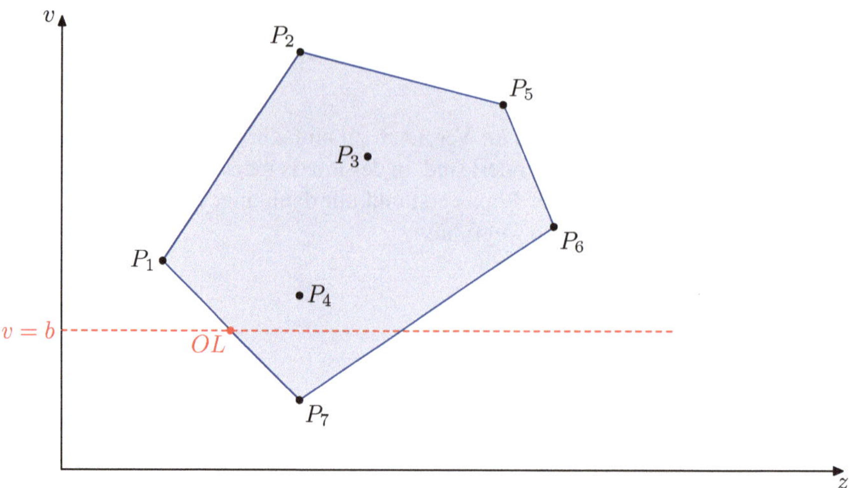

Abb. 3.5 Beispiel zur geometrischen Interpretation eines Mischungsmodells mit $n = 7$

Wir fassen die Spalten $P_j := \binom{c_j}{a_j}$, $j = 1, \ldots, n$, als Punkte in der (z, v)-Ebene auf. Mit der Matrix $P := (P_1 \,|\, \ldots \,|\, P_n)$ lässt sich das Ungleichungssystem schreiben als

$$Px = \binom{z}{b}, \quad \mathbb{1}^{\mathrm{T}}x \geq 0, x \geq 0,$$

d. h. die zulässigen Punkte entsprechen den Konvexkombinationen der Punkte P_j, $j = 1, \ldots, n$, die auf der Geraden $v = b$ liegen. Die Optimallösung liefert jener Punkt auf der Geraden $v = b$, der die kleinste Abszisse hat (vgl. Abb. 3.5).

Wie bestimmt das Simplexverfahren diese Optimallösung? Zwei Punkte $P_i\,P_j$ entsprechen einer zulässigen Basislösung, wenn das Intervall $[P_i, P_j]$ die Gerade $v = b$ schneidet, etwa in $\lambda P_i + (1-\lambda)P_j$. Dem entspricht die zulässige Basislösung mit den beiden Basisvariablen $x_i = \lambda$ und $x_j = 1 - \lambda$. In Abb. 3.5 ist etwa durch P_6, P_7 eine zulässige Basislösung bestimmt.

Um festzustellen, ob diese Basislösung optimal ist, bestimmt man den Abstand der Punkte $P_k, k \neq i, j$ von der Geraden $\langle P_i, P_j \rangle$ in z-Richtung. Wir überlegen uns, dass dieser Abstand den reduzierten Kostenkoeffizienten entspricht, die bekanntlich durch

$$\tilde{c}_k = c_k - (\pi_1, \pi_2)\binom{a_k}{1}, \quad (k = 1, \ldots, n)$$

für $(\pi_1, \pi_2) := (c_i, c_j)\left(\begin{smallmatrix} a_i & a_j \\ 1 & 1 \end{smallmatrix}\right)^{-1}$ berechnet werden. Insbesondere gilt für die reduzierten Kostenkoeffizienten der Basisvariablen $0 = \tilde{c}_k, k = i, j$. Formuliert man die rechte Seite dieser Bedingungen um, so erhält man

$$\tilde{c}_k = (1, -\pi_1)P_k - \pi_2\,, \quad (k = 1, \ldots, n)\,.$$

Insbesondere liegen die der Basis entsprechenden Punkte auf der Geraden

$$G := \left\{ \begin{pmatrix} z \\ v \end{pmatrix} \ \middle|\ (1, -\pi_1) \begin{pmatrix} z \\ v \end{pmatrix} = \pi_2 \right\}$$

und für die der Nichtbasis entsprechenden Punkte gilt

$$(1, -\pi_1) \begin{pmatrix} z - \tilde{c}_k \\ v \end{pmatrix} = \pi_2\,,$$

d. h. die reduzierten Kosten entsprechen dem Abstand dieser Punkte von der Geraden G in z-Richtung.

Beim betrachteten Minimierungsproblem ist die Basislösung optimal, wenn $\tilde{c}_N \geq 0$ gilt, d. h. alle Punkte liegen *rechts* der Geraden $v = b$ im Halbraum $G_{\leq}$. Anderenfalls wähle man einen Punkt P_k mit $\tilde{c}_k < 0$, etwa mit minimalem $\tilde{c}_k$ nach Spaltenauswahlregel (4.1). Durch $P_i P_j P_k$ wird ein Simplex erzeugt. Zwei Kanten dieses Simplex werden von der Geraden $v = b$ geschnitten, eine Kante entspricht der alten Basislösung, die andere der neuen Basislösung (vgl. Abb. 3.6).

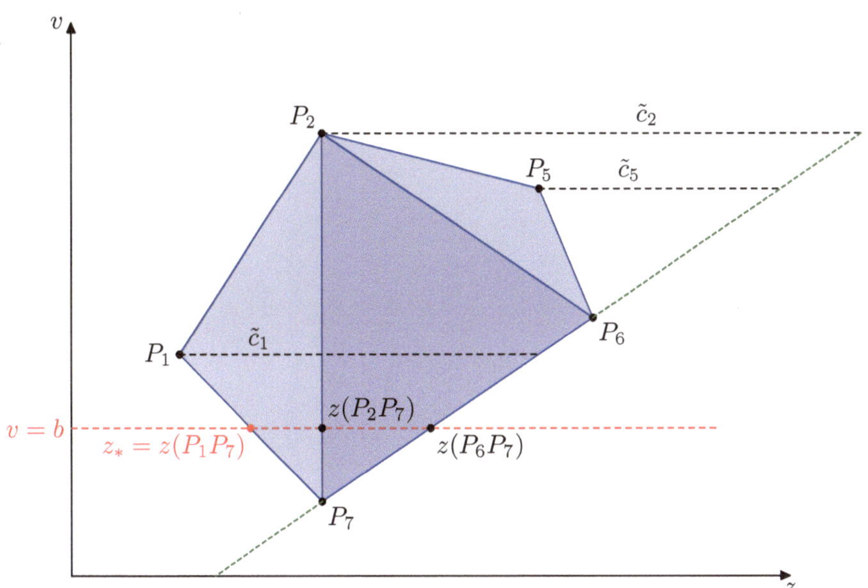

Abb. 3.6 Für die Basis zu $P_6 P_7$ ist $\tilde{c}_2 = \min\{\tilde{c}_1, \tilde{c}_2, \tilde{c}_5\}$. Der Simplexschritt führt von der Basis zu $P_6 P_7$ über den Simplex $P_2 P_6 P_7$ zur Basis zu $P_2 P_7$. Ein weiterer Simplexschritt über den Simplex $P_1 P_2 P_7$ liefert die optimale Basis zu $P_1 P_7$.

Die hier gegebene Interpretation des Mischungsproblems ist ein Spezialfall einer zweiten möglichen geometrischen Deutung linearer Optimierungsaufgaben. Gegeben sei die lineare Optimierungsaufgabe

$$\max \left\{ c^{\mathrm{T}}x \mid Ax = b, x \geq 0 \right\}$$

mit einer $(m \times n)$-Matrix A, $m < n$.

Zu dieser Optimierungsaufgabe fassen wir die Punkte $P_j \in \mathbb{R}^{m+1} := \begin{pmatrix} c_j \\ A_j \end{pmatrix}$, $j = 1, \ldots, n$, in einer Matrix $P := (P_1 | \ldots | P_n)$ zusammen und betrachten den polyedrischen Kegel

$$U := \{ Px \mid x \geq 0 \} \, .$$

U ist das Bild des positiven Orthanten unter der durch P bezüglich des kanonischen Koordinatensystems mit den Koordinaten $u_0, u_1, \ldots, u_m$ beschriebenen linearen Abbildung. Somit ist U ein polyedrischer Kegel im $\mathbb{R}^{m+1}$. Schneidet die zur u_0-Achse parallele Gerade $G := \left\{ (u_0, b_1, \ldots, b_m)^{\mathrm{T}} \mid u_0 \in \mathbb{R} \right\}$ den Kegel U nicht, dann besitzt die Optimierungsaufgabe keine zulässige Lösung. Da U konvex, ist ein nichtleerer Durchschnitt $G \cap U$ entweder ein Intervall oder ein Halbstrahl, was den beiden anderen Möglichkeiten linearer Optimierungsaufgaben entspricht.

Das oben diskutierte Mischungsproblem ist dagegen stets beschränkt; zur unmittelbaren Verallgemeinerung im beschränkten Fall ersetzt man die dort geforderte Restriktion $a^{\mathrm{T}}x = b$ mit $b \in \mathbb{R}$ durch $Ax = b$ mit $b \in \mathbb{R}^m$; die lineare Optimierungsaufgabe

$$\max \left\{ c^{\mathrm{T}}x \mid Ax = b, \mathbb{1}^{\mathrm{T}}x = 1, x \geq 0 \right\}$$

kann dann vollkommen analog zur Diskussion des obigen Mischungsproblems interpretiert werden.

Kapitel 4
Nummerische und algorithmische Aspekte des Simplexverfahrens

Der bei der Durchführung auf einem Computer anfallende nummerische Aufwand des Simplexverfahrens in Tableauform (3.2) besteht im Wesentlichen in der Anzahl der in einer Iteration anfallenden elementaren Rechen- und Vergleichsoperationen multipliziert mit der erforderlichen Anzahl von Iterationen. Wie bei komplizierteren Algorithmen üblich wird nur die Größenordnung der Anzahl elementarer Operationen ermittelt. Für solche Abschätzungen wird die O-Notation verwendet.

Definition 4.0.1. *Für zwei Funktionen $f, g \colon \mathbb{N} \to \mathbb{R}$ ist $f(x) = O(g(x))$, falls $|f(x)| \leq c \cdot g(x)$ für gewisse Konstanten $c > 0$, x_0 und alle $x \geq x_0$.*

Die „Groß-O"-Notation gibt also die asymptotische Größenordnung einer Funktion an. Zur Verdeutlichung hier einige Beispiele.

Beispiel 4.0.1. (Abschätzungen mit $O(\cdot)$)

1. $f(x) = 10^{700} + 2^{1000}x = O(x)$ ist linear in x,
2. $f(x) = \sum_{i=1}^{n} a_i x^i = O(x^n)$ ist polynomiell von n-ter Ordnung, falls $a_n \neq 0$ ist,
3. falls $f(x) = O(p(x))$ für ein Polynom $p(x)$, so heißt $f(x)$ polynomiell,
4. falls $f(x) = O(2^x)$, so heißt $f(x)$ exponentiell,
5. falls $f(x) = O(\log x)$, so heißt $f(x)$ logarithmisch.

Abschätzungen dieser Art geben den nummerischen Aufwand von Algorithmen recht gut wieder, wenn man darauf achtet, möglichst kleine Abschätzungen der Größenordnung anzugeben.

In einer Iteration des Simplexverfahrens in Tableauform werden alle $O(mn)$ Einträge des Tableaus neu berechnet. Die Neuberechnung des Eintrags t_{rs} in Gleichung (3.11) erfordert eine Division. Anschließend benötigt die Neuberechnung der übrigen Einträge im ungünstigsten Fall eine Addition und eine Multiplikation. Die Vergleichsoperationen im Simplexverfahren erfordern relativ zu den Rechenoperationen nur einen geringeren Aufwand. Also erfordert eine Iteration $O(mn)$ elementare Operationen.

R. E. Burkard, U. T. Zimmermann, *Einführung in die Mathematische Optimierung*   57
DOI 10.1007/978-3-642-01728-5_4, © Springer-Verlag Berlin Heidelberg 2012

Die Anzahl der Iterationen ist viel schwieriger abzuschätzen. Die grobe obere Schranke $\binom{m}{n}$ der Anzahl der Ecken aus Satz 2.4.1 ist exponentiell. Leider ist es trotz erheblicher Anstrengungen, auf die wir in Kap. 8 näher eingehen werden, bisher nicht gelungen, für das Simplexverfahren oder eine seiner Varianten eine polynomielle Schranke für die Anzahl der Iterationen im ungünstigsten Fall nachzuweisen. Demgegenüber stehen empirische Untersuchungen und die allgemeine Erfahrung für lineare Optimierungsmodelle praktischer Problemstellungen, die etwa für Optimierungsmodelle mit $n = O(m)$ von $O(m)$ Iterationen ausgehen.

4.1 Wahl der Pivotspalte

Wie man im Abschnitt über die Endlichkeit des Simplexverfahrens sehen konnte, beeinflusst die Wahl der Pivotspalte s und Pivotzeile r das Simplexverfahren wesentlich. Zur Definition der reduzierten Vektoren und Matrizen bzw. der Darstellungskoeffizienten verweisen wir auf die Zusammenfassung (3.10).

Insbesondere die Wahl der Pivotspalte ist nur durch die Forderung $\tilde{c}_s > 0$ eingeschränkt. Man kann daher fragen, welche Auswahlregel für die Pivotspalte auf eine möglichst kleine Anzahl von Iterationen führt. In nummerischen Versuchen (z. B. Kuhn und Quandt [53], 1963) stellten sich vor allem die drei folgenden Typen von Spaltenauswahlregeln als günstig heraus.

1. **Methode des steilsten Anstiegs im Raum der Nichtbasisvariablen**

$$\tilde{c}_s := \max_{j \in N} \tilde{c}_j \tag{4.1}$$

$\tilde{c}$ ist der Gradient der Zielfunktion im Raum der aktuellen Nichtbasisvariablen. Daher wird ein Simplexverfahren mit Regel (4.1) als Nichtbasis-Gradientenverfahren bezeichnet.

2. **Methode des größten absoluten Zuwachses**
Wählt man eine Pivotspalte j mit $\tilde{c}_j > 0$, so ergibt sich durch die Zeilenauswahlregel eine zugehörige Pivotzeile $r(j)$ mit einem Pivotelement $\tilde{a}_{r(j),j} > 0$. Beim zugehörigen Pivotschritt würde der Zielfunktionswert um

$$\frac{\tilde{c}_j \cdot \tilde{b}_{r(j)}}{\tilde{a}_{r(j),j}} \tag{4.2}$$

wachsen. Wählt man die Pivotspalte s so, dass der Ausdruck (4.2) möglichst groß wird, wird diejenige Nichtbasisvariable neu in die Basis aufgenommen, für die sich in dieser Iteration der größte absolute Zuwachs des Zielfunktionswertes ergibt.

3. **Methode des steilsten Anstiegs im Raum aller Variablen**
Im Raum aller Variablen ist die aktuelle Basislösung

$$\begin{pmatrix} x_B \\ x_N \end{pmatrix} = \begin{pmatrix} \tilde{b} \\ 0 \end{pmatrix} \in \mathbb{R}^{m+n}$$

Ändert man die Nichtbasisvariable $x_{N(j)}$ um eine Einheit, so ändert sich einerseits der Zielfunktionswert um $\tilde{c}_j$, andererseits ändern sich auch die Werte der Basisvariablen

$$x_B = A_B^{-1} b - A_B^{-1} A_j x_{N(j)} = \tilde{b} - \tilde{A}_j \,,$$

Somit ändern sich die Koordinaten des betrachteten Punktes im $\mathbb{R}^{n+m}$ um den Vektor $\begin{pmatrix} -\tilde{A}_j \\ E_j \end{pmatrix}$, wobei E_j den j-ten Einheitsvektor (hier im $\mathbb{R}^n$) bezeichnet. Daher erhält man als $N(j)$-te Komponente des Gradienten der Zielfunktion im Raum $\mathbb{R}^{n+m}$

$$\frac{\tilde{c}_j}{\sqrt{1 + \tilde{A}_j^{\mathrm{T}} \tilde{A}_j}} \cdot$$

und der steilste Anstieg der Zielfunktion erfolgt in der Richtung $x_{N(s)}$, die durch

$$\frac{\tilde{c}_s^2}{1 + \sum_{i=1}^m \tilde{a}_{is}^2} := \max \left\{ \frac{\tilde{c}_j^2}{1 + \sum_{i=1}^m \tilde{a}_{ij}^2} \,\middle|\, \tilde{c}_j > 0 \right\} \tag{4.3}$$

festgelegt wird.

Ein nummerischer Vergleich der Spaltenauswahlregeln (4.1), (4.2) und (4.3) ergab folgende mittlere Iterationenanzahlen bei 100 linearen Optimierungsaufgaben mit $m = n = 25$ (vgl. Kuhn und Quandt [54]):

Spaltenauswahlregel	(4.1)	(4.2)	(4.3)
Mittlere Iterationenanzahl	34.6	22.5	18.6

Zwar führt das Simplexverfahren mit den Regeln (4.2) und (4.3) im Durchschnitt in weniger Iterationen zu einer Optimallösung als mit Regel (4.1), aber andererseits benötigen diese beiden Regeln einen wesentlich höheren Rechenaufwand als (4.1). Goldfarb und Reid [36] berichten, dass bei einem Linearen Optimierungsmodell mit $m = 821$ und $n = 1055$ durch Übergang von Regel (4.1) zu Regel (4.3) der Rechenaufwand einer Simplexiteration im Mittel um 47% anwuchs, aber andererseits statt 3976 Iterationen mit der Regel (4.1) nur 1182 Iterationen mit der Regel (4.3) erforderlich waren.

Die Spaltenauswahlregel (4.3) führte also auf die kürzesten Rechenzeiten. Um den Aufwand zu ihrer Durchführung pro Iteration möglichst gering zu halten, haben Goldfarb und Reid [36] rekursive Formeln angegeben. Die Skalierung der einzelnen Richtungen erfolgt mit Faktoren χ_j, die wir sowohl aus den Ausgangsdaten als auch aus den Darstellungskoeffizienten berechnen können:

$$\chi_j = 1 + \left\| A_B^{-1} A_{N(j)} \right\|^2 = 1 + \sum_{i=1}^m t_{ij}^2 \,, \tag{4.4}$$

für $j = 1, \ldots, n$. Nach Goldfarb und Reid gilt:

Lemma 4.1.1. (Rekursive Formeln) Sei t_{rs} das Pivotelement und bezeichne $\bar{\chi}_j :=$ $1 + \sum_{i=1}^m \bar{t}_{ij}^2$ die neuen Faktoren, ausgedrückt durch die neuen Darstellungskoeffizienten. Dann gilt

$$\bar{\chi}_s := \left(\frac{1}{t_{rs}}\right)^2 \chi_s \tag{4.5}$$

$$\bar{\chi}_j := \left(\frac{t_{rj}}{t_{rs}}\right)^2 \chi_s + \chi_j - 2\left(\frac{t_{rj}}{t_{rs}}\right)\sum_{i=1}^{m} t_{ij}t_{is}, \quad (j \neq s). \tag{4.6}$$

Beweis. Zunächst ergibt sich

$$\bar{\chi}_s = 1 + \sum \bar{t}_{is}^2 = 1 + \sum_{i \neq r}\left(\frac{t_{is}}{t_{rs}}\right)^2 + \left(\frac{1}{t_{rs}}\right)^2$$

$$= \left(\frac{1}{t_{rs}}\right)^2\left(t_{rs}^2 + \sum_{i \neq r} t_{is}^2 + 1\right)$$

und dann für $j \neq s$

$$\bar{\chi}_j = 1 + \sum_{i=1}^{m} \bar{t}_{ij}^2 = 1 + \sum_{i \neq r}\left(t_{ij} - \frac{t_{is}}{t_{rs}}t_{rj}\right)^2 + \left(\frac{t_{rj}}{-t_{rs}}\right)^2$$

$$= 1 + \sum_{i \neq r}\left[t_{ij}^2 + \left(\frac{t_{is}}{t_{rs}}t_{rj}\right)^2 - 2\frac{t_{rj}}{t_{rs}}t_{ij}t_{is}\right] + \left(\frac{t_{rj}}{t_{rs}}\right)^2$$

$$= \chi_j - t_{rj}^2 + \left(\frac{t_{rj}}{t_{rs}}\right)^2 \chi_s - t_{rj}^2 - 2\frac{t_{rj}}{t_{rs}}\sum t_{ij}t_{is} + 2\frac{t_{rj}}{t_{rs}}t_{rj}t_{rs}$$

$$\square$$

Wenn die Darstellungskoeffizienten t_{ij} bekannt sind, kann man zwar die Faktoren mittels Lemma 4.1.1 berechnen, gewinnt aber nichts gegenüber der direkten Berechnung (4.4). Im Gegenteil, wegen der Möglichkeit, die Skalarprodukte nur für die $j \in N$ mit $c_j > 0$ auszuwerten, ist die direkte Berechnung vorzuziehen.

Dagegen kann die direkte Berechnung in Unkenntnis der Darstellungskoeffizienten durch Auswertung der Rekursionsformeln meist verbessert werden. Die auftretenden Summen lassen sich umschreiben zu

$$\sum_{i=1}^{m} t_{ij}t_{is} = (A_B^{-1} A_{N(j)})^{\mathrm{T}} A_B^{-1} A_{N(s)}$$

$$= A_{N(j)}^{\mathrm{T}}(A_B^{-T} A_B^{-1} A_{N(s)})$$

$$=: A_{N(j)}^{\mathrm{T}} w.$$

Neben den Ausgangsdaten benötigt man hier nur einen neu zu berechnenden Vektor w, während man für die direkte Berechnung (4.4) alle Spalten der reduzierten

Matrix zu positiven reduzierten Kostenkoeffizienten berechnen muss. Die weiterhin in den Rekursionsformeln auftretenden Elemente der Pivotzeile müssen ohnehin in jeder Variante des Simplexverfahrens berechnet werden. Mit $v^{\mathrm{T}} := E_r^{\mathrm{T}} A_B^{-1} A_N$ ergeben sich die modifizierten Rekursionsformeln zu

$$\bar{\chi}_s := \left(\frac{1}{v_s}\right)^2 \chi_s \,, \tag{4.7}$$

$$\bar{\chi}_j := \left(\frac{v_j}{v_s}\right)^2 \chi_s + \chi_j - 2\left(\frac{v_j}{v_s}\right) w^{\mathrm{T}} A_{N(j)} \quad (j \neq s)\,. \tag{4.8}$$

Die bei der Rekursion auftretenden Rundungsfehler beeinflussen zwar die Wahl der Pivotspalte, aber nicht die Basislösung. Trotzdem ist es empfehlenswert, von Zeit zu Zeit eine Neuberechnung der Faktoren direkt mittels Lemma 4.1.1 durchzuführen.

Der Frage, wieviel Iterationen das Simplexverfahren im Mittel (*average behavior*) und im schlechtesten Fall (*worst case behavior*) benötigt, werden wir im Kap. 8 etwas genauer nachgehen.

4.2 Explizite Varianten und Ausgleichsprobleme

Bei der Einführung des Simplexverfahrens sind wir vom kanonischen Problem der Form

$$\max\left\{c^{\mathrm{T}} x \mid Ax \leq b, x \geq 0\right\}$$

ausgegangen. Im Prinzip ist das ausreichend, denn wir wissen, dass man lineare Optimierungsaufgaben in anderer Gestalt, mit nach oben beschränkten Variablen, mit nicht vorzeichenbeschränkten Variablen oder mit Gleichungen in kanonische Form umformen kann. Dabei wächst jedoch entweder die Anzahl der Restriktionen oder die Anzahl der Variablen, wodurch Speicherplatz und Rechenzeit unnötigerweise zunehmen. Besser ist es, für solche Fälle explizit Varianten des Simplexverfahrens zu entwickeln. Wir werden die notwendigen Anpassungen des Simplexverfahrens in Tableauform diskutieren.

Behandlung von Gleichungen

Hier bietet sich unmittelbar eine Variante der Zweiphasenmethode an. Für eine lineare Optimierungsaufgaben der Form

$$\max\left\{c^{\mathrm{T}} x \mid Ax \leq b, \; Gx = d, \; x \geq 0\right\}$$

können wir wieder $b \geq 0$, $d \geq 0$ annehmen. In der ersten Phase werden Schlupfvariablen y und zusätzliche Hilfsvariablen u eingefügt. Die erweiterte Aufgabe in der ersten Phase

$$\gamma = \min\left\{1^\mathrm{T}z \mid Ax + y = b,\ Gx + u = d,\ x \geq 0,\ y \geq 0,\ z \geq 0\right\}$$

besitzt eine zulässige Basislösung $y = b$ und $u = d$ mit den Nichtbasisvariablen $x = 0$. Die Darstellung der Hilfszielfunktion z_H in Tableauform ergibt sich wegen $u = d - Gx$ zu $1^\mathrm{T}u = 1^\mathrm{T}d - 1^\mathrm{T}Gx$. Das erweiterte Starttableau lautet daher

T_0		x
z_H	$-1^\mathrm{T}d$	$1^\mathrm{T}G$
z	0	c^T
y	b	$-A$
u	d	$-G$

Wie bei der Zweiphasenmethode zeigt $\gamma > 0$, dass keine zulässige Lösung der ursprünglichen Aufgabe existiert, also die zulässige Menge P leer ist. Anderenfalls findet man eine Lösung mit $u = 0$ und damit eine zulässige Lösung der ursprünglichen Aufgabe. Ist die zugehörige Basis entartet, muss man möglicherweise in der Basis befindliche Hilfsvariablen in die Nichtbasis tauschen.

Beschränkte Variable

Sind die Variablen nach oben durch $d > 0$ beschränkt, d. h. $0 \leq x \leq d$, so nennen wir die Variablen und die zugehörigen Schlupfvariablen $\bar{x} \geq 0$ mit $x + \bar{x} = d$ *komplementär*. Eine Komplementärvariable ist stets durch die jeweils andere zugehörige Variable festgelegt. Wir betrachten die lineare Optimierungsaufgabe:

$$\max\left\{c^\mathrm{T}x \mid Ax \leq b, 0 \leq x_j \leq d_j \text{ für } j \in K, 0 \leq x_j \text{ für } j \notin K\right\}$$

mit $b \geq 0$ und $d_j < \infty$ für $j \in K$. Die bisherige Darstellung der Zielfunktion und der Restriktionen

$$z = t_{00} + \sum_{j=1}^{n} t_{0j} x_{N(j)} \tag{4.9}$$

$$x_{B(i)} = t_{i0} + \sum_{j=1}^{n} t_{ij} x_{N(j)} \tag{4.10}$$

kann unverändert übernommen werden, da nur eine der beiden komplementären Variablen mitgeführt werden muss. Der Wert der jeweils anderen ergibt sich dann leicht. Bei der Durchführung der Pivotoperation müssen die oberen Schranken bei Wahl der Pivotzeile berücksichtigt werden.

Wahl der Pivotzeile

B bezeichne die Basis, N die Nichtbasis und s die Pivotspalte. Folgende obere Schranken gelten für die Nichtbasisvariable $x_{N(s)}$:

1. wegen $x_{B(i)} \geq 0$: falls $t_{is} < 0$ gilt $x_{N(s)} \leq \frac{t_{i0}}{-t_{is}}$,
2. wegen $x_{B(i)} \leq d_{B(i)}$ für $B(i) \in K$: falls $t_{is} > 0$ gilt $x_{N(s)} \leq \frac{t_{i0}-d_{B(i)}}{-t_{is}}$,
3. für $N(s) \in K$: $x_{N(s)} \leq d_{N(s)}$.

Je nach aktiver Beschränkung unterscheiden wir die folgenden vier Fälle.

Im **ersten** Fall, wenn die Beschränkung nach 1. minimal ist, genügt eine Pivotoperation mit Pivotelement t_{rs}, um $x_{B(r)}$ gegen $x_{N(s)}$ auszutauschen.

Im **zweiten** Fall, wenn die Beschränkung nach 2. minimal ist, erreicht $x_{B(r)}$ die obere Schranke und die entsprechende Komplementärvariable fällt auf 0. Wir tauschen zunächst in einem gewöhnlichen Pivotschritt mit Pivotelement t_{rs} die Basisvariable $x_{B(r)}$ gegen $x_{N(s)}$. Mit Hilfe einer Transformation $S(s)$ bezüglich der neuen Tableaudaten $\bar{t}_{ij}$ tauschen wir anschließend $x_{\bar{N}(s)}$ gegen ihre Komplementärvariable $\bar{x}_{\bar{N}(s)}$ aus und erhalten die gesuchte Darstellung $\bar{\bar{t}}_{ij}$.

Im **dritten** Fall, wenn die Beschränkung nach 3. minimal ist, ersetzen wir $x_{N(s)}$ in der Nichtbasis durch die komplementäre Variable $\bar{x}_{N(s)}$. Die geänderten Darstellungskoeffizienten sind leicht zu berechnen:

$$x_{B(i)} = t_{i0} + \sum_{j} t_{ij} x_{N(j)}, \tag{4.11}$$

$$= t_{i0} + \sum_{j \neq s} t_{ij} x_{N(j)} + t_{is} \left(d_{N(s)} - \bar{x}_{N(s)} \right), \tag{4.12}$$

$$= \left(t_{i0} + t_{is} d_{N(s)} \right) + \sum_{j \neq s} t_{ij} x_{N(j)} + (-t_{is}) \bar{x}_{N(s)}. \tag{4.13}$$

Analog ändert sich ein Darstellungskoeffizient in der Zielfunktion. In der folgenden Transformation $S(s)$ sind die Änderungen, die nur die 0-te und die s-te Spalte des Tableaus betreffen, zusammengefasst.

$$S(s): \quad \boxed{\bar{t}_{i0} := t_{i0} + t_{is} d_{N(s)} \, \big| \, \bar{t}_{is} := -t_{is}} \quad (0 \leq i \leq m) \tag{4.14}$$

Im **vierten** Fall, wenn

$$N(s) \notin K \text{ und für alle } i \text{ gilt sowohl } (B(i) \in K \Rightarrow t_{is} \leq 0) \text{ als auch } t_{is} \geq 0,$$

ist die Zielfunktion unbeschränkt.

Gegenüber Algorithmus 3.2 fällt die Wahl der Pivotzeile deutlich komplizierter aus. Unverändert ist die Wahl der Pivotspalte und der einfache Pivotschritt; die Funktion `Pivotspalte` (T) und die Prozedur `Pivotschritt` (T, r, s) werden daher von Algorithmus 3.2 übernommen. Zusätzlich ist die S-Transformation zu berücksichtigen.

Algorithmus 4.1: Simplexverfahren in Tableauform: Beschränkte Variablen

---

EINGABE: $\max \{c^\mathrm{T} x \mid Ax \le b;\ 0 \le x \le d\}$, mit $b \ge 0$, $0 \le d \le \infty$ und
$K := \{j \mid d_j < \infty\}$.
AUSGABE: Optimale Lösung x mit Optimalwert z.

$B := (n+1, \ldots, n+m);\ N := (1, \ldots, n);\ (t_{ij})_{i=0,\ldots,m,\,j=0,\ldots,n} := \begin{pmatrix} 0 & c^\mathrm{T} \\ b & -A \end{pmatrix};$

$K := K \cup -K;\ d_{-j} := d_j,\ (j = 1, \ldots, n);$

while $t_{0j} > 0$ *für ein* $j = 1, \ldots, n$ **do**

$\quad\quad s = \mathrm{Pivotspalte}\,(T);$

$\quad\quad R_1 := \{N(s) \mid N(s) \in K\};$

$\quad\quad R_2 := \{i \mid t_{is} < 0, 1 = i, \ldots, m\};$

$\quad\quad R_3 := \{i \mid t_{is} > 0, B(i) \in K, 1 = i, \ldots, m\};$

$\quad\quad$**if** $R_1 \cup R_2 \cup R_3 \ne \emptyset$ **then** $\mathrm{Pivotzeile\text{-}d}\,(T, s, d, R_1, R_2, R_3);$

$\quad\quad$**else return** $c^\mathrm{T} x$ unbeschränkt;

$\quad\quad$**if** $k = 1$ **then** $\mathrm{S\text{-}Transformation}\,(T, s, d);$

$\quad\quad$**if** $k = 2$ **then** $\mathrm{Pivotschritt}\,(T, r, s);$

$\quad\quad$**if** $k = 3$ **then** $\mathrm{Pivotschritt}\,(T, r, s);\ \mathrm{S\text{-}Transformation}\,(T, s, d);$

end

for $i = 1, \ldots, m$: $\quad\quad\quad\quad\quad\quad\quad$ **for** $j = 1, \ldots, n$:

$$x_{B(i)} := \begin{cases} t_{i0} & B(i) > 0 \\ d_{B(i)} - t_{i0} & B(i) < 0, \end{cases};\quad x_{N(j)} := \begin{cases} 0 & N(j) > 0 \\ d_{N(j)} & N(j) < 0, \end{cases};$$

$z := t_{00};$

return x, z, B, N ;

Prozedur Pivotzeile-d(T, s, d, R_1, R_2, R_3)

EINGABE: 0-te und s-te Spalte von Tableau T, Pivotspaltenindex s, obere Schranken d,
Indexmengen R_1, R_2, R_3
AUSGABE: Pivotzeilenindex r, Fallindex k

$\mu := \infty;$

if $(R_1 \ne \emptyset) \wedge (\mu > d_{N(s)})$ **then** $k = 1;\ \mu := d_{N(s)};\ r := -1$;

if $(R_2 \ne \emptyset)$ **then**

$\quad\quad$ Wähle r mit $\frac{t_{r0}}{-t_{rs}} := \min\left\{\frac{t_{i0}}{-t_{is}} \mid i \in R_2\right\};$

$\quad\quad$ **if** $\mu > \frac{t_{r0}}{-t_{rs}}$ **then** $k = 2;\ \mu := \frac{t_{r0}}{-t_{rs}};$

end

if $(R_3 \ne \emptyset)$ **then**

$\quad\quad$ Wähle r mit $\frac{t_{r0}-d_{B(r)}}{-t_{rs}} := \min\left\{\frac{t_{i0}-d_{B(i)}}{-t_{is}} \mid i \in R_3\right\};$

$\quad\quad$ **if** $\mu > \frac{t_{r0}-d_{B(r)}}{-t_{rs}}$ **then** $k = 3;\ \mu := \frac{t_{r0}-d_{B(r)}}{-t_{rs}};$

end

return k, r;

Prozedur S-Transformation(T, s, d)

EINGABE: Tableau T, Pivotspalten s, obere Schranken d
AUSGABE: Tableau T

$\bar{t}_{i0} := t_{i0} + t_{is} d_{N(s)}, (0 \le i \le m)$;
$\bar{t}_{is} := -t_{is}, (0 \le i \le m)$;
$N(s) := -N(s)$;
return T;

Die neue Prozedur S-Transformation beschreibt den Austausch von Komplementärvariablen. Die Information über die jeweils benutzte komplementäre Variable wird im Vorzeichen der Basis- und Nichtbasisindizes festgehalten. Daher ist es hilfreich, K und den Vektor d für negative Indizes zu erweitern. Die neue Prozedur Pivotzeile-d bestimmt neben der Pivotzeile auch den jeweiligen Fall, der die Berechnung der neuen Darstellungskoeffizienten festlegt.

Beispiel 4.2.1. (Obere Schranken) Unter Berücksichtigung der Modellierung der oberen Schranken durch komplementäre Variablen $\bar{x}_2, \bar{x}_3$ führt die folgende lineare Optimierungsaufgabe auf das Starttableau T_0

$$\left.\begin{array}{ccccccc} \max & -x_1 & + & 4x_2 & & & \\ \text{unter} & x_1 & - & x_2 & + & x_3 & = 2 \\ & 0 \le x_1 & & 0 \le x_2 \le 4 & & 0 \le x_3 \le 5 & \end{array}\right\} \;\rightarrow\;$$

T_0		x_1	x_2
z	0	-1	4
x_3	2	-1	**1**

In der einzig möglichen Pivotspalte $s = 2$ ist die Nichtbasisvariable x_2 beschränkt durch $x_2 \le 4$ und, in der einzig möglichen Pivotzeile $r = 1$, durch $x_3 = 2 + x_2 \le 5$. Im zugehörigen dritten Fall liefert zunächst ein Pivotschritt mit $t_{1,2} = 1$ das Zwischentableau T_1. Anschließend wird die neue Nichtbasisvariable x_3 mit Hilfe der Transformation $S(2)$ gegen die komplementäre Variable $\bar{x}_3$ ausgetauscht und man erhält das Tableau T_2.

T_1		x_1	x_3
z	-8	3	4
x_2	-2	1	1

$S(2) \rightarrow$

T_2		x_1	$\bar{x}_3$
z	12	3	-4
x_2	3	1	-1

In der einzig möglichen Pivotspalte $s = 1$ ist die Nichtbasisvariable x_1 in der Pivotzeile $r = 1$ beschränkt wegen $x_2 = 3 + x_1 \le 4$. Im erneut zugehörigen dritten Fall führt zunächst ein Pivotschritt auf das Tableau T_3 und anschließend eine Transformation $S(1)$ auf das Tableau T_4.

T_3		x_2	$\bar{x}_3$
z	3	3	-1
x_1	-3	1	1

$S(1) \rightarrow$

T_4		$\bar{x}_2$	$\bar{x}_3$
z	15	-3	-1
x_1	1	-1	1

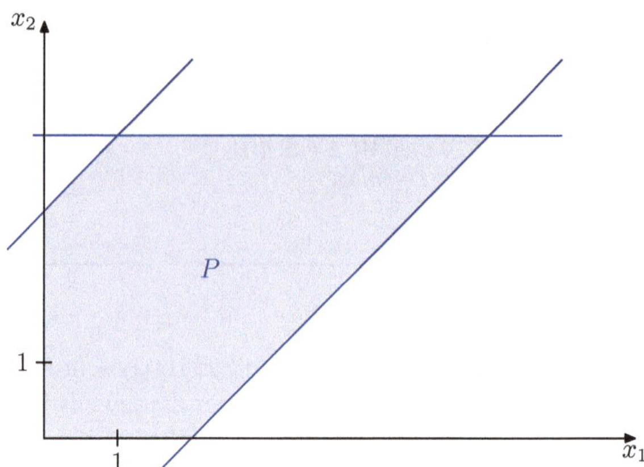

Abb. 4.1 Zulässige Punkte für das Beispiel 4.2.1

Das Tableau T_4 ist zulässig und optimal. Die zugehörige Basislösung ergibt sich durch den Wert der Basisvariablen $x_1 = 1$ und die Werte der Komplementärvariablen in der Nichtbasis, d. h. $x_2 = 4 - \bar{x}_2 = 4$ und $x_3 = 5 - \bar{x}_3 = 5$.

Freie Variablen

Sind die Variablen weder nach oben noch nach unten beschränkt, so sprechen wir von *freien* Variablen. Eine entsprechende Variante der linearen Optimierungsaufgabe, in der nur die Variablen x_j, $j \in L \subseteq \{1, 2, \ldots, n\}$, beschränkt sind, ist:

$$\max \{c^\mathrm{T} x \mid Ax \leq b,\ x_L \geq 0\}$$

mit $b \geq 0$. Die freien Variablen sind also x_j, $j \in K := \{1, 2, \ldots, n\} \setminus L$. Die fehlenden Schranken sind sowohl bei der Wahl der Pivotspalte als auch der Pivotzeile zu berücksichtigen.

Optimalitätstest und Wahl der Pivotzeile

Der Wert der Zielfunktion $z = t_{00} + \sum t_{0j} x_{N(j)}$ ist optimal, falls $t_{0j} = 0$ für alle $N(j) \in K$ und $t_{0j} \leq 0$ für alle $N(j) \in L$. Anderenfalls finden wir einen Pivotspaltenindex s. Die Restriktionen zu $B(i) \in K$ beschränken $x_{N(s)}$ nicht. Wir betrachten daher nur $B(i) \in L$.

Im **ersten** Fall, falls $t_{0s} > 0$ ist, versuchen wir, $x_{N(s)}$ positiv zu wählen. Wegen $x_{B(i)} = t_{i0} + t_{is} x_{N(s)}$ liegt eine Beschränkung vor, falls $t_{is} < 0$ für $B(i) \in L$.

Im **zweiten** Fall, falls $t_{0s} < 0$, versuchen wir $x_{N(s)}$ negativ zu wählen. Hier ergibt sich analog eine Beschränkung, falls $t_{is} > 0$ für $B(i) \in L$.

Algorithmus 4.2: Simplexverfahren in Tableauform: Freie Variablen

---

EINGABE: max $\{c^{\mathrm{T}}x \mid Ax \leq b, x_L \geq 0\}$ mit $b \geq 0$,
$L \subseteq \{j = 1,\ldots,n\}$, $K := \{j = 1,\ldots,n\} \setminus L$.
AUSGABE: Optimale Lösung x mit Optimalwert z.

$B := (n+1,\ldots,n+m);\ N := (1,\ldots,n);\ (t_{ij})_{i=0,\ldots,m,j=0,\ldots,n} := \begin{pmatrix} 0 & c^{\mathrm{T}} \\ b & -A \end{pmatrix};$

while *($t_{0j} > 0$ für ein $N(j) \in L$) $\vee$ ($t_{0j} \neq 0$ für ein $N(j) \in K$)* **do**

    $s = \texttt{Pivotspalte-K}\,(T, K, L)$;

    if $t_{0s} > 0$ **then**

        if $I := \{i \mid t_{is} < 0, B(i) \in L\} \neq \emptyset$, **then** $r = \texttt{Pivotzeile-K}\,(T, s, I)$;

        else return $c^{\mathrm{T}}x$ unbeschränkt;

    else

        if $I := \{i \mid t_{is} > 0, B(i) \in K\} \neq \emptyset$, **then** $r = \texttt{Pivotzeile-K}$
        (T, s, I);

        else return $c^{\mathrm{T}}x$ unbeschränkt;

    end

    $\texttt{Pivotschritt}\,(T, r, s)$;

end

$x_{B(i)} := t_{i0}, i = 1,\ldots,m;\ x_{N(j)} := 0, j = 1,\ldots,n;\ z := t_{00};$
return x, z, B, N ;

Funktion Pivotspalte-K(T, K, L)

EINGABE: 0-te Zeile von Tableau T, freie/vorzeichenbeschränkte Variablen x_K/x_L
AUSGABE: Pivotspaltenindex s

Wähle s mit $|t_{0s}| := \max\{\max\{t_0 j \mid N(j) \in L\}, \max\{|t_0 j| \mid N(j) \in K\}\}$;
return s;

Funktion Pivotzeile-K(T, s, I)

EINGABE: 0-te und s-te Spalte von Tableau T
AUSGABE: Pivotzeilenindex r

Wähle r mit $\frac{t_{r0}}{|t_{rs}|} := \min\left\{\frac{t_{i0}}{|t_{is}|} \mid t_{is} < 0,\ i \in I\right\}$;
return r;

Gegenüber Algorithmus 3.2 ändern sich die Funktionen zur Bestimmung der Pivotspalte und der Pivotzeile; der Pivotschritt bleibt unverändert und die Prozedur $\texttt{Pivotschritt}\,(T, r, s)$ des Algorithmus 3.2 wird übernommen.

Beispiel 4.2.2. (Nicht vorzeichenbeschränkte Variable) Die folgende lineare Optimierungsaufgabe führt auf das Starttableau T_0:

$$\left.\begin{array}{rl} \max\ & x_1 + 2x_2 \\ \text{unter}\ & x_1 - x_2 \leq 2 \\ & x_1 + x_2 \leq 1 \end{array}\right\} \quad \rightarrow$$

T_0		x_1	x_2
z	0	1	2
y_1	2	-1	1
y_2	1	-1	-1

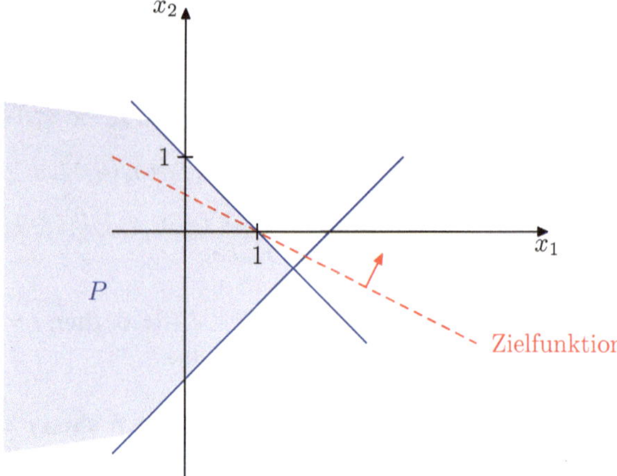

Abb. 4.2 Menge der zulässigen Punkte für das Beispiel 4.2.2

Für die Pivotspalte $s = 2$ ergibt sich eine Beschränkung im zugehörigen ersten Fall; die Pivotzeile ist $r = 2$ und ein Pivotschritt führt auf das Tableau T_1:

$$\rightarrow
\begin{array}{|c|c|cc|}
\hline
T_1 & & x_1 & y_2 \\
\hline
z & 2 & -1 & -2 \\
\hline
y_1 & 3 & -2 & -1 \\
x_2 & 1 & -1 & -1 \\
\hline
\end{array}$$

Für die Pivotspalte $s = 1$ ergibt sich im zugehörigen zweiten Fall keine Beschränkung der unbeschränkten Nichtbasisvariablen x_1, so dass das Simplexverfahren wegen unbeschränkter Zielfunktion abbricht. Die Optimierungsaufgabe besitzt keine endliche Optimallösung.

Anwendung auf lineare Ausgleichsprobleme

Mathematische Modelle konkreter physikalischer oder technischer Vorgänge werden häufig mit zunächst unbekannten Parametern aufgestellt, um das Modell flexibel anpassen zu können. Die günstigste Anpassung ergibt sich durch Minimierung der experimentell beobachteten Abweichungen. Gehen diese Parameter linear in das Modell ein, so führt dies auf ein lineares Ausgleichsproblem.

Vermutet man, dass eine zu modellierende Größe ϕ linear von den Einflussgrößen $\rho_1, \ldots, \rho_n$ abhängt, d. h. dass $\phi = \sum_i \rho_i x_i$ für einen zunächst unbekannten Parametervektor $x \in \mathbb{R}^n$ gilt, so kann man experimentell versuchen, einen geeigneten Parametervektor x durch m Experimente für verschiedene Werte des Einflussvektors zu bestimmen. Die aus den m Experimenten resultierenden Werte ϕ_i, zusammengefasst in einem m-Vektor v, und die Einflussvektoren, zusammengefasst in einer $(m \times n)$-Matrix U, liefern dann das Gleichungssystem $v = Ux$ zur Bestimmung von x. Da die Experimente fehlerbehaftet sind, werden $m > n$ Experimente durchgeführt, so dass das Gleichungssystem überbestimmt ist. Aus diesen Gründen ist eine exakte Lösung nicht zu erwarten und man versucht, die Abweichung $\Delta := v - Ux$ durch Wahl von x zu minimieren.

Verschiedene Fehlermaße führen auf verschiedene Ansätze:

- Minimierung des maximalen Fehlers $\max_i |\Delta_i|$ (L_∞-Norm)
- Minimierung des mittleren Fehlers $\frac{1}{m} \sum_i |\Delta_i|$ (L_1-Norm)
- Minimierung des mittleren quadratischen Fehlers $\frac{1}{m} \sum_i \Delta_i^2$ (L_2-Norm)

Die Minimierung des maximalen Fehlers und des mittleren Fehlers kann durch Lösung linearer Optimierungsaufgaben erfolgen, die im Folgenden beschrieben werden. Die Minimierung des mittleren quadratischen Fehlers führt auf die sogenannten *Normalgleichungen*, die in der linearen Algebra behandelt werden.

L_∞-Norm (Stiefel, 1960)

Stiefel hat die Minimierung der maximalen Abweichung geschickt auf die Aufgabe

$$
\begin{aligned}
\min \quad & x_0 \\
\text{unter} \quad & \left| v_i - \sum_j u_{ij} x_j \right| \leq x_0 \quad (1 \leq i \leq m) \\
& x_0 \geq 0
\end{aligned}
$$

zurückgeführt. Die maximale Abweichung wird als neue, nach unten durch 0 beschränkte Variable x_0 zum Modell hinzugefügt. Die Aufgabe besitzt offenbar zulässige Lösungen, z. B. $x \equiv 0, x_0 = \max |v_i|$. Nur bei exakt bestimmbaren unbekannten Parametern und bei Experimenten, in denen keine Mess- oder Beobachtungsfehler auftreten, werden alle Abweichungen verschwinden. Daher dürfen wir o. B. d. A. folgenden Ansatz machen:

$$
x_0 > 0, \; y_0 := \frac{1}{x_0}, \; y_j := -\frac{x_j}{x_0} \, .
$$

Durch Auflösen der Beträge und Einsetzen der neuen unbeschränkten Variablen erhalten wir:

$$
\begin{aligned}
\max \quad & y_0 \\
\text{unter} \quad & +v_i y_0 + \sum_j u_{ij} y_j \leq 1 \\
& -v_i y_0 - \sum_j u_{ij} y_j \leq 1 \\
& y_0 \geq 0
\end{aligned}
$$

Mit $A := [v|U]$ lautet die Aufgabe in Matrixform

$$
\max \{ y_0 \mid Ay \leq 1, \, -Ay \leq 1, \, y_0 \geq 0 \} \, .
$$

Für die Schlupfvariable $0 \leq z := 1 - Ay$ der ersten Ungleichung lautet die zweite Ungleichung in äquivalenter Form $z \leq 2$. Damit finden wir als äquivalentes LP mit expliziten oberen Schranken für die z-Variablen und mit freien y-Variablen

$$\max \{ y_0 \mid Ay + z = 1, \ 0 \le z \le 2, \ y_0 \ge 0 \} \ .$$

Nur die Variable y_0 ist vorzeichenbeschränkt; die Zielfunktion ist $\phi(y, z) = y_0$.

L_1-Norm

Für die L_1-Norm lautet die Aufgabe zunächst

$$\min \left\{ \sum_i |(v - Ux)_i| \ \middle| \ x \in \mathbb{R}^n \right\} \ .$$

Wir fassen die Abweichungen $\delta_i := |(v - Ux)_i|$ zu einem Vektor δ zusammen:

$$\begin{aligned}
\min \quad & \sum_{i=1}^m \delta_i \\
\text{unter} \quad v - Ux \ & \le \ \delta, \\
-v + Ux \ & \le \ \delta, \\
\delta \ & \ge \ 0 \ .
\end{aligned}$$

Die Schlupfvariable $z := \delta - v + Ux \ge 0$ führt uns schließlich auf

$$\min \left\{ \sum \delta_i \ \middle| \ \delta + Ux - z = v, \ 0 \le z \le 2\delta, \ \delta \ge 0 \right\} \ .$$

Beispiel 4.2.3. (Ein Beispiel zur Ausgleichsrechnung) Wir lösen das lineare Ausgleichsproblem

$$\min \{ \max \{ |x_1|, \ |x_2|, \ |4 - x_1 - x_2| \} \mid x \in \mathbb{R}^2 \} \ .$$

wofür sich die Matrix

$$A = \left(v \mid U \right) = \begin{pmatrix} 0 & -1 & 0 \\ 0 & 0 & -1 \\ 4 & 1 & 1 \end{pmatrix}$$

ergibt. Im Folgenden sind y_1 und y_2 unbeschränkte Variable, $y_0 \ge 0$. Das Starttableau T_0 geht mit einem einfachen Pivotschritt durch Austausch der Nichtbasisvariablen y_0 gegen die beschränkte Variable z_3 in das Tableau T_1 über:

T_0		y_0	y_1	y_2
ϕ	0	1	0	0
z_1	1	0	1	0
z_2	1	0	0	1
z_3	1	$-\mathbf{4}$	-1	-1

$\rightarrow$

T_1		z_3	y_1	y_2
ϕ	$\frac{1}{4}$	$-\frac{1}{4}$	$-\frac{1}{4}$	$-\frac{1}{4}$
z_1	1	0	$\mathbf{1}$	0
z_2	1	0	0	1
y_0	$\frac{1}{4}$	$-\frac{1}{4}$	$-\frac{1}{4}$	$-\frac{1}{4}$

Anschließend werden nacheinander die freie Variable y_1 und y_2 abgesenkt und jeweils gegen die beschränkten Variable z_1 und z_2 getauscht; man erhält die Tableaus T_2 und T_3.

$\rightarrow$

T_2		z_3	z_1	y_2
ϕ	$\frac{1}{2}$	$-\frac{1}{4}$	$-\frac{1}{4}$	$-\frac{1}{4}$
y_1	-1	0	1	0
z_2	1	0	0	1
y_0	$\frac{1}{2}$	$-\frac{1}{4}$	$-\frac{1}{4}$	$-\frac{1}{4}$

$\rightarrow$

T_3		z_3	z_1	z_2
ϕ	$\frac{3}{4}$	$-\frac{1}{4}$	$-\frac{1}{4}$	$-\frac{1}{4}$
y_1	-1	0	1	0
y_2	-1	0	0	1
y_0	$\frac{3}{4}$	$-\frac{1}{4}$	$-\frac{1}{4}$	$-\frac{1}{4}$

Das Tableau T_3 ist zulässig und optimal. Die Basislösung $(y^{\mathrm{T}}, z^{\mathrm{T}}) = (\frac{3}{4}, -1, -1, 0, 0, 0)$ liefert die Lösung x des Ausgleichsproblems:

$$x_0 = \frac{1}{y_0} = \frac{4}{3}, \ x_1 = -y_1 \cdot x_0 = \frac{4}{3}, \ x_2 = -y_2 \cdot x_0 = \frac{4}{3}.$$

4.3 Das revidierte Simplexverfahren

Bei der bisher betrachteten Version des Simplexverfahrens wurden die Spalten der Koeffizientenmatrix transformiert, die zu den Nichtbasisvariablen gehören. Man kann fragen, ob wirklich alle diese Größen in jeder Simplexiteration betrachtet werden müssen oder ob man nicht mit weniger Rechenaufwand und Speicherbedarf ebenfalls zum Ziel kommt. Dies ist tatsächlich der Fall in sogenannten *revidierten Simplexverfahren*, in denen nicht jeweils die ganze reduzierte Koeffizientenmatrix berechnet wird. Stattdessen versucht man nur so viel abzuspeichern, wie zur raschen Durchführung der jeweils nächsten Iteration als notwendig angesehen wird.

Um die notwendigen Informationen zur Durchführung einer Iteration im Simplexverfahren zu erhalten, genügt es, drei lineare Gleichungssysteme zu lösen. Die augenblickliche Basislösung $x_B = \tilde{b}$ erhält man als Lösung von

$$A_B x_B = b. \tag{4.15}$$

Die reduzierten Kostenkoeffizienten erhält man wegen

$$\tilde{c}_N^{\mathrm{T}} = c_N^{\mathrm{T}} - c_B^{\mathrm{T}} A_B^{-1} A_N$$

nach Bestimmung von

$$\pi^{\mathrm{T}} A_B := c_B, \tag{4.16}$$

aus

$$\tilde{c}_N^{\mathrm{T}} = c_N^{\mathrm{T}} - \pi^{\mathrm{T}} A_N.$$

Zum Nachweis, dass keine endliche Lösung existiert bzw. zur Bestimmung der Pivotzeile ist die Kenntnis der reduzierten Spalte $\tilde{A}_s$ notwendig, die man als Lösung des linearen Gleichungssystems

$$A_B \tilde{A}_s = A_s \tag{4.17}$$

erhält. Somit müssen die nachfolgenden drei linearen Gleichungssysteme gelöst werden, zwei mit der Koeffizientenmatrix A_B und eines mit der Koeffizientenmatrix A_B^{T}, nämlich

$$A_B x_B = b, \tag{4.18}$$

$$A_B^{\mathrm{T}} \pi = c_B, \tag{4.19}$$

$$A_B \tilde{A}_s = A_s. \tag{4.20}$$

Löst man diese Gleichungssysteme in jeder Iteration neu, wächst der Aufwand pro Iteration auf $O(m^3)$. Im Vergleich zum Simplexverfahren in Tableauform mit einem Aufwand $O(mn)$ pro Iteration ist das nur ab $O(n) = m^2$ vertretbar. Der offensichtliche Vorteil der Gleichungen (4.18)–(4.20) liegt darin, dass der Aufwand zur Lösung nicht von n abhängt.

Ein Weg zur schnelleren Lösung dieser Gleichungssysteme ist es, rekursiv die Inverse von A_B bereitzustellen. Dann lassen sich die Gleichungen (4.18)–(4.20) mit Aufwand $O(m^2)$ lösen. Liegt die lineare Optimierungsaufgabe in der Form

$$\max \left\{ c^{\mathrm{T}} x \mid Ax \le b, x \ge 0 \right\}$$

mit $b \ge 0$ vor, so ist anfangs $A_B = E$ und $A_B^{-1} = E$. Wir wollen uns überlegen, wie sich die Basisinverse bei einem Basiswechsel ändert. Um die reduzierten Kostenkoeffizienten ebenfalls zu berücksichtigen, erweitern wir die Basismatrix um eine Zeile und Spalte, und setzen

$$Q := Q_B := \begin{pmatrix} 1 & c_B^{\mathrm{T}} \\ 0 & A_B \end{pmatrix}.$$

Dann ist

$$D := D_B := Q_B^{-1} = \begin{pmatrix} 1 & -c_B^{\mathrm{T}} A_B^{-1} \\ 0 & A_B^{-1} \end{pmatrix} = \begin{pmatrix} 1 & -\pi^{\mathrm{T}} \\ 0 & A_B^{-1} \end{pmatrix}.$$

Zur Vereinfachung der Indizes betrachten wir einen Basiswechsel von Basis B zu Basis $\bar{B}$, in dem die Basisvariable $x_{B(r)}$ gegen die Nichtbasisvariable $x_s, s \in N$, getauscht wird (also nicht wie bislang gegen $x_{N(s)}$). Die Spalte $Q_r, r \ge 1$, von $Q = (Q_0, Q_1, \ldots, Q_m)$ wird also durch die Spalte $\binom{c_s}{A_s}$ ersetzt. Man erhält die neue erweiterte Basismatrix

$$\bar{Q} = Q_{\bar{B}} = \left(Q_0, \ldots, Q_{r-1}, \begin{pmatrix} c_s \\ A_s \end{pmatrix}, Q_{r+1}, \ldots, Q_m \right).$$

Wir führen zur Vereinfachung den erweiterten reduzierten Spaltenvektor

$$u := \begin{pmatrix} \tilde{c}_s \\ \tilde{A}_s \end{pmatrix} = Q^{-1} \begin{pmatrix} c_s \\ A_s \end{pmatrix}$$

ein. Multiplikation mit der Inversen der erweiterten Basismatrix liefert also

$$Q^{-1}\bar{Q} = \left(E_0, \ldots, E_{r-1}, u, E_{r+1}, \ldots, E_m \right) =: F_{rs} .$$

Die Inverse der Matrix F_{rs} ist leicht ablesbar. Es gilt $F_{rs}^{-1} = (E_0, \ldots, E_{r-1}, f,$ $E_{r+1}, \ldots, E_m)$ mit

$$f^{\mathrm{T}} = \frac{1}{u_r} \left(-u_0, -u_1, \ldots, -u_{r-1}, 1, -u_{r+1}, \ldots, -u_m \right) .$$

Aus $Q^{-1}\bar{Q} = F_{rs}$ folgt

$$\bar{Q}^{-1} = F_{rs}^{-1} Q^{-1} \tag{4.21}$$

Also ergeben sich die neuen Elemente $\bar{d}_{ij}$ von $\bar{D} = \bar{Q}^{-1}$ aus den Elementen d_{ij} von Q^{-1} durch folgende Formeln:

$$\bar{d}_{rj} := \frac{d_{rj}}{u_r} \quad (0 \le j \le m) \tag{4.22}$$

$$\bar{d}_{ij} := d_{ij} - \frac{u_i d_{rj}}{u_r} \quad (0 \le i \le m, i \ne r), (0 \le j \le m) \tag{4.23}$$

Der Aufwand zur Berechnung der neuen aus der alten Basisinversen ist $O(m^2)$, also von gleicher Größenordnung wie das Lösen der drei Gleichungssysteme mit Hilfe der Basisinversen. Insgesamt erfordert dieses revidierte Simplexverfahren pro Iteration dann ebenfalls nur noch $O(m^2)$ elementare Operationen.

Die Spalte D_0 ist stets identisch mit der Einheitsspalte E_0 und muss daher nicht berechnet werden. Man kann stattdessen die Spalte $\begin{pmatrix} -\tilde{z}_0 \\ \tilde{b} \end{pmatrix}$ mitführen, da diese im Pivotschritt des Simplexverfahrens wegen $u_i = -t_{is}, i = 1, \ldots, m$, aber $u_0 = t_{0s}$, analog zu den übrigen Spalten von D aktualisiert wird:

$$\bar{t}_{r0} = \frac{b_r}{u_r}; \quad \bar{t}_{i0} = t_{i0} + t_{is}\frac{t_{r0}}{t_{rs}} = \begin{cases} t_{00} + u_0\frac{b_r}{u_r} & i = 0 \\ t_{i0} - u_i\frac{b_r}{u_r} & (i \ne r, 0) \end{cases}$$

Wir ersetzen daher D_0 durch $\begin{pmatrix} -\tilde{z}_0 \\ \tilde{b} \end{pmatrix}$ und definieren D im folgenden revidierten Simplexverfahren durch

$$D := \begin{pmatrix} -c_B^{\mathrm{T}} A_B^{-1} b & -c_B^{\mathrm{T}} A_B^{-1} \\ A_B^{-1} b & A_B^{-1} \end{pmatrix} = \begin{pmatrix} -\tilde{z}_0 & -\pi^{\mathrm{T}} \\ \tilde{b} & A_B^{-1} \end{pmatrix} .$$

Für $b \geq 0$ kann man die zulässige Startbasis $B = (m + 1, \ldots, m + n)$ mit $A_B = E$ nutzen, beginnt mit der Startmatrix

$$D = \begin{pmatrix} -z_0 & 0^{\mathrm{T}} \\ b & E \end{pmatrix}$$

und führt Algorithmus 4.3 durch.

Die neuen Unterprogramme zur Berechnung der Pivotspalte s, der Pivotzeile r und des Pivotschritts orientieren sich an den in der erweiterten Basisinversen D zur Verfügung stehenden Informationen. Der erweiterte reduzierte Spaltenvektor u lässt sich damit leicht berechnen. u_r ist das Pivotelement. u vereinfacht im Pivotschritt die Aktualisierung von D, die nunmehr ohne Zwischenspeicherung auf D formuliert ist. Dabei wird die zuerst aktualisierte r-te Zeile bei der Aktualisierung der übrigen Zeilen benutzt. Auch der Austausch von $B(r)$ gegen $N(s)$ ist knapp formuliert, wobei die Reihenfolge der Zuweisungen in der Zeile von links nach rechts abgearbeitet werden muss.

Beispiel 4.3.1. (Mischungsproblem) Wir betrachten als Anwendung ein Mischungsproblem, das mit 6 Variablen aber nur 2 Gleichungen vorteilhaft durch das revidierte Simplexverfahren gelöst wird.

$$\begin{aligned}
\min \quad & x_1 + 3x_2 + 6x_3 + 7x_4 + 5x_5 + 2x_6 \\
\text{unter } & 4x_1 + 6x_2 + 5x_3 + 3x_4 + x_5 + 2x_6 = \tfrac{7}{2} \\
& x_1 + x_2 + x_3 + x_4 + x_5 + x_6 = 1 \\
& x \geq 0.
\end{aligned}$$

Für den problemlosen Start des revidierten Verfahrens wird eine Optimierungsaufgabe in Normalform erwartet; äquivalent dazu können wir auch mit einer beliebigen zulässigen Basis B starten, wenn die Startdaten D_B und $\tilde{c}_N$ vorliegen. Für die Basis $B = (3, 4)$, $N = (1, 2, 5, 6)$ berechnen wir zunächst diese Startdaten. Aus den

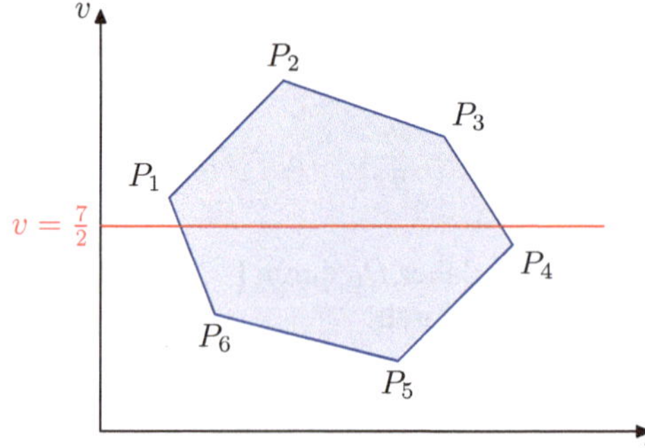

Abb. 4.3 Graphische Interpretation des Mischungsproblems von Beispiel 4.3.1 im Sinne des Abschnitts 3.6

Algorithmus 4.3: Revidiertes Simplexverfahren mit expliziter Basisinverser

---

EINGABE: $\max \{c^T x \mid Ax = b, x \geq 0\}$ mit $\begin{pmatrix} c_j \\ A_j \end{pmatrix} := \begin{pmatrix} 0 \\ E_j \end{pmatrix}$, $(j = n+1, \ldots, n+m)$
und $b \geq 0$.
AUSGABE: Optimale Lösung x mit Optimalwert z.

$B := (n+1, \ldots, n+m)$; $N := (1, \ldots, n)$; $\tilde{c}_N := c_N$;
$(d_{ij})_{i=0,\ldots,m, j=0,\ldots,m} := \begin{pmatrix} 0 & 0^T \\ b & E \end{pmatrix}$;
while $\tilde{c}_{N(j)} > 0$ *für ein* $j = 1, \ldots, n$ **do**
> $s = \texttt{Pivotspalte-rev}\,(\tilde{c}_N, N)$;
> $u_i := \sum_{j=1}^{m} d_{ij} a_{j,N(s)}$, $(1 \leq i \leq m)$; $u_0 = \tilde{c}_{N(s)}$;
> **if** $u_i > 0$, *für ein* $i = 1, \ldots, m$, **then** $r = \texttt{Pivotzeile-rev}\,(D, u, s)$;
> **else return** $c^T x$ unbeschränkt;
> $\texttt{Pivotschritt-rev}(D, B, N, u, r, s, A, c)$;

end
$x_{B(i)} := d_{i0}$, $(i = 1, \ldots, m)$; $x_N := 0$; $z := -d_{00}$;
return x, z, B, N ;

Funktion Pivotspalte-rev($\tilde{c}_N, N$)

EINGABE: Reduzierte Kosten $\tilde{c}_N$
AUSGABE: Pivotspaltenindex s

Wähle s mit $\tilde{c}_{N(s)} := \max \{\tilde{c}_{N(i)} \mid i = 1, \ldots, n\}$;
return s;

Funktion Pivotzeile-rev(D, u)

EINGABE: 0-te Spalte von D, reduzierte Spalte u von $A_{N(s)}$
AUSGABE: Pivotzeilenindex r.

Wähle r mit $\frac{d_{r0}}{u_r} := \min \left\{ \frac{d_{i0}}{u_i} \mid u_i > 0, i = 1, \ldots, m \right\}$;
return r;

Prozedur Pivotschritt-rev(D, B, N, u, r, s, A, c)

EINGABE: D, Pivotzeile r, Pivotspalte s, und reduzierte Spalte u von $A_{N(s)}$.
AUSGABE: D

$d_{rj} := \dfrac{d_{rj}}{u_r}$, $\qquad (j = 0, \ldots, m)$;
$d_{ij} := d_{ij} - u_i d_{rj}$, $\quad (i = 0, \ldots, m, \ i \neq r)$, $(j = 0, \ldots, m)$;
$\mu := B(r)$; $B(r) := N(s)$; $N(s) := \mu$;
$\tilde{c}_k := c_k + \sum_{j=1}^{m} d_{0j} a_{jk}$, $(k \in N)$;
return $D, \tilde{c}, B, N$;

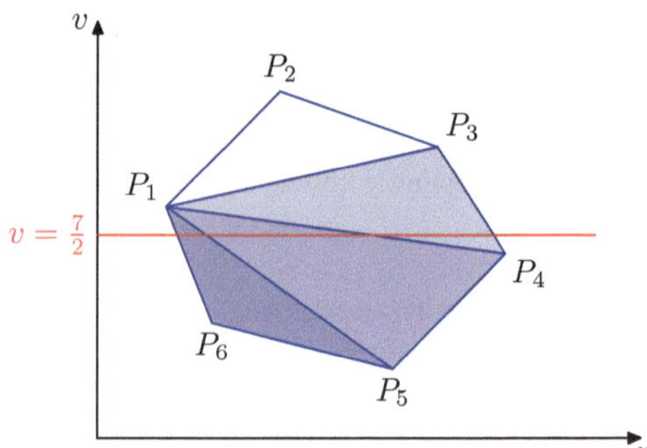

Abb. 4.4 Ausgehend von der Basislösung P_3, P_4 wird P_3 gegen P_1 ausgetauscht, dann P_4 gegen P_5 und schließlich P_5 gegen P_6

Eingabedaten

$$\begin{pmatrix} c^{\mathrm{T}} \\ A \end{pmatrix} = \begin{pmatrix} 1\ 3\ 6\ 7\ 5\ 2 \\ 4\ 6\ 5\ 3\ 1\ 2 \\ 1\ 1\ 1\ 1\ 1\ 1 \end{pmatrix}, \begin{pmatrix} z_0 \\ b \end{pmatrix} = \begin{pmatrix} 0 \\ \frac{7}{2} \\ 1 \end{pmatrix},$$

lesen wir die Basismatrix A_B ab und berechnen die Basisinverse

$$A_B^{-1} = \begin{pmatrix} 5\ 3 \\ 1\ 1 \end{pmatrix}^{-1} = \begin{pmatrix} \frac{1}{2} & -\frac{3}{2} \\ -\frac{1}{2} & \frac{5}{2} \end{pmatrix}.$$

Damit erhält man aus den Eingabedaten $b^{\mathrm{T}} = (\frac{7}{2}, 1)$ und $c_B^{\mathrm{T}} = (6, 7)$ die zugehörige Matrix

$$D := \begin{pmatrix} -c_B^{\mathrm{T}} A_B^{-1} b & -c_B^{\mathrm{T}} A_B^{-1} \\ A_B^{-1} b & A_B^{-1} \end{pmatrix} = \begin{pmatrix} -\frac{27}{4} & \frac{1}{2} & -\frac{17}{2} \\ \frac{1}{4} & \frac{1}{2} & -\frac{3}{2} \\ \frac{3}{4} & -\frac{1}{2} & \frac{5}{2} \end{pmatrix}$$

Die zugehörigen reduzierten Kosten $\tilde{c}_N^{\mathrm{T}} = c_N^{\mathrm{T}} + (-c_B^{\mathrm{T}} A_B^{-1}) A_N$ sind danach leicht berechenbar:

$$\tilde{c}_{(1,2,5,6)} = (1, 3, 5, 2) + (\frac{1}{2}, -\frac{17}{2}) \begin{pmatrix} 4\ 6\ 1\ 2 \\ 1\ 1\ 1\ 1 \end{pmatrix} = \left(-\frac{11}{2}, -\frac{5}{2}, -3, -\frac{11}{2} \right).$$

Die Startdaten sind vollständig und wir diskutieren eine Iteration des Algorithmus 4.3. Wir beachten dabei, dass wir in der Mischungsaufgabe das Minimum und nicht das Maximum suchen. Daher wird die Wahl der Pivotspalte $N(s)$ jeweils durch den kleinsten statt den größten reduzierten Kostenkoeffizienten festgelegt.

Iteration 1: Wir wählen $s = 1$ und berechnen

$$\begin{pmatrix} u_1 \\ u_2 \end{pmatrix} = \begin{pmatrix} \frac{1}{2} & -\frac{3}{2} \\ -\frac{1}{2} & \frac{5}{2} \end{pmatrix} \begin{pmatrix} 4 \\ 1 \end{pmatrix} = \begin{pmatrix} \frac{1}{2} \\ \frac{1}{2} \end{pmatrix}, u_0 = \tilde{c}_{N(s)} = -\frac{11}{2}$$

Wir wählen entsprechend der Zeilenauswahlregel die Pivotzeile $r = 1$ und tauschen die Nichtbasisvariable x_1 gegen die Basisvariable x_3 aus. Im Pivotschritt ergeben sich:

$$D = \begin{pmatrix} -4 & 6 & -25 \\ \frac{1}{2} & 1 & -3 \\ \frac{1}{2} & -1 & 4 \end{pmatrix}, B = (1,4), N = (3,2,5,6), \tilde{c}_N^{\mathrm{T}} = (11, 14, -14, -11).$$

Die anschließenden Iterationen sollen nur noch kurz beschrieben werden.

Iteration 2: x_5 mit $u = (-14, -2, 3)^{\mathrm{T}}$ ausgetauscht gegen x_4; der Pivotschritt liefert

$$D = \begin{pmatrix} -\frac{5}{3} & \frac{4}{3} & -\frac{19}{3} \\ \frac{5}{6} & \frac{1}{3} & -\frac{1}{3} \\ \frac{1}{6} & -\frac{1}{3} & \frac{4}{3} \end{pmatrix}, B = (1,5), N = (3,2,4,6), \tilde{c}_N^{\mathrm{T}} = \left(\frac{19}{3}, \frac{14}{3}, \frac{14}{3}, -\frac{5}{3} \right).$$

Iteration 3: x_6 mit $u = (-\frac{5}{3}, \frac{1}{2}, \frac{2}{3})$ ausgetauscht gegen x_5; der Pivotschritt führt auf

$$D = \begin{pmatrix} -\frac{5}{4} & \frac{1}{2} & -3 \\ \frac{3}{4} & \frac{1}{2} & -1 \\ \frac{1}{4} & -\frac{1}{2} & 2 \end{pmatrix}, B = (1,6), N = (3,2,4,5), \tilde{c}_N^{\mathrm{T}} = \left(\frac{11}{2}, 3, \frac{11}{2}, \frac{5}{2} \right).$$

Da alle reduzierten Kostenkoeffizienten positiv sind, ist die Basislösung $(x_B^{\mathrm{T}}, x_N^{\mathrm{T}}) = (\frac{3}{4}, \frac{1}{4}, 0, 0, 0, 0)$ zulässig und optimal. Der optimale Zielfunktionswert ist $z = \frac{5}{4}$.

Die Abb. 4.4 zeigt den schrittweisen Austausch der Simplices gemäß der Simplexinterpretation des Simplexverfahrens in Abschn. 3.6.

4.4 Faktorisierungstechniken

Als wichtige Komponente zur Stabilisierung und Beschleunigung des revidierten Simplexverfahrens aus Abschn. 4.3 haben sich verschiedene Faktorisierungstechniken bewährt. Einerseits zeigte sich, dass revidierte Simplexverfahren nummerisch nicht stabil sind. Bereits bei Beispielen mit wenigen Nebenbedingungen, z. B. $m = 50$, können Rundungsfehler die Lösung sehr stark beeinflussen und vollständig verfälschen. Der Grund ist völlig analog zur nummerischen Instabilität des Gauss-Verfahrens und wird in einführenden Texten zur Nummerischen Mathematik, etwa im Buch von Stoer und Bulirsch [69], ausführlich untersucht. Die nachfolgende Rundungsfehleranalyse zeigt, warum die im revidierten Simplexverfahren auftretenden Rundungsfehler beliebig stark anwachsen können.

Rundungsfehler bei Pivotoperationen

Die unmittelbaren Fehler der im Computer implementierten Gleitkommaoperationen für Addition, Subtraktion, Multiplikation und Division, die wir mit $\mathrm{gl}(a \pm b)$, $\mathrm{gl}(a \cdot b)$ und $\mathrm{gl}(\frac{a}{b})$ bezeichnen, sind durch die Maschinengenauigkeit ε begrenzt. Es gilt also

$$\mathrm{gl}(a \pm b) = (a \pm b)(1 + \varepsilon_1),$$
$$\mathrm{gl}(a \cdot b) = (a \cdot b)(1 + \varepsilon_2),$$
$$\mathrm{gl}\left(\frac{a}{b}\right) = \left(\frac{a}{b}\right)(1 + \varepsilon_3)$$

mit $|\varepsilon_1|, |\varepsilon_2|, |\varepsilon_3| \leq \varepsilon$. In einer Pivotoperation mit dem Pivotelement v_s wird ein Vektor $u = (u_1, \ldots, u_m)$ durch einen Vektor $v = (v_1, \ldots, v_m)$ in den neuen Vektor $w = (w_1, \ldots, w_m)$ überführt, wobei gilt

$$w_i = \begin{cases} \mathrm{gl}\left(\frac{u_s}{v_s}\right) = \frac{u_s}{v_s}(1 + \eta) & i = s, \\ \mathrm{gl}\left(u_i - \frac{v_i}{v_s}u_s\right) = u_i(1 + \rho_i) - \frac{v_i}{v_s}u_s(1 + \eta)(1 + \sigma_i)(1 + \rho_i) & i \neq s. \end{cases}$$

Setzen wir

$$\delta u_i := \begin{cases} u_s\eta & i = s, \\ u_i\rho_i - \frac{v_i}{v_s}u_s\left(\sigma_i + \rho_i + \sigma_i\rho_i + \eta\sigma_i + \eta\rho_i + \eta\sigma_i\rho_i\right) & i \neq s, \end{cases}$$

so erhalten wir

$$w_i := \begin{cases} \frac{1}{v_s}(u_s + \delta u_s) & i = s, \\ (u_i + \delta u_i) - \frac{v_i}{v_s}(u_s + \delta u_s) & i \neq s. \end{cases}$$

Das Ergebnis w der Gleitpunktrechnung ist also das exakte Ergebnis für einen gestörten Eingabevektor $u + \delta u$. Dasselbe Ergebnis erhält man für die Spalten von $\bar{D}$ in Pivotoperation (4.22), (4.23). Ohne Informationen über das Pivotelement v_s können diese Fehler nicht sinnvoll abgeschätzt werden. Für $i \neq s$ ergibt sich

$$|\delta u_i| \leq |u_i|\varepsilon + \left|\frac{v_i u_s}{v_s}\right|\left(2\varepsilon + 3\varepsilon^2 + \varepsilon^3\right).$$

Falls $|v_s|$ sehr klein gegenüber $|v_i u_s|$ ist, können sehr große Fehler auftreten. Aus nummerischer Sicht sind Pivotelemente mit möglichst großem Betrag zu wählen. Diese Überlegungen waren die Motivation für die nummerische Stabilisierung des Simplexverfahrens mit Hilfe der LU-Zerlegung der Basismatrizen.

Die LU-Zerlegung der Matrix A_B ist nicht die einzige Möglichkeit zur Stabilisierung des Simplexverfahrens. So kann zum Beispiel das Simplexverfahren auch durch eine Cholesky-Zerlegung der Matrix $A_B A_B^{\mathrm{T}}$ in LL^{T} stabilisiert werden (vgl. Murty [59]). Allerdings ist dann die untere Dreiecksmatrix L i. Allg. keine dünn besetzte Matrix, selbst wenn A_B dünn besetzt ist.

Zur Beschleunigung der Iterationen des revidierten Simplexverfahrens ist andererseits die Berücksichtigung dünn besetzter Restriktionsmatrizen, d. h. Matrizen mit nur wenig Nichtnullelementen, wesentlich. Forrest und Tomlin [30] beschreiben eine entsprechende Faktorisierung der Basismatrizen als Produkte der Transformationsmatrizen F_{rs} aus Gleichung (4.21). Diese enthalten nur eine wesentliche von Einheitsspalten abweichende Spalte f und ermöglichen daher eine kompakte Speicherung. Während in den Inversen der Basismatrizen die Anzahl der Nichtnullelemente rasch wachsen kann, bleibt dabei die Struktur dünn besetzter Pivotspalten erhalten. Dieser Effekt wird noch durch Wahl möglichst günstiger Pivotelemente gesteigert, soweit es die nummerische Stabilität erlaubt. Daher implementieren die meisten kommerziellen Codes *revidierte Simplexverfahren in Produktform* mit speziellen Speichertechniken für dünn besetzte Matrizen.

Die nummerisch stabile LU-Zerlegung

Wir erinnern zunächst an einige grundlegende Eigenschaften regulärer Matrizen. Die Spalten einer $(m \times m)$-Matrix $A = (a_{ij})$ bezeichnen wir wie bisher mit $A_1, \ldots, A_m$, ihre Zeilen mit $a_1^T, \ldots, a_m^T$. Insbesondere sind $E_1, \ldots, E_m$ die Spalten der Einheitsmatrix E.

Permutationsmatrizen

Eine Permutation π der Zahlen $1, \ldots, m$ können wir als Indexvektor auffassen, $\pi = (\pi(1), \ldots, \pi(m))$. Die zugehörige *Permutationsmatrix* ist $E_\pi := (E_{\pi(1)}, \ldots, E_{\pi(m)})$. So entspricht etwa der Permutation $\pi = (4, 1, 2, 3)$ die Permutationsmatrix

$$\begin{pmatrix} 0 & 1 & 0 & 0 \\ 0 & 0 & 1 & 0 \\ 0 & 0 & 0 & 1 \\ 1 & 0 & 0 & 0 \end{pmatrix}.$$

Durch Multiplikation mit E_π von rechts lassen sich die Spalten einer $(m \times m)$-Matrix vertauschen, denn $A E_\pi = (A_{\pi(1)}, \ldots, A_{\pi(m)})$. Angewandt auf die Komposition zweier Permutationen π, ϱ, ergibt sich $E_\pi E_\varrho = E_{\pi \circ \varrho}$, insbesondere $E_\pi E_{\pi^{-1}} = E$. Die Inverse von E_π ist also $E_{\pi^{-1}}$. Für alle $i = 1, \ldots, m$ ist andererseits $\pi(i) = j$ genau dann, wenn $\pi^{-1}(j) = i$, d. h. $E_\pi^T = E_{\pi^{-1}}$. Also gilt $E_\pi^{-1} = E_\pi^T$. Die Zeilen $x a_i^T$ von A lassen sich analog durch Multiplikation mit E_π^T von links vertauschen, denn $E_\pi^T A = (A^T E_\pi)^T = (a_{\pi(1)}, \ldots, a_{\pi(m)})^T$. Die Permutation π_{kl} mit

$$\pi_{kl}(j) := \begin{cases} k & j = l, \\ l & j = k, \\ j & j \neq k, j \neq l, \end{cases}$$

vertauscht die beiden Indizes k und l. Für die zugehörige Permutationsmatrix $P_{kl} :=$ $E_{\pi_{kl}}$ gelten $P_{kl}^{\mathrm{T}} = P_{kl}$ und $P_{kl}^2 = E$.

Dreiecksmatrizen

Matrizen L und U der Form

$$
L = \begin{pmatrix} * & & & & \\ * & * & & & \\ * & * & * & & \\ * & * & * & * & \\ * & * & * & * & * \end{pmatrix} \quad
U = \begin{pmatrix} * & * & * & * & * \\ & * & * & * & * \\ & & * & * & * \\ & & & * & * \\ & & & & * \end{pmatrix}
$$

heißen *untere* bzw. *obere Dreiecksmatrizen*.

Frobeniusmatrizen

Reguläre Matrizen der Form

$$
F_r(d) := \begin{pmatrix} 1 & & & & * & & \\ & \ddots & & & * & & \\ & & 1 & & * & & \\ & & & & * & & \\ & & & * & 1 & & \\ & & & * & & \ddots & \\ & & & * & & & 1 \end{pmatrix} \quad \leftarrow r\text{-te Zeile},
$$

die sich nur in einer Spalte (oder Zeile) d von der Einheitsmatrix unterscheiden, heißen *Frobeniusmatrizen* oder kurz *F-Matrizen*. Die Inverse einer F-Matrix ist wieder eine F-Matrix; es gilt $F_r(d)^{-1} = F_r(d')$ mit

$$
d_i' := \begin{cases} \dfrac{1}{d_r} & i = r, \\ -\dfrac{d_i}{d_r} & i \neq r. \end{cases}
$$

Offenbar gilt $F_r(d')d = E_r$. Falls $d_r \neq 0$, können wir mit Hilfe von $F_r(d')$ die übrigen Koeffizienten von d eliminieren. In Eliminationsverfahren wird dies für Spalten regulärer Matrizen genutzt. Zur Elimination der Subdiagonalelemente in Spalte r genügt eine F-Matrix $L_r = F_r(l)$ mit unterer Dreiecksform, d. h. $l_i = 0$ für $i < r$, und Diagonalelement $l_r = 1$. Diese F-Matrizen haben also die Form

$$
L_r = F_r(l) = \begin{pmatrix} 1 & & & & & \\ & \ddots & & & & \\ & & 1 & & & \\ & & & 1 & & \\ & & & l_{r+1} & 1 & \\ & & & \vdots & & \ddots \\ & & & l_m & & & 1 \end{pmatrix}
$$

und werden als *Eliminationsfaktoren* bezeichnet. Vertauschen wir in diesem Eliminationsfaktor Zeile s mit Zeile t und Spalte s mit Spalte t für $r < s < t$, so ergibt sich der Eliminationsfaktor $PL_r P = F_r(Pl)$ für $P = E_{\pi_{st}}$.

Das Produkt sukzessiver Eliminationsfaktoren $L_j = F_j(l_j)$, $j = 1,\ldots,m$, ist die untere Dreiecksmatrix L, die sich aus den wesentlichen Spalten der Eliminationsfaktoren zusammensetzt, d. h.

$$L := L_1 L_2 \ldots L_m = \left(l_1 \; l_2 \ldots l_m \right) . \tag{4.24}$$

Dies kann man sich induktiv überlegen, denn aufgrund der Form des Eliminationsfaktors L_{j+1} gilt

$$\left(l_1,\ldots,l_j, E_{j+1},\ldots,E_m \right) L_{j+1} = \left(l_1,\ldots,l_{j+1}, E_{j+2},\ldots,E_m \right),$$
$$j = 1,\ldots,m-2 .$$

Für $j = m - 1$ ergibt sich L.

Gaußelimination und LU-Zerlegung

Die Gaußelimination linearer Gleichungssysteme $Ax = b$ mit regulärer Matrix A lässt sich durch sukzessive Multiplikation geeigneter Eliminationsfaktoren beschreiben, solange die auftretenden Diagonalelemente nicht verschwinden. Im ersten Schritt werden die Elemente unterhalb des Diagonalelements $a_{11} \neq 0$ von A mit Hilfe des Eliminationsfaktors $L_1 := F_1(\frac{1}{a_{11}} A_1)$ eliminiert, denn

$$L_1^{-1} \left(A_1 \ldots A_m \; b \right) = \left(a_{11} E_1 \; L_1^{-1} A_2 \ldots L_1^{-1} A_m \; L_1^{-1} b \right) .$$

Falls $a_{11} = 0$, wird eine Zeile $k > 1$, $a_{k1} \neq 0$, mit Zeile 1 vertauscht. Der Zeilentausch wird durch die Permutationsmatrix $P_1 := E_{\pi_{1k}}$ beschrieben. Da A regulär ist, existiert eine solche Zeile. Die Elimination in der ersten Spalte von A erfolgt dann mit Hilfe des Eliminationsfaktors $L_1 := F_1(\frac{1}{a_{k1}} P_1 A_1)$, d. h.

$$L_1^{-1} P_1 \left(A_1 \ldots A_m \; b \right) = \left(a_{k1} E_1 \; L_1^{-1} P_1 A_2 \ldots L_1^{-1} P_1 A_m \; L_1^{-1} P_1 b \right) .$$

Das gewählte Element a_{k1} wird als Pivotelement bezeichnet.

Sukzessive Elimination der Subdiagonalelemente in den Spalten A_j, $j = 1,\ldots,$ m, führt auf eine obere Dreiecksmatrix U. In einer nummerisch stabilen Version mit Spaltenpivotsuche wird jeweils das betraglich größte Subdiagonalelement oder Diagonalelement als Pivotelement ausgewählt und ein entsprechender Zeilentausch vor der Elimination durchgeführt. Anwendung der Gaußelimination mit Spaltenpivotsuche auf die Matrix A liefert unmittelbar den folgenden Satz über die Faktorisierung regulärer Matrizen.

Satz 4.4.1. *(Faktorisierung regulärer Matrizen) Für eine reguläre $(m \times m)$-Matrix A existieren für $j = 1, \ldots, m$ Permutationsmatrizen $P_j = E_{\pi_{jk(j)}}$, die jeweils die Zeile j mit einer Zeile $k(j) \geq j$ vertauschen, Eliminationsfaktoren L_j und eine obere Dreiecksmatrix U mit*

$$L_m^{-1} P_m \ldots L_1^{-1} P_1 A = U \,.$$

Äquivalent gilt $A = P_1 L_1 \ldots P_m L_m U$.

Für die in der Faktorisierung auftretenden Permutationsmatrizen P_j, die Zeile j mit einer Zeile k, $k \geq j$, vertauschen, gilt bekanntlich $P_j^2 = E$. Einfügen solcher Paare von Permutationsmatrizen in die Gleichung $P_1 A = L_1 P_2 L_2 \ldots P_m L_m U$ und Multiplikation mit $P_m \ldots P_2$ liefert

$$(P_m \ldots P_1)A = (P_m \ldots P_2 L_1 P_2 \ldots P_m) \ldots$$
$$(P_m \ldots P_{j+1} L_j P_{j+1} \ldots P_m) \ldots L_m U \,.$$

Mit $P := P_m \ldots P_1$, $\bar{L}_m := L_m$ und

$$\bar{L}_j := P_m \ldots P_{j+1} L_j P_{j+1} \ldots P_m, \quad j = 1, \ldots, m-1 \,,$$

ergibt sich die Zerlegung $PA = \bar{L}_1 \ldots \bar{L}_m U$. Da stets simultan Zeilen und Spalten mit Indizes größer j vertauscht werden, sind die Matrizen $\bar{L}_j$ Eliminationsfaktoren wie die L_j. Für ihr Produkt gilt nach (4.24)

$$\bar{L}_1 \ldots \bar{L}_m = \left(l_1 \ldots l_m \right) \,,$$

wenn $\bar{L}_j = F_j(l_j)$. Insgesamt erhalten wir den folgenden Satz.

Satz 4.4.2. *(LU-Zerlegung regulärer Matrizen) Für eine reguläre $(m \times m)$-Matrix A existieren eine Permutationsmatrix P, eine untere Dreiecksmatrix L mit Diagonalelementen 1 und eine reguläre obere Dreiecksmatrix U mit*

$$PA = LU \,.$$

Ist eine LU-Zerlegung von A bekannt, so kann man das Gleichungssystem $Ax = b$ auf zwei Gleichungssysteme

$$Lv = \begin{pmatrix} 1 & 0 & \ldots & 0 \\ l_{21} & \ddots & \ddots & \vdots \\ \vdots & \ddots & \ddots & 0 \\ l_{m1} & \ldots & l_{m,m-1} & 1 \end{pmatrix} v := P^{\mathrm{T}} b, \quad Ux = \begin{pmatrix} u_{11} & \ldots & \ldots & u_{1m} \\ 0 & \ddots & & \vdots \\ \vdots & \ddots & \ddots & \vdots \\ 0 & \ldots & 0 & u_{m,m} \end{pmatrix} x := v \,,$$

zurückführen, die sich jeweils rekursiv mit Aufwand $O(m^2)$ lösen lassen. Für $P = E_\phi$ berechnen wir v durch Vorwärtsrekursion, d. h. $Lv := P^\mathrm{T}b$ oder explizit

$$v_1 := b_{\phi(1)}, \quad v_i := b_{\phi(i)} - \sum_{k=1}^{i-1} l_{ik}v_k \quad (i = 2, \ldots, m),$$

und anschließend x durch Rückwärtsrekursion, d. h. $Ux := v$ oder explizit

$$x_m := \frac{v_m}{u_{mm}}, \quad x_i := \frac{1}{u_{ii}} \left(v_i - \sum_{k=i+1}^{m} u_{ik}x_k \right) \quad (i = m - 1, \ldots, 1).$$

Die direkte Lösung des Gleichungssystems mit Gaußelimination erfordert einen Aufwand der Größenordnung $O(m^3)$. Dies ist auch der Aufwand zur Bestimmung der LU-Zerlegung. Hat man aber die LU-Zerlegung einmal bestimmt, genügt für jede rechte Seite des Gleichungssystems ein Zusatzaufwand von $O(m^2)$. Die Inverse A^{-1} kann auf diesem Wege mit einem Aufwand von $O(m^3)$ berechnet werden. Hat man die Inverse bestimmt, genügt wiederum für jede rechte Seite des Gleichungssystems ein Zusatzaufwand von $O(m^2)$. Nummerisch gesehen bringt die LU-Zerlegung gegenüber der Inversen etliche Vorteile. Gewisse Eigenschaften von A, etwa die Bandstruktur oder die Struktur dünn besetzter Matrizen bleiben bei LU-Zerlegung besser erhalten als beim Übergang zur inversen Matrix. Da die Koeffizientenmatrix großer Gleichungssysteme meist stark strukturiert ist, bietet die LU-Zerlegung erhebliche Speicherplatzvorteile.

4.5 Das Revidierte Simplexverfahren mit Faktorisierung

Um die nummerische Stabilität des revidierten Simplexverfahrens zu verbessern, entwickelte Bartels [5] eine Version, die auf der LU-Zerlegung der Basismatrix A_B beruht. Ausgangspunkt sind die drei Gleichungssysteme (4.18), (4.19), (4.20), d. h.

$$A_B x_B = b, \quad \pi^\mathrm{T}A_B = c_B^\mathrm{T}, \quad A_B \tilde{A}_s = A_s,$$

die in jeder Iteration eines Simplexverfahrens auf die eine oder andere Weise gelöst werden müssen. Anstelle der Inversen der Basismatrix können wir dazu die LU-Zerlegung $PA_B = LU$ nutzen. Für Gleichungssysteme der Form $A_B x_B = b$ und $A_B \tilde{A}_s = A_s$ haben wir im vorangegangenen Abschnitt beschrieben, wie Lösungen x_B und $\tilde{A}_s$ mit einem Aufwand von $O(m^2)$ rekursiv bestimmt werden. Für das transponierte System $\pi^\mathrm{T}A_B = c_B^\mathrm{T}$ können wir analog vorgehen, in dem wir $A_B = P^\mathrm{T}LU$ einsetzen. Die Lösung π des Gleichungssystem $\pi^\mathrm{T}P^\mathrm{T}LU = c_B^\mathrm{T}$ berechnen wir mit einem Aufwand $O(m^2)$ sukzessive aus den rekursiv lösbaren Gleichungssystemen

$$U^\mathrm{T}v := c_B, \quad L^\mathrm{T}(P\pi) := v.$$

Algorithmus 4.4: Revidiertes Simplexverfahren mit expliziter LU-Zerlegung

---

EINGABE: $\max\left\{c^{\mathrm{T}}x \mid Ax = b, x \geq 0\right\}$ mit $\begin{pmatrix} c_j \\ A_j \end{pmatrix} := \begin{pmatrix} 0 \\ E_j \end{pmatrix}, (j = ,\ldots, n+1 n+m)$,
$b \geq 0$;
AUSGABE: Optimale Lösung x mit Optimalwert z;

$B := (n+1, \ldots, n+m); N := (1, \ldots, n); x_B := b; \tilde{c}_N := c_N$;
$P := L := U := E$;
while $\tilde{c}_{N(j)} > 0$ *für ein* $j = 1, \ldots, n$ **do**
> $s = \texttt{Pivotspalte-rev-LU}\,(\tilde{c}_N, N)$;
> $Lv := PA_{N(s)}; Uu := v$;
> **if** $u_i > 0$, *für ein* $i = 1, \ldots, m$, **then** $r = \texttt{Pivotzeile-rev-LU}\,(x_B, u)$;
> **else return** $c^{\mathrm{T}}x$ unbeschränkt;
> $\mu := B(r); B(r) := N(s); N(s) := \mu$;
> Berechne LU-Zerlegung P, L, U von A_B;
> $Lv := Pb; Ux_B := v$;
> $U^{\mathrm{T}}v := c_B, L^{\mathrm{T}}(P\pi) := v$;
> $\tilde{c}_N^{\mathrm{T}} := c_N^{\mathrm{T}} - \pi^{\mathrm{T}}A_N$;

end
$x_N := 0; z := c_B^{\mathrm{T}}x_B$;
return x, z, B, N;

Funktion Pivotspalte-rev-LU$(\tilde{c}_N, N)$

EINGABE: Reduzierte Kosten $\tilde{c}_N$;
AUSGABE: Pivotspaltenindex s;

Wähle s mit $\tilde{c}_{N(s)} := \max\left\{\tilde{c}_{N(j)} \mid j = 1, \ldots, n\right\}$;
return s;

Funktion Pivotzeile-rev-LU(x_B, u)

EINGABE: Basisvariablen x_B, reduzierte Spalte u von $A_{N(s)}$;
AUSGABE: Pivotzeilenindex r

Wähle r mit $\frac{x_{B(r)}}{u_r} := \min\left\{\frac{x_{B(i)}}{u_i} \mid u_i > 0, i = 1, \ldots, m\right\}$;
return r;

Diese Überlegungen führen auf ein generisches revidiertes Simplexverfahren mit Faktorisierung.

Eine vollständige Neuberechnung der LU-Zerlegung jeder neuen Basismatrix A_B würde in jeder Iteration einen erheblichen Zusatzaufwand bedeuten. Wie bei der Aktualisierung der Basisinversen im revidierten Simplexverfahren in Abschn. 4.3 müssen wir eine wesentlich schnellere Aktualisierung der LU-Zerlegung finden. Wir werden eine höhere Flexibilität durch zusätzliche Permutationsmatrizen Q, R in der Zerlegung zulassen, um verschiedene mögliche Pivotstrategien diskutieren zu können, und gehen daher von einer Faktorisierung der Basismatrix in der Form

$$A_B = (P_1 L_1 \ldots P_\mu L_\mu)(QUR)$$

mit Permutationsmatrizen P_j und Eliminationsfaktoren L_j, $j = 1, \ldots, \mu$, aus. Dabei werden beliebige Permutationsmatrizen und Eliminationsfaktoren zu beliebigen Spalten zugelassen. Nach Satz 4.4.1 besitzt A_B eine derartige Faktorisierung mit speziellen Eigenschaften, d. h. mit $\mu = m$, $Q = R = E$, mit Permutationsmatrizen, die höchstens ein Paar von Spalten vertauschen, und mit Eliminationsfaktoren L_j, die genau die Subdiagonalelemente in Spalte j eliminieren.

Nach Austausch der Basisvariablen $B(r)$ gegen die Nichtbasisvariable $N(s)$ ergibt sich die neue Basis $\bar{B} := B \setminus B(r) \cup N(s)$. Die neue Basismatrix unterscheidet sich von der alten Basismatrix nur in der r-ten Spalte:

$$A_{\bar{B}} = \begin{pmatrix} A_{B(1)} & \cdots & A_{B(r-1)} & A_{N(s)} & A_{B(r+1)} & \cdots & A_{B(m)} \end{pmatrix}.$$

Die F-Matrix $F = F_r(d)$ mit $d := A_B^{-1} A_{N(s)} = \tilde{A}_{N(s)}$ beschreibt die Änderung der Basismatrix, denn $A_B F = (A_B E_1, \ldots, A_B E_{r-1}, A_B A_B^{-1} A_{N(s)}, A_B E_{r+1}, \ldots, A_B E_m) = A_{\bar{B}}$.

Die aktuelle Faktorisierung führt auf $A_{\bar{B}} = (P_1 L_1 \ldots P_\mu L_\mu)(QURF)$. Der zweite Faktor auf der rechten Seite soll bis auf Permutationsmatrizen wieder eine obere Dreiecksmatrix werden. Mit Hilfe der Frobeniusmatrix $F_q(Rd) = RFR^{\mathrm{T}}$, wobei $E_q := RE_r$, ergibt sich die Matrix $V := URFR^{\mathrm{T}}$, die sich nur in Spalte q von U unterscheidet:

$$V := URFR^{\mathrm{T}} = \begin{pmatrix} * & * & * & * & * & * & * \\ & * & * & * & * & * & * \\ & & * & * & * & * & * \\ & & & * & * & * & * \\ & & & * & & * & * \\ & & & * & & & * \\ & & & * & & & * \end{pmatrix}. \tag{4.25}$$

Insbesondere gilt $V_q = URd$. Um V in obere Dreiecksform zu transformieren, wählen wir Permutationsmatrizen $\tilde{Q}$, $\tilde{R}$, so dass $\tilde{Q} V \tilde{R}$ nur in einer Zeile von dieser Form abweicht:

$$\tilde{Q} V \tilde{R} = \begin{pmatrix} * & * & * & * & * & * \\ & * & * & * & * & * \\ & & * & * & * & * \\ & & & * & * & * \\ * & * & * & * & * & * \\ & & & & * & * \\ & & & & & * \end{pmatrix}.$$

In der notwendigen Elimination der Subdiagonalelemente kann offenbar als Pivotelement jeweils das Diagonalelement oder das Element in der zu eliminierenden Zeile gewählt werden. Die Wahl geeigneter Zeilenvertauschungen wird in Permutationsmatrizen $\tilde{P}_1, \ldots, \tilde{P}_m$ festgehalten. Die zugehörigen Eliminationsfaktoren $\tilde{L}_1, \ldots, \tilde{L}_m$ enthalten höchstens ein von 0 verschiedenes Subdiagonalelement und liefern die gewünschte Form

$$\bar{U} := \tilde{L}_m^{-1} \tilde{P}_m \ldots \tilde{L}_1^{-1} \tilde{P}_1 \tilde{Q} V \tilde{R} = \begin{pmatrix} * & * & * & * & * & * \\ & * & * & * & * & * \\ & & * & * & * & * \\ & & & * & * & * \\ & & & & * & * \\ & & & & & * \end{pmatrix}. \tag{4.26}$$

Durch $\tilde{Q}$, $\tilde{R}$, $\tilde{P}_1, \ldots, \tilde{P}_m$ sind die notwendigen Eliminationsfaktoren $\tilde{L}_1, \ldots, \tilde{L}_m$ festgelegt. Jede Wahl liefert eine Faktorisierung von $A_{\bar{B}}$ der gewünschten Form:

Satz 4.5.1. *(Refaktorisierung der Basismatrix) Gegeben ist die Faktorisierung $A_B = L^\mu(QUR)$, wobei $L^\mu := P_1 L_1 \ldots P_\mu L_\mu$. Zu jeder Wahl von $\tilde{Q}, \tilde{R}, \tilde{P}_1, \ldots, \tilde{P}_m$ sind die Eliminationsfaktoren $\tilde{L}_j$, $j = 1, \ldots, m$, die die untere Dreiecksmatrix $\bar{U} = \tilde{L}_m^{-1} \tilde{P}_m \ldots \tilde{L}_1^{-1} \tilde{P}_1 \tilde{Q}(URFR^{\mathrm{T}})\tilde{R}$ erzeugen (siehe (4.25) und (4.26)), festgelegt.*

Dann gilt

$$A_{\bar{B}} = L^\mu \bar{L}^m (\bar{Q}\bar{U}\bar{R}),$$

wobei $\bar{Q} := Q\tilde{Q}^{\mathrm{T}}$, $\bar{R} := \tilde{R}^{\mathrm{T}}R$, $\bar{L}_j := \bar{Q}\tilde{L}_j\bar{Q}^{\mathrm{T}}$, $\bar{P}_j := \bar{Q}\tilde{P}_j\bar{Q}^{\mathrm{T}}$ und $\bar{L}^m := \bar{P}_1\bar{L}_1 \ldots \bar{P}_m\bar{L}_m$.

Beweis. Zur Abkürzung definieren wir analog $\tilde{L}^m := \tilde{P}_1\tilde{L}_1 \ldots \tilde{P}_m\tilde{L}_m$. Offenbar gilt $(\tilde{L}^m)^{-1} = \tilde{L}_m^{-1}\tilde{P}_m \ldots \tilde{L}_1^{-1}\tilde{P}_1$ und, wegen $\bar{Q}^{\mathrm{T}}\bar{Q} = E$, $\bar{L}^m = \bar{Q}\tilde{L}^m\bar{Q}^{\mathrm{T}}$. Ausgehend von der Faktorisierung von A_B finden wir

$$
\begin{aligned}
A_{\bar{B}} &= A_B F = L^\mu(QUR)F = L^\mu(QUR)F = L^\mu Q(URFR^{\mathrm{T}})R \\
&= L^\mu QVR = L^\mu Q\tilde{Q}^{\mathrm{T}}(\tilde{Q}V\tilde{R})\tilde{R}^{\mathrm{T}}R = L^\mu \bar{Q}(\tilde{Q}V\tilde{R})\bar{R} \\
&= L^\mu \bar{Q}\tilde{L}^m(\tilde{L}^m)^{-1}(\tilde{Q}V\tilde{R})\bar{R} \\
&= L^\mu \bar{Q}\tilde{L}^m\bar{U}\bar{R} = L^\mu(\bar{Q}\tilde{L}^m\bar{Q}^{\mathrm{T}})(\bar{Q}\bar{U}\bar{R}) \\
&= L^\mu \bar{L}^m(\bar{Q}\bar{U}\bar{R}).
\end{aligned}
$$

$\square$

Durch Wahl von $\tilde{Q}, \tilde{R}, \tilde{P}_1, \ldots, \tilde{P}_m$ erhält man Faktorisierungstechniken mit unterschiedlichen Vor- und Nachteilen. Man muss die neuen, dünn besetzten Faktoren von L^m kompakt speichern. Um weiteren Speicher zu sparen, dürfen nur die Nichtnullelemente der Spalten von $\bar{U}$ gespeichert werden. Da sich Position und Anzahl der Nichtnullelemente bei der Aktualisierung ändern, ist bei Listenspeicherung eine weitgehende Neuspeicherung notwendig. Insbesondere bei sequentieller Speicherung außerhalb des schnellen Arbeitsspeichers wird dieser Teil der Aktualisierung sehr aufwändig.

Die Lösung der bereits angesprochenen drei Gleichungssysteme (4.18), (4.19), (4.20), d. h.

$$A_B x_B = b, \quad \pi^{\mathrm{T}} A_B = c_B^{\mathrm{T}}, \quad A_B \tilde{A}_s = A_s,$$

kann in Kenntnis einer Faktorisierung der Form

$$A_B = (P_1 L_1 \ldots P_\mu L_\mu)(QUR)$$

wie bei einer gewöhnlichen LU-Zerlegung sehr effizient durchgeführt werden. Man geht jeweils in zwei Schritten vor. In einem Schritt muss ein Gleichungssystem mit Dreiecksstruktur gelöst werden, im anderen Schritt genügt eine Anzahl von Matrix-Vektor-Multiplikationen. Für $\mu = O(m)$ haben beide Schritte den Aufwand $O(m^2)$. Die Schritte zur Lösung von $A_B x_B := b$ sind

$$u := Q^{\mathrm{T}} L_\mu^{-1} P_\mu^{\mathrm{T}} \ldots L_1^{-1} P_1^{\mathrm{T}} b \qquad \text{(Matrix-Vektor-Multiplikationen)};$$

$$URx_B := u \qquad\qquad\qquad\qquad \text{(Dreieckssystem lösen)}.$$

Die Schritte zur Lösung von $\pi^{\mathrm{T}} A_B := c_B^{\mathrm{T}}$ sind:

$$v^{\mathrm{T}} U := c_B^{\mathrm{T}} R^{\mathrm{T}} \qquad \text{(Dreieckssystem lösen)};$$

$$\pi^{\mathrm{T}} := v^{\mathrm{T}} Q^{\mathrm{T}} L_\mu^{-1} P_\mu^{\mathrm{T}} \dots L_1^{-1} P_1^{\mathrm{T}} \qquad \text{(Matrix-Vektor-Multiplikationen)}.$$

Zur Verifikation rechnen wir nach:

$$\begin{aligned}
A_B x_B &= (P_1 L_1 \dots P_\mu L_\mu) Q u \\
&= (P_1 L_1 \dots P_\mu L_\mu) Q Q^{\mathrm{T}} L_\mu^{-1} P_\mu^{\mathrm{T}} \dots L_1^{-1} P_1^{\mathrm{T}} b = b, \\
\pi^{\mathrm{T}} A_B &= (v^{\mathrm{T}} Q^{\mathrm{T}} L_\mu^{-1} P_\mu^{\mathrm{T}} \dots L_1^{-1} P_1^{\mathrm{T}})(P_1 L_1 \dots P_\mu L_\mu)(Q U R) = v^{\mathrm{T}} U R = c_B^{\mathrm{T}} .
\end{aligned}$$

Die Schritte zur Lösung von $A_B \tilde{A}_{N(s)} := A_{N(s)}$ sind analog zur Berechnung von x_B:

$$w := Q^{\mathrm{T}} L_\mu^{-1} P_\mu^{\mathrm{T}} \dots L_1^{-1} P_1^{\mathrm{T}} A_{N(s)} \qquad \text{(Matrix-Vektor-Multiplikationen)};$$

$$U R \tilde{A}_{N(s)} := w \qquad \text{(Dreieckssystem lösen)}.$$

Bemerkenswert ist hierbei, dass der Vektor $w = U R \tilde{A}_{N(s)}$ in der nächsten Refaktorisierung wieder verwendet wird, da dann $V_q = w$.

Die Anzahl μ der Faktoren muss begrenzt werden. Rundungsfehler in den berechneten Basisvariablen und reduzierten Kosten können durch Beschränkung der Residuen

$$\| b - A_B x_B \|, \quad \| c_B^{\mathrm{T}} - \pi^{\mathrm{T}} A_B \| \tag{4.27}$$

mit vorgegebenen Toleranzwerten kontrolliert werden. Sowohl in Hinblick auf den Aufwand als auch auf die nummerische Stabilität muss von Zeit zu Zeit eine erneute LU-Faktorisierung der aktuellen Matrix erfolgen.

Faktorisierung nach Bartels und Golub

Bartels und Golub (1969 [6], 1971 [5]) wählen $\tilde{Q} = \tilde{R}^{\mathrm{T}}, \tilde{R} = E_\pi$ mit $\pi = (1, 2, \dots, q-1, q+1, \dots, m, q)$. Dann weicht die erzeugte Matrix $\tilde{R}^{\mathrm{T}} V \tilde{R}$ nur in der letzten Zeile von der gewünschten Dreiecksgestalt ab. Wegen $\tilde{Q} = \tilde{R}^{\mathrm{T}}$ gilt stets $Q = R^{\mathrm{T}}$ und die Faktorisierungen haben die Form $A_B = (P_1 L_1 \dots P_\mu L_\mu)(R^{\mathrm{T}} U R)$.

Für $m = 5$ und $q = 2$ erhält man mit $w := U R \tilde{A}_{N(s)}$

$$V = \begin{pmatrix} u_{11} & w_1 & u_{13} & u_{14} & u_{15} \\ & w_2 & u_{23} & u_{24} & u_{25} \\ & w_3 & u_{33} & u_{34} & u_{35} \\ & w_4 & & u_{44} & u_{45} \\ & w_5 & & & u_{55} \end{pmatrix} \rightarrow \tilde{R}^{\mathrm{T}} V \tilde{R} = \begin{pmatrix} u_{11} & u_{13} & u_{14} & u_{15} & w_1 \\ & u_{33} & u_{34} & u_{35} & w_3 \\ & & u_{44} & u_{45} & w_4 \\ & & & u_{55} & w_5 \\ & u_{23} & u_{24} & u_{25} & w_2 \end{pmatrix} .$$

Zur Sicherung der nummerischen Stabilität wählt man mit Hilfe der Spaltenpivot-regel der Gaußelimination das jeweilige Pivotelement. Man vertauscht also die in Frage stehenden Zeilen, falls $|Subdiagonalelement| > |Diagonalelement|$. Im Bei-spiel ist etwa die 2-te mit der 5-ten Zeile zu vertauschen, falls $|u_{23}| > |u_{33}|$. Da-durch sind die Permutationsmatrizen $\tilde{P}_1, \ldots, \tilde{P}_m$ und damit die Eliminationsfakto-ren $\tilde{L}_1, \ldots \tilde{L}_m$ festgelegt.

Während das resultierende Verfahren nummerisch sehr stabil ist, kann die in die-sem Vorschlag unberücksichtigte Anzahl der Nichtnullelemente in $\bar{U}$ rasch anwach-sen. Eine Verbesserung dieses ungünstigen Verhaltens kann man durch Abschwä-chung der rigiden Spaltenpivotregel erzielen. Die neue Regel lautet:

a) Zeilenpermutation erfolgt, falls
   $|Subdiagonalelement| > \alpha|Diagonalelement|$;
b) keine Zeilenpermutation erfolgt, falls
   $|Diagonalelement| > \alpha|Subdiagonalelement|$;
c) andernfalls wird das Pivotelement in der Zeile mit weniger Nichtnullelementen gewählt.

Der Faktor α schafft also Raum für eine Berücksichtigung der voraussichtlichen Anzahl neuer Nichtnullelemente, solange die nummerische Stabilität nicht leidet. Typische Werte für diesen Faktor sind $\alpha = 10$ oder $\alpha = 100$.

Faktorisierung nach Forrest und Tomlin

Forrest und Tomlin (1972) [30] wählen $\tilde{Q}$, $\tilde{R}$ wie Bartels und Golub, aber als Pi-votelement wird stets das Diagonalelement gewählt, d.h. $P_j = E$ für alle j. We-gen $\tilde{Q} = \tilde{R}^{\mathrm{T}}$ gilt stets $Q = R^{\mathrm{T}}$ und die Faktorisierungen haben die Form $A_B = (L_1 \ldots L_\mu)(R^{\mathrm{T}}UR)$. Die vereinfachte Aktualisierung $\bar{U} := \tilde{L}_m^{-1} \ldots \tilde{L}_1^{-1}(\tilde{Q}V\tilde{R})$ vernachlässigt die nummerische Stabilität. Andererseits ist die Aktualisierung sehr schnell, da neue Nichtnullelemente nur in der letzten Spalte $\bar{U}_m$ erzeugt werden können.

Beispiel 4.5.1. (Faktorisierung nach Forrest und Tomlin) Wir betrachten das folgen-de Beispiel mit den zugehörigen Ausgangsdaten:

$$\begin{array}{rl}
\max & x_1 + x_2 \\
\text{unter} & x_1 + 2x_2 \leq 4 \\
& 2x_1 - x_2 \leq 3, \\
& x_1 + x_2 \leq 3 \\
& x \geq 0
\end{array}
\qquad A = \begin{pmatrix} 1 & 2 & 1 & 0 & 0 \\ 2 & -1 & 0 & 1 & 0 \\ 1 & 1 & 0 & 0 & 1 \end{pmatrix}, \quad b = \begin{pmatrix} 4 \\ 3 \\ 3 \end{pmatrix}, \quad c^{\mathrm{T}} = \begin{pmatrix} 1 & 1 & 0 & 0 & 0 \end{pmatrix}$$

Die Ausgangsbasis $B_0 = (3, 4, 5)$ besitzt eine triviale Faktorisierung mit $\mu = 0$ und $U = R = E$, d.h. $A_{B_0} = E = R^{\mathrm{T}}UR$. Es folgen $x_{B_0} = b$, $\tilde{c}_{N_0} = c_{N_0}$, $s = 1$, $\tilde{A}_1 = A_1$ und $r = 2$.

Für die neue Basis $B_1 = (3, 1, 5)$ ergibt sich $A_{B_1} = A_{B_0} F = (R^T U R) F$ mit

$$F = \begin{pmatrix} 1 & 1 & 0 \\ 0 & 2 & 0 \\ 0 & 1 & 1 \end{pmatrix}.$$

Wegen $R = E$ sind $q = r = 2$ und $V = U(RFR^T) = F$. Nach Forrest und Tomlin ist $\tilde{R}_1 = E_\pi$ mit $\pi = (1, 3, 2)$ und daher

$$\tilde{R}_1^T V \tilde{R}_1 = \begin{pmatrix} 1 & 0 & 0 \\ 0 & 0 & 1 \\ 0 & 1 & 0 \end{pmatrix}\begin{pmatrix} 1 & 1 & 0 \\ 0 & 2 & 0 \\ 0 & 1 & 1 \end{pmatrix}\begin{pmatrix} 1 & 0 & 0 \\ 0 & 0 & 1 \\ 0 & 1 & 0 \end{pmatrix} = \begin{pmatrix} 1 & 0 & 1 \\ 0 & 1 & 1 \\ 0 & 0 & 2 \end{pmatrix}.$$

Diese obere Dreicksmatrix erfordert keine Elimination. Mit $\mu = 0$, $R := \tilde{R}_1^T$, $U := \tilde{R}_1^T V \tilde{R}_1$ erhält man die Faktorisierung $A_{B_1} = R^T U R$. Im revidierten Simplexverfahren berechnen wir die Lösung von $A_{B_1} x_{B_1} := b$ sukzessive aus $u := Rb$ und $URx_{B_1} := u$.

$$u := \begin{pmatrix} 1 & 0 & 0 \\ 0 & 0 & 1 \\ 0 & 1 & 0 \end{pmatrix}\begin{pmatrix} 4 \\ 3 \\ 3 \end{pmatrix} = \begin{pmatrix} 4 \\ 3 \\ 3 \end{pmatrix} \quad \rightarrow \quad \begin{pmatrix} 1 & 0 & 1 \\ 0 & 1 & 1 \\ 0 & 0 & 2 \end{pmatrix}\begin{pmatrix} x_3 \\ x_5 \\ x_1 \end{pmatrix} := \begin{pmatrix} 4 \\ 3 \\ 3 \end{pmatrix} \quad \rightarrow \quad \begin{pmatrix} x_3 \\ x_1 \\ x_5 \end{pmatrix} = \tfrac{1}{2}\begin{pmatrix} 5 \\ 3 \\ 3 \end{pmatrix}.$$

Die Lösung von $\pi^T A_{B_1} := c_{B_1}^T$ berechnen wir sukzessive aus $v^T U := c_{B_1}^T R^T$ und $\pi^T := v^T R$:

$$v^T \begin{pmatrix} 1 & 0 & 1 \\ 0 & 1 & 1 \\ 0 & 0 & 2 \end{pmatrix} := (\,0\ 0\ 1\,) \quad \rightarrow \quad v = \begin{pmatrix} 0 \\ 0 \\ \frac{1}{2} \end{pmatrix}$$

$$\rightarrow \quad \pi^T := (\,0\ 0\ \tfrac{1}{2}\,)\begin{pmatrix} 1 & 0 & 0 \\ 0 & 0 & 1 \\ 0 & 1 & 0 \end{pmatrix} = (\,0\ \tfrac{1}{2}\ 0\,).$$

Die reduzierten Kosten ergeben sich im revidierten Simplexverfahren aus $\tilde{c}_{N_1}^T = c_{N_1}^T - \pi^T A_{N_1}$:

$$(\,\tilde{c}_4\ \tilde{c}_2\,) = (\,0\ 1\,) - (\,0\ \tfrac{1}{2}\ 0\,)\begin{pmatrix} 0 & 2 \\ 1 & -1 \\ 0 & 1 \end{pmatrix} = (\,-\tfrac{1}{2}\ \tfrac{3}{2}\,)$$

Da $s = 2$, berechnen wir die reduzierte Spalte als Lösung von $A_{B_1} \tilde{A}_2 = A_2$ sukzessive aus $w := RA_2$ und $UR\tilde{A}_2 := w$.

$$w := \begin{pmatrix} 1 & 0 & 0 \\ 0 & 0 & 1 \\ 0 & 1 & 0 \end{pmatrix}\begin{pmatrix} 2 \\ -1 \\ 1 \end{pmatrix} = \begin{pmatrix} 2 \\ 1 \\ -1 \end{pmatrix} \quad \rightarrow \quad \begin{pmatrix} 1 & 0 & 1 \\ 0 & 1 & 1 \\ 0 & 0 & 2 \end{pmatrix}\begin{pmatrix} \tilde{a}_{12} \\ \tilde{a}_{32} \\ \tilde{a}_{22} \end{pmatrix} := \begin{pmatrix} 2 \\ 1 \\ -1 \end{pmatrix}$$

$$\rightarrow \quad \begin{pmatrix} \tilde{a}_{12} \\ \tilde{a}_{22} \\ \tilde{a}_{32} \end{pmatrix} = \frac{1}{2}\begin{pmatrix} 5 \\ -1 \\ 3 \end{pmatrix}.$$

Aus x_B und $\tilde{A}_2$ ergibt sich $r = 3$ und, wegen R, $q = 2$. Für die neue Basis $B_2 = (3, 1, 2)$ müssen wir $A_{B_2} = A_{B_1} F = R^T URF$ mit $F = (E_1, E_2, \tilde{A}_2)$ refaktorisieren. Wegen $V = U(RFR^T) = (U_1, w, U_3)$ wählen wir $\tilde{R}_2 := \tilde{R}_1$ und finden

$$\tilde{R}_2^T V \tilde{R}_2 = \begin{pmatrix} 1 & 0 & 0 \\ 0 & 0 & 1 \\ 0 & 1 & 0 \end{pmatrix}\begin{pmatrix} 1 & 2 & 1 \\ 0 & 1 & 1 \\ 0 & -1 & 2 \end{pmatrix}\begin{pmatrix} 1 & 0 & 0 \\ 0 & 0 & 1 \\ 0 & 1 & 0 \end{pmatrix} = \begin{pmatrix} 1 & 1 & 2 \\ 0 & 2 & -1 \\ 0 & 1 & 1 \end{pmatrix}$$

Das Subdiagonalelement eliminieren wir durch einen Eliminationsfaktor $\tilde{L}_1$:

$$\tilde{L}_1^{-1}(\tilde{R}_2^{\mathrm{T}} V \tilde{R}_2) = \begin{pmatrix} 1 & 0 & 0 \\ 0 & 1 & 0 \\ 0 & -\frac{1}{2} & 1 \end{pmatrix} \begin{pmatrix} 1 & 1 & 2 \\ 0 & 2 & -1 \\ 0 & 1 & 1 \end{pmatrix} = \begin{pmatrix} 1 & 1 & 2 \\ 0 & 2 & -1 \\ 0 & 0 & \frac{3}{2} \end{pmatrix}$$

Mit $\mu = 1$, $R := \tilde{R}_2^{\mathrm{T}} R = E$, $U := \tilde{L}_1^{-1} \tilde{R}_2^{\mathrm{T}} V \tilde{R}_2$ erhält man die Faktorisierung $A_{B_2} = L_1 U$.

In der anschließenden Iteration des revidierten Simplexverfahrens berechnen wir wieder die Lösung von $A_{B_2} x_{B_2} := b$ mit Hilfe der Faktorisierung, d. h. jetzt $u := L_1^{-1} b$ und $U x_{B_2} := u$.

$$u := \begin{pmatrix} 1 & 0 & 0 \\ 0 & 1 & 0 \\ 0 & -\frac{1}{2} & 1 \end{pmatrix} \begin{pmatrix} 4 \\ 3 \\ 3 \end{pmatrix} = \begin{pmatrix} 4 \\ 3 \\ \frac{3}{2} \end{pmatrix} \quad \rightarrow \quad \begin{pmatrix} 1 & 1 & 2 \\ 0 & 2 & -1 \\ 0 & 0 & \frac{3}{2} \end{pmatrix} \begin{pmatrix} x_3 \\ x_1 \\ x_2 \end{pmatrix} := \begin{pmatrix} 4 \\ 3 \\ \frac{3}{2} \end{pmatrix}$$

$$\rightarrow \quad \begin{pmatrix} x_3 \\ x_1 \\ x_2 \end{pmatrix} = \begin{pmatrix} 0 \\ 2 \\ 1 \end{pmatrix}.$$

Die Lösung von $\pi^{\mathrm{T}} A_{B_2} := c_{B_2}^{\mathrm{T}}$ berechnen wir sukzessive aus $v^{\mathrm{T}} U := c_{B_2}^{\mathrm{T}}$ und $\pi^{\mathrm{T}} := v^{\mathrm{T}} L_1^{-1}$:

$$v^{\mathrm{T}} \begin{pmatrix} 1 & 1 & 2 \\ 0 & 2 & -1 \\ 0 & 0 & \frac{3}{2} \end{pmatrix} := (\, 0 \;\; 1 \;\; 1 \,) \quad \rightarrow \quad v = \begin{pmatrix} 0 \\ \frac{1}{2} \\ 1 \end{pmatrix}$$

$$\rightarrow \quad \pi^{\mathrm{T}} := (\, 0 \;\; \tfrac{1}{2} \;\; 1 \,) \begin{pmatrix} 1 & 0 & 0 \\ 0 & 1 & 0 \\ 0 & -\frac{1}{2} & 1 \end{pmatrix} = (\, 0 \;\; 0 \;\; 1 \,).$$

Die reduzierten Kosten ergeben sich im revidierten Simplexverfahren aus $\tilde{c}_{N_2} = c_{N_2} - \pi^{\mathrm{T}} A_{N_2}$:

$$(\, \tilde{c}_4 \;\; \tilde{c}_5 \,) = (\, 0 \;\; 0 \,) - (\, 0 \;\; 0 \;\; 1 \,) \begin{pmatrix} 0 & 0 \\ 1 & 0 \\ 0 & 1 \end{pmatrix} = (\, 0 \;\; -1 \,),$$

d. h. B_2 ist optimale Basis.

Faktorisierung nach Reid

Reid (1982) [60] versucht in seinem Vorschlag, sowohl die entstehenden neuen Nichtnullelemente als auch die nummerische Stabilität zu berücksichtigen. Die durch die Änderung der Basis entstehende Ausbuchtung der Dreiecksgestalt wird zunächst durch Wahl von $\tilde{Q}$ und $\tilde{R}$ möglichst klein gehalten. Anschließend wird bei der Transformation auf Dreiecksgestalt durch $\tilde{P}_1, \ldots, \tilde{P}_m$ eine partielle Pivotstrategie berücksichtigt.

Bump (Beule)

Besitzt die Matrix V außerhalb einer quadratischen Teilmatrix W bereits die gewünschte Form einer oberen Dreicksmatrix, d. h.

$$V = \begin{pmatrix} * & * & * & * & * & * & * \\ & * & * & * & * & * & * \\ & & * & - & * & * & * \\ & & | & W & | & * & * \\ & & * & - & * & * & * \\ & & & & & * & * \\ & & & & & & * \end{pmatrix}, \tag{4.28}$$

so heißt W eine *Beule* von V.

Wir betrachten noch einmal das (5×5)-Beispiel für V im Abschnitt zur Faktorisierung nach Bartels und Golub, zusätzlich mit $w_2 = w_4 = u_{23} = 0$. V besitzt eine (4×4)-Beule. Die dort vorgeschlagene Wahl $\tilde{Q} = \tilde{R}^{\mathrm{T}}, \tilde{R} = E_\pi$ mit $\pi = (1, 3, 4, 5, 2)$ erzeugt eine (3×3)-Beule.

$$V = \begin{pmatrix} u_{11} & w_1 & u_{13} & u_{14} & u_{15} \\ & 0 & 0 & u_{24} & u_{25} \\ & w_3 & u_{33} & u_{34} & u_{35} \\ & 0 & & u_{44} & u_{45} \\ & w_5 & & & u_{55} \end{pmatrix} \rightarrow \tilde{R}^{\mathrm{T}} V \tilde{R} = \begin{pmatrix} u_{11} & u_{13} & u_{14} & u_{15} & w_1 \\ & u_{33} & u_{34} & u_{35} & w_3 \\ & & u_{44} & u_{45} & 0 \\ & & & u_{55} & w_5 \\ & 0 & u_{24} & u_{25} & 0 \end{pmatrix}.$$

Reid schlägt vor, Beulen in drei Phasen durch Zeilen- und Spaltenpermutationen soweit wie möglich zu schrumpfen, und betrachtet dazu isolierte Nichtnullelemente.

Isolierte Elemente in Beulen

Enthält eine Zeile/Spalte von W genau ein Nichtnullelement, so heißt dieses *isoliert*. Im obigen Beispiel ist w_5 ein isoliertes Element der (3×3)-Beule von $\tilde{R}^{\mathrm{T}} V \tilde{R}$. Isolierte Elemente kann man nutzen, um die Startbeule

$$W = \begin{pmatrix} * & * & * & * & * \\ & * & * & * & * \\ & & * & * & * \\ & & & * & * \\ * & * & * & * & * \end{pmatrix}.$$

sukzessive durch Zeilen- und Spaltenvertauschungen in den Phasen A–C der folgenden Heuristik zu verkleinern.

Beulenverkleinerung

Phase A: Isolierte Elemente in einer Spalte der Beule W (außer in der letzten) werden in die Nordwest-Ecke, d. h. in die linke obere Ecke, der Matrix permutiert.

$$E_{(3\,1\,2)}^{\mathrm{T}}\begin{pmatrix} * & 0 & * \\ * & 0 & * \\ * & * & * \end{pmatrix} E_{(2\,1\,3)} = \begin{pmatrix} * & * & * \\ 0 & * & * \\ 0 & * & * \end{pmatrix}$$

Entsprechende Rotation der Zeilen und Spalten der Beule verkleinert die Größe der Beule mindestens um 1.

Phase B: Isolierte Elemente in einer Zeile der Beule W (außer in der letzten) werden in die Südost-Ecke, d. h. in die rechte untere Ecke, der Matrix permutiert.

$$E_{(1\,3\,2)}^{\mathrm{T}}\begin{pmatrix} * & * & * \\ * & 0 & 0 \\ * & * & * \end{pmatrix} E_{(3\,1\,2)} = \begin{pmatrix} * & * & * \\ * & * & * \\ 0 & 0 & * \end{pmatrix}$$

Entsprechende Rotation der Zeilen und Spalten verkleinert die Größe der Beule mindestens um 1.

Phase C: Isolierte Elemente in der letzten Spalte der Beule W werden in die Nordwest-Ecke permutiert.

Zur Übung sollte man sich davon überzeugen, dass diese Methode der Beulenverkleinerung tatsächlich zum Ziel führt und dass gilt:

1. Nach Durchlauf der Phasen A–C hat die resultierende Beule die gleiche Form wie die Startbeule W.
2. Kann V durch Zeilen- und Spaltentransformationen auf Dreicksgestalt transformiert werden, so wird dies durch die Phasen A–C erreicht.
3. Die in den Phasen A–C gewählten Zeilen- und Spaltenpermutationen können wieder zu Matrizen $\tilde{Q}, \tilde{R}$ zusammenfasst werden. Liegt die verbliebene Beule W in den Zeilen/Spalten i bis j von V, so erhält man die Transformation auf Dreiecksform durch geeignete Eliminationsfaktoren $\tilde{L}_j^{-1}\tilde{P}_j \ldots \tilde{L}_i^{-1}\tilde{P}_i$ $(\tilde{Q}V\tilde{R}) = \bar{U}$.

Um möglichst viele Nullelemente zu erhalten, kann man in der verbleibenden Beule besonders geeignet erscheinende Pivotelemente suchen:

Man wählt als Pivotzeile die Zeile der Beule mit maximaler Anzahl an Nullelementen. Falls notwendig, wird diese Zeile gegen die aktuelle erste Zeile der Beule ausgetauscht. Anschließend wählt man als Pivotspalte die Spalte der Beule mit maximaler Anzahl an Nullelementen. Falls notwendig, wird diese Spalte gegen die aktuelle erste Spalte der Beule getauscht.

Selbstverständlich kann man dabei die nummerische Stabilität nicht ganz außer Acht lassen und muss sicherstellen, dass das resultierende Pivotelement einen nicht zu kleinen Betrag hat.

Anpassung des generischen revidierten Simplexverfahrens

Das generische revidierte Simplexverfahren 4.4 kann je nach Wahl der Faktorisierung angepasst werden. Die gewählte Faktorisierung ersetzt in der Berechnung der Vektoren u, x_B und π die LU-Zerlegung. An die Stelle der jeweils neuen LU-Zerlegung tritt die jeweilige Refaktorisierung der vorliegenden Faktorisierung, die nur noch den Aufwand $O(m)$ erfordert. Die tatsächliche Implementation der Faktorisierung und ihrer Refaktorisierung ist allerdings deutlich komplexer als die einfache Implementation der in jeder Iteration wiederholten LU-Zerlegung.

Kapitel 5
Alternative lineare Systeme und duale lineare Optimierungsaufgaben

In diesem Kapitel geht es um eine wichtige Symmetrie in der Theorie linearer Ungleichungen. Diese findet sich sowohl in den Sätzen über alternative lineare Systeme, den *Alternativsätzen*, als auch in den Sätzen über duale lineare Optimierungsaufgaben, den *Dualitätssätzen*. Wir diskutieren zunächst Alternativsätze für lineare Ungleichungen, insbesondere das grundlegende Lemma von Farkas. Darauf aufbauend werden Dualitätssätze für lineare Optimierungsaufgaben formuliert und abgeleitet. Als Anwendungen der Theorie diskutieren wir dann Matrixspiele und duale Varianten des Simplexverfahrens.

5.1 Alternativsätze

Wir stellen einen typischen Alternativsatz voran, der bereits für die Lösungen von Gleichungen in der Linearen Algebra formuliert werden kann.

Satz 5.1.1. *Es gilt genau eine der folgenden beiden Alternativen:*

1. $\exists x \in \mathbb{R}^n : Ax = b$,
2. $\exists y \in \mathbb{R}^m : y^{\mathrm{T}} A = 0,\ y^{\mathrm{T}} b = 1$.

Beweis. Wenn beide Systeme Lösungen x und y besitzen, folgt der Widerspruch $0 = y^{\mathrm{T}} A x = y^{\mathrm{T}} b = 1$. Andererseits ist das erste System genau dann nicht lösbar, wenn b linear unabhängig von den Spalten von A ist, d. h. wenn $\operatorname{rang}(A\ b) = \operatorname{rang} A + 1$. Dann gilt auch

$$\operatorname{rang}\begin{pmatrix} A\ b \\ 0\ 1 \end{pmatrix} = \operatorname{rang}\begin{pmatrix} A\ b \end{pmatrix} .$$

Dies ist äquivalent zur linearen Abhängigkeit der letzten Zeile $(0\ 1)$ von den Zeilen der Matrix $(A\ b)$, d. h. $y^{\mathrm{T}} A = 0,\ y^{\mathrm{T}} b = 1$ besitzt eine Lösung y. $\qquad\square$

R. E. Burkard, U. T. Zimmermann, *Einführung in die Mathematische Optimierung*
DOI 10.1007/978-3-642-01728-5_5, © Springer-Verlag Berlin Heidelberg 2012

Im Falle linearer Ungleichungssysteme, und damit für Polyeder, gilt der folgende grundlegende Alternativsatz:

Satz 5.1.2. *Es gilt genau eine der folgenden beiden Alternativen:*

1. $\exists x \in \mathbb{R}^n : Ax = b, x \geq 0,$
2. $\exists y \in \mathbb{R}^m : y^T A \geq 0, y^T b < 0.$

Beweis. Wenn beide Systeme Lösungen x und y besitzen, folgt der Widerspruch $0 \leq y^T Ax = y^T b < 0$.

Wir können im Folgenden o. B. d. A. annehmen, dass $b \geq 0$ gilt, da sich die Vorzeichen der i-ten Zeile von $Ax = b$ und y_i simultan tauschen lassen. Falls das erste System nicht lösbar ist, besitzt die folgende beschränkte lineare Optimierungsaufgabe nur Lösungen mit negativen Zielfunktionswerten:

$$0 > \gamma := \max \left\{ \underbrace{-\mathbb{1}^T u}_{=:d^T z} \mid \underbrace{Ax + u = b}_{=:Hz}, \underbrace{x \geq 0, u \geq 0}_{z \geq 0} \right\}.$$

Nach Satz 3.5.5 gibt es eine endliche optimale Basislösung, etwa zur Basis B, mit $0 > \gamma = d_B^T H_B^{-1} b$ und mit nicht positiven reduzierten Kosten $\tilde{d}$. Für $y^T := d_B^T H_B^{-1}$ gilt daher

$$0 > \gamma = d_B^T H_B^{-1} b = y^T b$$

$$0 \geq \tilde{d} = d^T - d_B^T H_B^{-1} H = \left(0 \ -\mathbb{1}^T \right) - y^T \left(A \ E \right),$$

also insbesondere $y^T A \geq 0$. Offenbar ist y Lösung des zweiten Systems. $\quad\square$

Endlich erzeugte Kegel

Zur geometrischen Interpretation dieses Satzes betrachten wir endlich erzeugte Kegel. Die Vektoren $A_1, A_2, \ldots, A_n \in \mathbb{R}^m$ erzeugen den Kegel

$$\mathrm{cone}\,(A_1, \ldots, A_n) := \{Ax \mid x \geq 0\}$$

Wir fassen die Vektoren in einer Matrix $A := (A_1 \ \ldots \ A_n)$ zusammen und bezeichnen den Kegel dann auch als $K(A)$.

Satz 5.1.2 zeigt, dass entweder $b \in K(A)$ gilt oder dass es einen Vektor y mit $y^T A \geq 0$ und $y^T b < 0$ gibt. Für $x \geq 0$ folgt im zweiten Fall $y^T b < 0 \leq y^T Ax$. Die Hyperebene $H(y) := \{x \mid y^T x = 0\}$ trennt also b strikt von $K(A)$, d. h. $y^T b < 0 \leq y^T z$ für alle $z \in K(A)$ (siehe Abb. 5.2 mit $C_1 \equiv K(A)$ und $b \notin K(A)$). Wir halten diese wichtige geometrische Interpretation als Korollar fest:

Korollar 5.1.3. *(Geometrische Form von Satz 5.1.2) Entweder ist $b \in K(A)$ oder es gibt eine Hyperebene durch 0, die b vom Kegel $K(A)$ strikt trennt.*

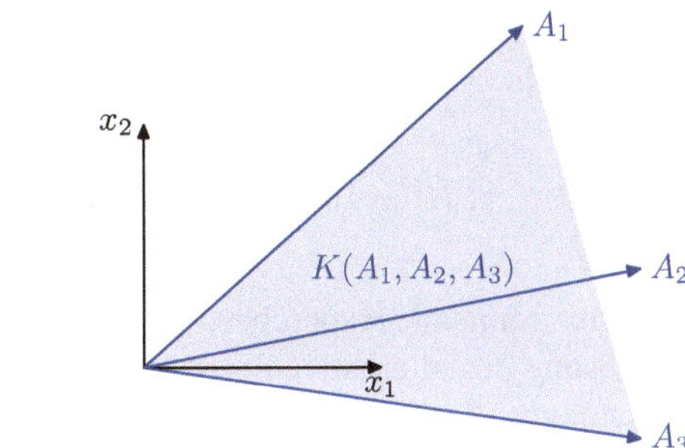

Abb. 5.1 Der von A_1, A_2, A_3 erzeugte Kegel

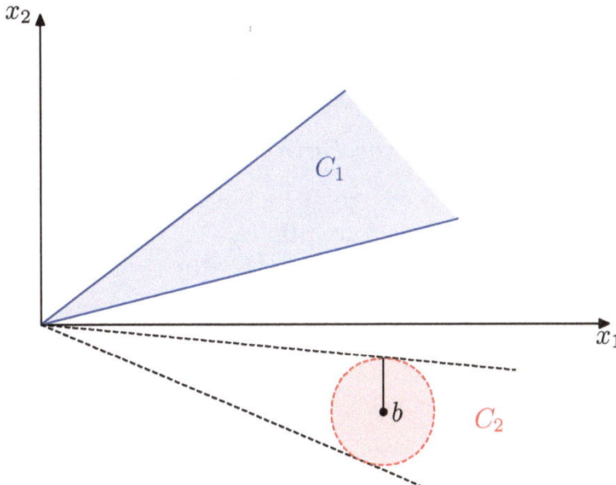

Abb. 5.2 Zum alternativen Beweis von Korollar 5.1.3

Derartige Trennungssätze gelten allgemeiner für konvexe Mengen und werden daher ausführlicher im zweiten Teil dieses Buchs zur Konvexen Optimierung in Abschn. 12.2 behandelt. Um den Zusammenhang etwas näher zu beleuchten, wollen wir einen zweiten unabhängigen Beweis der geometrischen Form des grundlegenden Alternativsatzes mit Hilfe des Trennungssatzes 12.2.4 geben.

Beweis (Alternativer Beweis zu Korollar 5.1.3). Die gleichzeitigen Annahmen von $b \in K(A)$ und $y^\mathsf{T} b < 0 \le y^\mathsf{T} z$ für alle $z \in K(A)$ führen für $z := b$ auf den Widerspruch $y^\mathsf{T} b < 0 \le y^\mathsf{T} z = y^\mathsf{T} b$.

Falls $b \notin K(A)$, betrachten wir den abgeschlossenen konvexen Kegel $C_1 := K(A) \subseteq \mathbb{R}^n$. Weiterhin ist

$$C_2 := \{\alpha u \mid \|u - b\| < \varepsilon, \alpha > 0\}$$

für ein hinreichend kleines $\varepsilon > 0$ eine offene konvexe Menge im $\mathbb{R}^n$ mit $C_1 \cap C_2 = \emptyset$ (vgl. Abb. 5.2). Nach Satz 12.2.4 gibt es daher eine Hyperebene $H(y) := \{u \mid y^\mathsf{T} u = u_0\}$, die C_1 und C_2 strikt trennt, d. h. es gilt:

$$y^\mathsf{T} u \ge u_0 > y^\mathsf{T} v, \quad (u \in C_1, v \in C_2).$$

Aus $0 \in C_1$ folgt $u_0 \leq 0$. Da außerdem $\alpha b \in C_2$ für beliebig kleine $\alpha > 0$, ist $u_0 = 0$, d. h.

$$y^{\mathrm{T}} u \geq 0 > y^{\mathrm{T}} v, \quad (u \in C_1, v \in C_2).$$

Inbesondere ist $H(y)$ eine Hyperebene durch 0, die b vom Kegel $K(A)$ strikt trennt.

$\square$

Die strikt trennende Hyperebene $H(y)$ wird stets durch einen Vektor y beschrieben, der Lösung des alternativen Systems in Satz 5.1.2 ist. Im speziellen Fall, dass die Gleichungen $Ax = b$ keine Lösung besitzen, gibt es nach Satz 5.1.1 ein $\bar{y}$ mit $\bar{y}^{\mathrm{T}} A = 0, \bar{y}^{\mathrm{T}} b = 1$. Dann liefert $y := -\bar{y}$ eine Lösung des alternativen Systems mit $y^{\mathrm{T}} A = 0, y^{\mathrm{T}} b < 0$ und die zugehörige Hyperebene $H(y) := \{x \mid y^{\mathrm{T}} x = 0\}$ trennt b strikt vom Kegel $K(A)$.

Der Fall $b \in K(A)$ legt eine äquivalente Formulierung nahe, die auf Farkas zurückgeht und unmittelbar durch logische Umformulierung aus Satz 5.1.2 folgt:

Satz 5.1.4. *(Lemma von Farkas, 1894 [28]) Die folgenden beiden Aussagen sind äquivalent:*

1. $\exists x \in R^n : Ax = b, x \geq 0$,
2. $\forall y \in R^m : (y^{\mathrm{T}} A \geq 0 \Rightarrow y^{\mathrm{T}} b \geq 0)$.

Geometrisch formuliert, liest sich diese Aussage so:

Korollar 5.1.5. *Der Halbraum $\{y \mid y^{\mathrm{T}} b \geq 0\}$ enthält den polyedrischen Kegel $\{y \mid y^{\mathrm{T}} A \geq 0\}$ genau dann, wenn $b \in K(A)$.*

Markov-Prozesse

Alternativsätze liefern Aussagen über die Existenz von Lösungen von Ungleichungssystemen. Als kleine Anwendung wollen wir hier kurz die Existenz stabiler Zustände diskutieren.

Das zugrunde liegende mathematische Modell ist ein Markov-Prozess. Für ein System von n möglichen Grundzuständen seien die nicht negativen Übergangswahrscheinlichkeiten p_{ij} von j nach i bekannt und in einer Übergangsmatrix P zusammengefasst. Da alle möglichen Grundzustände erfasst sind, gilt $\sum_i p_{ij} = 1$ für alle Grundzustände j. Zu Beginn des Prozesses liegt mit Wahrscheinlichkeit x_j der Zustand j vor. Diese Wahrscheinlichkeiten beschreiben einen *stochastischen Zustand* x. Hier gilt wiederum $\sum x_j = 1, x \geq 0$. Der Prozess besteht aus einer Folge von Übergängen, wobei sich der jeweils neue Zustand y zu dem vorherigen Zustand x aus der Gleichung $y = Px$ ergibt. Offenbar folgt dann $\sum y_i = 1, y \geq 0$.

Ein Zustand x heißt *stabil*, falls $x = Px$. Wir wollen zeigen, dass jede Übergangsmatrix P einen stabilen Zustand besitzt.

Für symmetrische Matrizen P ist der Zustand $x := \frac{1}{n}$ stabil, da dann

$$(Px)_i = \frac{1}{n} \sum_j p_{ij} = \frac{1}{n} \sum_j p_{ji} = \frac{1}{n}.$$

Im allgemeinen Fall ist x ein stabiler Zustand von P genau dann, wenn x eine Lösung von $Ax = b, x \geq 0$ für

$$A = \begin{pmatrix} P - E \\ \mathbb{1}^{\mathrm{T}} \end{pmatrix}, \quad b = \begin{pmatrix} 0 \\ 1 \end{pmatrix}$$

ist. Falls x keinen stabilen Zustand besitzt, muss daher nach Alternativsatz 5.1.2 gelten

$$\exists y \in \mathbb{R}^n : y^{\mathrm{T}} A \geq 0, y^{\mathrm{T}} b < 0.$$

Sei $y = \left(\begin{smallmatrix} z \\ -\lambda \end{smallmatrix} \right)$ entsprechend A partitioniert. Dann gilt $z^{\mathrm{T}}(P - E) \geq \lambda \mathbb{1}^{\mathrm{T}}, \lambda > 0$, d. h.

$$\sum_i z_i p_{ij} - z_j \geq \lambda > 0, \quad (j = 1, \ldots, n). \tag{5.1}$$

Für $z_k := \max_i z_i$ gilt andererseits

$$\sum_i z_i p_{ik} \leq z_k \sum_i p_{ik} = z_k$$

also $\sum z_i p_{ik} - z_k \leq 0$ im Widerspruch zu (5.1) für $j = k$. Jede Übergangsmatrix hat offenbar einen stabilen Zustand.

Der Alternativsatz 5.1.2 lässt sich leicht für Kombinationen von Gleichungen und Ungleichungen verallgemeinern:

Korollar 5.1.6. *Genau eines der beiden folgenden Systeme ist lösbar:*

$$
\begin{array}{ll}
(1) \quad \begin{aligned} Ax + By &\leq b \\ Cx + Dy &= d \\ x &\geq 0 \end{aligned}
&
(2) \quad \begin{aligned} u^{\mathrm{T}} b + v^{\mathrm{T}} d &< 0 \\ u^{\mathrm{T}} A + v^{\mathrm{T}} C &\geq 0^{\mathrm{T}} \\ u^{\mathrm{T}} B + v^{\mathrm{T}} D &= 0^{\mathrm{T}} \\ u &\geq 0 \end{aligned}
\end{array}
$$

Beweis. Durch Einführung von Schlupfvariablen und Aufspaltung der nicht vorzeichenbeschränkten Variablen erkennt man, dass das erste System genau dann lösbar ist, wenn das System $(1')$ lösbar ist; alternativ ist hierzu nach Satz 5.1.2 das System $(2')$ lösbar,

$$
\begin{array}{ll}
(1') \quad \begin{aligned} Ax + By' - By'' + z &= b \\ Cx + Dy' - Dy'' &= d \\ x, y', y'', z &\geq 0 \end{aligned}
&
(2') \quad \begin{aligned} u^{\mathrm{T}} b + v^{\mathrm{T}} d &< 0 \\ u^{\mathrm{T}} A + v^{\mathrm{T}} C &\geq 0^{\mathrm{T}} \\ u^{\mathrm{T}} B + v^{\mathrm{T}} D &\geq 0^{\mathrm{T}} \\ -u^{\mathrm{T}} B - v^{\mathrm{T}} D &\geq 0^{\mathrm{T}} \\ u^{\mathrm{T}} &\geq 0^{\mathrm{T}} \end{aligned}
\end{array}
$$

dessen dritte und vierte Restriktion zu $u^{\mathrm{T}} B + v^{\mathrm{T}} D = 0^{\mathrm{T}}$ äquivalent sind. $\qquad\square$

Dieses Korollar lässt sich genau wie der Alternativsatz 5.1.2 durch logische Umformulierung als Verallgemeinerung des Lemmas von Farkas aufschreiben, was wir dem Leser überlassen.

Der folgende Satz, der auf Tucker [74] [1956, Theorem 1] zurückgeht, folgt aus dem Lemma von Farkas und spielt an späterer Stelle eine fundamentale Rolle bei einem Beweis des Dualitätssatzes der linearen Optimierung. Man beachte, dass im Folgenden strikte Ungleichungen für Vektoren wie „$x > 0$" auftreten, die *komponentenweise* zu verstehen sind.

Satz 5.1.7. *Die Systeme $A^{\mathrm{T}} y \geq 0$ und $Ax = 0, x \geq 0$ besitzen Lösungen $\bar{x}, \bar{y}$ mit*

$$A^{\mathrm{T}} \bar{y} + \bar{x} > 0 . \tag{5.2}$$

Beweis. Die Spaltenvektoren von A bezeichnen wir mit A_j, $j = 1, \ldots, n$. Für festes k betrachten wir die folgenden beiden Systeme:

$$\sum_{j=1, \ j \neq k}^{n} A_j x_j = -A_k, \quad x_j \geq 0, \quad (j \neq k) \tag{5.3}$$

und

$$A_j^{\mathrm{T}} y \geq 0, A_k^{\mathrm{T}} y > 0 \quad (j = 1, \ldots, n, j \neq k) . \tag{5.4}$$

Für $b := -A_k$ ist nach Satz 5.1.2 entweder das System (5.3) oder das System (5.4) lösbar. Ist (5.3) lösbar, so gibt es ein $\bar{x}(k) \in \mathbb{R}^n$ mit $A\bar{x}(k) = 0$, $\bar{x}(k) \geq 0$ und $\bar{x}_k(k) = 1$. Ist (5.4) lösbar, so gibt es ein $\bar{y}(k) \in \mathbb{R}^m$ mit $A^{\mathrm{T}} \bar{y}(k) \geq 0$ und $A_k^{\mathrm{T}} \bar{y}(k) > 0$. Für $Z_1 = \{k \mid (5.3) \text{ lösbar}\}$ und $Z_2 = \{k \mid (5.4) \text{ lösbar}\}$ gilt $Z_1 \cup Z_2 = \{1, 2, \ldots, n\}$. Setzt man

$$\bar{x} := \begin{cases} 0, & Z_1 = \emptyset \\ \sum_{k \in Z_1} \bar{x}(k), & Z_1 \neq \emptyset \end{cases} \qquad \bar{y} := \begin{cases} 0, & Z_2 = \emptyset \\ \sum_{k \in Z_2} \bar{y}(k), & Z_2 \neq \emptyset \end{cases}$$

so ist $A^{\mathrm{T}} \bar{y} \geq 0$, $A\bar{x} = 0$, $\bar{x} \geq 0$ und $A^{\mathrm{T}} \bar{y} + \bar{x} > 0$.   □

Als unmittelbare Folgerungen von Satz 5.1.7 und dessen Beweis erhält man klassische Resultate von Gordan und Stiemke:

Satz 5.1.8. *Für $A \neq 0$ gilt:*

1. *(Gordan, 1873 [38])*
   $Ax = 0, x \geq 0$, $x \neq 0$ ist unlösbar genau dann, wenn $A^{\mathrm{T}} y > 0$ lösbar ist.
2. *(Stiemke, 1915 [66])*
   $Ax = 0, x > 0$ ist unlösbar genau dann, wenn $A^{\mathrm{T}} y \geq 0, A^{\mathrm{T}} y \neq 0$ lösbar ist.

Beweis. Nach Satz 5.1.7 gibt es Vektoren $\bar{x}, \bar{y}$ mit $A^{\mathrm{T}} \bar{y} \geq 0$, $A\bar{x} \geq 0$ und $A^{\mathrm{T}} \bar{y} + \bar{x} > 0$.

1. Hat $A^{\mathrm{T}} y > 0$ keine Lösung, so folgt aus (5.2) die Lösbarkeit von $Ax = 0$, $x \geq 0, x \neq 0$. Umgekehrt folgt aus dem Beweis von Satz 5.1.7, dass $Ax = 0$, $x \geq 0, x \neq 0$ keine Lösung besitzt, falls $A^{\mathrm{T}} y > 0$ eine Lösung besitzt.

2. Hat $Ax = 0, x > 0$ keine Lösung, so folgt aus (5.2), dass $A^{\mathrm{T}}y \geq 0, A^{\mathrm{T}}y \neq 0$ eine Lösung besitzt. Hat jedoch $Ax = 0, x > 0$ eine Lösung, so ist nach dem Beweis zu Satz 5.1.7

$$A_j^{\mathrm{T}}y \geq 0, \; A_k^{\mathrm{T}}y > 0, \quad (j = 1, \ldots, n, \, j \neq k)$$

für kein $k = 1, \ldots, n$ lösbar. Daher ist $A^{\mathrm{T}}y \geq 0, \; A^{\mathrm{T}}y \neq 0$ nicht lösbar.

$\square$

Eine reelle $(n \times n)$-Matrix A heißt *schiefsymmetrisch*, wenn $A = -A^{\mathrm{T}}$ gilt. Für schiefsymmetrische Matrizen folgern wir (vgl. Tucker, [1956, Theorem 5]):

Satz 5.1.9. *Sei A eine reelle, schiefsymmetrische $(n \times n)$-Matrix. Dann gibt es ein $w \in \mathbb{R}^n$ mit $Aw \geq 0$, $w \geq 0$ und $Aw + w > 0$.*

Beweis. Man betrachte die beiden Systeme

$$\begin{pmatrix} E \\ A \end{pmatrix} y \geq 0 \quad \text{und} \quad \begin{pmatrix} E & -A \end{pmatrix} \begin{pmatrix} x \\ z \end{pmatrix} = 0, \; \begin{pmatrix} x \\ z \end{pmatrix} \geq 0.$$

Dabei ist E eine $(n \times n)$ Einheitsmatrix. Nach Satz 5.1.7 gibt es Vektoren $\bar{x}, \bar{y}, \bar{z}$ mit $\bar{y} \geq 0, A\bar{y} \geq 0, \bar{x} - A\bar{z} = 0, \bar{x} \geq 0, \bar{z} \geq 0, \bar{y} + \bar{x} > 0, A\bar{y} + \bar{z} > 0$. Wegen $\bar{x} = A\bar{z}$ liefert $\bar{y} + \bar{x} > 0$ auch $\bar{y} + A\bar{z} > 0$. Setzt man $w := \bar{y} + \bar{z}$, so ist $Aw = A\bar{y} + A\bar{z} \geq 0, w \geq 0$ und $Aw + w > 0$. $\square$

5.2 Duale lineare Optimierungsaufgaben

Zu jeder linearen Optimierungsaufgabe (LP) kann man eine zugehörige lineare Optimierungsaufgabe (DP) definieren, die man als *duale* Optimierungsaufgabe bezeichnet. Die ursprüngliche Optimierungsaufgabe (LP) heißt dann auch *primale* Optimierungsaufgabe. Da man jedes (LP) in kanonische Form bringen kann, genügt es, die Dualisierung eines (LP) in kanonischer Form zu beschreiben. Zu

$$\text{(LP)} \qquad z_P := \max\left\{c^{\mathrm{T}}x \mid Ax \leq b, x \geq 0\right\}$$

lautet die duale Optimierungsaufgabe

$$\text{(DP)} \qquad z_D := \min\left\{y^{\mathrm{T}}b \mid y^{\mathrm{T}}A \geq c^{\mathrm{T}}, y \geq 0\right\}.$$

Im Folgenden bezeichnen P und D stets die zulässigen Mengen der primalen und dualen Optimierungsaufgabe, d. h. $P = \{x \mid Ax \leq b, x \geq 0\}$ und $D = \{y \mid y^{\mathrm{T}}A \geq c^{\mathrm{T}}, y \geq 0\}$.

Beispiel 5.2.1. (Dualisierung) Das linksstehende (LP) führt bei Dualisierung auf das rechtsstehende (DP):

$$
\begin{array}{ll}
\max & x_1 + 2x_2 \\
\text{unter} & x_1 \qquad\quad\; \le\; 4 \\
\text{(LP)} & 2x_1 + x_2 \le 10 \\
& -x_1 + x_2 \le\; 5 \\
& x_i \;\ge\; 0 \;(i = 1, 2)
\end{array}
\qquad
\begin{array}{ll}
\min & 4y_1 + 10y_2 + 5y_3 \\
\text{unter} & y_1 + 2y_2 - y_3 \ge 1 \\
\text{(DP)} & \qquad y_2 + y_3 \ge 2 \\
& y_i \ge 0 \;(i = 1, 2, 3).
\end{array}
$$

Bemerkung: Das duale Problem zu (DP) ist wiederum (LP). Um dies einzusehen, formulieren wir zunächst ein zu (DP) äquivalentes Problem in Normalform:

$$
\text{(LP}^{\mathrm{T}}) \qquad -z_D = \max\left\{ (-b^{\mathrm{T}})y \mid (-A^{\mathrm{T}})y \le -c, y \ge 0 \right\} .
$$

Dualisieren wir (LP^{T}), so erhalten wir

$$
\text{(DP}^{\mathrm{T}}) \qquad -z_P = \min\left\{ x^{\mathrm{T}}(-c) \mid x^{\mathrm{T}}(-A^{\mathrm{T}}) \ge (-b)^{\mathrm{T}}, x \ge 0 \right\} .
$$

(DP^{T}) ist offenbar äquivalent zu (LP). Aufgrund dieser Symmetrie folgt aus jeder Aussage über ein (LP) die analoge Aussage für (DP). Wir werden solche Aussagen als zueinander *dual* bezeichnen.

Satz 5.2.1. *(Schwacher Dualitätssatz)*

1. *$x \in P, y \in D \Rightarrow c^{\mathrm{T}}x \le y^{\mathrm{T}}b$,*
2. *Es sei $P \ne \emptyset$. Dann ist D genau dann leer, wenn $c^{\mathrm{T}}x$ nach oben unbeschränkt ist.*
3. *Es sei $D \ne \emptyset$. Dann ist P genau dann leer, wenn $y^{\mathrm{T}}b$ nach unten unbeschränkt ist.*

Beweis. Für $x \in P, y \in D$ gilt

$$
c^{\mathrm{T}}x \le y^{\mathrm{T}}Ax \le y^{\mathrm{T}}b ,
$$

woraus 1. folgt. Da 2. und 3. duale Aussagen sind, genügt es, 3. zu zeigen.

Ist $P \ne \emptyset$, so liefert (nach 1.) jedes $x \in P$ eine untere Schranke. Anderenfalls ist $Ax \le b, x \ge 0$ unlösbar. Nach Korollar 5.1.6 ist dann $y^{\mathrm{T}}A \ge 0, y^{\mathrm{T}}b < 0, y \ge 0$ lösbar, etwa durch $\hat{y}$. Sei $\bar{y} \in D$. Dann ist $\bar{y} + \lambda\hat{y} \in D$ für alle $\lambda \ge 0$. Die Werte der Zielfunktion auf diesem Halbstrahl, gegeben durch $(\bar{y} + \lambda\hat{y})^{\mathrm{T}}b = \bar{y}^{\mathrm{T}}b + \lambda(\hat{y}^{\mathrm{T}}b)$, sind nach unten unbeschränkt. $\qquad\square$

Bemerkung: Falls $P \ne \emptyset, D \ne \emptyset$, gibt es nach Satz 3.5.5 eine endliche Optimallösung x_* für (LP) und y_* für (DP). Nach dem schwachen Dualitätssatz gilt $z_P = c^{\mathrm{T}}x_* \le y_*^{\mathrm{T}}b = z_D$. Falls es $x \in P, y \in D$ mit $c^{\mathrm{T}}x = y^{\mathrm{T}}b$ gibt, so ist x optimal für (LP) und y optimal für (DP). Wir bezeichnen (x, y) dann als *optimales Paar*. Wir wollen untersuchen, ob $z_P < z_D$ gelten kann.

Parametrischer Ansatz

Mit Hilfe von

$$P_z := \{x \mid z \le c^{\mathrm{T}}x, Ax \le b, x \ge 0\}$$

kann man ein zu (LP) äquivalentes parametrisches Problem formulieren:

$$\max\{z \mid P_z \ne \emptyset\}$$

Lemma 5.2.2. Sei $P \ne \emptyset$. Dann ist P_z genau dann leer, wenn $y^{\mathrm{T}}b < z$, $y^{\mathrm{T}}A \ge c^{\mathrm{T}}, y \ge 0$ lösbar ist.

Beweis. Nach Korollar 5.1.6 ist $P \ne \emptyset$ genau dann, wenn

$$y^{\mathrm{T}}b < 0, y^{\mathrm{T}}A \ge 0, y \ge 0 \tag{5.5}$$

unlösbar ist. Analog ist $P_z = \emptyset$ genau dann, wenn

$$[y_0, y^{\mathrm{T}}] \begin{pmatrix} -z \\ b \end{pmatrix} < 0,\; [y_0, y]^{\mathrm{T}} \begin{pmatrix} -c^{\mathrm{T}} \\ A \end{pmatrix} \ge 0, y_0 \ge 0, y \ge 0$$

lösbar. Eine Lösung mit $y_0 = 0$ kann es wegen (5.5) nicht geben. Da die Menge der Lösungen einen Kegel bildet, können wir $y_0 \ge 0$ sogar durch $y_0 = 1$ ersetzen, ohne die Lösbarkeit einzuschränken. Daher gilt $P_z = \emptyset$ genau dann, wenn

$$y^{\mathrm{T}}b < z, y^{\mathrm{T}}A \ge c^{\mathrm{T}}, y \ge 0$$

lösbar ist.   □

Satz 5.2.3. *(Starker Dualitätssatz) Besitzt eines der Probleme (LP) oder (DP) eine endliche Optimallösung, so auch das jeweils andere. In diesem Fall haben beide Probleme den gleichen optimalen Zielfunktionswert $z_P = z_D$.*

Beweis. Da die beiden enthaltenen Aussagen dual sind, genügt es, eine zu zeigen. Sei etwa (DP) endlich lösbar, $y_*^{\mathrm{T}}b = z_D$. Da die duale Zielfunktion durch $y_*^{\mathrm{T}}b$ nach unten beschränkt ist, ist nach Satz 5.2.1 $P \ne \emptyset$.

Da es keine dual zulässige Lösung mit Zielfunktionswert kleiner als z_D gibt, ist $y^{\mathrm{T}}b < z_D, y^{\mathrm{T}}A \ge c^{\mathrm{T}}, y \ge 0$ unlösbar. Also ist nach Lemma 5.2.2 $P_{z_D} \ne \emptyset$, d. h. es existiert ein x_* mit $z_D \le c^{\mathrm{T}}x_*, Ax_* \le b, x_* \ge 0$. Nach dem schwachen Dualitätssatz ist andererseits $c^{\mathrm{T}}x_* \le y_*^{\mathrm{T}}b = z_D$, also muss $y_*^{\mathrm{T}}b = c^{\mathrm{T}}x_*$ sein, d. h. x_*, y_* bilden ein optimales Paar.   □

In der linearen Optimierung gibt es nach dem starken Dualitätssatz keine sogenannte *Dualitätslücke* zwischen den Optimalwerten des primalen und des dualen Problems. Daher kann man sehr leicht überprüfen, ob zwei gegebene Vektoren x, y Optimallösungen sind. Man testet die primale bzw. die duale Zulässigkeit von x und y und prüft, ob die Zielfunktionswerte übereinstimmen. Solche leicht überprüfbaren notwendigen und hinreichenden Optimalitätsbedingungen gibt es i. Allg. weder in der Nichtlinearen noch in der Diskreten Optimierung. Man kann auch dort duale Aufgaben formulieren, aber es treten dabei Dualitätslücken auf.

Wegen seiner Bedeutung werden wir an späterer Stelle noch zwei weitere Beweise des starken Dualitätssatzes angeben, die auf Dantzig bzw. auf Goldman und Tucker zurückgehen.

Eine weitere Charakterisierung optimaler Paare findet sich im folgenden Satz. Wir erinnern daran, dass die Zeilen der Matrix A mit a_i^T, $i = 1, \ldots, m$, und die Spalten mit A_j, $j = 1, \ldots, n$, bezeichnet werden.

Satz 5.2.4. *(Komplementärer Schlupf, Tucker, 1956) Sei $x \in P, y \in D$. (x, y) ist ein optimales Paar genau dann, wenn*

$$x_j = 0 \vee y^T A_j = c_j,$$
$$y_i = 0 \vee a_i^T x = b_i,$$

für alle $i = 1, \ldots, m$, $j = 1, \ldots, n$.

Beweis. Nach Satz 5.2.1 gilt $c^T x \leq y^T A x \leq y^T b$, da $x \in P, y \in D$. Daher ist (x, y) ein optimales Paar genau dann, wenn beide Ungleichungen Gleichungen sind, also wenn $(c^T - y^T A)x = 0$, $y^T(Ax - b) = 0$. Da alle Faktoren in den Summanden nicht negativ sind, muss jeder Summand verschwinden, d. h. mindestens einer der beiden Faktoren muss jeweils verschwinden. $\qquad\square$

Aus dem Beweis ergibt sich unmittelbar

Korollar 5.2.5. *Sei $x \in P, y \in D$. (x, y) ist ein optimales Paar genau dann, wenn*

$$(c^T - y^T A)x = 0 \text{ und } y^T(Ax - b) = 0$$

gilt.

Äquivalente Dualisierungen

Bisher hatten wir lineare Optimierungsaufgaben dualisiert, die in kanonischer Form gegeben waren. Es ist aber nicht nötig zur Dualisierung ein (LP) auf kanonische Form zu bringen, man kann zu jeder Darstellung von (LP) eine duale Aufgabe formulieren.

Ein (LP) in Normalform

$$\max \left\{ c^T x \mid Ax = b, x \geq 0 \right\}$$

ist äquivalent zu

$$\max \left\{ c^T x \mid Ax \leq b, -Ax \leq -b, x \geq 0 \right\}.$$

Dieses ist in kanonischer Form und hat die duale Optimierungsaufgabe

$$\min \left\{ u^{\mathrm{T}}b - v^{\mathrm{T}}b \mid u^{\mathrm{T}}A - v^{\mathrm{T}}A \geq c^{\mathrm{T}}, u \geq 0, v \geq 0 \right\} .$$

Mit $y := u - v$ vereinfacht sich dies zu

$$\min \left\{ y^{\mathrm{T}}b \mid y^{\mathrm{T}}A \geq c \right\} .$$

Dualvariablen zu Gleichungen sind offenbar nicht vorzeichenbeschränkt. Somit gehen beim Dualisieren Gleichungen in nicht vorzeichenbeschränkte Variable und nicht vorzeichenbeschränkte Variable in Gleichungen über.

Wir wollen alle möglichen Fälle von Gleichungen, Ungleichungen, vorzeichenbeschränkten und nicht vorzeichenbeschränkten Variablen in einem allgemeinen starken Dualitätssatz zusammenfassen. Der Beweis ist Routine.

Korollar 5.2.6. *(Allgemeiner starker Dualitätssatz) Es gilt*

$$
\begin{aligned}
\max \quad & d^{\mathrm{T}}x + e^{\mathrm{T}}y + f^{\mathrm{T}}z &= \quad \min \quad & u^{\mathrm{T}}a + v^{\mathrm{T}}b + w^{\mathrm{T}}c \\
\text{unter} \quad & Ax + By + Cz \leq a & \text{unter} \quad & u^{\mathrm{T}}A + v^{\mathrm{T}}D + w^{\mathrm{T}}G \geq d^{\mathrm{T}} \\
& Dx + Ey + Fz = b & & u^{\mathrm{T}}B + v^{\mathrm{T}}E + w^{\mathrm{T}}H = e^{\mathrm{T}} \\
& Gx + Hy + Kz \geq c & & u^{\mathrm{T}}C + v^{\mathrm{T}}F + w^{\mathrm{T}}K \leq f^{\mathrm{T}} \\
& x \geq 0, z \leq 0 & & u \geq 0, w \leq 0 ,
\end{aligned}
$$

falls eine der Aufgaben eine endliche Optimallösung besitzt.

Folgerung des Farkas-Lemmas aus dem starken Dualitätssatz

Die endliche Variante des Simplexverfahrens haben wir zu Beginn des Abschnitts benutzt, um einen konstruktiven Beweis des Alternativsatzes 5.1.2 zu geben. Eine äquivalente Formulierung dieses Resultats war das Farkas-Lemma.

Mit Hilfe des Alternativsatzes konnten wir die beiden Dualitätssätze 5.2.1 und 5.2.3 beweisen. Umgekehrt kann man aus den beiden Sätzen das Farkas-Lemma folgern, d. h. die beiden Dualitätssätze sind äquivalent zum Farkas-Lemma. Um das einzusehen, betrachten wir die primale Aufgabe

$$z_P := \max \left\{ 0^{\mathrm{T}}x \mid Ax = b, x \geq 0 \right\}$$

und die dazu gehörende duale Aufgabe

$$z_D := \min \left\{ y^{\mathrm{T}}b \mid y^{\mathrm{T}}A \geq 0 \right\} .$$

Falls $Ax = b, x \geq 0$ lösbar, ist $z_P = 0$ eine untere Schranke der dualen Zielfunktion. Daher folgt für dual zulässige y, d. h. für alle y mit $y^{\mathrm{T}}A \geq 0$, die Ungleichung $y^{\mathrm{T}}b \geq 0$.

Da 0 dual zulässig ist, ist andererseits nach dem schwachem Dualitätssatz $y^\mathrm{T}b$ unbeschränkt nach unten, d. h. es gibt einen dual zulässigen Halbstrahl $\bar{y} + \lambda\hat{y}$, $\lambda \geq 0$, auf dem $y^\mathrm{T}b$ mit wachsendem λ echt fällt. Dann gilt $\hat{y}^\mathrm{T}A \geq 0$, $\hat{y}^\mathrm{T}b < 0$.

Berechnung der dualen Optimallösung mittels Simplexverfahren

Mit Hilfe des Simplexverfahrens bestimmen wir zunächst eine optimale Basislösung x_B, x_N des (LP)

$$\max\left\{c^\mathrm{T}x \mid Ax = b, x \geq 0\right\} .$$

Wir zeigen, dass dann $y^\mathrm{T} := c_B^\mathrm{T}A_B^{-1}$ eine optimale Lösung des dualen Problems

$$\min\left\{y^\mathrm{T}b \mid y^\mathrm{T}A \geq c^\mathrm{T}\right\}$$

ist. Da die Basislösung zur Basis B primal optimal ist, sind die zugehörigen reduzierten Kosten nicht positiv, d. h. $0 \geq \tilde{c}^\mathrm{T} = c^\mathrm{T} - y^\mathrm{T}A$; also ist y dual zulässig. Weiterhin gilt $y^\mathrm{T}b = c_B^\mathrm{T}A_B^{-1}b = c_B^\mathrm{T}x_B$, also ist (x, y) ein optimales Paar.

Wenn man bei Anwendung des Simplexverfahrens nicht nur den Fall der endlichen Optimallösung zur Berechnung der dualen Lösung verwendet, sondern alle Abbruchalternativen diskutiert, kann man mit Hilfe des Simplexverfahrens einen direkten konstruktiven Beweis der Sätze 5.2.1 und 5.2.3 geben, der auf Dantzig zurückgeht.

Beweis des starken Dualitätssatzes nach Goldman und Tucker

Auch Satz 5.1.9 ist die Grundlage eines weiteren Beweises (Goldman und Tucker, 1956 [37]) zu den Dualitätssätzen der linearen Optimierung. Gegeben seien zwei zueinander duale lineare Optimierungsaufgaben:

$$(\text{LP}) \quad \max\left\{c^\mathrm{T}x \mid Ax \leq b, x \geq 0\right\},$$

$$(\text{DP}) \quad \min\left\{b^\mathrm{T}y \mid A^\mathrm{T}y \geq c, y \geq 0\right\},$$

mit einer $(m \times n)$-Matrix A sowie Vektoren $x, c \in \mathbb{R}^n$, $b, y \in \mathbb{R}^m$. Den zulässigen Bereich der primalen bzw. dualen Optimierungsaufgabe bezeichnen wir wieder mit P und D. Für zulässige Vektoren $x \in P$ und $y \in D$ ergibt sich

$$c^\mathrm{T}x \leq y^\mathrm{T}Ax \leq y^\mathrm{T}b . \tag{5.6}$$

Wir bilden die schiefsymmetrische Matrix

$$\begin{pmatrix} 0 & A^\mathrm{T} & -c \\ -A & 0 & b \\ c^\mathrm{T} & -b^\mathrm{T} & 0 \end{pmatrix}$$

wobei die 0-Vektoren passende Dimension haben. Nach Satz 5.1.9 gibt es ein $\begin{pmatrix} \bar{x} \\ \bar{y} \\ t \end{pmatrix} \in$ $\mathbb{R}^{n+m+1}$ mit folgenden Eigenschaften:

$$\bar{x} \geq 0, \ \bar{y} \geq 0, \ t \geq 0, \tag{5.7}$$

$$A^{\mathrm{T}}\bar{y} - ct \geq 0, \ -A\bar{x} + bt \geq 0, \tag{5.8}$$

$$c^{\mathrm{T}}\bar{x} - b^{\mathrm{T}}\bar{y} \geq 0, \tag{5.9}$$

$$A^{\mathrm{T}}\bar{y} - ct + \bar{x} > 0, \ -A\bar{x} + bt + \bar{y} > 0, \tag{5.10}$$

$$c^{\mathrm{T}}\bar{x} - b^{\mathrm{T}}\bar{y} + t > 0. \tag{5.11}$$

Wir unterscheiden die Fälle $t > 0$ und $t = 0$ (vgl. [Goldman und Tucker, 1956, Lemma 4 und 5]).

Satz 5.2.7. *Ist $t > 0$, so gibt es Optimallösungen x_* von (LP) und y_* von (DP) mit $c^{\mathrm{T}}x_* = b^{\mathrm{T}}y_*$ und $A^{\mathrm{T}}y_* + x_* > c$, $Ax_* - y_* < b$.*

Beweis. Setze $x_* := \frac{1}{t}\bar{x}$, $y_* := \frac{1}{t}\bar{y}$. Dann sind wegen (5.7) und (5.8) die Vektoren x_* und y_* zulässig. Aus (5.9) folgt zusammen mit der Ungleichung (5.6), dass x_* und y_* ein optimales Paar bilden. Die restliche Aussage ergibt sich aus (5.10). □

Satz 5.2.8. *Ist $t = 0$, dann gilt*

1. *$P = \emptyset$ oder $D = \emptyset$,*
2. *Ist $P \neq \emptyset$ ($D \neq \emptyset$), so ist die primale (duale) Zielfunktion nicht beschränkt.*
3. *Keine der beiden Optimierungsaufgaben besitzt eine endliche Optimallösung.*

Beweis. 1. Gibt es ein $x \in P$ und $y \in D$, so folgt aus (5.11) und (5.8) $b^{\mathrm{T}}\bar{y} < c^{\mathrm{T}}\bar{x} \leq (A^{\mathrm{T}}y)^{\mathrm{T}}\bar{x} = y^{\mathrm{T}}A\bar{x} \leq 0$. Andererseits gilt

$$0 \leq x^{\mathrm{T}}A^{\mathrm{T}}\bar{y} = (Ax)^{\mathrm{T}}\bar{y} \leq b^{\mathrm{T}}\bar{y}. \tag{5.12}$$

Somit erhält man einen Widerspruch.

2. Ist $x \in P$, so ist $x + \lambda\bar{x} \in P$ für alle $\lambda \geq 0$, denn $Ax \leq b$ und $A\bar{x} \leq 0$. Für die Zielfunktion gilt $c^{\mathrm{T}}(x + \lambda\bar{x}) = c^{\mathrm{T}}x + \lambda c^{\mathrm{T}}\bar{x}$. Da nach (5.11) und (5.12) $c^{\mathrm{T}}\bar{x} > b^{\mathrm{T}}\bar{y} \geq 0$ gilt, ist der Zielfunktionswert nicht nach oben beschränkt. Die dritte Aussage folgt aus 2.

□

Die Dualitätssätze folgen wieder unmittelbar aus diesen beiden Sätzen, denn besitzt etwa (LP) eine endliche Optimallösung, so folgt $t \neq 0$ und aus (5.7) daher $t > 0$ und damit Satz 5.2.3. Zusätzlich ergibt sich, dass es ein optimales Paar (x_*, y_*) gibt, das nicht nur komplementär, d. h.

$$x_{*j} = 0 \ \vee \ y_*^{\mathrm{T}}A_j = c_j \quad (j = 1, \dots, n),$$
$$y_{*i} = 0 \ \vee \ a_i^{\mathrm{T}}x_* = b_i \quad (i = 1, \dots, m),$$

sondern sogar *streng komplementär*, d. h.

$$x_{*j} = 0 \iff y_*^\mathrm{T} A_j > c_j \quad (j = 1,\ldots,n),$$
$$y_{*i} = 0 \iff a_i^\mathrm{T} x_* < b_i \quad (i = 1,\ldots,m),$$

ist.

5.3 Zur ökonomischen Interpretation der Dualvariablen

Bereits beim Ernährungsmodell von Stigler (Abschn. 1.3) bezeichnen die primalen Variablen x_j die einzukaufende Menge des j-ten Nahrungsmittels. Die Koeffizienten a_{ij} der Ungleichungen beschreiben den Anteil der Einheiten des i-ten Grundbestandteils im j-ten Nahrungsmittel, die Komponenten b_i den zu deckenden Bedarf des i-ten Grundbestandteils. Das (LP) lautet also

$$z_P = \min \left\{ c^\mathrm{T} x \mid Ax \geq b, x \geq 0 \right\}.$$

Alternativ zu den Nahrungsmitteln soll es möglich sein, Grundbestandteile in Pillenform zu erwerben. Dabei bezeichnet y_i den Preis des i-ten Bestandteils. Falls $y^\mathrm{T} A \leq c^\mathrm{T}$ gilt, kann man jedes Nahrungsmittel durch eine Kombination der Pillen ersetzen, ohne dass Mehrkosten entstehen. Anders ausgedrückt, der Hersteller der Pillen ist konkurrenzfähig, wenn $y^\mathrm{T} A \leq c^\mathrm{T}$. Um bei bekanntem Bedarf die Einnahmen zu maximieren, löst der Hersteller die duale Aufgabe

$$z_D = \max \left\{ y^\mathrm{T} b \mid y^\mathrm{T} A \leq c^\mathrm{T}, y \geq 0 \right\}.$$

Die minimalen Einkaufskosten des Verbrauchers sind also der maximale Gewinn des Herstellers. Um die optimalen Preise, die Marktpreise, zu beschreiben, bringen wir das primale Problem mit geeigneten Schlupfvariablen in Normalform

$$\min\{\underbrace{c^\mathrm{T} x + 0^\mathrm{T} z}_{d^\mathrm{T} u} \mid \underbrace{Ax - z = b}_{Hu = b}, \underbrace{x \geq 0, z \geq 0}_{u \geq 0}\}.$$

Ist B eine optimale Basis, so ist die Optimallösung des dualen Problems

$$\max \left\{ y^\mathrm{T} b \mid y^\mathrm{T} H \leq d^\mathrm{T} \right\}$$

bekanntlich $\bar{y}^\mathrm{T} := d_B^\mathrm{T} H_B^{-1}$. Die duale Zulässigkeit $\bar{y}^\mathrm{T} H \leq d^\mathrm{T}$ impliziert $\bar{y} \geq 0$, da die Restriktionen eine negative Einheitsmatrix enthalten und die zugehörigen Koeffizienten der rechten Seite verschwinden.

Der Verbraucher wird nur einen Teil, etwa Δb, des Bedarfs b durch Pillenkauf ersetzen. Zur Vereinfachung wollen wir annehmen, dass $H_B^{-1}(b - \Delta b) \geq 0$ gilt. Dann bleibt die Basis B optimal. Die Einkaufskosten bei den Nahrungsmitteln sinken um $\Delta z = \sum_i \Delta z_i$. Die relative Reduzierung der Kosten $\frac{\Delta z_i}{\Delta b_i}$ heißt *marginaler*

Preis von b_i. Es gilt

$$\Delta z = z_P - d_B^{\mathrm{T}} H_B^{-1}(b - \Delta b) = d_B^{\mathrm{T}} H_B^{-1} \Delta b = \bar{y}^{\mathrm{T}} \Delta b \,.$$

Die marginalen Kosten sind also gerade die Marktpreise $\bar{y}_i$. Wenn Verbraucher und Hersteller optimieren, stehen der Kostenersparnis bei den Nahrungsmitteln gleich hohe Erwerbskosten für die Pillen gegenüber.

Falls $a_i^{\mathrm{T}}\bar{x} > b_i$ für die optimale primale Lösung $\bar{x}$ gilt, so ist der Bedarf b_i mehr als gedeckt. Nach dem Satz vom komplementären Schlupf ist der Marktpreis $\bar{y}_i = 0$, d. h. der i-te Bestandteil ist am Markt unverkäuflich.

Transportprobleme

Ein Handelsunternehmen kauft bei verschiedenen Herstellern $i = 1, \ldots, m$ Warenmengen a_i zum Preis u_i. Die Warenmenge b_j kann bei verschiedenen Kunden $j = 1, \ldots, n$ zum Preis v_j verkauft werden. Beim Transport der Warenmenge x_{ij} vom Hersteller i zum Kunden j entstehen marktübliche externe Transportkosten $c_{ij} x_{ij}$. Damit die Kunden den Einkauf nicht selbst billiger organisieren können, müssen die Preise $v_j \leq u_i + c_{ij}$ erfüllen. Optimale Gewinne erzielt das Handelsunternehmen durch Lösung von

$$\max \left\{ b^{\mathrm{T}} v - a^{\mathrm{T}} u \mid v_j - u_i \leq c_{ij}, \ i = 1, \ldots, m, \ j = 1, \ldots, n \right\} \,.$$

Bei Minimierung der entstehenden Transportkosten

$$\min \left\{ c^{\mathrm{T}} x \mid \sum_j (-x_{ij}) = -a_i \ (i = 1, \ldots, m), \ \sum_i x_{ij} = b_j \ (j = 1, \ldots, n), x \geq 0 \right\}$$

wird dem Unternehmen allerdings deutlich, dass ein Gewinn nur dann zu erzielen ist, wenn man den Transport zu Preisen unter Marktniveau, etwa mit einem eigenen Fuhrpark, durchführen kann. Eine Lösungsmethode für Transportprobleme wird im Abschn. 10.2 vorgestellt.

5.4 Matrixspiele

Die frühe Entwicklung der linearen Optimierung, insbesondere der Dualitätstheorie, hing eng zusammen mit Untersuchungen auf dem Gebiet der Spieltheorie durch J. von Neumann. Das Interesse, das von Seiten der Spieltheorie vorhanden war, trug ganz wesentlich zur schnellen Entwicklung der linearen Optimierung in den vierziger und fünfziger Jahren des 20. Jahrhunderts bei. In diesem Abschnitt soll gezeigt werden, wie der Minimax-Satz für Zweipersonen-Nullsummenspiele, der auch als Hauptsatz der Spieltheorie bezeichnet wird, aus dem Dualitätssatz der linearen Optimierung gefolgert werden kann.

Zweipersonennullsummenspiel

In diesem Spiel erlauben die Regeln in jeder Spielrunde den beiden Spielern die gleichzeitige Wahl je einer Aktion aus einer vorgegeben Menge. Spieler S_1 wählt eine der m Aktionen aus der Menge $\{\sigma_1, \ldots, \sigma_m\}$ und Spieler S_2 wählt eine der n Aktionen aus der Menge $\{\tau_1, \ldots, \tau_n\}$. Jedem Paar (σ_i, τ_j) gewählter Aktionen ist ein Ergebnis der Spielrunde in Form der Auszahlung von a_{ij} Einheiten zugeordnet, die in der Auszahlungsmatrix A zusammengefasst werden. Die genaue Spielregel lautet:

Wählen S_1 und S_2 die Aktionen σ_i und τ_j, so zahlt S_2 a_{ij} Einheiten an S_1.

Die Bezeichnung als *Nullsummenspiel* beruht darauf, dass der Gewinn des einen Spielers mit dem Verlust des anderen übereinstimmt.

Beispiel 5.4.1. (Nullsummenspiele) (1) Beim Werfen einer Münze können beide Spieler „Kopf" oder „Zahl" raten. Raten beide das Gleiche, so hat der erste Spieler gewonnen, anderenfalls der zweite Spieler. Die möglichen Aktionen $\sigma_1 = \tau_1 = K := \text{„Kopf"}$, $\sigma_2 = \tau_2 := \text{„Zahl"}$ führen auf die Auszahlungsmatrix (1).

(2) In einem Spiel mit drei Aktionen für Spieler S_1 und vier Aktionen für Spieler S_2 wird die Auszahlungsmatrix (2) vereinbart.

(1)	K	Z
K	$+1$	-1
Z	-1	$+1$

(2)	τ_1	τ_2	τ_3	τ_4
σ_1	-4	2	3	-1
σ_2	5	-1	2	-2
σ_3	1	2	3	0

S_1 wird versuchen, den Betrag, den er erhält, zu maximieren. Also wird S_1 eine Aktion σ_i wählen, für die $\min_j a_{ij}$ maximal wird. Dies ist im obigen Beispiel (2) die Aktion σ_3. Andererseits wird S_2 versuchen, seinen Verlust zu minimieren. Daher wird er eine Aktion τ_j wählen, für die $\max_i a_{ij}$ minimal wird. Dies ist im obigen Beispiel (2) die Aktion τ_4. Für

$$v_1 = \max_i \min_j a_{ij}, \qquad v_2 = \min_j \max_i a_{ij}$$

ist v_1 der minimale (gesicherte) Gewinn für S_1 und v_2 der maximale (gesicherte) Verlust von S_2. Es gilt stets

$$v_1 \leq v_2,$$

denn aus $a_{ij} \leq \max_i a_{ij}$ folgt $\min_j a_{ij} \leq \min_j \max_i a_{ij} = v_2$ für alle $i = 1, \ldots, m$. Daher ist $v_1 = \max_i \min_j a_{ij} \leq v_2$.

Gilt $v_1 = v_2$, so sagt man, dass Spiel besitze einen „Gleichgewichtspunkt". Beispiel (1) besitzt keinen Gleichgewichtspunkt, wohl aber Beispiel (2) für (σ_3, τ_4).

Skin-Spiel

Beim Skin-Spiel werden Karten gezogen; bei gleicher Farbe gewinnt der Spieler S_1, bei ungleicher Farbe verliert er. Die Auszahlung richtet sich nach den beteiligten Karten.

$$
\begin{array}{c|ccc}
S_1 \backslash S_2 & \diamond & \spadesuit & \spadesuit\spadesuit \\
\hline
\diamond & 1 & -1 & -2 \\
\spadesuit & -1 & 1 & 1 \\
\diamond\diamond & 2 & -1 & -2/0
\end{array}
$$

Das Skin-Spiel besitzt keinen Gleichgewichtspunkt. Das gilt sowohl mit Pattregel ($a_{33} = 0$) als auch ohne Pattregel ($a_{33} = -2$). Ohne Pattregel gewinnt der Spieler S_2 in 5, der Spieler S_1 nur in 4 Fällen. Ist eine der Varianten in einem nachvollziehbaren Sinn fair? Zur Klärung wollen wir uns genauer mit den Aktionsmöglichkeiten der Spieler befassen.

Auszahlung bei Zufallsstrategie

Treffen die Spieler die Wahl ihrer Aktionen zufällig, so kann der *Erwartungswert* von v_1 eventuell noch erhöht und der Erwartungswert von v_2 möglicherweise noch erniedrigt werden. Aufgrund dieser Überlegungen führte J. von Neumann *Zufallsstrategien* ein. Bei einer Zufallsstrategie wählt jeder Spieler jede Aktion mit gewisser fester Wahrscheinlichkeit. Das kann bewusst oder unbewusst geschehen. Mit Wahrscheinlichkeit x_i wähle der Spieler S_1 die i-te Aktion, mit Wahrscheinlichkeit y_j der Spieler S_2 die j-te Aktion. Da es sich um Zufallsstrategien handelt, gilt

$$
\mathbb{1}^T x = 1, x \geq 0, \quad \mathbb{1}^T y = 1, y \geq 0 .
$$

Die *erwartete Auszahlung* ist dann $x^T A y$. Kennt man die Strategie des jeweils anderen Spielers, kann man die erwartete Auszahlung optimieren. Wir untersuchen nur den Fall pessimistischer Spieler, die eine hohe Meinung vom Mitspieler zur Grundlage ihrer Wahl machen.

Sicherheitsstrategie von S_1

Der Spieler S_1 geht entsprechend dieser Haltung davon aus, dass der Spieler S_2 stets die passende optimale Gegenstrategie zur Wahl x von S_1 auswählt. Die erwartete Auszahlung ist dann

$$
\min_{\substack{\mathbb{1}^T y=1 \\ y\geq 0}} x^T A y = \min_j x^T A_j \, ,
$$

wobei sich die Gleichung ergibt, da das Optimum in einer Ecke des Simplex der Zufallsstrategien angenommen wird. Diese Auszahlung im ungünstigsten Fall gilt es durch Wahl von x zu maximieren. Die resultierende lineare Optimierungsaufgabe

$$\text{(LP}_1) \quad \begin{aligned} \max \quad & z \\ \text{unter} \quad & z\mathbb{1}^\mathrm{T} \leq x^\mathrm{T} A \\ & \mathbb{1}^\mathrm{T} x = 1 \\ & x \geq 0 \end{aligned}$$

kann man in ausführlich strukturierter Form auch als

$$\max \quad \begin{pmatrix} 1 & 0 & \ldots & 0 \end{pmatrix} \begin{pmatrix} z \\ x \end{pmatrix}$$

unter

$$y \to \begin{pmatrix} 1 & & \\ \vdots & -A^\mathrm{T} \\ 1 & & \end{pmatrix} \begin{pmatrix} z \\ x \end{pmatrix} \leq \begin{pmatrix} 0 \\ \vdots \\ 0 \end{pmatrix}$$

$$w \to \begin{pmatrix} 0 & 1 & \ldots & 1 \end{pmatrix} \begin{pmatrix} z \\ x \end{pmatrix} = 1$$

$$x \geq 0$$

schreiben. Für die spätere Diskussion ordnen wir den Restriktionen Dualvariablen y, w zu.

Sicherheitsstrategie von S_2

Der zweite Spieler kann sich von den gleichen Überlegungen leiten lassen. Da er die Auszahlung minimieren will, muss er das Maximum

$$\max_{\substack{\mathbb{1}^\mathrm{T} x = 1 \\ x \geq 0}} x^\mathrm{T} A y = \max_i a_i^\mathrm{T} y$$

durch geschickte Wahl seiner Strategie y minimieren. Die entsprechende lineare Optimierungsaufgabe lautet

$$\text{(LP}_2) \quad \begin{aligned} \min \quad & w \\ \text{unter} \quad & \mathbb{1} w \geq A y \\ & \mathbb{1}^\mathrm{T} y = 1 \\ & y \geq 0 \end{aligned}$$

oder in ausführlich strukturierter Form

$$\min \quad \begin{pmatrix} 0 \ldots 0 \ 1 \end{pmatrix} \begin{pmatrix} y \\ w \end{pmatrix}$$

unter

$$\begin{pmatrix} 1 \ldots 1 \ 0 \end{pmatrix} \begin{pmatrix} y \\ w \end{pmatrix} = 1$$

$$\begin{pmatrix} -A & \begin{matrix} 1 \\ \vdots \\ 1 \end{matrix} \end{pmatrix} \begin{pmatrix} y \\ w \end{pmatrix} \geq \begin{pmatrix} 0 \\ \vdots \\ 0 \end{pmatrix}$$

$$y \geq 0$$

Bemerkung: Beim Vergleich von (LP$_1$) mit (LP$_2$) erkennt man leicht, dass die Strategien beider Spieler den schwachen Dualitätssatz erfüllen:

$$z = z \mathbb{1}^T y \leq x^T A y \leq x^T \mathbb{1} w = w \, .$$

Ein genauerer Blick auf die ausführlichen Formulierungen beider Aufgaben zeigt, dass (LP$_1$) und (LP$_2$) zueinander duale lineare Optimierungsaufgaben bilden. Die Situation ist besonders einfach, denn sowohl (LP$_1$) als auch (LP$_2$) besitzen stets zulässige Lösungen, z. B. für hinreichend kleine z und hinreichend große w. Nach dem starken Dualitätssatz existiert also ein optimales Paar

$$\begin{pmatrix} z_* \\ x_* \end{pmatrix}, \begin{pmatrix} y_* \\ w_* \end{pmatrix},$$

mit $z_* = w_*$. Insbesondere gilt

$$z_* = \underbrace{x_*^T A y_*}_{\text{Wert des Spiels}} = w_*$$

Ein Spiel heißt *fair*, wenn der Wert des Spiels, also die erwartete optimale Auszahlung 0 beträgt; d. h. es gilt $x_*^T A y_* = 0$.

Wir haben mit Hilfe des starken Dualitätssatzes den Hauptsatz der Matrixspiele hergeleitet:

Satz 5.4.1. *(von Neumann, 1928) Jedes Zweipersonennullsummenspiel mit Auszahlungsmatrix A besitzt Zufallsstrategien x_*, y_* mit $x^T A y_* \leq x_*^T A y_* \leq x_*^T A y$ für alle Zufallsstrategien x, y.*

Man kann umgekehrt den starken Dualitätssatz wieder aus diesem Satz ableiten, beide Sätze sind äquivalent.

Bestimmung optimaler Strategien

Wir können die optimalen Strategien mit Hilfe von Verfahren zur Lösung von linearen Optimierungsaufgaben berechnen. Zunächst verschieben wir die Auszahlungen, so dass nur nicht negative Auszahlungen auftreten. Etwa sei $a'_{ij} := a_{ij} - \alpha$ wobei $\alpha := \min a_{ij}$. Da

$$x^{\mathrm{T}} A' y = x^{\mathrm{T}} (A - \alpha \mathbb{1} \mathbb{1}^{\mathrm{T}}) y = x^{\mathrm{T}} A y - \alpha (x^{\mathrm{T}} \mathbb{1})(\mathbb{1}^{\mathrm{T}} y) = x^{\mathrm{T}} A y - \alpha$$

verschiebt sich dadurch nur der Wert des Spiels, aber die optimalen Strategien bleiben unverändert. Anschließend können wir o. B. d. A. z in (LP$_1$) mit Auszahlung A' nach unten beschränken: $z \geq 0$.

In der strukturierten Form von (LP$_1$) haben die Variablen x_i die Koeffizienten $-a'_{ij}$. Wir eliminieren mit Hilfe der Gleichung $x_m = 1 - x_1 - \cdots - x_{m-1}$ die Variable x_m. Die neuen Koeffizienten sind $-\bar{a}_{ij}$ mit $\bar{a}_{ij} := a'_{ij} - a'_{mj} = a_{ij} - a_{mj}$ für die Variablen x_i, $i = 1, \ldots, m-1$, sowie $\bar{b}_j := a_{mj} - \alpha$ für die rechten Seiten, $j = 1, \ldots, n$. Die resultierende lineare Optimierungsaufgabe in kanonischer Form lautet

$$\begin{aligned}
\max \quad & z \\
\text{unter} \quad & z - \sum_{i=1}^{m-1} \bar{a}_{ij} x_i \leq \bar{b}_j \ (j = 1, \ldots, n) \\
& \sum_{i=1}^{m-1} x_i \leq 1 \\
& z \geq 0, x \geq 0.
\end{aligned}$$

Nach Einführung von Schlupfvariablen ist hierfür die übliche Startbasis mit den Nichtbasisvariablen $z = x_1 = \cdots = x_{m-1} = 0$ zulässig.

Beispiel 5.4.2. (Matrixspiel) Wir bestimmen die optimalen Strategien für das Skin-Spiel ohne (bzw. mit) Pattregel. Aus

$$A = \begin{pmatrix} 1 & -1 & -2 \\ -1 & 1 & 1 \\ 2 & -1 & -2(0) \end{pmatrix}$$

folgt für $\alpha = -2$

$$\bar{A} = \begin{pmatrix} -1 & 0 & 0(-2) \\ -3 & 2 & 3(1) \end{pmatrix}, \quad \bar{b}^{\mathrm{T}} = \begin{pmatrix} 4 & 1 & 0(2) \end{pmatrix}.$$

Wir können die dualen Variablen, wie sie in der strukturierten Form von (LP$_2$) auftreten, mitrechnen. Allgemein kommen wir auf die Zuordnung von primalen und dualen Variablen noch einmal im nächsten Abschnitt über duale Simplexverfahren zurück.

Beim Skin-Spiel mit Pattregel ergeben sich die Tableaus:

T_0		y_4	y_5
		z x_1	x_2
z	0	1 0	0
$y_1\ x_4$	4	-1 -1	-3
$y_2\ x_5$	1	$-\mathbf{1}$ 0	2
$y_3\ x_6$	2	-1 -2	1
$w\ x_3$	1	0 -1	-1

$\rightarrow$

T_1		x_5 x_1	x_2
z	1	-1 0	2
x_4	3	1 -1	$-\mathbf{5}$
z	1	-1 0	2
x_6	1	1 -2	-1
x_3	1	0 -1	-1

$\rightarrow$

T_2		x_5	x_1	x_4
z	$\frac{11}{5}$	$-\frac{3}{5}$	$-\frac{2}{5}$	$-\frac{2}{5}$
x_2	$\frac{3}{5}$			
z	$\frac{11}{5}$			
x_6	$\frac{2}{5}$			
x_3	$\frac{2}{5}$			

Die im zweiten Tableau gefundene Basislösung liefert die optimalen Zufallsstrategien $x_1 = 0$, $x_2 = \frac{3}{5}$ und $x_3 = \frac{2}{5}$ für S_1 und $y_1 = \frac{2}{5}$, $y_2 = \frac{3}{5}$ und $y_3 = 0$ für S_2. Der optimale um $\alpha = -2$ verschobene Zielfunktionswert ist $z = \frac{11}{5}$, d.h. der Wert des Spiels ist $\frac{1}{5} > 0$. Also ist das Spiel mit Pattregel unfair.

Beim Skin-Spiel ohne Pattregel ergeben sich die Tableaus:

T_0		z x_1	x_2
z	0	1 0	0
x_4	4	-1 -1	-3
x_5	1	-1 0	2
x_6	0	$-\mathbf{1}$ 0	3
x_3	1	0 -1	-1

$\rightarrow$

T_1		x_6 x_1	x_2
z	0	-1 0	3
x_4	4	1 -1	$-\mathbf{6}$
x_5	1	1 0	-1
z	0	-1 0	3
x_3	1	0 -1	-1

$\rightarrow$

T_2		x_6	x_1	x_4
z	2	$-\frac{1}{2}$	$-\frac{1}{2}$	$-\frac{1}{2}$
x_2	$\frac{2}{3}$			
x_5	$\frac{1}{3}$			
z	2			
x_3	$\frac{1}{3}$			

Die im zweiten Tableau gefundene Basislösung liefert die optimalen Zufallsstrategien $x_1 = 0$, $x_2 = \frac{2}{3}$ und $x_3 = \frac{1}{3}$ für S_1 und $y_1 = \frac{1}{2}$, $y_2 = 0$ und $y_3 = \frac{1}{2}$ für S_2. Der optimale um $\alpha = -2$ verschobene Zielfunktionswert ist $z = 2$, d.h. der Wert des Spiels ist 0. Also ist das Spiel ohne Pattregel fair.

5.5 Duale Simplexverfahren

Aus der Dualitätstheorie wissen wir, dass zur linearen Optimierungsaufgabe

$$(\text{LP}) \quad z_P := \max\left\{c^{\mathrm{T}}x \mid Ax \le b,\ x \ge 0\right\}$$

eine duale Aufgabe

$$(\text{DP}) \quad z_D := \min\left\{y^{\mathrm{T}}b \mid y^{\mathrm{T}}A \ge c^{\mathrm{T}},\ y \ge 0\right\},$$

gehört, die sich wieder in der Form der Ausgangsaufgabe schreiben lässt:

$$(\text{DP}') \quad -z_D = \max\left\{(-b)^{\mathrm{T}}y \mid (-A)^{\mathrm{T}}y \le -c,\ y \ge 0\right\}.$$

Ist die eine Aufgabe lösbar, so auch die andere, und zwar mit gleichem Optimalwert. Löst man (DP$'$) mittels primalem Simplexverfahren und interpretiert dieses Verfahren als ein Verfahren zur Lösung des Ausgangsproblems, so findet man ein neues Verfahren, das duale Simplexverfahren von Lemke (1954). Wir wollen diese Interpretation Schritt für Schritt aus dem primalen Verfahren für (DP$'$) ableiten.

Startbasis

Der kanonischen Startbasis B' des dualen Problems entspricht die kanonische Nichtbasis N des primalen Problems und umgekehrt:

$$B' = \{y_{m+1}, \ldots, y_{m+n}\} \leftrightarrow N = \{x_1, \ldots, x_n\},$$
$$N' = \{y_1, \ldots, y_m\} \qquad \leftrightarrow B = \{x_{n+1}, \ldots, x_{m+n}\}.$$

Daraus ergibt sich eine Variablenzuordnung der dualen und primalen Variablen:

$$y_1 \quad y_2 \quad \cdots \quad y_m \quad y_{m+1} \cdots y_{m+n},$$
$$x_{n+1}\ x_{n+2} \cdots x_{n+m} \quad x_1 \quad \cdots \quad x_n.$$

Die in Tableauform betrachteten Anfangsdaten des dualen Problems sind in transponierter, negativer Form genau in denen des primalen Problems wiederzufinden:

$$
\begin{array}{|c|c|c|}
\hline
T_0' & -z_p & y_{N'} \\
\hline
-z_d & 0 & -b_{N'}^{\mathrm{T}} \\
\hline
y_{B'} & -c_{B'} & A_{N'}^{\mathrm{T}} \\
\hline
\end{array}
\quad \leftrightarrow \quad
\begin{array}{|c|c|c|}
\hline
T_0 & z_d & x_N \\
\hline
z_p & 0 & c_N^{\mathrm{T}} \\
\hline
x_B & b_B & -A_N \\
\hline
\end{array}
\equiv (-T_0')^{\mathrm{T}}.
$$

Wir werden sehen, dass dieser Zusammenhang bestehen bleibt, wenn wir Pivotoperationen ausführen. Sei also $T = (t_{ij}) = (-t_{ji}') = -(T')^{\mathrm{T}}$. Die zum Tableau gehörenden primalen und dualen Zielfunktionswerte werden mit z_p und z_d bezeichnet.

Dual zulässig

T' ist offenbar dual zulässig, falls T primal optimal ist; denn die 0-te Spalte von T' erfüllt $t_{j0}' \geq 0$, $j = 1, \ldots, n$, genau dann, wenn die 0-te Zeile von T die Bedingung $t_{0j} \leq 0$, $j = 1, \ldots, n$, erfüllt.

Dual optimal

Analog bedeutet duale Optimalität gerade primale Zulässigkeit: $t_{0i}' \leq 0$, $i = 1, \ldots, m$, genau dann, wenn $t_{i0} \geq 0$, $i = 1, \ldots, m$.

In einem Simplexverfahren für das duale Problem liegt also stets primale Optimalität vor und man versucht, die fehlende primale Zulässigkeit zu erreichen.

Pivotelement in T'

Wählen wir im dualen Tableau eine Pivotspalte r mit Hilfe des üblichen Kriteriums aus, entspricht dieser Wahl im primalen Tableau die Pivotzeile r:

$$t'_{0r} = \max\left\{t'_{0i} \mid i = 1, \ldots, m\right\} \quad \leftrightarrow \quad t_{r0} = \min\left\{t_{i0} \mid i = 1, \ldots, m\right\} .$$

Anschließend bestimmen wir im dualen Problem die Pivotzeile s unter Beachtung der Beibehaltung der dualen Zulässigkeit, d. h. im primalen Problem die Pivotspalte s unter Beibehaltung der primalen Optimalität:

$$\frac{t'_{s0}}{-t'_{sr}} = \min_j\left\{\frac{t'_{j0}}{-t'_{jr}} \mid t'_{jr} < 0\right\} \quad \longleftrightarrow \quad \frac{t_{0s}}{-t_{rs}} = \min_j\left\{\frac{t_{0j}}{-t_{rj}} \mid t_{rj} > 0\right\}$$

Unbeschränkte Zielfunktion im dualen Problem (DP′)

Falls die Pivotspalte r von T' nicht negativ ist, ist die duale Zielfunktion nicht nach oben beschränkt. Aus der Dualitätstheorie folgt, dass dann das primale Problem keine zulässige Lösung besitzt. Wir können dies auch direkt schließen, da die entsprechende Zeile r in T nicht positiv ist. Wegen $t_{rj} \leq 0$, $j = 1, \ldots, n$, und $x_N \geq 0$ gilt dann

$$x_{B(r)} = t_{r0} + \sum t_{rj} x_{N(j)} \leq t_{r0} < 0 .$$

Pivotschritt in T'

Anderenfalls aktualisieren wir die vorliegenden Daten mit Hilfe eines Pivotschrittes, wobei wieder jede Operation im dualen Tableau in eine entsprechende Operation im primalen Tableau übersetzt wird:

$$
\begin{aligned}
\text{Pivotelement } rs:\quad & \bar{t}'_{sr} := \frac{1}{t'_{sr}}, & &\leftrightarrow \quad \bar{t}_{rs} := \frac{1}{t_{rs}} \\[4pt]
\text{Pivotzeile } s:\quad & \bar{t}'_{si} := -\frac{t'_{si}}{t'_{sr}} & &\leftrightarrow \quad \bar{t}_{is} := \frac{t_{is}}{t_{rs}} \\[4pt]
\text{Pivotspalte } r:\quad & \bar{t}'_{jr} := \frac{t'_{jr}}{t'_{sr}} & &\leftrightarrow \quad \bar{t}_{rj} := -\frac{t_{rj}}{t_{rs}} \\[4pt]
(i \neq r, j \neq s):\quad & \bar{t}'_{ji} := t'_{ji} - \frac{t'_{si} t'_{jr}}{t'_{sr}} & &\leftrightarrow \quad \bar{t}_{ij} := t_{ij} - \frac{t_{is} t_{rj}}{t_{rs}}
\end{aligned}
$$

Offenbar entspricht ein Pivotschritt im dualen Tableau genau einem gewöhnlichen Pivotschritt im primalen Tableau. Wir können daher alle Schritte des dualen Simplexverfahrens im primalen Tableau durchführen, wobei in jeder Iteration die Beziehung $(-T')^{\mathrm{T}} = T$ erhalten bleibt.

Algorithmus 5.1: Duales Simplexverfahren in Tableauform

Eingabe: Lineare Optimierungsaufgabe $\max \{c^{\mathrm{T}}x \mid Ax \leq b, x \geq 0\}$ mit $c \leq 0$.
Ausgabe: Optimale Lösung x mit Optimalwert z.

$$B := (n+1, \ldots, n+m); \quad N := (1, \ldots, n); \quad (t_{ij})_{i=0,\ldots,m,\, j=0,\ldots,n} := \begin{pmatrix} 0 & c^{\mathrm{T}} \\ b & -A \end{pmatrix};$$

while $t_{i0} < 0$ *für ein* $i = 1, \ldots, m$ **do**
  $r = \texttt{Pivotzeile}(T)$;
  if $t_{rj} > 0,$ *für ein* $j = 1, \ldots, n,$ **then** $s = \texttt{Pivotspalte}(T, r)$;
  else return $P = \emptyset$;
  $\texttt{Pivotschritt}(T, r, s)$;
end
$x_{B(i)} := t_{i0}, i = 1, \ldots, m; \quad x_{N(j)} := 0, j = 1, \ldots, n; \quad z := t_{00}$;
return x, z, B, N ;

Funktion Pivotzeile(T)

Eingabe: 0-te Spalte von Tableau T
Ausgabe: Pivotzeilenindex r

Wähle r mit $t_{r0} := \min \{t_{i0} \mid i = 1, \ldots, m\}$;
return r ;

Funktion Pivotspalte(T,r)

Eingabe: 0-te und r-te Zeile von Tableau T
Ausgabe: Pivotspaltenindex s

Wähle s mit $\dfrac{t_{0s}}{-t_{rs}} := \min \left\{ \dfrac{t_{0j}}{-t_{rj}} \mid t_{rj} > 0, \ j = 1, \ldots, n \right\}$;
return s ;

Das duale Simplexverfahren liefert ein neues Verfahren, das mit dual zulässigen (primal optimalen) Lösungen arbeitet. Ist die duale Basislösung $y_{B'} = -t_{0N}$, $y_{N'} = 0$ dual optimal (primal zulässig), so können wir aus dem primalen Tableau T die optimale Lösung zum primalen Problem ablesen.

Das Verfahren kann selbstverständlich auch in revidierter Form ohne Tableau durchgeführt werden. Als Optimalitätstest dient die primale Zulässigkeit, d. h. die Lösung x_B des Systems $A_B x_B = b$ muss $x_B \geq 0$ erfüllen. Die duale Basislösung $y_{B'}$ ergibt sich aus der Lösung π des Systems $\pi^{\mathrm{T}} A_B := c_B^{\mathrm{T}}$ zu $y_{B'}^{\mathrm{T}} = -c_N^{\mathrm{T}} + \pi^{\mathrm{T}} A_N$. Ist die primale Lösung nicht zulässig, etwa $x_{B(r)} < 0$, so wählen wir den Pivotzeilenindex r. Die Pivotzeile w berechnen wir mit Hilfe der Lösung v des Gleichungssystems $v^{\mathrm{T}} A_B := e_r^{\mathrm{T}}$ zu $w^{\mathrm{T}} = v^{\mathrm{T}} A_N$, denn dann gilt $w^{\mathrm{T}} = v^{\mathrm{T}} A_N = e_r^{\mathrm{T}} A_B^{-1} A_N = e_r^{\mathrm{T}} \tilde{A}_N$.

Da der Pivotschritt gegenüber dem primalen Simplexverfahren nicht verändert wird, kann die entsprechende Prozedur übernommen werden. Das im dualen Simplexverfahren benutzte Pivotelement t_{rs} ist allerdings im Gegensatz zum primalen

Simplexverfahren stets positiv. Mit direktem Überschreiben der Daten ergibt sich die Prozedur `Pivotschritt(T,r,s)` wie folgt:

Prozedur Pivotschritt(T,r,s)

EINGABE: Tableau T, Pivotzeile r, Pivotspalte s
AUSGABE: Tableau T

$$t_{rs} := \frac{1}{t_{rs}}; \qquad\qquad\qquad\qquad (5.13)$$

$$t_{is} := t_{is}t_{rs}, \qquad (i = 0,\ldots,m,\ i \neq r); \qquad (5.14)$$

$$t_{ij} := t_{ij} - t_{is}t_{rj}, \qquad (i = 0,\ldots,m,\ i \neq r),(j = 0,\ldots,n,\ j \neq s); \qquad (5.15)$$

$$t_{rj} := -t_{rj}t_{rs}, \qquad (j = 0,\ldots,n,\ j \neq s); \qquad (5.16)$$

$k := N(s);\ N(s) := B(r);\ B(r) := N(s);$
return T;

Beispiel 5.5.1. (Duales Simplexverfahren) Für die lineare Optimierungsaufgabe

$$\begin{aligned}
\max \quad & -x_1 - 2x_2 \\
\text{unter} \quad & -x_1 - x_2 \leq -3 \\
& -x_2 \leq -2 \\
& -x_1 + x_2 \leq 3 \\
& x_1 - x_2 \leq 3 \\
& x_1 \geq 0,\ x_2 \geq 0
\end{aligned}$$

ergibt sich ein dual aber nicht primal zulässiges Starttableau T_0:

T_0		y_5 y_6
	z_d	x_1 x_2
z_p	0	-1 -2
$y_1\,x_3$	-3	$\mathbf{1}$ 1
$y_2\,x_4$	-2	0 1
$y_3\,x_5$	3	1 -1
$y_4\,x_6$	3	-1 1

$\rightarrow$

T_1		y_1 y_6
	z_d	x_3 x_2
z_p	-3	-1 -1
$y_5\,x_1$	3	1 -1
$y_2\,x_4$	-2	0 $\mathbf{1}$
$y_3\,x_5$	6	1 -2
$y_4\,x_6$	0	-1 2

$\rightarrow$

T_2		y_1 y_2
	z_d	x_3 x_4
z_p	-5	-1 -1
$y_5\,x_1$	1	1 -1
$y_6\,x_2$	2	0 1
$y_3\,x_5$	2	1 -2
$y_4\,x_6$	4	-1 2

Wir führen sukzessive zwei Pivotschritte mit $r = 1, s = 1$ auf T_0 und $r = 2, s = 2$ auf T_1 aus. T_2 ist dann primal und dual zulässig, daher primal und dual optimal. Die primalen und dualen Optimallösungen sind $x_1 = 1$, $x_2 = 2$, $y_1 = +1$, $y_2 = +1$, $y_3 = 0$, $y_4 = 0$, $z_P = c^{\mathrm{T}}x = -5 = b^{\mathrm{T}}y = z_D$.

Beschränkte Variablen

Mit Hilfe des dualen Simplexverfahrens können wir auch Optimierungsaufgaben mit beschränkten Variablen in der Form

$$(LP) \quad \max\left\{c^{\mathrm{T}}x \mid Ax \leq b,\ 0 \leq x \leq d\right\}$$

lösen. Den in einem Vorschlag von Wagner (1958) [77] immer wieder auftretenden Austausch von komplementären Variablen haben wir für Nichtbasisvariable bereits kennengelernt.

1. Nichtbasisvariable: $x_{N(j)} \leftrightarrow \bar{x}_{N(j)}$. Die nur in den Spalten 0 und j notwendige Änderung der Tableaudaten $T \to \bar{T}$ wird durch die Transformation $S(j)$ in (4.14) beschrieben:

$$\bar{t}_{i0} := t_{io} + t_{ij}d_{N(j)}, \quad \bar{t}_{ij} := -t_{ij}, \quad i = 0,\ldots,m\,.$$

2. Basisvariable: $x_{B(i)} \leftrightarrow \bar{x}_{B(i)}$. Die Änderung der Tableaudaten $T \to \bar{T}$ betrifft nur die zugehörige i-te Zeile:

$$\bar{x}_{B(i)} = d_{B(i)} - x_{B(i)}$$
$$= (d_{B(i)} - t_{i0}) + \sum_{j}(-t_{ij})x_{N(j)} =: \bar{t}_{i0} + \sum_{j}\bar{t}_{ij}x_N(j)\,,$$
$$j = 1,\ldots,n\,.$$

Wir bezeichnen diese Transformation mit $Z(i)\,.$

Startbasis

Zunächst werden alle Nichtbasisvariablen $x_{N(j)}$ mit $c_{N(j)} > 0$ gegen Komplementärvariable ausgetauscht, so dass die Aufgabe in der Form (LP′) mit Zielfunktionskoeffizienten $c_N^{\mathrm{T}} \leq 0$ vorliegt. Die kanonische Startbasis ist daher dual zulässig. Wir vernachlässigen dann die oberen Beschränkungen, wodurch eine möglicherweise größere Menge zulässiger Lösungen (Bezeichnung P') entsteht.

Iterationen nach Wagner

Löse (LP′) mit dualem Simplexverfahren ohne Berücksichtigung der Schranken d. Ist die duale Zielfunktion unbeschränkt, so gibt es wegen $P \subseteq P' = \emptyset$ keine zulässigen Lösungen. Anderenfalls finden wir eine optimale Basis B.

1. Falls $x_B \leq d_B$, so ist x Optimallösung zu (LP). Hierbei ist $d_{B(i)} := \infty$, falls $B(i) > n$.

2. Anderenfalls tauschen wir alle Basisvariablen $x_{B(i)}$ mit $x_{B(i)} > d_{B(i)}$ gegen die entsprechenden Komplementärvariablen aus und erhalten ein modifiziertes (LP$'$).

Das neue (LP$'$) wird wieder mit dem dualen Simplexverfahren gelöst.

Beispiel 5.5.2. (Duales Verfahren nach Wagner) Die lineare Optimierungsaufgabe mit explizit beschränkten Variablen

$$
\begin{aligned}
\max \quad & -x_1 + 4x_2 \\
\text{unter} \quad & x_1 - x_2 \leq 2 \\
& -x_1 + x_2 \leq 2 \\
& 0 \leq x_1 \leq 1 \\
& 0 \leq x_2 \leq 4
\end{aligned}
$$

führt auf die Starttableaus T_0 zum (LP) und T_0' zum (LP$'$). Ein Pivotschritt mit $r = 2, s = 1$ führt auf das optimale Tableau T_1'.

T_0		x_1	x_2
	0	-1	4
x_3	2	-1	1
x_4	2	1	-1

$S(2) \rightarrow$
$x_2 \leftrightarrow \bar{x}_2$

T_0'		x_1	$\bar{x}_2$
	16	-1	-4
x_3	6	-1	-1
x_4	-2	**1**	1

$\rightarrow$

T_1'		x_4	$\bar{x}_2$
	14	-1	-3
x_3	4	-1	0
x_1	2	1	-1

T_1' ist optimal, da primal zulässig, für (LP$'$); allerdings ist es wegen $x_1 = 2 > d_1 = 1$ noch nicht zulässig für (LP). Mit Hilfe von $Z(2)$ tauschen wir x_1 gegen $\bar{x}_1$ und erhalten das Starttableau T_2' für das neue (LP$'$). Ein Pivotschritt mit $r = 2$, $s = 2$ führt auf das optimale Tableau T_3'.

$Z(2) \rightarrow$
$x_1 \leftrightarrow \bar{x}_1$

T_2'		x_4	$\bar{x}_2$
	14	-1	-3
x_3	4	-1	0
$\bar{x}_1$	-1	-1	**1**

$\rightarrow$

T_3'		x_4	$\bar{x}_1$
	11	-4	-3
x_3	4	-1	0
$\bar{x}_2$	1	1	1

Das Tableau T_3' ist optimal, da primal zulässig für (LP$'$). Jetzt ist es auch zulässig für (LP), da x_3 unbeschränkt und $x_2 = 3 \leq 4 = d_2$. Mit $x_1 = 1 - \bar{x}_1 = 1$ ergibt sich die optimale Lösung von (LP) zu $x = (1, 3)^{\mathrm{T}}$.

Primal-duales Verfahren

Zum Verständnis einer weiteren Variante des Simplexverfahrens betrachten wir eine lineare Optimierungsaufgabe in Normalform und die zugehörige duale Optimierungsaufgabe:

$$\min\left\{c^{\mathrm T}x \mid Ax = b,\ x \ge 0\right\}, \quad \max\left\{y^{\mathrm T}b \mid y^{\mathrm T}A \le c^{\mathrm T}\right\}.$$

Ein Paar zulässiger Lösungen $x \in P := \{Ax = b, x \ge 0\}$, $y \in D := \left\{y^{\mathrm T}A \le c^{\mathrm T}\right\}$ ist optimal, falls die Komplementaritätsbedingung

$$x_j = 0 \vee y^{\mathrm T}A_j = c_j \quad (j = 1,\dots,n)$$

erfüllt ist. Im primal-dualen Verfahren arbeiten wir mit einer dual zulässigen Lösung $y \in D$ und versuchen, nur mit primalen Variablen x_j, $j \in K = K(y) :=$ $\left\{j \mid y^{\mathrm T}A_j = c_j\right\}$ eine primal zulässige Lösung x zu konstruieren. Mit $L = L(y) :=$ $\left\{j \mid y^{\mathrm T}A_j < c_j\right\}$ bezeichnen wir die Menge der Indizes der übrigen primalen Variablen. Zur Konstruktion verwenden wir die Zweiphasenmethode angewandt auf die entsprechend eingeschränkte Menge der zulässigen primalen Lösungen, d. h. wir lösen die lineare Optimierungsaufgabe

$$(\mathbf{LP}(y)) \quad \epsilon := \min\left\{\mathbb{1}^{\mathrm T}w \mid A_K x_K + w = b,\ x_L = 0, x \ge 0, w \ge 0\right\}.$$

Falls $\epsilon = 0$, so besitzt (LP(y)) zulässige Lösung (x, w) mit $w = 0$, d. h. x, y ist ein optimales Paar des Ausgangsproblems.

Änderung von y, falls $\epsilon > 0$

Anderenfalls versuchen wir y in geschickter Weise zu verändern. Sei $\bar u$ Optimallösung des zu (LP(y)) dualen Problems:

$$(\mathbf{DP}(y)) \quad \epsilon = \max\left\{u^{\mathrm T}b \mid u^{\mathrm T}A_K \le 0,\ u \le \mathbb{1}\right\}$$

Falls $\tilde L := \left\{j \in L \mid u^{\mathrm T}A_j > 0\right\} = \emptyset$, so folgt $\bar u^{\mathrm T}A \le 0$. Dann gilt $y + \delta\bar u \in D$ für alle $\delta \ge 0$. Längs dieses Halbstrahls ist die Zielfunktion nach oben unbeschränkt, denn $(y + \delta\bar u)^{\mathrm T}b = y^{\mathrm T}b + \delta\bar u^{\mathrm T}b$. Nach dem Dualitätssatz muss dann $P = \emptyset$ gelten.
    Anderenfalls ist

$$\bar\delta := \frac{c_k - y^{\mathrm T}A_k}{\bar u^{\mathrm T}A_k} := \min\left\{\frac{c_j - y^{\mathrm T}A_j}{\bar u^{\mathrm T}A_j} \;\middle|\; j \in \tilde L\right\} > 0.$$

Die neue Lösung $\bar y := y + \bar\delta\bar u$ ist dual zulässig, da insbesondere für $j \in \tilde L$ gilt:

$$\bar y^{\mathrm T}A_j - c_j = y^{\mathrm T}A_j + \bar\delta\bar u^{\mathrm T}A_j - c_j \le y^{\mathrm T}A_j - c_j + \frac{c_j - y^{\mathrm T}A_j}{\bar u^{\mathrm T}A_j}\bar u^{\mathrm T}A_j = 0.$$

Bemerkung (Endlichkeit des primal-dualen Verfahrens):

Die duale Zielfunktion wächst streng monoton bei Übergang von y zu $\bar{y}$, und zwar um $\bar{\delta}\epsilon$. Die Optimallösung (x, z) von (LP(y)) bleibt zulässig für (LP($y + \bar{\delta}\bar{u}$)).

Zum Nachweis des Letzteren betrachten wir eine positive Variable $x_j > 0$. Dann gilt $j \in K$, d.h. $y^{\mathrm{T}} A_j = c_j$ und, nach dem Satz vom komplementären Schlupf angewandt auf (LP(y)) und (DP(y)), $\bar{u}^{\mathrm{T}} A_j = 0$. Wegen $\bar{y}^{\mathrm{T}} A_j = y^{\mathrm{T}} A_j + \bar{\delta}\bar{u}^{\mathrm{T}} A_j = c_j$ folgt $j \in K(\bar{y})$.

Das gesamte Verfahren ist, wenn man die üblichen Vorkehrungen im Fall von entarteten Basislösungen trifft, endlich, denn es treten nur Basen von $\min\{\mathbb{1}^{\mathrm{T}} w \mid Ax + w = b, x \geq 0, w \geq 0\}$ als optimale Basen der (LP(y)) auf. Diese können sich nicht wiederholen, da die Optimallösung beim Übergang von (LP(y)) zu (LP($y + \bar{\delta}\bar{u}$)) zulässig bleibt und, abgesehen von entarteten Basiswechseln, die Werte der Hilfszielfunktion $z_H(w) := \mathbb{1}^{\mathrm{T}} w$ streng monoton fallend sind.

Tableauaufbau

Um ein Beispiel in Tableauform rechnen zu können, sehen wir uns das um die Hilfsvariablen vergrößerte Tableau an:

T		$(x, w)_N$
z	$y^{\mathrm{T}} b$	$c_N^{\mathrm{T}} - y^{\mathrm{T}} A_N$
z_H	$u^{\mathrm{T}} b$	$\tilde{d}_N^{\mathrm{T}}$
$(x, w)_B$	$\tilde{b}$	$-(\tilde{A} \mid E)_N$

Wie in der Zweiphasenmethode werden in der Zielfunktionszeile nur die Koeffizienten $\tilde{c}_j$ zu den primalen Variablen mitgerechnet. In der Hilfszielfunktionszeile berechnen wir die reduzierten Koeffizienten, bezeichnet mit $\tilde{d}_{w_i}$, zu den Hilfsvariablen w_i der Nichtbasis wie in der Zweiphasenmethode. Die reduzierten Koeffizienten zu den primalen Variablen x_j der Nichtbasis sind $\tilde{d}_j = -u^{\mathrm{T}} A_j$. Die beim Wechsel der dualen Lösung notwendigen Änderungen der Tableaudaten kann man leicht ablesen. Mit

$$\bar{\delta} = \min\left\{\frac{\tilde{c}_j}{-\tilde{d}_j} \mid j \in \tilde{L}\right\}$$

und wegen $\bar{y} = y + \bar{\delta}u$ gilt

$$c_N^{\mathrm{T}} - \bar{y}^{\mathrm{T}} A_N = c_N^{\mathrm{T}} - y^{\mathrm{T}} A_N + \bar{\delta}(-u^{\mathrm{T}} A_N), \tag{5.17}$$

$$\bar{y}^{\mathrm{T}} b = y^{\mathrm{T}} b + \bar{\delta}u^{\mathrm{T}} b, \tag{5.18}$$

d. h. die reduzierten Koeffizienten $\tilde{c}_j$ der primalen Variablen x_j der Nichtbasis im neuen Tableau ergeben sich aus denen des alten Tableaus vermöge $\tilde{c}_j = \tilde{c}_j + \bar{\delta}\tilde{d}_j$. Ebenso gilt für die Zielfunktionswerte $z = z + \bar{\delta}z_H$.

Beispiel 5.5.3. (Primal-duales Verfahren) Die lineare Optimierungsaufgabe

$$\begin{aligned} \min \quad & 2x_1 + x_2 + 4x_3 \\ \text{unter} \quad & x_1 + x_2 + 2x_3 = 3 \\ & 2x_1 + x_2 + 3x_3 = 5 \\ & x \geq 0 \end{aligned}$$

führt auf das Starttableau T_0 zu $y = 0 \in D$ mit $\epsilon = 8$, $x = 0$. Da $K(y) = \emptyset$, müssen wir y ändern. Wegen $L(y) = \{1, 2, 3\}$ ergibt sich $\bar{\delta} = \min\left\{\frac{2}{3}, \frac{1}{2}, \frac{4}{5}\right\} = \frac{1}{2}$. Mit Hilfe von $\bar{\delta}$, (5.17) und (5.18) berechnen wir das neue Tableau T_1, für das gilt $K = \{2\}$. Ein Pivotschritt mit $s = 2, r = 1$ auf T_1 liefert T_2.

T_0		x_1	x_2	x_3
z	0	2	1	4
z_H	8	−3	−2	−5
w_1	3	−1	−1	−2
w_2	5	−2	−1	−3

$\rightarrow \bar{\delta} \rightarrow$

T_1		x_1	x_2	x_3
z	4	$\frac{1}{2}$	0	$\frac{3}{2}$
z_H	8	−3	−2	−5
w_1	3	−1	**−1**	−2
w_2	5	−2	−1	−3

$\rightarrow$

T_2		x_1	w_1	x_3
z	4	$\frac{1}{2}$	*	$\frac{3}{2}$
z_H	2	−1	2	−1
x_2	3	−1	−1	−2
w_2	2	−1	1	−1

Das Tableau T_2 ist optimal für $P(y)$, da $\tilde{d}_{w_1} = 2 > 0$. Die notwendige Änderung von y resultiert in Tableau T_3. Dieses berechnen wir wegen $L = \{1, 3\}$ mit Hilfe von $\bar{\delta} = \min\left\{\frac{1}{2}, \frac{3}{2}\right\} = \frac{1}{2}$, (5.17) und (5.18).

$\rightarrow \bar{\delta} \rightarrow$

T_3		x_1	w_1	x_3
z	5	0	*	1
z_H	2	−1	2	−1
x_2	3	−1	−1	−2
w_2	2	**−1**	1	−1

$\rightarrow$

T_4		w_2	w_1	x_3
z	5	*	*	1
z_H	0	1	1	0
x_2	1	1	0	−1
x_1	2	−1	1	−1

T_3 ist noch nicht optimal für $P(y)$, da $K = \{1, 2\}$. Ein Pivotschritt mit $s = 1, r = 2$ führt auf das wegen $z_H(w) = 0$ optimale Tableau T_4. Die Lösung der ursprünglichen Optimierungsaufgabe ist $x^{\mathrm{T}} = (2, 1, 0)$, $z = 5$.

Kapitel 6
Polyederdarstellung und Dekomposition

6.1 Darstellung von Polyedern

Bisher haben wir Polyeder stets explizit als Schnitt von endlich vielen Halbräumen beschrieben:

$$P(A, b) = \{x \mid Ax \leq b\} \, .$$

Alternativ kann man Polyeder aus Konvexkombinationen endlich vieler Punkte und nicht negativen Linearkombinationen endlich vieler Richtungen erzeugen.

Die Punkte werden durch Vektoren $\mathcal{G} = \{G_1, \ldots, G_r\} \subseteq \mathbb{R}^n$, die Richtungen durch Vektoren $\mathcal{H} = \{H_1, \ldots, H_s\} \subseteq \mathbb{R}^n$ repräsentiert. Diese Vektoren lassen sich in Matrizen $G = (G_1 \ldots G_r)$ und $H = (H_1 \ldots H_s)$ zusammenfassen. In Matrixschreibweise sind dann die Konvexkombinationen der Punkte durch

$$\operatorname{conv} \mathcal{G} := \left\{ Gp \mid \mathbb{1}^\mathrm{T} p = 1, p \geq 0 \right\} \, ,$$

und die nicht negativen Linearkombinationen der Richtungen durch

$$\operatorname{cone} \mathcal{H} := \{ Hq \mid q \geq 0 \} \, ,$$

gegeben. Die Addition $S + T$ von Teilmengen $S, T \subseteq \mathbb{R}^n$ ist bekanntlich durch $S + T := \{s + t \mid s \in S, t \in T\}$ definiert. Intuitiv scheint es nahe liegend, dass $\operatorname{conv} \mathcal{G}$ ein Polytop, $\operatorname{cone} \mathcal{H}$ einen polyedrischen Kegel und $\operatorname{conv} \mathcal{G} + \operatorname{cone} \mathcal{H}$ ein Polyeder beschreiben.

Unklar bleibt zunächst der Zusammenhang zwischen den erzeugenden Punkten und Richtungen einerseits und den Halbebenen andererseits. Umgekehrt stellt sich außerdem die Frage, ob alle Polyeder auf diese Weise durch ein *endliches Erzeugendensystem* dargestellt werden können.

R. E. Burkard, U. T. Zimmermann, *Einführung in die Mathematische Optimierung* 125
DOI 10.1007/978-3-642-01728-5_6, © Springer-Verlag Berlin Heidelberg 2012

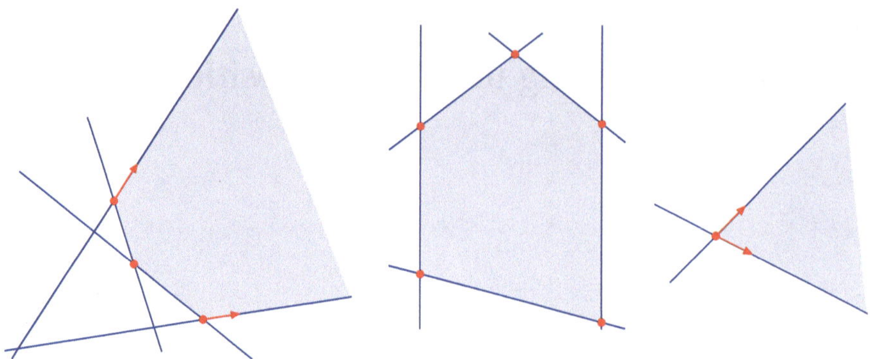

Abb. 6.1 Endliche Erzeugung von Polyedern

Definition 6.1.1 (Endliche Erzeugendensysteme (EZS)). *Die Punkte* $\mathcal{G} = \{G_1, \ldots, G_r\} \subseteq \mathbb{R}^n$ *und die Richtungen* $\mathcal{H} = \{H_1, \ldots, H_s\} \subseteq \mathbb{R}^n$ *bilden ein EZS von* $P(A, b)$, *falls*

$$P(A, b) = \operatorname{conv} \mathcal{G} + \operatorname{cone} \mathcal{H} = \left\{ Gp + Hq \mid \mathbb{1}^\mathsf{T} p = 1, p \geq 0, q \geq 0 \right\}$$

für entsprechende Matrizen $G = (G_1 \ \ldots \ G_r)$, $H = (H_1 \ \ldots \ H_s)$.

Wir wollen die Zusammenhänge ausgehend von unseren bisherigen Kenntnissen über lineare Optimierungsaufgaben in Normalform untersuchen. Da wir bei Beschreibung des Polyeders $P(A, b)$ keine explizite Information über Vorzeichenbedingungen haben, betrachten wir zunächst alle Variablen als *freie* Variable, die wir wie bei Diskussion der kanonischen Form (2.1) durch die Differenz zweier vorzeichenbeschränkter Variablen ersetzen können. Jede Zahl $\alpha \in \mathbb{R}$ ist Differenz der beiden nicht negativen Zahlen $\alpha_\pm := \max\{0, \pm\alpha\}$, d. h. $\alpha = \alpha_+ - \alpha_-$. Es gibt keine kleineren nicht negativen Zahlen gleicher Differenz. Für Punkte $x \in \mathbb{R}^n$ sind analog komponentenweise die nicht negativen Punkte $x_\pm$ definiert und unter allen Punkten gleicher Differenz minimal in allen Komponenten.

Polyeder und lineare Optimierungsaufgaben in Normalform

Jeder Punkt $x \in P(A, b)$ wird dem nicht negativen Punkt

$$\phi(x) := \begin{pmatrix} x_+ \\ x_- \\ b - Ax \end{pmatrix} \in \bar{P}(\bar{A}, b) := \left\{ \bar{x} \in \mathbb{R}^{2n+m} \mid \bar{A}\bar{x} = b, \bar{x} \geq 0 \right\}, \qquad (6.1)$$

zugeordnet, wobei $\bar{A} := (A \; -A \; E)$. Umgekehrt können wir jedem Punkt $\bar{x} \in \bar{P}(\bar{A}, b)$ einen Punkt

$$\psi(\bar{x}) := \begin{pmatrix} \bar{x}_1 \\ \vdots \\ \bar{x}_n \end{pmatrix} - \begin{pmatrix} \bar{x}_{n+1} \\ \vdots \\ \bar{x}_{2n} \end{pmatrix} \in P(A, b) \tag{6.2}$$

zuordnen. Sind diese *Komponentenvektoren* von $\bar{x}$ unter allen nicht negativen Punkten gleicher Differenz minimal in allen Komponenten, so nennen wir $\bar{x}$ *komponentenminimal*. Ist $\bar{x}$ komponentenminimal, so gilt $\phi(\psi(\bar{x})) = \bar{x}$. Also ist jeder Punkt x des Polyeders $P(A, b)$ umkehrbar eindeutig einem komponentenminimalen Punkt $\bar{x}$ des Polyeders $\bar{P}(\bar{A}, b)$ zugeordnet.

Im homogenen Fall, d.h. für $b = 0$, sind die Polyeder $P(A, 0)$ und $\bar{P}(\bar{A}, 0)$ polyedrische Kegel. Mit jedem vom Ursprung verschiedenen Punkt der Kegel ist die Halbgerade aller nicht negativen Vielfachen des Punktes enthalten. Diese Punkte werden daher als *zulässige Richtungen* bezeichnet. Da jedem Punkt in $P(A, 0)$ genau ein komponentenminimaler Punkt in $\bar{P}(\bar{A}, 0)$ entspricht, ist auch jeder zulässigen Richtung h des Kegels $P(A, 0)$ umkehrbar eindeutig eine komponentenminimale Richtung $\bar{h}$ des Kegels $\bar{P}(\bar{A}, 0)$ zugeordnet.

Die lineare Optimierungsaufgabe min $\{c^{\mathrm{T}}x \mid x \in P(A, b)\}$ geht mit Hilfe dieser *Differenzvariablen* und zusätzlicher Schlupfvariablen in die äquivalente lineare Optimierungsaufgabe min $\{\bar{c}^{\mathrm{T}}\bar{x} \mid \bar{x} \in \bar{P}(\bar{A}, b)\}$ über, wobei $\bar{c}^{\mathrm{T}} := (c^{\mathrm{T}} \; -c^{\mathrm{T}} \; 0)$. Offenbar gilt dann insbesondere $c^{\mathrm{T}}x = \bar{c}^{\mathrm{T}}\bar{x}$ für einander zugeordnete Punkte $x, \bar{x}$. In der umgeformten linearen Optimierungsaufgabe unterscheiden sich die Zielfunktionskoeffizienten und die zugehörigen Spalten des Gleichungssystems für die Differenzvariablen $\bar{x}_j, \bar{x}_{n+j}$, für $j = 1, \ldots, n$, nur im Vorzeichen.

Ecken und Extremalrichtungen von $\bar{P}(\bar{A}, b)$

Ist das Polyeder $\bar{P}(\bar{A}, b)$ nicht leer, so besitzt es endlich viele Ecken, die wir bekanntlich als zulässige Basislösungen aus Gleichungen der Form $\bar{A}_B \bar{x}_B = b$, $\bar{x}_N = 0$ zu entsprechenden Basen B berechnen können. Da $\bar{A}_B$ regulär ist, kann $\bar{x}_B$ kein Paar von Differenzvariablen enthalten und jede zulässige Basislösung ist komponentenminimal.

Die umgeformte lineare Optimierungsaufgabe nimmt über einem nichtleeren Polyeder $\bar{P}(\bar{A}, b)$ entweder ihr endliches Optimum in einer Ecke an oder die lineare Zielfunktion ist unbeschränkt. Die reduzierten Kostenkoeffizienten der Differenzvariablen $\bar{x}_j, \bar{x}_{n+j}$ der umgeformten Optimierungsaufgabe sind $\pm c_j - \bar{A}_B^{-1}(\pm \bar{A}_j)$ und unterscheiden sich daher wiederum nur durch das Vorzeichen. Die reduzierten Kostenkoeffizienten eines Paares von Differenzvariablen können also nur gleichzeitig den Wert 0 besitzen; insbesondere gehören beide Differenzvariablen zur Nichtbasis, falls eine einen negativen oder positiven reduzierten Kostenko-effizienten besitzt.

Im unbeschränkten Fall findet sich in der letzten Iteration, etwa zur Basis B, des primalen Simplexverfahrens eine Pivotspalte $\bar{A}_B^{-1}\bar{A}_k \leq 0, k \in N$, mit negativem reduzierten Kostenkoeffizienten, so dass die lineare Zielfunktion längs der zulässigen Halbgerade g

$$\bar{x}_B = \bar{A}_B^{-1}b - \bar{A}_B^{-1}\bar{A}_k\bar{x}_k, \quad \bar{x}_k \geq 0, \ \bar{x}_{N\setminus k} = 0,$$

unbeschränkt fällt. Diese Halbgerade wird durch die zugehörige zulässige Richtung $\bar{h}$ des Kegels $\bar{P}(\bar{A},0)$, definiert durch

$$\bar{h}_B := -\bar{A}_B^{-1}\bar{A}_k, \quad \bar{h}_k = 1, \ \bar{h}_{N\setminus k} = 0, \tag{6.3}$$

erzeugt, d. h. $g = \{\bar{x} + \lambda\bar{h} \mid \lambda \geq 0\}$.

Eine Richtung $0 \neq \bar{h} \in \bar{P}(\bar{A},0)$ heißt *Extremalrichtung* von $\bar{P}(\bar{A},0)$, falls es eine Basis B und ein $k \in N$ gibt, so dass (6.3) gilt. $\bar{h}$ heißt zulässig, falls $\bar{h}_b \geq 0$, und trivial, falls $\psi(\bar{h}) = 0$.

Da N endlich ist, ist die Anzahl der zulässigen Extremalrichtungen pro Ecke und damit auch insgesamt endlich. Ist eine zulässige Extremalrichtung nicht komponentenminimal, so ist sie trivial, denn dann muss die zu $\bar{h}_k$ gehörige Differenzvariable $\bar{h}_{k'}$ eine Basisvariable sein und es folgt $\bar{h}_k = \bar{h}_{k'} = 1, \bar{h}_j = 0$ für alle $j \notin \{k,k'\}$.

Die vom primalen Simplexverfahren berechneten Extremalrichtungen sind komponentenminimal. Sie können nicht trivial sein, da der reduzierte Kostenkoeffizient zu $\bar{x}_k$ negativ und damit der reduzierte Kostenkoeffizient der zugehörigen Differenzvariable $\bar{x}_{k'}$ positiv ist, was $k' \in N$ impliziert. Also sind sowohl $\bar{x}$ als auch die zulässige Extremalrichtung $\bar{h}$ und damit alle Punkte der zulässigen Halbgerade $\{\bar{x} + \lambda\bar{h} \mid \lambda \geq 0\}$ komponentenminimal.

Darstellungssätze

Endliche Erzeugendensysteme von $\bar{P}(\bar{A},b)$ mit Ecken und Extremalrichtungen im $\mathbb{R}^{2n+m}$ sollen uns die gesuchten endlichen Erzeugendensysteme von $P(A,b)$ mit Punkten und Richtungen im $\mathbb{R}^n$ liefern. Mit diesen Vorbereitungen ergibt sich der folgende Satz.

Satz 6.1.1. *Jedes nichtleere Polyeder* $P(A,b) = \{x \mid Ax \leq b\}$ *ist endlich erzeugt.*

Beweis. Sei $\bar{G} = (\bar{G}_1 \ldots \bar{G}_r)$ die Matrix der zulässigen Basislösungen des Polyeders $\bar{P}(\bar{A},b)$, $\bar{H} = (\bar{H}_1 \ldots \bar{H}_s)$ die der zulässigen nicht trivialen Extremalrichtungen des Kegels $\bar{P}(\bar{A},0)$. Da alle Spalten komponentenminimal sind, gehören dazu umkehrbar eindeutig bestimmte Matrizen G bzw. H, deren Spalten eine Menge $\mathcal{G}$ zulässiger Punkte von $P(A,b)$ bzw. eine Menge $\mathcal{H}$ zulässiger Richtungen von

$P(A, 0)$ bilden. Insbesondere gilt $AG_\mu \leq b$, $AH_\nu \leq 0$ für alle ν, μ. Daher folgt für Kombinationen $Gp + Hq$ mit $p, q \geq 0$, $\mathbb{1}^\mathsf{T} p = 1$:

$$A(Gp + Hq) = \sum_\mu (AG_\mu) p_\mu + \sum_\nu (AH_\nu) q_\nu$$

$$\leq \left(\sum_\mu p_\mu\right) b + \left(\sum_\nu q_\nu\right) 0 = b\,,$$

d. h. $\operatorname{conv} \mathcal{G} + \operatorname{cone} \mathcal{H} \subseteq P(A, b)$.

Angenommen $u \in P(A, b)$, aber $u \notin \operatorname{conv} \mathcal{G} + \operatorname{cone} \mathcal{H}$. Dann ist das System

$$
\begin{aligned}
Gp \quad + \quad Hq &= u \\
\mathbb{1}^\mathsf{T} p \quad\quad\quad &= 1 \\
p \geq 0, \quad q &\geq 0
\end{aligned}
$$

unlösbar. Nach Alternativsatz 5.1.2 besitzt dann das System

$$\left(c^\mathsf{T} \;\; \varrho\right) \begin{pmatrix} G & H \\ \mathbb{1}^\mathsf{T} & 0 \end{pmatrix} \geq 0$$

$$\left(c^\mathsf{T}, \varrho\right) \begin{pmatrix} u \\ 1 \end{pmatrix} < 0$$

eine Lösung. Wir betrachten die lineare Optimierungsaufgabe $\min \left\{c^\mathsf{T} x \mid Ax \leq b\right\}$ und die dazu äquivalente lineare Optimierungsaufgabe

$$\min \left\{\bar{c}^\mathsf{T} \bar{x} \mid \bar{A}\bar{x} = b, \bar{x} \geq 0\right\}\,.$$

Nach Voraussetzung ist $\bar{P}(\bar{A}, b) \neq \emptyset$, insbesondere $\bar{u} := \phi(u) \in \bar{P}(\bar{A}, b)$. Die Zielfunktion ist nach unten beschränkt, da im ersten Block der Ungleichungen $c^\mathsf{T} H \geq 0$ enthalten ist und daher auch $\bar{c}^\mathsf{T} \bar{H} \geq 0$ gilt. Also wird das endliche Optimum z_* in einer Ecke von $\bar{P}(\bar{A}, b)$ angenommen, d. h. $\bar{c}^\mathsf{T} \bar{u} \geq z_* = \bar{c}^\mathsf{T} \bar{G}_\mu$ für ein μ. Die widersprüchliche Ungleichungskette

$$\bar{c}^\mathsf{T} \bar{u} \geq z_* = \bar{c}^\mathsf{T} \bar{G}_\mu = c^\mathsf{T} G_\mu \geq -\varrho > c^\mathsf{T} u = \bar{c}^\mathsf{T} \bar{u}$$

folgt aus dem ersten bzw. dem zweiten Ungleichungsblock. $\qquad\qquad\square$

Bemerkung: Ist $P(A, b) \neq \emptyset$ und beschränkt, so gilt $P(A, b) = \operatorname{conv} \mathcal{G}$. Dies ist eine einfache Folgerung aus Satz 6.1.1, da $P(A, b)$ in diesem Fall keine Halbgeraden enthält. Auch für Kegel ergibt sich unmittelbar eine sehr spezielle Form des Satzes 6.1.1:

Satz 6.1.2. *(Minkowski) Jeder polyedrische Kegel $P(A, 0)$ besitzt ein endliches Erzeugendensystem $\mathcal{U} = \{U_1, \ldots, U_t\}$ mit $P(A, 0) = \operatorname{cone} \mathcal{U}$.*

Beweis. Nach Satz 6.1.1 gilt $P(A, 0) = \operatorname{conv} \mathcal{G} + \operatorname{cone} \mathcal{H} \subseteq \operatorname{cone}(\mathcal{G} \cup \mathcal{H})$ und, wegen $AG_\mu \leq 0$, $\operatorname{cone}(\mathcal{G} \cup \mathcal{H}) \subseteq P(A, 0)$. $\qquad\square$

Die Äquivalenz der verschiedenen Darstellungen folgt, da auch die Umkehrung des Satzes 6.1.1 gilt.

Satz 6.1.3. *(Weyl) Sei* $P = \operatorname{conv} \mathcal{G} + \operatorname{cone} \mathcal{H}$ *für* $\mathcal{G} = \{G_1, \ldots, G_r\} \subseteq \mathbb{R}^n$, $\mathcal{H} = \{H_1, \ldots, H_s\} \subseteq \mathbb{R}^n$. *Dann ist* P *ein Polyeder im* $\mathbb{R}^n$.

Beweis. Wir betrachten die zum Erzeugendensystem gehörende $(n+1)$-zeilige Matrix

$$Q = \begin{pmatrix} G & H \\ \mathbb{1}^\mathrm{T} & 0 \end{pmatrix}.$$

Nach Minkowski gilt für eine geeignete $(n + 1)$-zeilige Matrix U

$$\{y \in \mathbb{R}^{n+1} \mid y^\mathrm{T} Q \geq 0\} = \{Uw \mid w \geq 0\}, \tag{6.4}$$

d.h. $y \in \mathbb{R}^{n+1}$ mit $y^\mathrm{T} Q \geq 0$ genau dann, wenn $y = Uw$ für ein $w \geq 0$. Sei $(-A\; b) := U^\mathrm{T}$. Weiterhin ist $\bar{x} \in \operatorname{conv} \mathcal{G} + \operatorname{cone} \mathcal{H}$ gleichbedeutend mit der Lösbarkeit von

$$Q \begin{pmatrix} p \\ q \end{pmatrix} = \begin{pmatrix} \bar{x} \\ 1 \end{pmatrix}, p \geq 0, q \geq 0$$

also, nach Alternativsatz 5.1.2, äquivalent zur Unlösbarkeit von

$$y^\mathrm{T} Q \geq 0, \quad y^\mathrm{T} \begin{pmatrix} \bar{x} \\ 1 \end{pmatrix} < 0.$$

Somit gilt für alle $y \in \mathbb{R}^{n+1}$

$$y^\mathrm{T} Q \geq 0 \Longrightarrow y^\mathrm{T} \begin{pmatrix} \bar{x} \\ 1 \end{pmatrix} \geq 0,$$

oder infolge (6.4) gilt für alle w die Beziehung

$$w \geq 0 \Longrightarrow w^\mathrm{T} U^\mathrm{T} \begin{pmatrix} \bar{x} \\ 1 \end{pmatrix} \geq 0.$$

Dies gilt genau dann, wenn

$$0 \leq U^\mathrm{T} \begin{pmatrix} \bar{x} \\ 1 \end{pmatrix} = -A\bar{x} + b,$$

d.h. wenn $\bar{x} \in P(A, b)$. $\qquad\square$

Bemerkung: Die Zeilen der Restriktionen $-Ax + b \geq 0$ zu $\operatorname{conv}\mathcal{G} + \operatorname{cone}\mathcal{H}$ liefern ein Erzeugendensystem des Kegels

$$y^{\mathrm{T}} \begin{pmatrix} G & H \\ \mathbb{1}^{\mathrm{T}} & 0 \end{pmatrix} \geq 0$$

für die zugehörigen Matrizen G, H.

6.2 Dekomposition linearer Optimierungsaufgaben

Die Modellierung praktischer Probleme mit Hilfe linearer Optimierungsaufgaben führt, wie bereits bei der Diskussion des revidierten Simplexverfahrens in Abschn. 4.3 und der Faktorisierungstechniken in Abschn. 4.4 erwähnt, auf strukturierte Restriktionensysteme. Deren Struktur kann auf verschiedene Weise genutzt werden, um die Lösung der Optimierungsaufgabe auf die iterative Lösung kleinerer Teilprobleme zurückzuführen. Bereits 1960 entwickelten Dantzig und Wolfe [22] eine Dekompositionsmethode, in der sie die zulässigen Lösungen eines Teils der Restriktionen mit Hilfe der Darstellungssätze des Abschn. 6.1 modellieren. Diese Verkleinerung der Anzahl der Restriktionen bringt allerdings eine extrem große Anzahl neuer Variablen mit sich, deren Koeffizienten in den Restriktionen zunächst unbekannt sind. Deshalb bietet sich die geschickte Nutzung eines revidierten Simplexverfahrens an, bei dem die fehlenden Spalten zu einer Variablen erst dann erzeugt werden, wenn diese für die Durchführung des Verfahrens benötigt werden. Methoden dieser oder ähnlicher Art werden daher auch als Spaltenerzeugungsmethoden bezeichnet.

Im einfachsten Fall zerfallen die Restriktionen in zwei Klassen, etwa in der Aufgabe

$$\max\left\{c^{\mathrm{T}}x \mid Ax = b,\ x \geq 0\right\}, \quad A = \begin{pmatrix} R \\ S \end{pmatrix},\ b = \begin{pmatrix} r \\ s \end{pmatrix}. \tag{6.5}$$

Mit Hilfe des zugehörigen, unbekannten Erzeugendensystems $\mathcal{G}, \mathcal{H}$ und entsprechenden Matrizen G, H gilt

$$\{x \mid Sx = s, x \geq 0\} = \left\{Gp + Hq \mid \mathbb{1}^{\mathrm{T}}p = 1, p \geq 0, q \geq 0\right\},$$

so dass wir x durch p, q darstellen können. Das auf diese Weise abgeleitete Problem heißt *Kernproblem*.

Kernproblem (äquivalent zu (6.5))

$$\max\left\{c^{\mathrm{T}}(Gp + Hq) \mid R(Gp + Hq) = r, \mathbb{1}^{\mathrm{T}}p = 1, p \geq 0, q \geq 0\right\}$$

Mit den sich daraus ergebenden Koeffizienten der Zielfunktion und Restriktionen lautet die Optimierungsaufgabe in p, q:

$$\max\left\{\alpha^{\mathrm{T}}\begin{pmatrix} p \\ q \end{pmatrix} \;\middle|\; D\begin{pmatrix} p \\ q \end{pmatrix} = \begin{pmatrix} r \\ 1 \end{pmatrix}, p \geq 0, q \geq 0\right\}. \tag{6.6}$$

Bemerkung: Das Kernproblem besitzt weniger Restriktionen, aber sehr viele Variablen mit zunächst unbekannten Spalten. Eine Lösung p, q des Kernproblems liefert eine Lösung $x = Gp + Hq$ des ursprünglichen Problems.

Revidiertes Verfahren zum Kernproblem

Bei revidierten Verfahren dürfen wir davon ausgehen, dass die Daten zur aktuellen Basis B bekannt sind, d. h. D_B, α_B liegen vor. Daher sind p, q, π leicht berechenbar:

$$D_B\begin{pmatrix} p \\ q \end{pmatrix} := \begin{pmatrix} r \\ 1 \end{pmatrix}, \quad \pi^{\mathrm{T}}D_B := \alpha_B^{\mathrm{T}}.$$

Die für Optimalitätstest und Wahl der Pivotspalte notwendige Berechnung der reduzierten Kosten aus

$$\tilde{\alpha}_N^{\mathrm{T}} := \alpha_N^{\mathrm{T}} - \pi^{\mathrm{T}}D_N$$

scheint zunächst daran zu scheitern, dass die Spalten D_N nicht bekannt sind. Die anschließend für den Unbeschränktheitstest benötigte Pivotspalte ergibt sich aus

$$D_B\tilde{D}_s := D_s.$$

Wenn wir $\pi^{\mathrm{T}} = (y^{\mathrm{T}}, \sigma)$ entsprechend den Restriktionen des Kernproblems zerlegen, können wir die reduzierten Kostenkoeffizienten $\tilde{\alpha}_\mu$ zu einer Basislösungsspalte bzw. $\tilde{\alpha}_\nu$ zu einer Extremalspalte genauer angeben:

$$\tilde{\alpha}_\mu = c^{\mathrm{T}}G_\mu - y^{\mathrm{T}}RG_\mu - \sigma = (c^{\mathrm{T}} - y^{\mathrm{T}}R)G_\mu - \sigma,$$
$$\tilde{\alpha}_\nu = c^{\mathrm{T}}H_\nu - y^{\mathrm{T}}RH_\nu = (c^{\mathrm{T}} - y^{\mathrm{T}}R)H_\nu.$$

Es genügt also, eine Basislösung G_μ oder eine Extremalrichtung H_ν mit positivem Zielfunktionswert bezüglich der Kostenkoeffizienten $c^{\mathrm{T}} - y^{\mathrm{T}}R$ zu finden, oder aber festzustellen, dass es keine gibt.

Hilfsproblem zur Wahl und Erzeugung der Pivotspalte

Sei $\pi^{\mathrm{T}} = (y^{\mathrm{T}}, \sigma)$. Wir betrachten das Hilfsproblem

$$\max \left\{ (c^{\mathrm{T}} - y^{\mathrm{T}} R)x \mid Sx = s, x \geq 0 \right\} . \tag{6.7}$$

Die aktuelle Basislösung $x = (G \mid H)_B \left(\begin{smallmatrix} p \\ q \end{smallmatrix} \right)_B$ des Kernproblems ist zulässig. Daher besitzt das Hilfsproblem entweder eine Extremalrichtung H_v, in der die Zielfunktion unbeschränkt wächst, oder eine optimale Basislösung G_μ. Also sind nur die folgenden Fälle möglich:

a) Die Zielfunktion ist unbeschränkt in Richtung H_v,
b) die optimale Basislösung x^* erfüllt $(c^{\mathrm{T}} - y^{\mathrm{T}} R)x^* > \sigma$,
c) die optimale Basislösung x^* erfüllt $(c^{\mathrm{T}} - y^{\mathrm{T}} R)x^* \leq \sigma$.

Wir lösen das Hilfsproblem mit dem revidierten Simplexverfahren.

zu a)   Die gefundene Extremalrichtung H_v mit $0 < (c^{\mathrm{T}} - y^{\mathrm{T}} R)H_v = \tilde{\alpha}_v$ liefert die Pivotspalte

$$\begin{pmatrix} \alpha_v \\ D_v \end{pmatrix} = \begin{pmatrix} c^{\mathrm{T}} H_v \\ R H_v \\ 0 \end{pmatrix} .$$

zu b)   Die gefundene optimale Basislösung $x^* = G_\mu$ mit $\tilde{\alpha}_\mu = (c^{\mathrm{T}} - y^{\mathrm{T}} R)G_\mu - \sigma > 0$ liefert die Pivotspalte

$$\begin{pmatrix} \alpha_\mu \\ D_\mu \end{pmatrix} = \begin{pmatrix} c^{\mathrm{T}} G_\mu \\ R G_\mu \\ 1 \end{pmatrix} .$$

zu c)   Für die optimale Basislösung x^* und daher erst recht für alle anderen Basislösungen G_μ gilt $(c^{\mathrm{T}} - y^{\mathrm{T}} R)G_\mu \leq (c^{\mathrm{T}} - y^{\mathrm{T}} R)x^* \leq \sigma$, d. h. $\tilde{\alpha}_\mu \leq 0$. Für alle Extremalrichtungen H_v gilt entsprechend $(c^{\mathrm{T}} - y^{\mathrm{T}} R)H_v \leq 0$, also $\tilde{\alpha}_v \leq 0$. Also ist B eine optimale Basis des Kernproblems (6.6).

Bemerkung: Das revidierte Verfahren zum Kernproblem (6.6) ist mit den für Simplexverfahren üblichen Vorkehrungen endlich. Sei o. B. d. A. $r \geq 0$. Wir beginnen das Verfahren mit einer Modifikation der Zweiphasenmethode und lösen zunächst:

$$\max \left\{ 0^{\mathrm{T}}(Gp + Hq) - \mathbb{1}^{\mathrm{T}} u \mid \begin{pmatrix} RG & RH \\ \mathbb{1}^{\mathrm{T}} & 0^{\mathrm{T}} \end{pmatrix} \begin{pmatrix} p \\ q \end{pmatrix} + u = \begin{pmatrix} r \\ 1 \end{pmatrix}, p \geq 0, q \geq 0, u \geq 0 \right\} .$$

1. Zum Start wählen wir die Basisvariablen $u = \left(\begin{smallmatrix} r \\ 1 \end{smallmatrix} \right) - D \left(\begin{smallmatrix} p \\ q \end{smallmatrix} \right)$ und die Nichtbasisvariablen p, q.

2. Zur Elimination der künstlichen Variablen u maximieren wir die Hilfszielfunktion $-\mathbb{1}^T u$. Sobald eine künstliche Variable die Basis verlässt, wird sie aus dem Problem entfernt, so dass die Zielfunktion sich auf $-\sum_{j\in B} u_j$ reduziert. Aus $c \equiv 0$ und $(y^T, \sigma)(DE)_B := (0^T, -\mathbb{1}^T)_B$ ergibt sich die Zielfunktion $(0^T - y^T R)x$ des Hilfsproblems zur Pivotspaltenwahl. Bei Start gilt $y = -\mathbb{1}$, $\sigma = -1$, und daher lautet das Hilfsproblem

$$\max \left\{ \mathbb{1}^T R x \mid S x = s, x \geq 0 \right\}.$$

Die Dekomposition ist nur sinnvoll, falls die auftretenden Hilfsprobleme „einfach" lösbar sind.

Anwendung bei Blockstruktur

Bei Restriktionen, die aus schwach gekoppelten Blöcken bestehen, ist das Dekompositionsverfahren vielversprechend.

1. In der linearen Optimierungsaufgabe

$$
\begin{aligned}
\max \quad & c_1^T x_1 + c_2^T x_2 + \ldots + c_k^T x_k \\
\text{unter} \quad & R_1 x_1 + R_2 x_2 + \ldots + R_k x_k = r \quad \} \ (m_0 \text{ Zeilen}) \\
& S_1 x_1 \qquad\qquad\qquad\qquad = s_1 \\
& \qquad S_2 x_2 \qquad\qquad\qquad = s_2 \\
& \qquad\qquad \ddots \\
& \qquad\qquad\qquad\qquad S_k x_k = s_k \\
& x_1 \geq 0 \qquad\qquad \ldots \qquad x_k \geq 0
\end{aligned}
$$

ersetzen wir die unabhängigen Teilrestriktionen $S_i x_i = s_i, x_i \geq 0$ durch

$$x_i = G_i p_i + H_i q_i, \ \mathbb{1}^T p_i = 1, \ p_i \geq 0, q_i \geq 0.$$

2. Das resultierende Kernproblem hat die folgende Gestalt:

$$
\begin{aligned}
\max \quad & \sum_{i=1}^{k} (c_i^T G_i p_i + c_i^T H_i q_i) \\
\text{unter} \quad & \sum_{i=1}^{k} (R_i G_i p_i + R_i H_i q_i) = r \\
& \qquad\qquad \mathbb{1}^T p_i = 1, \quad i = 1, \ldots, k, \\
& p_i \geq 0, \ q_i \geq 0, \qquad i = 1, \ldots, k
\end{aligned}
$$

3. Bei der Berechnung der reduzierten Kosten aus

$$\pi^T D_B = \alpha_B^T$$

setzt sich der Vektor π aus dem Vektor y zur koppelnden Restriktion mit m_0 Zeilen und den Skalaren $\sigma_i, i = 1, \ldots, k$, zu den unabhängigen Teilrestriktionen zusammen, d. h. $\pi^{\mathrm{T}} = (y^{\mathrm{T}}, \sigma_1, \ldots, \sigma_k)$. Die $(1 + m_0 + k)$-dimensionalen unbekannten Spalten zu Basislösungen und Extremalrichtungen sowie die zugehörigen reduzierten Kosten haben die Form

$$\begin{pmatrix} \alpha_{i\mu} \\ R_i G_{i\mu} \\ e_i \end{pmatrix} = \begin{pmatrix} \alpha_{i\mu} \\ D_{i\mu} \end{pmatrix}, \qquad \begin{pmatrix} \alpha_{i\nu} \\ R_i H_{i\nu} \\ 0 \end{pmatrix} = \begin{pmatrix} \alpha_{i\nu} \\ D_{i\nu} \end{pmatrix},$$

$$\tilde{\alpha}_{i\mu} = (c_i^{\mathrm{T}} - y^{\mathrm{T}} R_i) G_{i\mu} - \sigma_i, \qquad \tilde{\alpha}_{i\nu} = (c_i^{\mathrm{T}} - y^{\mathrm{T}} R_i) H_{i\nu}.$$

4. Bei der Lösung der unabhängigen Teilprobleme

$$z_i := \max \left\{ (c_i^{\mathrm{T}} - y^{\mathrm{T}} R_i) x_i \mid S_i x_i = s_i, x_i \geq 0 \right\} \quad (1 \leq i \leq k)$$

unterscheiden wir 2 Fälle.

    a) Falls $z_i \leq \sigma_i$ für alle i, so ist B eine optimale Basis.

    b) Es gibt ein Teilproblem i

- mit endlicher optimaler Basislösung $\bar{x}$ mit $z_i > \sigma_i$, so dass eine neue Pivotspalte zu $G_{i\mu} := \bar{x}$ generiert wird,
- oder mit unbeschränkter Zielfunktion in Extremalrichtung v, so dass eine neue Spalte zu $H_{i\nu} := v$ generiert wird.

Bemerkung (Blockstruktur): Im Allgemeinen ist das Simplexverfahren ohne Dekomposition schneller. Dekomposition ermöglicht jedoch die Behandlung sehr großer linearer Optimierungsaufgaben, falls die Struktur der Restriktionen ausgenutzt werden kann. Anmerkungen zur Implementation findet man bei Ho und Loute [42]. Die auftretenden Teilprobleme sind unabhängig und können daher parallel bearbeitet werden.

Beispiel 6.2.1. (Dekompositionsverfahren)

$$\begin{array}{rrrrrrrrl}
\max\ 2x_1 + & x_2 + x_3 & & & + 2x_5 - 2x_6 + x_7 & & \\
\text{unter}\ 4x_1 - 4x_2 & & + 2x_4 + 2x_5 - 4x_6 & & + 2x_8 & = 7 \\
x_1 + 2x_2 + x_3 & & & & & = 2 \\
2x_1 + x_2 & & + x_4 & & & = 2 \\
& & x_5 - x_6 + x_7 & & & = 1 \\
& & -2x_5 + x_6 & & + x_8 & = 2 \\
& & & & x & \geq 0
\end{array}$$

Vorbemerkung: Offensichtlich zulässige Basislösungen des 1. bzw. des 2. Teilproblems sind $x_3 = x_4 = 2$ bzw. $x_7 = 1, x_8 = 2$. Wir lösen die Teilprobleme zur Vereinfachung jeweils ausgehend von diesen Basislösungen. Wegen $m_0 = 1$ gilt

$y \in \mathbb{R}$. Die jeweiligen von y abhängigen Kostenkoeffizienten, die wir mit $\gamma_1, \ldots, \gamma_8$ bezeichnen, sind in Phase I des Simplexverfahrens

$$\left(\gamma_1 \ldots \gamma_4\right) := -y \left(4 \; {-4} \; 0 \; 2\right),$$
$$\left(\gamma_5 \ldots \gamma_8\right) := -y \left(2 \; {-4} \; 0 \; 2\right)$$

und in Phase II des Simplexverfahrens

$$\left(\gamma_1 \ldots \gamma_4\right) := \left(2 \quad 1 \; 1 \; 0\right) - y \left(4 \; {-4} \; 0 \; 2\right),$$
$$\left(\gamma_5 \ldots \gamma_8\right) := \left(2 \; {-2} \; 1 \; 0\right) - y \left(2 \; {-4} \; 0 \; 2\right).$$

Für die gewählten Basislösungen ergeben sich daraus die reduzierten Kostenkoeffizienten in der üblichen Weise zu

$$\left(\tilde{\gamma}_1 \; \tilde{\gamma}_2\right) = \left(\gamma_1 \; \gamma_2\right) - \left(\gamma_3 \; \gamma_4\right) \begin{pmatrix} 1 & 2 \\ 2 & 1 \end{pmatrix} = \left(\gamma_1 - \gamma_3 - 2\gamma_4 \;\; \gamma_2 - 2\gamma_3 - \gamma_4\right),$$
$$\left(\tilde{\gamma}_5 \; \tilde{\gamma}_6\right) = \left(\gamma_5 \; \gamma_6\right) - \left(\gamma_7 \; \gamma_8\right) \begin{pmatrix} 1 & -1 \\ -2 & 1 \end{pmatrix} = \left(\gamma_5 - \gamma_7 + 2\gamma_8 \;\; \gamma_6 + \gamma_7 - \gamma_8\right).$$

Die zugehörigen Zielfunktionswerte sind offenbar

$$\delta_1 = \left(\gamma_3 \; \gamma_4\right) \begin{pmatrix} x_3 \\ x_4 \end{pmatrix} = 2\gamma_3 + 2\gamma_4,$$
$$\delta_2 = \left(\gamma_7 \; \gamma_8\right) \begin{pmatrix} x_7 \\ x_8 \end{pmatrix} = \gamma_7 + 2\gamma_8.$$

Phase I: Start mit künstlicher Basis $B = (u_1, u_2, u_3)$; $D_B = E$ liefert $x_B^{\mathrm{T}} = (7 \; 1 \; 1)$. Mit

$$\left(y \; \sigma_1 \; \sigma_2\right) = \pi^{\mathrm{T}} = \pi^{\mathrm{T}} D_B = d_B^{\mathrm{T}} = \left(-1 \; {-1} \; {-1}\right)$$

ergibt sich

$$\left(\gamma_1 \; \gamma_2 \; \gamma_3 \; \gamma_4\right) = -yR_1 = R_1 = \left(4 \; {-4} \; 0 \; 2\right)$$
$$\left(\gamma_5 \; \gamma_6 \; \gamma_7 \; \gamma_8\right) = -yR_2 = R_2 = \left(2 \; {-4} \; 0 \; 2\right)$$

1. Teilproblem:

$$\left(\tilde{\gamma}_1 \; \tilde{\gamma}_2\right) = \left(4 - 0 - 2 \cdot 2 \; {-4} - 2 \cdot 0 - 2\right) = \left(0 \; {-6}\right)$$
$$\delta_1 = 2 \cdot 0 + 2 \cdot 2 = 4,$$

d. h. $x_*^{\mathrm{T}} = (0\,0\,2\,2)$ ist bereits eine optimale Basislösung, die wir mit G_{11} bezeichnen. Wegen $z_1 = \delta_1 = 4 > -1 = \sigma_1$ erhält man als Pivotspalte

$$D_{11} = \begin{pmatrix} R_1 G_{11} \\ 1 \\ 0 \end{pmatrix} = \begin{pmatrix} 4 \\ 1 \\ 0 \end{pmatrix} .$$

Wegen $D_B = E$ ist $\tilde{D}_{11} = D_{11}$ und die übliche Wahl der Pivotzeile führt auf $u_2 \leftrightarrow p_{11}$. Die neue Basis ist $B = (u_1, p_{11}, u_3)$ mit

$$D_B = \begin{pmatrix} 1\,4\,0 \\ 0\,1\,0 \\ 0\,0\,1 \end{pmatrix} .$$

Hieraus folgt als Basislösung $(3\,1\,1)^{\mathrm{T}}$. Aus $\pi^{\mathrm{T}} D_B = d_B^{\mathrm{T}} = (-1\,0\,-1)$ ergibt sich

$$\pi^{\mathrm{T}} = \left(-1\,4\,-1\right) := \left(y\ \sigma_1\ \sigma_2\right) .$$

Bei unveränderten Kostenkoeffizienten der Teilprobleme bleibt das obige x_* Optimallösung von Teilproblem 1; es gilt nunmehr $z_1 = 4 = \sigma_1$.

2. Teilproblem:

$$\left(\tilde{\gamma}_5\ \tilde{\gamma}_6\right) = \left(2 + 0 + 2 \cdot 2 - 4 + 0 - 2\right) = \left(6\,-6\right)$$
$$\delta_2 = 0 + 2 \cdot 2 = 4$$

T_0		x_5	x_6
z	4	6	-6
x_7	1	-1	1
x_8	2	2	-1

$\rightarrow$

T_1		x_7	x_6
z	10	-6	0
x_5	1		
x_8	4		

d. h. $x_*^{\mathrm{T}} = (1\,0\,0\,4) =: G_{21}^{\mathrm{T}}$ ist Optimallösung und wegen $z_2 = 10 > -1 = \sigma_2$ erhält man als Pivotspalte

$$D_{21} = \begin{pmatrix} R_2 G_{21} \\ 0 \\ 1 \end{pmatrix} = \begin{pmatrix} 10 \\ 0 \\ 1 \end{pmatrix} .$$

Mit $\tilde{D}_{21} = D_{21}$ ergibt sich $u_1 \leftrightarrow p_{21}$. Die neue Basis ist also $B = (p_{21}, p_{11}, u_3)$ mit

$$D_B = \begin{pmatrix} 10\,4\,0 \\ 0\,1\,0 \\ 1\,0\,1 \end{pmatrix}$$

und der Basislösung $(\frac{3}{10}\ 1\ \frac{7}{10})^{\mathrm{T}}$. $\pi^{\mathrm{T}} D_B = d_B^{\mathrm{T}} = (0\ 0\ -1)$ führt auf

$$\pi^{\mathrm{T}} = \left(\tfrac{1}{10}\ -\tfrac{4}{10}\ -1\right) =: \left(y\ \sigma_1\ \sigma_2\right).$$

Bis auf den Faktor 10 ändern sich nur die Vorzeichen der reduzierten Kosten der Teilprobleme.

1. Teilproblem:

$$10\left(\tilde{\gamma}_1\ \tilde{\gamma}_2\right) = \left(0\ 6\right)$$
$$10\delta_1 = -4$$

T_0		x_1	x_2
z	-4	0	6
x_3	2	-1	$\mathbf{-2}$
x_4	2	-2	-1

$\rightarrow$

T_1		x_1	x_3
z	2	-3	-3
x_2	1		
x_4	1		

d. h. $x_*^{\mathrm{T}} = (0\ 1\ 0\ 1) =: G_{12}^{\mathrm{T}}$ und wegen $z_1 = \frac{2}{10} > -\frac{4}{10} = \sigma_1$ erhält man die neue Pivotspalte $D_{12}^{\mathrm{T}} = (-2\ 1\ 0)$. Aus $\tilde{D}_{12}^{\mathrm{T}} = (-\frac{6}{10}\ 1\ \frac{6}{10})$ folgt $p_{11} \leftrightarrow p_{12}$. Also $B = (p_{21}, p_{12}, u_3)$ mit

$$D_B = \begin{pmatrix} 10 & -2 & 0 \\ 0 & 1 & 0 \\ 1 & 0 & 1 \end{pmatrix}$$

und der Basislösung $(\frac{9}{10}\ 1\ \frac{1}{10})^{\mathrm{T}}$. $\pi^{\mathrm{T}} D_B = (0\ 0\ -1)$ liefert

$$\pi^{\mathrm{T}} = \left(\tfrac{1}{10}\ \tfrac{2}{10}\ -1\right) =: \left(y\ \sigma_1\ \sigma_2\right).$$

Da die Kostenkoeffizienten der Teilprobleme sich nicht mehr ändern, bleibt G_{12} Optimallösung des 1. Teilproblems. Dabei gilt $z_1 = \frac{2}{10} = \sigma_1$.

2. Teilproblem:

$$10\left(\tilde{\gamma}_5\ \tilde{\gamma}_6\right) = \left(-6\ 6\right)$$
$$10\delta_2 = -4$$

T_0		x_5	x_6
z	-4	-6	6
x_7	1	-1	1
x_8	2	2	$\mathbf{-1}$

$\rightarrow$

T_1		x_5	x_8
z	8	6	-6
x_7	3	1	-1
x_6	2	2	-1

Das unbeschränkte Teilproblem führt auf die homogene Extremallösung $H_{22}^{\mathrm{T}} = (1\ 2\ 1\ 0)$. Als neue Pivotspalte wird dann $D_{22}^{\mathrm{T}} = (-6\ 0\ 0)$ transformiert. $\tilde{D}_{22}^{\mathrm{T}} =$

$(-\frac{6}{10}\ 0\ \frac{6}{10})$ führt auf $u_3 \leftrightarrow q_{22}$. Die neue Basis ist $B = (p_{21}, p_{12}, q_{22})$ mit

$$D_B = \begin{pmatrix} 10 & -2 & -6 \\ 0 & 1 & 0 \\ 1 & 0 & 0 \end{pmatrix}$$

und der Basislösung $(1\ 1\ \frac{1}{6})^{\mathrm{T}}$.

Phase II: Aus $\pi^{\mathrm{T}} D_B = \alpha_B^{\mathrm{T}} = (c_2^{\mathrm{T}} G_{21}\ c_1^{\mathrm{T}} G_{12}\ c_2^{\mathrm{T}} H_{22}) = (2\ 1\ -1)$ erhält man:

$$\pi^{\mathrm{T}} = \left(\frac{1}{6}\ \frac{8}{6}\ \frac{2}{6} \right) = \left(y\ \sigma_1\ \sigma_2 \right).$$

Die Kostenkoeffizienten der Teilprobleme sind:

$$c_1^{\mathrm{T}} - yR_1 = \left(2\quad 1\ 1\ 0 \right) - \tfrac{1}{6} \left(4\ -4\ 0\ 2 \right) = \left(\tfrac{4}{3}\ \tfrac{5}{3}\ 1\ -\tfrac{1}{3} \right)$$
$$c_2^{\mathrm{T}} - yR_2 = \left(2\ -2\ 1\ 0 \right) - \tfrac{1}{6} \left(2\ -4\ 0\ 2 \right) = \left(\tfrac{5}{3}\ -\tfrac{4}{3}\ 1\ -\tfrac{1}{3} \right)$$

1. Teilproblem:

$$\left(\tilde{\gamma}_1\ \tilde{\gamma}_2 \right) = \left(\tfrac{4}{3} - 1 - 2 \cdot \left(-\tfrac{1}{3}\right)\quad \tfrac{5}{3} - 2 \cdot 1 - \left(-\tfrac{1}{3}\right) \right) = \left(1\ 0 \right)$$
$$\delta_1 = 2 \cdot 1 + 2 \cdot \left(-\tfrac{1}{3}\right) = \tfrac{4}{3}$$

T_0		x_1	x_2
z	$\frac{4}{3}$	1	0
x_3	2	-1	-2
x_4	2	-2	-1

$\rightarrow$

T_1		x_4	x_2
z	$\frac{7}{3}$	$-\frac{1}{2}$	$-\frac{1}{2}$
x_3	1		
x_1	1		

d. h. $x_*^{\mathrm{T}} = (1\ 0\ 1\ 0) = G_{13}^{\mathrm{T}}$ liefert wegen $z_1 = \frac{7}{3} > \frac{8}{6} = \sigma_1$ die Pivotspalte $D_{13}^{\mathrm{T}} = (4\ 1\ 0)$. Aus $\tilde{D}_{13}^{\mathrm{T}} = (0\ 1\ -1)$ folgt $p_{12} \leftrightarrow p_{13}$; die neue Basis ist $B = (p_{21}, p_{13}, q_{22})$ mit

$$D_B = \begin{pmatrix} 10 & 4 & -6 \\ 0 & 1 & 0 \\ 1 & 0 & 0 \end{pmatrix}$$

und der Basislösung $(1\ 1\ \frac{7}{6})^{\mathrm{T}}$. Aus $\pi^{\mathrm{T}} D_B = \alpha_B^{\mathrm{T}} = (2\ 3\ -1)$ ergibt sich

$$\pi^{\mathrm{T}} = \left(\frac{1}{6}\ \frac{7}{3}\ \frac{1}{3} \right) = \left(y\ \sigma_1\ \sigma_2 \right).$$

Bei unverändertem y scheidet das 1. Teilproblem mit $z_1 - \sigma_1 = 0$ aus.

2. Teilproblem:

$$\begin{pmatrix}\tilde{\gamma}_5 & \tilde{\gamma}_6\end{pmatrix} = \begin{pmatrix}\frac{5}{3} - 1 + 2\left(-\frac{1}{3}\right) & -\frac{4}{3} + 1 - \left(-\frac{1}{3}\right)\end{pmatrix} = \begin{pmatrix}0 & 0\end{pmatrix}$$

$$\delta_2 = 1 + 2\left(-\frac{1}{3}\right) = \frac{1}{3}.$$

Wegen $z_2 = \delta_2 = \frac{1}{3} = \sigma_2$ ist das Kernproblem optimal gelöst. Die Lösung ist

$$\begin{pmatrix}p_{21} & p_{13} & q_{22}\end{pmatrix} = \begin{pmatrix}1 & 1 & \frac{7}{6}\end{pmatrix}.$$

Daraus folgt die Lösung des Ausgangsproblems

$$\begin{pmatrix}x_1 & x_2 & x_3 & x_4\end{pmatrix} = p_{13}G_{13} = \begin{pmatrix}1 & 0 & 1 & 0\end{pmatrix}$$

$$\begin{pmatrix}x_5 & x_6 & x_7 & x_8\end{pmatrix} = p_{21}G_{21} + q_{22}H_{22} = 1 \cdot \begin{pmatrix}1 & 0 & 0 & 4\end{pmatrix} + \frac{7}{6}\begin{pmatrix}1 & 2 & 1 & 0\end{pmatrix}$$

$$= \begin{pmatrix}\frac{13}{6} & \frac{7}{3} & \frac{7}{6} & 4\end{pmatrix}$$

mit Zielfunktionswert $z = \frac{23}{6}$.

Kapitel 7
Sensitivität und parametrische Optimierung

7.1 Sensitivitätsanalyse

In der Sensitivitätsanalyse soll geklärt werden, wie sich geringfügige Änderungen in den Eingangsdaten nummerisch auf die optimale Lösung von linearen Optimierungsaufgaben auswirken. Nachdem eine optimale Basis B von $\max\{c^\mathrm{T}x \mid Ax = b,\ x \geq 0\}$ bestimmt ist, kann es notwendig sein, Variable oder Restriktionen hinzuzufügen oder Koeffizienten des Problems zu ändern. Im Folgenden gehen wir wieder von der Normalform einer linearen Optimierungsaufgabe mit einer $m \times (n + m)$-Matrix A vom Rang $\mathrm{rang}(A) = m$ aus.

Neue Restriktionen

Liegt eine neue, zusätzliche Restriktion $a^\mathrm{T}x \leq \beta$ vor, so kann man die zugehörige neue Schlupfvariable x_{n+m+1} zu den bestehenden Basisvariablen hinzufügen. Die entsprechende Darstellung der Restriktion ergibt sich dann wegen $x_B = A_B^{-1}b - A_B^{-1}A_N x_N$ bei Auflösung nach x_{n+m+1}:

$$
\begin{aligned}
x_{n+m+1} &= \beta - a^\mathrm{T}x = \beta - a_B^\mathrm{T}x_B - a_N^\mathrm{T}x_N \\
&= \beta - a_B^\mathrm{T}A_B^{-1}b - (a_N^\mathrm{T} - a_B^\mathrm{T}A_B^{-1}A_N)x_N \\
&=: t_{m+1\,0} + \sum_{j=1}^{n} t_{m+1\,j}\, x_{N(j)}
\end{aligned}
$$

Die Berechnung der zusätzlichen Koeffizienten $t_{m+1\,0} := \tilde{\beta} := \beta - a_B^\mathrm{T}A_B^{-1}b$, $(t_{m+1\,1} \ldots t_{m+1\,n}) := -\tilde{a}_N^\mathrm{T} := -(a_N^\mathrm{T} - a_B^\mathrm{T}A_B^{-1}A_N)$ zur erweiterten Basis $B \cup \{n + m + 1\}$ kann mit Hilfe der alten Darstellungskoeffizienten in

$$
T = \begin{pmatrix} \tilde{z}_0 & \tilde{c}_N^\mathrm{T} \\ \tilde{b} & -\tilde{A}_N \end{pmatrix} =
\begin{array}{|c|ccc|}
\hline
t_{00} & t_{01} & \ldots & t_{0n} \\
\hline
\vdots & \vdots & & \vdots \\
t_{m0} & t_{m1} & \ldots & t_{mn} \\
\hline
\end{array}
$$

R. E. Burkard, U. T. Zimmermann, *Einführung in die Mathematische Optimierung*, DOI 10.1007/978-3-642-01728-5_7, © Springer-Verlag Berlin Heidelberg 2012

oder bei revidierten Verfahren durch Lösen eines Gleichungssystems erfolgen. In revidierten Verfahren ergeben sich die notwendigen reduzierten Koeffizienten in zwei Schritten:

1. Löse $\pi^{\mathrm{T}} A_B := a_B^{\mathrm{T}}$;
2. $\tilde{\beta} := \beta - \pi^{\mathrm{T}} b$; $\tilde{a}_N^{\mathrm{T}} := a_N^{\mathrm{T}} - \pi^{\mathrm{T}} A_N$.

Im Tableauverfahren ergibt sich die zusätzliche $(m+1)$-te Zeile aus

$$\left(t_{m+1\,0} \ \ldots \ t_{m+1\,n} \right) := \left(\beta \ -a_N^{\mathrm{T}} \right) - a_B^{\mathrm{T}} \begin{pmatrix} t_{10} & \ldots & t_{1n} \\ \vdots & & \vdots \\ t_{m0} & \ldots & t_{mn} \end{pmatrix} . \tag{7.1}$$

Die erweiterte Basis $B \cup \{n+m+1\}$ ist wie die Basis B dual zulässig. Falls $\tilde{\beta} \geq 0$, ist sie auch primal zulässig und daher bereits optimal. Anderenfalls, d. h. falls $\tilde{\beta} < 0$, können wir ausgehend von dieser erweiterten Basis eine neue optimale Lösung mit Hilfe des dualen Simplexverfahrens berechnen.

Beispiel 7.1.1. (Sensitivitätsanalyse: neue Restriktion einfügen) Die folgende lineare Optimierungsaufgabe besitzt die optimale Basis $B = (3, 1, 2)$ mit optimalem Tableau T:

$$
\begin{array}{rl}
\max & x_1 + x_2 \\
\text{unter} & x_1 + 2x_2 \leq 4 \\
& 2x_1 - x_2 \leq 3 \\
& x_2 \leq 1 \\
& x \geq 0
\end{array}
\quad \rightarrow \quad
\begin{array}{c|c|cc}
T & & x_4 & x_5 \\
\hline
z & 3 & -\frac{1}{2} & -\frac{3}{2} \\
\hline
x_3 & 0 & \frac{1}{2} & \frac{5}{2} \\
x_1 & 2 & -\frac{1}{2} & -\frac{1}{2} \\
x_2 & 1 & 0 & -1
\end{array}
\tag{7.2}
$$

Die fehlenden Darstellungskoeffizienten der zusätzlichen Restriktionen $x_1 \leq 1$ ergeben sich mit Hilfe von T aus

$$\left(t_{6\,0} \ \ldots \ t_{6\,2} \right) = \left(\tilde{\beta} \ -\tilde{a}_N^{\mathrm{T}} \right) = \left(1 \ 0 \ 0 \right) - \left(0 \ 1 \ 0 \right) \begin{pmatrix} 0 & \frac{1}{2} & \frac{5}{2} \\ 2 & -\frac{1}{2} & -\frac{1}{2} \\ 1 & 0 & -1 \end{pmatrix} = \left(-1 \ \frac{1}{2} \ \frac{1}{2} \right) .$$

Die zusätzliche Zeile des Tableaus ist daher:

$$
\begin{array}{c|ccc}
x_6 & -1 & \frac{1}{2} & \frac{1}{2}
\end{array}
$$

Ein Pivotschritt $(r = 4, s = 1)$ des dualen SV führt auf die optimale erweiterte Basis $\hat{B} = (3, 1, 2, 4)$. Die neue optimale Lösung ist daher $x_{\hat{B}}^{\mathrm{T}} = (1 \ 1 \ 1 \ 2)$ mit Optimalwert $z_* = 2$.

Neue Variable

Nach Hinzunahme einer neuen Variable x_{n+m+1} mit Koeffizienten $c_{n+m+1} \in \mathbb{R}$ und $A_{n+m+1} \in \mathbb{R}^m$, lautet das erweiterte Problem:

$$\max\{c^{\mathrm{T}}x + c_{n+m+1}x_{n+m+1} \mid Ax + A_{n+m+1}x_{n+m+1} = b,\; x \geq 0,\; x_{n+m+1} \geq 0\}$$

Da die vorliegende Basis B primal zulässig bleibt, genügt zunächst die Überprüfung ihrer Optimalität. Die zusätzlichen reduzierten Koeffizienten ergeben sich bei revidierten Verfahren mit Hilfe der bekannten Formeln sukzessive aus:

$$A_B \tilde{A}_{n+m+1} := A_{n+m+1}; \quad \tilde{c}_{n+m+1} := c_{n+m+1} - c_B^{\mathrm{T}} \tilde{A}_{n+m+1}. \tag{7.3}$$

Die Berechnung der zusätzlichen Spalte des Tableaus T zur Basis B im Tableauverfahren kann ohne Lösung eines Gleichungssystems mit Hilfe der Daten in T erfolgen. Dies ist aber im Wesentlichen nur dann sinnvoll, wenn $A_{B_0} = E$ für die Startbasis B_0. Anderenfalls müsste zunächst das Gleichungssystem $A_{B_0} \tilde{A}_{n+m+1} := A_{n+m+1}$ gelöst werden und die direkte Berechnung nach (7.3) wäre vorzuziehen.

Wir setzen $A_{B_0} = E$ voraus. Da wir die Tatsache nutzen wollen, dass aus Sicht des dualen Tableaus T' zur entsprechenden dualen Basis B' eine zusätzliche Zeile, d. h. eine zusätzliche Restriktion angefügt wird, gehen wir außerdem o. B. d. A. von Startbasen B_0, B_0' zum Tableau T_0 mit den Daten

$$\begin{array}{|c|c|c|}
\hline
T_0 & z_d & \begin{pmatrix} x_{N_0} \\ y_{B_0'} \end{pmatrix} \\
\hline
z_p & 0 & c_N^{\mathrm{T}} \\
\hline
\begin{pmatrix} x_{B_0} \\ y_{N_0'} \end{pmatrix} & b & -A_N \\
\hline
\end{array}$$

und den Variablenzuordnungen

$$\begin{pmatrix} x_{B_0} \\ y_{N_0'} \end{pmatrix} = \begin{pmatrix} x_{n+1} & \cdots & x_{m+n} \\ y_1 & \cdots & y_m \end{pmatrix}, \quad \begin{pmatrix} x_{N_0} \\ y_{B_0'} \end{pmatrix} = \begin{pmatrix} x_1 & \cdots & x_n \\ y_{m+1} & \cdots & y_{m+n} \end{pmatrix}$$

aus. Wie aus der Diskussion des dualen Simplexverfahrens bekannt ist, gilt

$$T' = \begin{pmatrix} t_{00}' & t_{01}' & \cdots & t_{0m}' \\ \vdots & \vdots & & \vdots \\ t_{n0}' & t_{n1}' & \cdots & t_{nm}' \end{pmatrix} = - \begin{pmatrix} t_{00} & t_{01} & \cdots & t_{0n} \\ \vdots & \vdots & & \vdots \\ t_{m0} & t_{m1} & \cdots & t_{mn} \end{pmatrix}^{\mathrm{T}}$$

Mit $f^{\mathrm{T}} := (A_{n+m+1}^{\mathrm{T}}, 0, \ldots, 0)$ und $\gamma := c_{n+m+1}$ ergibt sich als neue duale Restriktion $-f^{\mathrm{T}}y \leq -\gamma$. Die Formeln (7.1) zur Berechnung der neuen $(n+1)$-ten

Zeile des dualen Tableaus zur erweiterten dualen Basis $B' \cup \{m+n+1\}$ lauten für diese Restriktion:

$$\left(t'_{n+1\,0} \;\cdots\; t'_{n+1\,m}\right) := \left(-\gamma \;-(-f^{\mathrm{T}}_{N'})\right) - (-f^{\mathrm{T}}_{B'}) \begin{pmatrix} t'_{10} & \cdots & t'_{1m} \\ \vdots & & \vdots \\ t'_{n0} & \cdots & t'_{nm} \end{pmatrix}.$$

Nach Transposition und Multiplikation mit -1 ergibt sich die zusätzliche $(n+1)$-te Spalte des erweiterten Tableaus zur erweiterten Nichtbasis $N \cup \{n+m+1\}$:

$$\begin{pmatrix} t_{0\,n+1} \\ \vdots \\ t_{m\,n+1} \end{pmatrix} = \begin{pmatrix} c_{n+m+1} \\ -f_{N'} \end{pmatrix} + \begin{pmatrix} t_{01} & \cdots & t_{0n} \\ \vdots & & \vdots \\ t_{m1} & \cdots & t_{mn} \end{pmatrix} f_{B'}.$$

Für $g^{\mathrm{T}} := (0,\ldots,0,A^{\mathrm{T}}_{n+m+1})$ gilt $f_{B'} = g_N$ und $f_{N'} = g_B$ und man erhält die zusätzliche Spalte aus

$$\begin{pmatrix} t_{0\,n+1} \\ \vdots \\ t_{m\,n+1} \end{pmatrix} = \begin{pmatrix} c_{n+m+1} \\ -g_B \end{pmatrix} + \begin{pmatrix} t_{01} & \cdots & t_{0n} \\ \vdots & & \vdots \\ t_{m1} & \cdots & t_{mn} \end{pmatrix} g_N. \tag{7.4}$$

Zur Bestimmung einer neuen optimalen Lösung des erweiterten Problems bietet sich das primale Simplexverfahren an, da die Basis B primal zulässig bleibt. Falls $t_{0n+1} \leq 0$, so ist B bereits optimal. Anderenfalls können wir eine neue optimale Basis mit Hilfe des primalen Simplexverfahrens bestimmen.

Beispiel 7.1.2. (Sensitivitätsanalyse: neue Variable einfügen) Die obige Aufgabe (7.2) soll um die Variable x_6 mit $c_6 = 2$, $A_6 = (1\ 0\ 1)^{\mathrm{T}}$ erweitert werden. In revidierten Verfahren erhalten wir sukzessive $\tilde{A}_6$ und $\tilde{c}_6$ aus

$$\begin{pmatrix} 1 & 1 & 2 \\ 0 & 2 & -1 \\ 0 & 0 & 1 \end{pmatrix} \tilde{A}_6 := \begin{pmatrix} 1 \\ 0 \\ 1 \end{pmatrix} \quad \rightarrow \quad \tilde{A}_6 = \begin{pmatrix} -\frac{3}{2} \\ \frac{1}{2} \\ 1 \end{pmatrix}$$

$$\rightarrow \quad \tilde{c}_6 = 2 - \begin{pmatrix} 0 & 1 & 1 \end{pmatrix} \begin{pmatrix} -\frac{3}{2} \\ \frac{1}{2} \\ 1 \end{pmatrix} = \frac{1}{2}.$$

Da die Aufgabe in kanonischer Form vorliegt, sind die Annahmen für eine Berechnung der zusätzlichen Spalte aus den Tableaudaten erfüllt. Mit $\left(\begin{smallmatrix} B \\ N' \end{smallmatrix}\right) = \left(\begin{smallmatrix} 3 & 1 & 2 \\ 1 & 4 & 5 \end{smallmatrix}\right)$ und $\left(\begin{smallmatrix} N \\ B' \end{smallmatrix}\right) = \left(\begin{smallmatrix} 4 & 5 \\ 2 & 3 \end{smallmatrix}\right)$ ergibt sich $g^{\mathrm{T}} = (0\ 0\ 1\ 0\ 1)$. Die zusätzliche Spalte berechnet sich nach (7.4) zu

$$\begin{pmatrix} t_{0\,4} \\ \vdots \\ t_{3\,4} \end{pmatrix} = \begin{pmatrix} 2 \\ -1 \\ 0 \\ 0 \end{pmatrix} + \begin{pmatrix} -\frac{1}{2} & -\frac{3}{2} \\ \frac{1}{2} & \frac{5}{2} \\ -\frac{1}{2} & -\frac{1}{2} \\ 0 & -1 \end{pmatrix} \begin{pmatrix} 0 \\ 1 \end{pmatrix} = \begin{pmatrix} \frac{1}{2} \\ \frac{3}{2} \\ -\frac{1}{2} \\ -1 \end{pmatrix}$$

Ein Pivotschritt mit $r = 2$ und $s = 6$ führt auf die neue optimale Basis $\hat{B} = (3, 1, 6)$, wobei $\tilde{c}_{\hat{N}}^{\mathrm{T}} = (-\frac{1}{2}\ -2\ -\frac{1}{2})$ für $\hat{N} = (4, 5, 2)$. Die neue optimale Lösung ist $x_{\hat{B}}^{\mathrm{T}} = (\frac{3}{2}\ \frac{3}{2}\ 1)$ mit Optimalwert $z_* = \frac{7}{2}$.

Änderung eines Kostenkoeffizienten c_r

Es soll untersucht werden, für welchen Bereich kleiner Änderungen Δc_r eines Kostenkoeffizienten c_r die aktuelle optimale Basis B optimal bleibt. Die Zulässigkeit von B ist ohnehin unberührt.

Falls $r \in N$, bleibt B optimal, wenn

$$0 \geq c_r + \Delta c_r - c_B^{\mathrm{T}} A_B^{-1} A_r = \tilde{c}_r + \Delta c_r\,,$$

woraus wir die Ungleichung $\Delta c_r \leq -\tilde{c}_r$ erhalten. Anderenfalls, d.h. falls $r \in B$ mit $r = B(i)$, bleibt B optimal, falls

$$0 \geq c_N^{\mathrm{T}} - (c_B^{\mathrm{T}} + \Delta c_r e_i^{\mathrm{T}}) A_B^{-1} A_N = \tilde{c}_N^{\mathrm{T}} - \Delta c_r e_i^{\mathrm{T}} A_B^{-1} A_N\,.$$

Die oben angesprochenen Bereiche sind offenbar abgeschlossene, nicht notwendigerweise beschränkte Intervalle um $\Delta c_r = 0$.

Da die reduzierten Kosten und die reduzierte i-te Zeile im Tableau T enthalten sind, genügt es beim Tableauverfahren die Ungleichungen

$$-\Delta c_r \left(t_{i1} \ \dots \ t_{in} \right) \geq \left(t_{01} \ \dots \ t_{0n} \right)$$

zu überprüfen. In revidierten Verfahren muss

$$\Delta c_r v^{\mathrm{T}} A_N \geq \tilde{c}_N^{\mathrm{T}}$$

für $v^{\mathrm{T}} A_B := e_i^{\mathrm{T}}$ gelten. Der Zielfunktionswert ändert sich um $\Delta c_r x_{B(i)}$.

Beispiel 7.1.3. (Sensitivitätsanalyse: Änderung eines Kostenkoeffizienten) Die Basis $B = (3, 1, 2)$ der obigen Aufgabe bleibt für gewisse Änderungen optimal.

Für $r = 4 \in N$, bleibt B optimal, wenn $\Delta c_4 \leq -\tilde{c}_4 = \frac{1}{2}$. Für $r = 2 \in B$ mit $2 = B(3)$, bleibt B optimal, wenn $-\Delta c_2(0\ -1) \geq (-\frac{1}{2}\ -\frac{3}{2})$. Also ist B optimal, falls $\Delta c_2 \geq -\frac{3}{2}$. Der geänderte Zielfunktionswert beträgt $z(\Delta c_2) = 3 + \Delta c_2$.

Änderung des Restriktionskoeffizienten $\mathbf{b_i}$

Falls b_i durch $b_i + \Delta b_i$ ersetzt wird, bleibt die aktuelle optimale Basis B zulässig, falls

$$0 \leq A_B^{-1}(b_i + \Delta b_i e_i) = A_B^{-1} b + \Delta b_i A_B^{-1} e_i \,.$$

Somit ergibt sich für die möglichen Werte von Δb_i ein Intervall, das durch die Ungleichungen

$$\Delta b_i u \geq -x_B$$

für $A_B u := e_i$ charakterisiert werden kann. Mit $\pi^{\mathrm{T}} A_B := c_B^{\mathrm{T}}$ ergibt sich als geänderter Zielfunktionswert

$$z(\Delta b_i) = c_B^{\mathrm{T}}(x_B + \Delta b_i u) = z + \Delta b_i c_B^{\mathrm{T}} u = z + \Delta b_i \pi_i \,.$$

Da die Änderung von b_i der Änderung eines dualen Kostenkoeffizienten entspricht, kann man in Tableauverfahren bei geeigneten Annahmen alternativ die Daten des (dualen) Tableaus wie im vorangegangenen Absatz zur Änderung von Kostenkoeffizienten nutzen.

Beispiel 7.1.4. (Sensitivitätsanalyse: Änderung der rechten Seite) Die Basis $B = (3, 1, 2)$ der obigen Aufgabe bleibt für gewisse Änderungen optimal. Für $i = 1$ liefert $A_B u := e_1$, d. h.

$$\begin{pmatrix} 1 & 1 & 2 \\ 0 & 2 & -1 \\ 0 & 0 & 1 \end{pmatrix} u := \begin{pmatrix} 1 \\ 0 \\ 0 \end{pmatrix},$$

die Lösung $u = e_1$. B bleibt optimal, falls $\Delta b_1 u \geq -x_B$, d. h. falls $\Delta b_1 \geq 0$. Die Zielfunktion ändert sich dabei nicht, denn

$$z(\Delta b_1) = 3 + \Delta b_1 c_B^{\mathrm{T}} u = 3 + \Delta b_1 \begin{pmatrix} 0 & 1 & 1 \end{pmatrix} u = 3$$

Änderung eines Koeffizienten in $\mathbf{A_N}$

Wir betrachten den Fall, dass ein Koeffizient a_{ik} durch $a_{ik} + \Delta a_{ik}$ ersetzt wird, wobei die Spalte k bezüglich der optimalen Basis zu N gehört. Die Basislösung x_B bleibt zulässig, und die Kostenkoeffizienten $\tilde{c}_j$ bleiben unverändert für alle $j \neq k$. Daher bleibt B optimal, falls

$$0 \geq c_k - c_B^{\mathrm{T}} A_B^{-1}(A_k + \Delta a_{ik} e_i) = \tilde{c}_k - \Delta a_{ik} c_B^{\mathrm{T}} A_B^{-1} e_i = \tilde{c}_k - \Delta a_{ik} \pi_i \,,$$

wobei π wie oben definiert ist. Durch die Ungleichung $\Delta a_{ik} \pi_i \geq \tilde{c}_k$ wird also das gesuchte Intervall charakterisiert.

Beispiel 7.1.5. (Sensitivitätsanalyse: Änderung von A_N) Die Basis $\hat{B} = (3, 1, 6)$ der erweiterten Aufgabe für die neue Variable x_6 bleibt für gewisse Änderungen optimal. Für $k = 2 \in \hat{N}$ ergibt sich aus $\pi^T A_{\hat{B}} := c_{\hat{B}}^T$, d. h.

$$\pi^T \begin{pmatrix} 1 & 1 & 1 \\ 0 & 2 & 0 \\ 0 & 0 & 1 \end{pmatrix} = \begin{pmatrix} 0 & 1 & 2 \end{pmatrix},$$

die Lösung $\pi^T = (0 \ \frac{1}{2} \ 2)$. Da $\tilde{c}_2 = -\frac{1}{2}$, bleibt $\hat{B}$ optimal für i, falls $-\frac{1}{2} \leq \pi_i \Delta a_{i2}$. Für $i = 3$ ergibt sich z. B. die Bedingung $-\frac{1}{4} \leq \Delta a_{32}$.

Änderung eines Koeffizienten in $\mathbf{A_B}$

Zur Vorbereitung leiten wir ein Lemma über die Inverse gestörter Matrizen her.

Satz 7.1.1. *(Inversionslemma – Sherman-Morrison-Formel) Sei C eine reguläre Matrix und seien $u, v \in \mathbb{R}^m$ mit $\gamma := 1 + v^T C^{-1} u \neq 0$. Dann ist $D := C + u v^T$ regulär und $D^{-1} = C^{-1} - \frac{1}{\gamma} C^{-1} u v^T C^{-1}$. Falls $\gamma = 0$, so ist D singulär.*

Beweis. Falls $\gamma \neq 0$, so gilt wegen $v^T C^{-1} u = \gamma - 1$:

$$(C + u v^T) \left(C^{-1} - \frac{1}{\gamma} C^{-1} u v^T C^{-1} \right)$$

$$= E + \left(u v^T C^{-1} - \frac{1}{\gamma} u v^T C^{-1} \right) - \frac{1}{\gamma} u (v^T C^{-1} u) v^T C^{-1}$$

$$= E + \frac{\gamma - 1}{\gamma} u v^T C^{-1} - \frac{\gamma - 1}{\gamma} u v^T C^{-1}$$

$$= E$$

Falls $\gamma = 0$, folgt $v^T C^{-1} u = -1$ und damit insbesondere $C^{-1} u \neq 0$. Da außerdem

$$(C + u v^T) C^{-1} u = u + u (v^T C^{-1} u) = 0,$$

muss $C + u v^T$ singulär sein. $\qquad\qquad\square$

Für $k \in B$ mit $B(r) = k$ beeinflusst die Änderung des Koeffizienten die aktuelle Basismatrix B. Die geänderte Basismatrix $A_B + \Delta a_{ik} e_i e_r^T$ ist nach dem Inversionslemma genau dann regulär, wenn

$$0 \neq \gamma = 1 + \Delta a_{ik} e_r^T A_B^{-1} e_i = 1 + \Delta a_{ik} u_r$$

gilt, wobei $u := A_B^{-1} e_i$. Offenbar ist die geänderte Matrix für höchstens einen Wert von Δa_{ik} singulär. Dieser ist gegebenenfalls aus dem im weiteren bestimmten Intervall, in dem die neue Basisinverse optimal und zulässig ist, zu entfernen. Wir berechnen mit Hilfe des Inversionslemmas die neue Basisinverse

$$S(\delta) = A_B^{-1} - \delta A_B^{-1} e_i e_r^{\mathrm{T}} A_B^{-1}$$

mit $\delta = \frac{1}{\gamma}\Delta a_{ik}$. B bleibt zulässig, falls

$$0 \leq S(\delta)b = A_B^{-1}b - \delta A_B^{-1} e_i e_r^{\mathrm{T}} A_B^{-1} b = x_B - \delta x_{B(r)}u \,.$$

Das gesuchte Intervall wird daher durch die Ungleichungen $\delta x_{B(r)}u \leq x_B$ begrenzt. B bleibt optimal, falls

$$0 \geq c_N^{\mathrm{T}} - c_B^{\mathrm{T}} S(\delta) A_N = \tilde{c}_N^{\mathrm{T}} + \delta(c_B^{\mathrm{T}} A_B^{-1} e_i)(e_r^{\mathrm{T}} A_B^{-1}) A_N = \tilde{c}_N^{\mathrm{T}} + \delta \pi_i v^{\mathrm{T}} A_N \,,$$

wobei $\pi^{\mathrm{T}} := c_B^{\mathrm{T}} A_B^{-1}$ und $v^{\mathrm{T}} := e_r^{\mathrm{T}} A_B^{-1}$ ist. Diese Ungleichungen schränken das gesuchte (möglicherweise punktierte) Intervall weiter ein. Im revidierten Fall sind die Ungleichungen durch $\delta \pi_i v^{\mathrm{T}} A_N \leq -\tilde{c}_N^{\mathrm{T}}$ und bei bekannten Tableaudaten durch $-\delta \pi_i (t_{r1}, \ldots, t_{rn}) \leq -\tilde{c}_N^{\mathrm{T}}$ gegeben. Der neue Zielfunktionswert berechnet sich aus

$$z(\delta) = z - \delta x_{B(r)}(c_B^{\mathrm{T}} A_B^{-1} e_i) = z - \delta x_{B(r)} \pi_i \,.$$

Beispiel 7.1.6. (Sensitivitätsanalyse: Änderung von A_B) Die Basis $B = (3,1,2)$ der obigen Aufgabe bleibt für gewisse Änderungen optimal. Für $i = 3$ und $k = 1 = B(2)$, also $r = 2$, liefert $A_B u = e_3$, d. h.

$$\begin{pmatrix} 1 & 1 & 2 \\ 0 & 2 & -1 \\ 0 & 0 & 1 \end{pmatrix} u = \begin{pmatrix} 0 \\ 0 \\ 1 \end{pmatrix},$$

die Lösung $u^{\mathrm{T}} = (-\frac{5}{2} \ \frac{1}{2} \ 1)$. Für $0 \neq \gamma = 1 + \Delta a_{ik} u_r = 1 + \frac{1}{2}\Delta a_{31}$ bleibt die geänderte Basismatrix regulär, d. h. für $\Delta a_{31} \neq -2$.

Die Basis bleibt zulässig, falls $\frac{\Delta a_{31} \cdot x_{B(2)}}{1 + \frac{1}{2}\Delta a_{31}} u \leq x_B$, d. h.

$$\frac{\Delta a_{31} \cdot 2}{1 + \frac{1}{2}\Delta a_{31}} \begin{pmatrix} -\frac{5}{2} \\ \frac{1}{2} \\ 1 \end{pmatrix} \leq \begin{pmatrix} 0 \\ 2 \\ 1 \end{pmatrix} \,.$$

Für $\Delta a_{31} > -2$ folgt $(-5\Delta a_{31} \ \Delta a_{31} \ 2\Delta a_{31}) \leq (0 \ 2 + \Delta a_{31} \ 1 + \frac{1}{2}\Delta a_{31})$ d. h.

$$0 \leq \Delta a_{31} \leq \frac{2}{3} \,.$$

Für $\Delta a_{31} < -2$ ergibt sich dagegen der Widerspruch $\Delta a_{31} \geq 2 + \Delta a_{31}$.

Die Basis bleibt optimal für

$$\frac{\Delta a_{31}\pi_3}{1 + \frac{1}{2}\Delta a_{31}}(t_{21}\ t_{22}) \geq \tilde{c}_N^{\mathrm{T}}\,.$$

π kann man wegen $\tilde{c}_{n+i} = c_{n+i} - \pi^{\mathrm{T}}A_{n+i} = -\pi_i$, $i = 1,\dots,m$, aus den Tableaudaten ablesen:

$$\pi_j = \begin{cases} -\tilde{c}_{n+i} & n+i \in N; \\ 0 & n+i \in B. \end{cases}$$

Da $\pi_3 = \frac{3}{2}$, ist B optimal für

$$\tfrac{3}{2}\Delta a_{31}\left(\tfrac{1}{2}\ \tfrac{1}{2}\right) \leq \left(1 + \tfrac{1}{2}\Delta a_{31}\right)\left(\tfrac{1}{2}\ \tfrac{3}{2}\right)\,.$$

Im bereits berechneten Intervall $0 \leq \Delta a_{31} \leq \frac{2}{3}$ sind diese Ungleichungen erfüllt, d. h. in diesem Intervall bleibt B zulässig und optimal. Der Zielfunktionswert beträgt

$$z(\Delta a_{31}) = z - \frac{\Delta a_{ik}x_{B(r)}\pi_i}{1 + \frac{1}{2}\Delta a_{ik}} = 3 - \frac{\Delta a_{31}\cdot 2\cdot\frac{3}{2}}{1 + \frac{1}{2}\Delta a_{31}}\,,$$

verringert sich also für die Werte von Δa_{31} im erlaubten Intervall.

Reoptimierung bei Änderungen der Koeffizienten

Wird das die jeweiligen Änderungen begrenzende Intervall verlassen, so wird entweder die Zulässigkeit oder die Optimalität der aktuellen optimalen Basis B verletzt. Dann kann mit Hilfe des dualen oder primalen Simplexverfahrens versucht werden, ausgehend von B eine neue Optimallösung zu finden.

Bei Änderung von c_r bleibt die Basislösung x_B zwar primal zulässig aber, da sich z, $\tilde{c}_N^{\mathrm{T}}$ und π ändern können, ist sie möglicherweise nicht optimal. Auch wenn a_{ik} für ein $k \in N$ geändert wird, bleibt x_B primal zulässig, während sich $\tilde{c}_k$ und $\tilde{A}_k$ ändern können. Falls x_B nach solchen Änderungen nicht mehr optimal ist, wenden wir das primale Simplexverfahren an.

Bei Änderung von b_i bleibt die zugehörige Lösung dual zulässig, aber z und x_B können sich ändern. Falls dabei die primale Zulässigkeit von x_B verloren geht, kann ausgehend von B das duale Simplexverfahren genutzt werden.

Schließlich kann, nach Änderung von a_{ik} für ein $k \in B$, die zugehörige Basislösung möglicherweise weder zulässig noch optimal sein und, für einen speziellen Änderungswert, kann A_B sogar singulär werden. Wir gehen in diesem Fall in zwei Schritten vor. Im ersten Schritt wird c_k durch ein hinreichend negatives $-M$ ersetzt, so dass die Variable x_k in einer optimalen Basis der so geänderten Aufgabe nicht mehr enthalten ist. Im zweiten Schritt erweitern wir die geänderte Aufgabe um eine neue Variable x_{n+m+1}, mit

$$c_{n+m+1} := c_k, \quad A_{n+m+1} := A_k + \Delta a_{ik} e_i .$$

Zur Lösung der erweiterten, geänderten Aufgabe verwenden wir ausgehend von B das primale Simplexverfahren, wobei wir die Spalte zu x_k streichen, sobald x_k Nichtvariable wird.

Beispiel 7.1.7. (Reoptimierung bei zu großer Änderung von A_B) Im obigen Beispiel soll a_{31} um $\Delta a_{31} = 1$ erhöht werden. Wegen $\Delta a_{31} = 1 > \frac{2}{3}$ wird $B = (3, 1, 2)$ primal unzulässig. Im ersten Schritt der Reoptimierung wird $c_1 := -5$ gewählt, d. h. $\Delta c_1 = -6$. Wie bei der obigen Diskussion der Änderung eines Kostenkoeffizienten ausgeführt wurde, erhält man

$$\tilde{c}_N^{\mathrm{T}}(-6) = \tilde{c}_N^{\mathrm{T}} - \begin{pmatrix} 0 & -6 & 0 \end{pmatrix} \tilde{A}_N = \begin{pmatrix} \frac{5}{2} & \frac{3}{2} \end{pmatrix}$$

$$z(-6) = z + 2\Delta c_1 = 3 - 12 = -9$$

Im zweiten Schritt berechnen wir wie bei der obigen Diskussion neuer Variabler eine neue Tableauspalte mit Hilfe von (7.4). Für x_6 mit $A_6^{\mathrm{T}} = (1\ 2\ 1)$ ist $g^{\mathrm{T}} = (0\ 0\ 1\ 2\ 1)$. Wegen $B = (3, 1, 2)$ und $N = (4, 5)$ ergibt sich die neue Tableauspalte

$$\begin{pmatrix} t_{06} \\ t_{16} \\ t_{26} \\ t_{36} \end{pmatrix} = \begin{pmatrix} 1 \\ -1 \\ 0 \\ 0 \end{pmatrix} + \begin{pmatrix} \frac{5}{2} & \frac{3}{2} \\ \frac{1}{2} & \frac{5}{2} \\ -\frac{1}{2} & -\frac{1}{2} \\ 0 & -1 \end{pmatrix} \begin{pmatrix} 2 \\ 1 \end{pmatrix} = \begin{pmatrix} \frac{15}{2} \\ \frac{5}{2} \\ -\frac{3}{2} \\ -1 \end{pmatrix} .$$

Damit erhält man das erweiterte, geänderte Tableau $\bar{T}_0$

$\bar{T}_0$		x_4	x_5	x_6
z	-9	$\frac{5}{2}$	$\frac{3}{2}$	$\frac{15}{2}$
x_3	0	$\frac{1}{2}$	$\frac{5}{2}$	$\frac{5}{2}$
x_1	2	$-\frac{1}{2}$	$-\frac{1}{2}$	$-\frac{3}{2}$
x_2	1	0	-1	-1

$\rightarrow$

$\bar{T}_1$		x_4	x_5	x_2
z	$-\frac{3}{2}$	$\frac{5}{2}$	-6	$-\frac{15}{2}$
x_3	$\frac{5}{2}$	$\frac{1}{2}$	0	$-\frac{5}{2}$
x_1	$\frac{1}{2}$	$-\frac{1}{2}$	1	$\frac{3}{2}$
x_6	1	0	-1	-1

$\rightarrow$

$\bar{T}_2$		x_1	x_5	x_2
z	1	-5	-1	0
x_3	3			
x_4	3			
x_6	1			

und kann nach zwei Pivotschritten die überflüssige Spalte zu x_1 streichen; in diesem Beispiel ist damit gleichzeitig die Optimallösung bestimmt.

7.2 Parametrische Kosten

Im Unterschied zur Sensitivitätsanalyse, wo wir uns im Wesentlichen mit lokalen Änderungen der Koeffizienten der linearen Optimierungsaufgabe beschäftigt haben, wollen wir hier den globalen Einfluss von Parametern untersuchen. Dabei spielen auch analytische Eigenschaften wie Stetigkeits- und Differenzierbarkeitseigenschaften eine Rolle.

Für $t \in \mathbb{R}^k$ und festes Polyeder P betrachten wir die parametrische lineare Optimierungsaufgabe

$$z(t) := \max \left\{ c(t)^{\mathrm{T}} x \mid x \in P \right\} , \tag{7.5}$$

deren Zielfunktionskoeffizienten affin-linear in t sind, etwa $c(t) = c + Dt$ für eine $(n \times k)$-Matrix D. Wir werden im Folgenden nur nichtleere Polyeder betrachten, die in kanonischer Form, also durch $P := \{x \mid Ax \leq b, x \geq 0\}$, oder Normalform, also durch $P := \{x \mid Ax = b, x \geq 0\}$, beschrieben sind. Mit $\mathcal{B} = \mathcal{B}(P)$ bezeichnen wir die nichtleere Menge der zulässigen Basen des Systems in Normalform.

Optimalitätsbereiche T(B) *für* $B \in \mathcal{B}$

Für eine fest gewählte zulässige Basis B ist der Optimalitätsbereich definiert durch

$$T(B) := \left\{ t \in \mathbb{R}^k \mid \tilde{c}_N(t) \leq 0 \right\} ,$$

wobei die parametrischen reduzierten Kosten durch

$$\tilde{c}_N^{\mathrm{T}}(t) := c_N^{\mathrm{T}}(t) - c_B^{\mathrm{T}}(t) A_B^{-1} A_N = (c_N^{\mathrm{T}} - c_B^{\mathrm{T}} A_B^{-1} A_N) + t^{\mathrm{T}}(D_N^{\mathrm{T}} - D_B^{\mathrm{T}} A_B^{-1} A_N)$$

gegeben sind. Analog zu $\tilde{c}_N^{\mathrm{T}} := c_N^{\mathrm{T}} - c_B^{\mathrm{T}} A_B^{-1} A_N$ führen wir $\tilde{D}_N^{\mathrm{T}} := D_N^{\mathrm{T}} - D_B^{\mathrm{T}} A_B^{-1} A_N$ ein. Da die parametrischen reduzierten Kosten in t affin-linear sind, gilt

Satz 7.2.1. *Jeder Optimalitätsbereich von (7.5) ist ein Polyeder.*

Im eindimensionalen Fall, $k = 1$, sind die Optimalitätsbereiche abgeschlossene Intervalle. Der Definitionsbereich der Optimalwertfunktion $z : T \to \mathbb{R}$ ist

$$T := \bigcup_{B \in \mathcal{B}} T(B) = \{t \mid z(t) < \infty\} .$$

Satz 7.2.2. *Der Definitionsbereich T der Optimalwertfunktion ist ein Polyeder und die Optimalwertfunktion $z : T \to \mathbb{R}$ ist stetig und konvex. Auf Optimalitätsbereichen ist z affin-linear.*

Beweis. Für $T = \emptyset$ oder $|T| = 1$ ist die Aussage klar. Für $u, v \in T$ mit $u \neq v$ und $x \in P$ gilt $c(u)^{\mathrm{T}} x \leq z(u)$, $c(v)^{\mathrm{T}} x \leq z(v)$. Für $t = \lambda u + (1 - \lambda)v$ mit $\lambda \in [0, 1]$ folgt

$$c(t)^{\mathrm{T}} x = \lambda c(u)^{\mathrm{T}} x + (1 - \lambda)c(v)^{\mathrm{T}} x \leq \lambda z(u) + (1 - \lambda)z(v) . \tag{7.6}$$

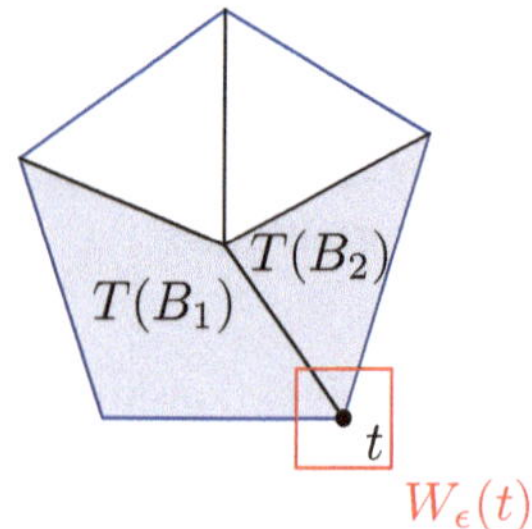

Abb. 7.1 $\mathcal{B}_t = \{B_1, B_2\}$ und $W_\epsilon(t)$ im Beweis von Satz 7.2.2

Also ist $z(t) < \infty$, d. h. $t \in T$, und daher ist T konvex. Man kann sich überlegen, dass jede konvexe, endliche Vereinigung von Polyedern ein Polyeder ist. Also ist T ein Polyeder.

Wegen (7.6) ist insbesondere $z(t) \leq \lambda z(u) + (1 - \lambda)z(v)$, d. h. z ist konvex. Für eine zulässige Basis B ist $z(t) = c_B^{\mathrm{T}}(t) A_B^{-1} b$ für alle $t \in T(B)$, d. h. z ist affin-linear auf $T(B)$.

Für $t \in T$ betrachten wir die endliche Menge zulässiger Basen $\mathcal{B}_t := \{B \in \mathcal{B} \mid t \in T(B)\}$. Da alle Optimalitätsbereiche Polyeder sind, gibt es eine Würfelumgebung $W_\epsilon(t)$ für ein hinreichend kleines $\epsilon > 0$, so dass

$$T \cap W_\epsilon(t) \subseteq \bigcup_{B \in \mathcal{B}_t} T(B).$$

Da z affin-linear, insbesondere stetig, auf jedem der endlich vielen $T(B)$, $B \in \mathcal{B}_t$, folgt die Stetigkeit von z in t. $\qquad\square$

Einparametrische Probleme

Für $P \neq \emptyset$ besteht die einparametrische Aufgabe

$$z(t) = \max\left\{(c + td)^{\mathrm{T}} x \mid x \in P\right\}, \quad t \in T, \tag{7.7}$$

in der Berechnung optimaler Lösungen für alle $t \in T \subseteq \mathbb{R}$. T ist ein möglicherweise leeres, abgeschlossenes Intervall.

Bestimmung eines Startparameters $t \in T$

Falls ein beliebig gewählter Startparameter t^0 nicht zu T gehört, finden wir wegen der Unbeschränktheit der Zielfunktion mit Hilfe des Simplexverfahrens eine Basis

B und eine Pivotspalte mit $\tilde{c}_s + t^0 \tilde{d}_s > 0$, $A_B^{-1} A_s =: \tilde{A}_s \leq 0$. Falls $\tilde{d}_s = 0$, so ist $T = \emptyset$. Anderenfalls können wir mit Hilfe von $\varrho := -\frac{\tilde{c}_s}{\tilde{d}_s}$ die Lage von T eingrenzen.

$$T \subseteq \begin{cases} \{t \mid t \leq \varrho\} & \text{für } \tilde{d}_s > 0, \\ \{t \mid t \geq \varrho\} & \text{für } \tilde{d}_s < 0. \end{cases} \tag{7.8}$$

Nach der Eingrenzung wiederholen wir die Suche für $t^0 := \varrho$.

Beispiel 7.2.1. (Bestimmung eines Startparameters) Wir untersuchen die einparametrische Optimierungsaufgabe

$$\begin{array}{rrrrr} \max & (2 - 2t)x_1 + & (-1 - t)x_2 + & x_3 & \\ \text{unter} & -x_1 + & x_2 - 2x_3 & \leq & 2 \\ & -x_1 & + x_3 & \leq & 2 \\ & & x & \geq & 0. \end{array}$$

Die reduzierten Koeffizienten $\tilde{c}_N$ und $\tilde{d}_N$ werden getrennt mitgerechnet, um die reduzierten Kosten $\tilde{c}_N(t) = \tilde{c}_N + t\tilde{d}_N$ für verschiedene Parameterwerte leicht auswerten zu können.

Das Tableau T_0 zur Basis $B = (4, 5)$ für den Parameter $t = 0$ ist unbeschränkt, wie die Pivotspalte $s = 1$ zu $\tilde{c}_1(0) = 2$ zeigt. Da $\tilde{d}_1 = -2 < 0$ und $\varrho = -\frac{2}{-2} = 1$, gilt nach (7.8) $T \subseteq \{t \mid t \geq 1\}$.

T_0		x_1	x_2	x_3
$\tilde{c}$	0	2	-1	1
$\tilde{d}$	0	-2	-1	0
x_4	2	1	-1	2
x_5	2	1	0	-1
$\tilde{c}_N(1)$	0	0	-2	1

$\rightarrow$

T_1		x_1	x_2	x_5
$\tilde{c}$	2	3	-1	-1
$\tilde{d}$	0	-2	-1	0
x_4	6	3	-1	-2
x_3	2	1	0	-1
$\tilde{c}_N(1)$	2	1	-2	-1
$\tilde{c}_N(\frac{3}{2})$	2	0	$-\frac{5}{2}$	-1

Im Tableau T_0 zur Basis $B = (4, 5)$ für den Parameter $t = 1$ liefert die Pivotspalte $s = 3$ zu $\tilde{c}_3(1) = 1$ die Pivotzeile $r = 2$ und ein Pivotschritt führt auf das Tableau T_1.

Das Tableau zur Basis $B = (4, 3)$ ist für $t = 1$ wieder unbeschränkt, wie die Pivotspalte $s = 1$ zu $\tilde{c}_1(1) = 1$ zeigt. Da $\tilde{d}_1 = -2 < 0$ und $\varrho = -\frac{3}{-2} = \frac{3}{2}$, gilt $T \subseteq \{t \mid t \geq \frac{3}{2}\}$. Die Basis $B = (4, 3)$ ist für $t = \frac{3}{2}$ wegen $\tilde{c}_N(\frac{3}{2}) \leq 0$ eine optimale Basis.

Optimalitätsintervall zu $t^0 \in T$

Die parametrischen reduzierten Kosten einer in t^0 optimalen Basis B beschreiben das Optimalitätsintervall $T(B)$:

$$t^0 \in T(B) = \left\{ t \mid \tilde{c}_N^{\mathrm{T}} + t\tilde{d}_N^{\mathrm{T}} \leq 0 \right\} =: [\underline{t}, \bar{t}]\,,$$

wobei gilt

$$\bar{t} = \begin{cases} \min\left\{ -\dfrac{\tilde{c}_j}{\tilde{d}_j} \mid \tilde{d}_j > 0 \right\} & \text{falls } \tilde{d} \not\leq 0, \\[2ex] \infty & \text{falls } \tilde{d} \leq 0, \end{cases}$$

$$\underline{t} = \begin{cases} \max\left\{ -\dfrac{\tilde{c}_j}{\tilde{d}_j} \mid \tilde{d}_j < 0 \right\} & \text{falls } \tilde{d} \not\geq 0, \\[2ex] -\infty & \text{falls } \tilde{d} \geq 0. \end{cases}$$

Außerhalb dieses Intervalls müssen wir andere optimale Basen finden.

Bestimmung einer neuen optimalen Basis in $\bar{t}$ *oder* $\underline{t} \in \mathbb{R}$

Wir wählen eine Pivotspalte s mit $\tilde{d}_s > 0$ und $\tilde{c}_s + \bar{t}\tilde{d}_s = 0$. Falls $\tilde{A}_s \geq 0$, so ist $T \subseteq \{t \mid t \leq \bar{t}\}$.

Andernfalls bestimmen wir eine Pivotzeile r und berechnen eine entsprechende neue Basis $\bar{B}$, deren parametrische reduzierte Kosten $\bar{c}_s + \bar{t}\bar{d}_s = 0$ erfüllen. Der Zielfunktionswert und die parametrischen reduzierten Kosten sind unverändert, d. h. $\tilde{c}(t) = \bar{c}(t)$; die neue Basis $\bar{B}$ ist ebenfalls optimal in $\bar{t}$. Allerdings ändern sich die reduzierten Koeffizienten, d. h. $\tilde{c} \neq \bar{c}$ und $\tilde{d} \neq \bar{d}$. Wegen $\bar{c}_s = -\frac{\tilde{c}_s}{\tilde{a}_{rs}}, \bar{d}_s = -\frac{\tilde{d}_s}{\tilde{a}_{rs}} < 0$, folgt

$$\bar{c}_s + t\bar{d}_s > \bar{c}_s + \bar{t}\bar{d}_s = 0, \quad (t < \bar{t})\,,$$

d. h. $\underline{t}(\bar{B}) = \bar{t}(B)$. Falls $\underline{t}(\bar{B}) = \bar{t}(\bar{B})$, so sind weitere Iterationen, notfalls mit einer Zusatzregel zur Vermeidung von Basenzyklen, notwendig. Nach endlich vielen Intervallen bricht das Verfahren ab.

Die Bestimmung einer neuen Basis in $\underline{t}$ sowie weiterer Optimalitätsintervalle links von $\underline{t}$ kann in analoger Weise durchgeführt werden. Insbesondere beginnen wir in einer Pivotspalte s mit $\tilde{d}_s < 0$ und parametrischen reduzierten Kosten $\tilde{c}_s +$

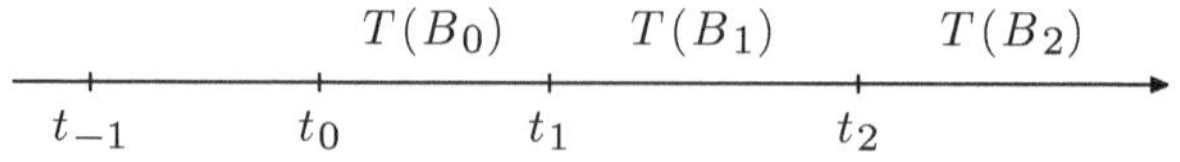

Abb. 7.2 Konstruktion der Optimalitätsintervalle

$\underline{t}\tilde{d}_s = 0$. Nach endlich vielen Schritten ist das Intervall T als Vereinigung aller Optimalitätsintervalle bestimmt.

Zielfunktion und Basislösung sind durch die zugehörigen optimalen Basen

$$z(t) = c_B(t)A_B^{-1}b, \quad x_B(t) = A_B^{-1}b, (t \in T(B)).$$

festgelegt. In den Randpunkten der Optimalitätsintervalle ist jede Konvexkombination der optimalen Basislösungen ebenfalls optimal.

Beispiel 7.2.2. (Bestimmung der Lösungen einer einparametrischen Aufgabe) Die einparametrische lineare Optimierungsaufgabe

$$\begin{array}{lrrr}
\max & t + (-1 + t)x_1 + (0 - 2t)x_2 & & \\
\text{unter} & 3x_1 + & 2x_2 - 3x_3 & \leq 3 \\
& x_1 - & x_2 & \leq 5 \\
& & x & \geq 0
\end{array}$$

führt für t_0 auf das optimale Tableau $T(B_0)$ zur Basis $B_0 = (4, 5)$. Das zugehörige Optimalitätsintervall ist $T(B_0) = [0, 1]$, da $\bar{t} = -\frac{-1}{1} = 1$ und $\underline{t} = -\frac{0}{-2} = 0$. Die optimale Lösung auf $T(B_0)$ ist $x_1(t) = x_2(t) = x_3(t) = 0$ mit $z(t) = t$.

$T(B_0)$		x_1	x_2	x_3
$\tilde{c}$	0	-1	0	0
$\tilde{d}$	1	1	-2	0
x_4	3	-3	-2	3
x_5	5	-1	1	0

$\rightarrow$

$T(B')$		x_4	x_2	x_3
	-1	$\frac{1}{3}$	$\frac{2}{3}$	-1
	2	$-\frac{1}{3}$	$-\frac{8}{3}$	1
x_1	1	$-\frac{1}{3}$	$-\frac{2}{3}$	1
x_5	4	$\frac{1}{3}$	$\frac{5}{3}$	-1

$\rightarrow$

$T(B_1)$		x_4	x_2	x_5
$\tilde{c}$	-5	0	-1	1
$\tilde{d}$	6	0	-1	-1
x_1	5	0	1	-1
x_3	4	$\frac{1}{3}$	$\frac{5}{3}$	-1

Ein Pivotschritt mit $s = 1$ und $r = 1$ liefert eine weitere optimale Basis $B' = (1, 5)$ am oberen Rand $t = 1$ des Optimalitätsintervalls. Allerdings ergibt sich $T(B') = \{1\}$, so dass ein weiterer Pivotschritt mit $s = 3$ und $r = 2$ notwendig ist, der zur optimalen Basis $B_1 = (1, 3)$ führt. Auf $T(B_1) = [1, \infty)$ lautet die optimale Lösung $x_1(t) = 5$, $x_2(t) = 0$, $x_3(t) = 4$ mit Zielfunktionswert $z(t) = -5 + 6t$.

Um weitere Optimalitätsintervalle links von $t = 0$ zu finden, führen wir in $T(B_0)$ einen Pivotschritt mit $s = 2$, $r = 1$ und Pivotelement -2 aus, der auf die weitere optimale Basis $B''' = (2, 5)$ führt.

$T(B''')$		x_1	x_4	x_3
$\tilde{c}$	0	-1	0	0
$\tilde{d}$	-2	4	1	-3
x_2	$\frac{3}{2}$	$-\frac{3}{2}$	$-\frac{1}{2}$	$\frac{3}{2}$
x_5	$\frac{13}{2}$	$-\frac{5}{2}$	$-\frac{1}{2}$	$\frac{3}{2}$

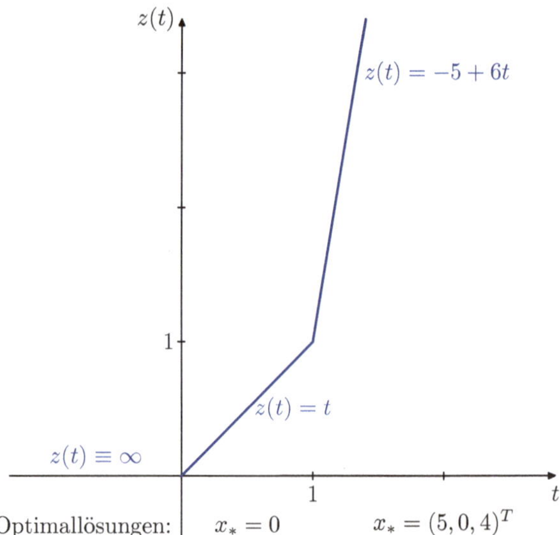

Abb. 7.3 Stückweise lineare Optimalwertfunktion

Da $T(B''') = \{0\}$, ist ein weiterer Pivotschritt notwendig. Für $s = 3$ ergibt sich aber eine unbeschränkte Richtung, so dass wegen $\tilde{c}_3(t) = -3t$ für $t < 0$ die Zielfunktion nach oben unbeschränkt ist.

Die optimalen Zielfunktionswerte in den Optimalitätsintervallen können wir graphisch darstellen (vgl. Abb. 7.3).

Die Menge der Optimallösungen in den Zwischenpunkten enthält alle Konvexkombinationen der gefundenen optimalen Basislösungen:

$$\mathrm{conv}\left\{\begin{pmatrix}0\\0\\0\end{pmatrix}, \begin{pmatrix}0\\ \frac{3}{2}\\0\end{pmatrix}\right\} \subseteq \{\text{Optimallösungen in } t = 0\} \,,$$

$$\mathrm{conv}\left\{\begin{pmatrix}0\\0\\0\end{pmatrix}, \begin{pmatrix}5\\0\\4\end{pmatrix}, \begin{pmatrix}1\\0\\0\end{pmatrix}\right\} \subseteq \{\text{Optimallösungen in } t = 1\} \,.$$

Das Verfahren lässt sich nicht auf höhere Dimensionen übertragen. Schon für zweiparametrische Aufgaben sind ähnlich effektive Verfahren nicht bekannt. Ein Ansatz in höheren Dimensionen besteht in der Auswahl von Richtungen, für die dann jeweils einparametrische Untersuchungen möglich sind.

Ein ganz anderes Vorgehen zur Behandlung der einparametrischen Optimierungsaufgabe besteht in der sukzessiven Approximation der stetigen, konvexen Zielfunktion. Auch für solche Verfahren sind effektive Varianten nur für eindimensionale Probleme bekannt.

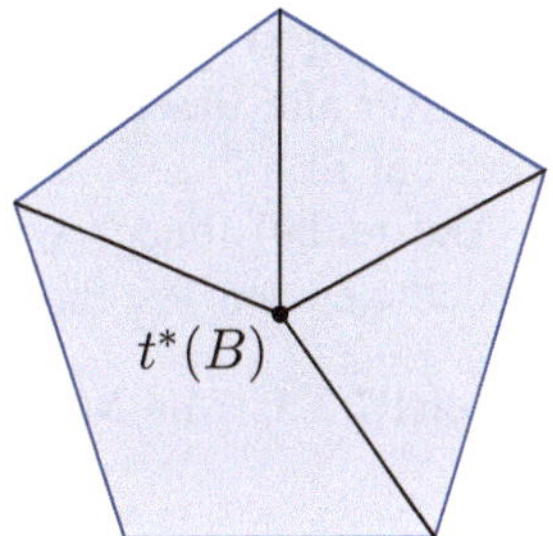

Abb. 7.4 Benachbarte Optimalitätsbereiche

Min-Max-Aufgabe

Während die globale Lösung parametrischer Optimierungsaufgaben i. Allg. sehr schwierig und aufwändig ist, führt die Bestimmung des globalen Minimums im Parameterraum

$$\min_{t \in T} \max \left\{ (c + Dt)^{\mathrm{T}} x \mid x \in P \right\} \tag{7.9}$$

wegen der Konvexität der Zielfunktion auf eine konvexe Optimierungsaufgabe, so dass es genügt, ein lokales Minimum zu finden.

Optimierung in t auf T(B)

Wir bestimmen zunächst für eine feste Basis B, die in einem Punkt t_0 optimal ist, das globale Minimum $t^* := t^*(B)$ auf dem Polyeder $T(B) = \{t \in \mathbb{R}^k \mid \tilde{D}_N t \leq -\tilde{c}_N\}$. Auf $T(B)$ gilt

$$z(t) = c_B^{\mathrm{T}}(t) x_B = c_B A_B^{-1} b + t^{\mathrm{T}} D_B^{\mathrm{T}} A_B^{-1} b \,.$$

Für $\tilde{c}_0 := c_B A_B^{-1} b$ und $\tilde{d} := D_B^{\mathrm{T}} A_B^{-1} b$ müssen wir die lineare Optimierungsaufgabe

$$z(t^*(B)) = \min \left\{ \tilde{c}_0 + \tilde{d}^{\mathrm{T}} t \mid \tilde{D}_N t \leq -\tilde{c}_N \right\} \tag{7.10}$$

lösen. Wegen der Konvexität von z auf T ist t^* global minimal, falls es lokal minimal ist, d. h. falls es minimal bezüglich aller Basen $B' \in \mathcal{B}_{t^*}$ ist. Bei Nichtentartung lassen sich diese benachbarten in t^* minimalen Basen durch Pivoting in Spalten mit verschwindenden reduzierten Kosten ermitteln; ein Pivoting in anderen Pivotspalten ändert den Zielfunktionswert. Anders ausgedrückt gilt für die zu einer benachbarten minimalen Basis $B' \in \mathcal{B}_{t^*}$ gehörende Basislösung x':

$$x'_{N \setminus S} = 0 \,,$$

wobei $S = \{j \in N \mid \tilde{c}_j + (t^*)^{\mathrm{T}} (\tilde{D}^{\mathrm{T}})_j = 0\}$.

Bemerkung (Lokaler Optimalitätstest bei Nichtentartung): Falls $t^*(B') = t^*(B)$ für alle Basen $B' \in \mathcal{B}_{t^*}$ mit $x'_{N \setminus S} = 0$, so ist $t^*(B)$ globales Minimum von z auf T.

Anderenfalls finden wir eine Basis $B' \in \mathcal{B}_{t^*}$ mit $z(t^*(B')) < z(t^*(B))$ und wiederholen den Test für $B := B'$.

Beispiel 7.2.3. (Min-Max-Aufgabe) Zur Lösung von $\min \{z(t) \mid t \in T\}$ für

$$z(t) = \max \quad 2 + t_1 + \left[\begin{pmatrix} -2 & 0 & -4 \end{pmatrix} + t^{\mathrm{T}} \begin{pmatrix} -1 & -1 & 1 \\ 0 & 4 & -2 \end{pmatrix} \right] x$$

$$\text{unter} \quad \begin{pmatrix} 1 & 1 & 1 \\ -1 & -3 & 3 \end{pmatrix} x \leq \begin{pmatrix} 8 \\ 4 \end{pmatrix}, \quad x \geq 0,$$

erhalten wir für die Startbasis $B_1 = (4, 5)$ das erweiterte Tableau T_1, das optimal für $t = 0$ ist. Für eine feste Basis B_1 ist zur Bestimmung von $t^*(B_1)$ die lineare Minimierungsaufgabe (7.10) in t zu lösen, die im erweiterten Tableau leicht ablesbar ist und hier als Maximierungsaufgabe formuliert wird:

<table>
<tr><td>T_1</td><td></td><td>x_1</td><td>x_2</td><td>x_3</td></tr>
<tr><td>$\tilde{c}_N$</td><td>2</td><td>-2</td><td>0</td><td>-4</td></tr>
<tr><td>$\tilde{D}_N$</td><td>1</td><td>-1</td><td>-1</td><td>1</td></tr>
<tr><td></td><td>0</td><td>0</td><td>4</td><td>-2</td></tr>
<tr><td>x_4</td><td>8</td><td>-1</td><td>-1</td><td>-1</td></tr>
<tr><td>x_5</td><td>4</td><td>1</td><td>3</td><td>-3</td></tr>
<tr><td>$\tilde{c}_N(t^*)$</td><td>0</td><td>0</td><td>0</td><td>-5</td></tr>
</table>

$$\max \quad -2 - t_1$$
$$\text{unter} \quad -t_1 \qquad \leq 2$$
$$-t_1 + 4t_2 \leq 0$$
$$t_1 - 2t_2 \leq 4$$

Wegen $t_1 \leq -2 = t_1^*$ ist $t^* = (-2, -\frac{1}{2})^{\mathrm{T}}$ die Optimallösung und $z(t^*) = 0$. Daraus ergibt sich $S = (1, 2)$, also $x_3 = 0$. Da B_1 nicht entartet ist, genügt es zur Enumeration der Basen mit $x_3 = 0$, die Pivotspalten zu x_1, x_2 zu betrachten; offenbar kommen dann Pivotelemente nur in der Pivotzeile zu x_4 in Frage, d. h. die zu untersuchenden Nachbarbasen sind $B_2 = (1, 5)$ und $B_3 = (2, 5)$.

Im Tableau T_2 zur Basis $B_2 = (1, 5)$ ist t^* offenbar weiterhin das Optimum der linearen Optimierungsaufgabe (7.10).

<table>
<tr><td>T_2</td><td></td><td>x_4</td><td>x_2</td><td>x_3</td></tr>
<tr><td>$\tilde{c}_N$</td><td>-14</td><td>2</td><td>2</td><td>-2</td></tr>
<tr><td>$\tilde{D}_N$</td><td>-7</td><td>1</td><td>0</td><td>2</td></tr>
<tr><td></td><td>0</td><td>0</td><td>4</td><td>-2</td></tr>
<tr><td>x_1</td><td>8</td><td>-1</td><td>-1</td><td>-1</td></tr>
<tr><td>x_5</td><td>12</td><td>-1</td><td>2</td><td>-4</td></tr>
</table>

$$\max \quad 14 + 7t_1$$
$$\text{unter} \quad t_1 \qquad \leq -2$$
$$+ 4t_2 \leq -2$$
$$2t_1 - 2t_2 \leq 2$$

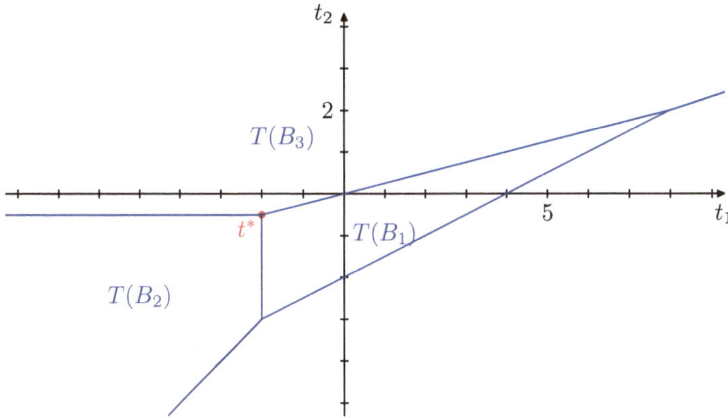

Abb. 7.5 An t_* angrenzende Optimalitätsbereiche der Basen B_1, B_2 und B_3.

Da $B = (1, 2)$ und $B = (1, 4)$ unzulässige Basen sind, gibt es keine weiteren zulässigen Nachbarbasen mit $x_3 = 0$.

Im Tableau T_3 zur Basis $B_3 = (2, 5)$ ist t^* wiederum das Optimum der linearen Optimierungsaufgabe (7.10).

<table>
<tr><td>T_3</td><td></td><td>x_1</td><td>x_4</td><td>x_3</td></tr>
<tr><td>$\tilde{c}_N$</td><td>2</td><td>-2</td><td>0</td><td>-4</td></tr>
<tr><td rowspan="2">$\tilde{D}_N$</td><td>-7</td><td>0</td><td>1</td><td>2</td></tr>
<tr><td>32</td><td>-4</td><td>-4</td><td>-6</td></tr>
<tr><td>x_2</td><td></td><td></td><td></td><td></td></tr>
<tr><td>x_5</td><td></td><td></td><td></td><td></td></tr>
</table>

$$\max \quad -2 + 7t_1 - 32t_2$$
$$\text{unter} \qquad\qquad - 4t_2 \le 2$$
$$t_1 - 4t_2 \le 0$$
$$2t_1 - 6t_2 \le 4$$

Also besitzen alle zulässigen Nachbarbasen mit $x_3 = 0$ dasselbe Optimum t^*, d. h. t^* ist lokales und daher globales Minimum der Min-Max-Aufgabe.

Mehrere Zielfunktionen

Eine in nahezu allen Anwendungen auftretende Schwierigkeit besteht darin, dass mehrere Zielsetzungen gleichzeitig verfolgt werden sollen, die oft widersprüchlich sind. Die von uns bisher behandelten Aufgaben gehen aber nur von einer einzigen Zielfunktion aus. Die gleichzeitige Minimierung mehrerer linearer Zielfunktionen, etwa von Cx mit einer geeigneten $(k \times n)$-Matrix C, auf einem nichtleeren Polyeder P ist offensichtlich nicht immer möglich.

Beispiel 7.2.4. (Zwei Zielfunktionen) Für $C := \begin{pmatrix} c_1^{\mathrm{T}} \\ c_2^{\mathrm{T}} \end{pmatrix} := \begin{pmatrix} 1 & 0 \\ 0 & 1 \end{pmatrix}$ wird gleichzeitig die Minimierung von x_1 und x_2 gefordert. Durch Festlegung von Prioritäten oder

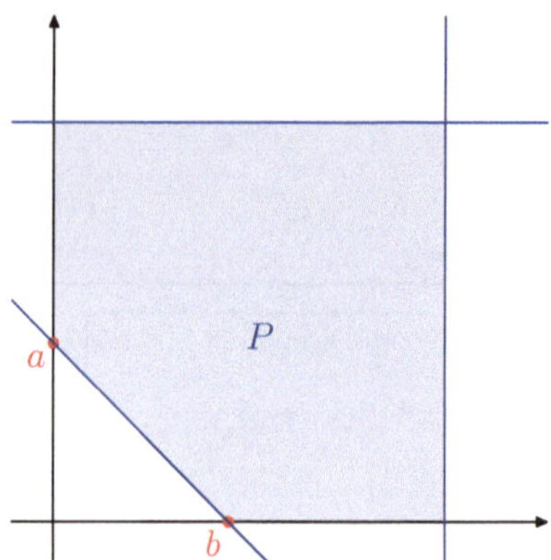

Abb. 7.6 Zwei Zielfunktionen über Polyeder P mit Ecken $a = (0, \delta)$, $b = (\delta, 0)$.

Gewichtung der einzelnen Ziele kann man versuchen, eine zusammenfassende Zielsetzung abzuleiten, die sich wieder mit einer einzigen Zielfunktion beschreiben lässt und den zugrunde liegenden Intentionen möglichst nahe kommt.

Gelingt eine klare Reihung der Zielvorgaben, so kann man sukzessive minimieren:

$$z_1^* = \min\left\{c_1^{\mathrm{T}}x \mid x \in P\right\}, \quad z_2^* = \min\left\{c_2^{\mathrm{T}}x \mid x \in P, \ c_1^{\mathrm{T}}x = z_1^*\right\}, \ldots$$

In Abb. 7.6 finden wir in dieser Reihenfolge das Minimum $a = (0, \delta)$ mit $z_1^* = 0$ und $z_2^* = \delta$, bei entgegengesetzter Reihenfolge

$$z_2^* = \min\left\{c_2^{\mathrm{T}}x \mid x \in P\right\}, \quad z_1^* = \min\left\{c_1^{\mathrm{T}}x \mid x \in P, c_2^{\mathrm{T}}x = z_2^*\right\}$$

das Minimum $b = (\delta, 0)$ mit $z_2^* = 0$ und $z_1^* = \delta$. Ordnen wir stattdessen den einzelnen Zielen relative Gewichte zu, etwa $\alpha, \beta \in (0, 1)$, so ergeben sich für

$$z^* = \min\left\{\alpha(c_1^{\mathrm{T}}x) + \beta(c_2^{\mathrm{T}}x) \mid x \in P\right\}$$

verschiedene Optima. In Abb. 7.6 sind für gleich gewichteten Ansatz $\alpha = \beta = \frac{1}{2}$ alle $x \in [a, b]$ minimal und der optimale Zielfunktionswert ist $z^* = \frac{1}{2}\delta$.

Gewichtete Lineare Optimierungsaufgaben

Die Optimallösungen gewichteter Linearer Optimierungsaufgaben der Form

$$\min\left\{w^{\mathrm{T}}Cx \mid x \in P\right\} \tag{7.11}$$

mit $w > 0$, $w \in \mathbb{R}^k$, sind eng verknüpft mit den effizienten Lösungen mehrerer Zielfunktionen Cx über einem Polyeder P.

Effiziente Lösungen

Unter Beachtung mehrerer Zielfunktionen sind die zulässigen Lösungen $x, y \in P$ nur partiell geordnet. Dabei heißt x *besser* als y, falls $Cx \leq Cy$ und $y \in P$ heißt *effizient*, falls $Cx = Cy$ für alle $x \in P$ mit $Cx \leq Cy$.

In effizienten Lösungen kann man eine der Zielfunktionen nur dann echt verbessern, wenn man gleichzeitig die Verschlechterung einer anderen Zielfunktion in Kauf nimmt.

Satz 7.2.3. $\bar{x}$ *ist eine effiziente Lösung genau dann, wenn ein $w > 0$ existiert, so dass $\bar{x}$ eine Optimallösung der entsprechenden gewichteten Aufgabe (7.11) ist.*

Beweis. Zunächst konstruieren wir zu einem effizienten $\bar{x}$ ein passendes Gewicht $w > 0$. P sei o. B. d. A. in Normalform beschrieben, d. h. $P := \{x \mid Ax = b, x \geq 0\}$. Sei dazu

$$\alpha = \max\left\{\mathbb{1}^{\mathrm{T}}z \mid Ax = b, Cx + z = C\bar{x}, x \geq 0, z \geq 0\right\}.$$

Dann ist $\alpha = 0$ und $(\bar{x}, 0)$ zulässig und optimal, da $\bar{x}$ effizient. Für jede duale Optimallösung $-\bar{y}, \bar{w}$ gilt

$$
\begin{array}{llll}
-\bar{y}^{\mathrm{T}}b + \bar{w}^{\mathrm{T}}C\bar{x} = 0 & & \bar{y}^{\mathrm{T}}b = \bar{w}^{\mathrm{T}}C\bar{x} & \\
-\bar{y}^{\mathrm{T}}A + \bar{w}^{\mathrm{T}}C \geq 0^{\mathrm{T}}, & \text{also auch} & \bar{y}^{\mathrm{T}}A \leq \bar{w}^{\mathrm{T}}C & A\bar{x} = b \\
\bar{w} \geq \mathbb{1}^{\mathrm{T}} & & & \bar{x} \geq 0.
\end{array}
$$

Daher bilden $\bar{y}$ und $\bar{x}$ ein optimales Paar zu den dualen Aufgaben

$$
\begin{array}{llll}
\max & y^{\mathrm{T}}b & = \min & \bar{w}^{\mathrm{T}}Cx \\
\text{unter} & y^{\mathrm{T}}A \leq \bar{w}^{\mathrm{T}}C & \text{unter} & Ax = b \\
& & & x \geq 0.
\end{array}
$$

Insbesondere ist $\bar{x}$ eine Optimallösung der gewichteten Aufgabe (7.11) für $w := \bar{w}$.

Umgekehrt folgt für eine Optimallösung $\bar{x}$ der Aufgabe 7.11 zu einem $w > 0$ und alle $x \in P$ die Ungleichung $w^{\mathrm{T}}C\bar{x} \leq w^{\mathrm{T}}Cx$, also $w^{\mathrm{T}}(C\bar{x} - Cx) \leq 0$. Falls $Cx \leq C\bar{x}$, also $0 \leq C\bar{x} - Cx$, so ergibt sich aus $w > 0$ auch $0 \leq w^{\mathrm{T}}(C\bar{x} - Cx)$, d. h. insgesamt $0 = w^{\mathrm{T}}(C\bar{x} - Cx)$. Wegen $w > 0$ und $0 \leq C\bar{x} - Cx$ muss dann $C\bar{x} = Cx$ gelten. $\qquad\square$

Jede Optimallösung der gewichteten Aufgabe (7.11) ist effizient, d. h. effiziente Lösungen zu fest gewähltem $w > 0$ sind nicht notwendigerweise eindeutig.

Umgekehrt ist auch das Gewicht $\bar{w}$ zu einer effizienten Lösung nicht notwendigerweise eindeutig. Eine zulässige Basis B ist bekanntlich optimal zu $\bar{w}$ genau dann, wenn

$$\bar{w} \in T(B) = \left\{w \mid w^{\mathrm{T}}C_N \geq w^{\mathrm{T}}C_B A_B^{-1} A_N\right\}.$$

Theoretisch können wir alle effizienten Lösungen mit Hilfe geeigneter Gewichte bestimmen. Die gleichzeitige Betrachtung mehrerer linearer Zielfunktionen stellt daher eine wichtige Anwendung der parametrischen linearen Optimierung dar. Die Lösung der resultierenden parametrischen Aufgaben erweist sich als sehr aufwändig, so dass man sich auf eine Auswahl der Parameterwerte beschränken muss. In der Literatur sind dementsprechend überwiegend und in großer Zahl Arbeiten zur *bikriteriellen* Optimierung, d. h. zur „Mehrzieloptimierung" zweier Zielfunktionen, zu finden. Wie im einführenden Beispiel 7.2.4 gewichtet man dabei die beiden Zielfunktionen unterschiedlich, wobei es genügt, die beiden Gewichte α, $1 - \alpha$ für einen Parameter $\alpha \in (0, 1)$ zu diskutieren. Dazu kann man auf Ergebnisse und Verfahren zu einparametrischen Aufgaben, wie etwa zu (7.7), zurückgreifen.

7.3 Parametrische Beschränkungen

Da sich Parameter in den Beschränkungen weitgehend durch Übergang zum dualen Problem behandeln lassen, in dem die Parameter dann in der Zielfunktion vorliegen, können wir uns unter Ausnutzung der Ergebnisse des letzten Abschnittes recht kurz fassen. Das Polyeder $P(t)$ zulässiger Punkte ist hier abhängig von Parametern $t \in \mathbb{R}^k$. Wir untersuchen die parametrische lineare Optimierungsaufgabe

$$z(t) := \max \left\{ c^{\mathrm{T}} x \mid x \in P(t) \right\}, \quad t \in \mathbb{R}^k, \tag{7.12}$$

wobei die Polyeder in kanonischer Form oder Normalform beschrieben werden. Wählen wir die kanonischer Form, so ist

$$P(t) := \{ x \mid Ax \leq b(t), x \geq 0 \}, \quad t \in \mathbb{R}^k,$$

wobei $b(t) = b + Ft$ mit einer $(m \times k)$-Matrix F. Nach dem schwachen Dualitätssatz 5.2.1 ist die Aufgabe (7.12) für nichtleere $P(t)$ genau dann beschränkt, wenn das zugehörige duale Polyeder D, etwa in kanonischer Form

$$D := \left\{ y \mid A^{\mathrm{T}} y \geq c, y \geq 0 \right\},$$

nicht leer ist. Daher setzen wir im Folgenden $D \neq \emptyset$ voraus. Der Definitionsbereich der Optimalwertfunktion ist dann $T = \{ t \mid P(t) \neq \emptyset \}$ und, etwa in kanonischer Form, durch

$$T = \{ t \mid Ax - -Ft \leq b, x \geq 0 \}$$

gegeben. T ist dann offenbar die Projektion eines Polyeders. In Analogie zur Untersuchung parametrischer Kosten erhält man die folgenden Ergebnisse. Mit $\mathcal{B}^d = \mathcal{B}^d(P)$ bezeichnen wir die nichtleere Menge der dual zulässigen Basen der Aufgabe (7.12) in Normalform.

Optimalitätsbereiche $T(B)$ für $B \in \mathcal{B}^d$

Für eine dual zulässige Basis B der Aufgabe (7.12), d.h. für B mit $c_N^T - c_B^T A_B^{-1} A_N \leq 0$, ist

$$T(B) = \left\{ t \in \mathbb{R}^k \mid x_B(t) \geq 0 \right\} .$$

Da $x_B(t) = A_B^{-1}(b + Ft)$ affin-linear in t ist, sind die Optimalitätsbereiche polyedrisch.

Satz 7.3.1. *Der Definitionsbereich T der Optimalwertfunktion ist ein Polyeder und die Optimalwertfunktion $z : T \to \mathbb{R}$ ist stetig und konkav. Auf Optimalitätsbereichen ist z affin-linear.*

Beweis. Der Beweis erfolgt durch Anwendung von Satz 7.2.2 auf das duale Problem, etwa

$$\min \left\{ b(t)^T y \mid y \in D \right\} = - \max \left\{ (-b(t))^T y \mid y \in D \right\} .$$

$\square$

Die parametrische Zielfunktion auf einem Optimalitätsbereich $T(B)$ ist durch $z(t) = c_B^T x_B(t) = c_B^T A_B^{-1} b + c_B^T A_B^{-1} F t =: \tilde{b}_0 + \tilde{f}_0^T t$ gegeben.

Einparametrische Probleme

Für $D \neq \emptyset$ können wir die eindimensionale parametrische Aufgabe

$$z(t) = \max \left\{ c^T x \mid Ax \leq b + ft,\ x \geq 0 \right\} , \tag{7.13}$$

für alle $t \in T$ lösen. T ist ein abgeschlossenes Intervall.

Optimalitätsintervall zu $t^0 \in T$

Ist B eine in t^0 optimale Basis mit zugehörigem Tableau

T_0			x_N
z	$\tilde{b}_0$	$\tilde{f}_0$	$\tilde{c}_N^T$
x_B	$\tilde{b}$	$\tilde{f}$	$\tilde{A}_N$

so gilt $x_B(t) = \tilde{b} + t\tilde{f},\ z(t) = \tilde{b}_0 + \tilde{f}_0 t$ und $T(B) = \left\{ t \mid \tilde{b} + t\tilde{f} \geq 0 \right\} = [\underline{t}, \bar{t}]$.

Bestimmung einer neuen Basis in $\bar{t}$

Da nur die primale Zulässigkeit vom Parameterwert abhängt, verwenden wir das duale Simplexverfahren. Wir wählen eine Pivotzeile r mit $\tilde{f}_r < 0$ und $\bar{t} = -\tilde{b}_r / \tilde{f}_r$. Falls $\tilde{a}_{rj} \geq 0$ für alle j, so ist $P(t) = \emptyset$ für alle $t > \bar{t}$. Andernfalls führen wir einen dualen Pivotschritt mit einem Pivot $\tilde{a}_{rs} < 0$ aus, und finden eine neue Basis $\tilde{B}$, die wieder dual zulässig in $\bar{t}$ ist. Es gilt $\underline{t}(\tilde{B}) = \bar{t}(B)$.

In $\underline{t}$ können wir analog vorgehen.

Beispiel 7.3.1. (Einparametrische Beschränkung) Die Aufgabe

$$z(t) = \max \quad -3x_1 - 2x_2$$
$$\text{unter} \quad x_1 + x_2 \leq 1 + t$$
$$2x_1 - x_2 \leq 4 - t$$
$$x \geq 0$$

führt auf das für $t = 0$ und $B_0 = (3, 4)$ zulässige, optimale Starttableau T_0

T_0			x_1	x_2
z	0	0	−3	−2
x_3	1	1	−1	−1
x_4	4	−1	−2	1

$\rightarrow$

T_1			x_1	x_4
z	8	−2	−7	−2
x_3	5	0	−3	−1
x_2	−4	1	2	1

mit $z(t) = 0$ für $t \in T(B_0) = [-1, 4]$. Ein Pivotschritt mit $r = 2$ und $s = 2$ führt auf das zulässige, optimale Tableau T_1 zur Basis $B_1 = (2, 3)$ mit $z(t) = 8 - 2t$ für $t \in T(B_1) = [4, \infty)$. Für $t = -1 = -\frac{b_1}{f_1}$ ergibt sich die Pivotzeile $r = 1$ mit $a_{11} = a_{12} = 1 \geq 0$, d. h. $P(t) = \emptyset$ für $t < -1$.

b *als Parameter*

Die Abhängigkeit der Optimalwertfunktion der parametrischen Minimierungsaufgabe

$$z(b) = \min \left\{ c^{\mathrm{T}} x \mid Ax \geq b, x \geq 0 \right\} \tag{7.14}$$

von den Ressourcen b des Polyeders $P(b) = \{x \mid Ax \geq b, x \geq 0\}$ wollen wir etwas genauer untersuchen. Dazu betrachten wir insbesondere das duale nichtleere Polyeder $\emptyset \neq D = \left\{ y \mid y^{\mathrm{T}} A \leq c^{\mathrm{T}}, y \geq 0 \right\} =: \operatorname{conv} G + \operatorname{cone} H$ mit zugehörigem endlichen Erzeugendensystem $(\mathcal{G}, \mathcal{H})$, sowie die duale parametrische Maximierungsaufgabe

$$z(b) = \max \left\{ b^{\mathrm{T}} y \mid y^{\mathrm{T}} A \leq c^{\mathrm{T}}, y \geq 0 \right\}, \tag{7.15}$$

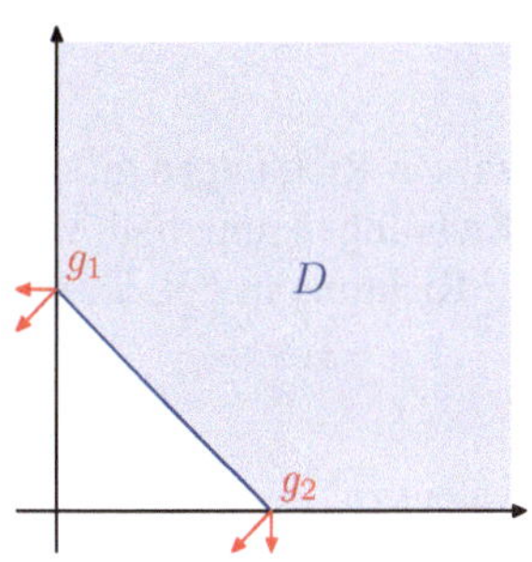
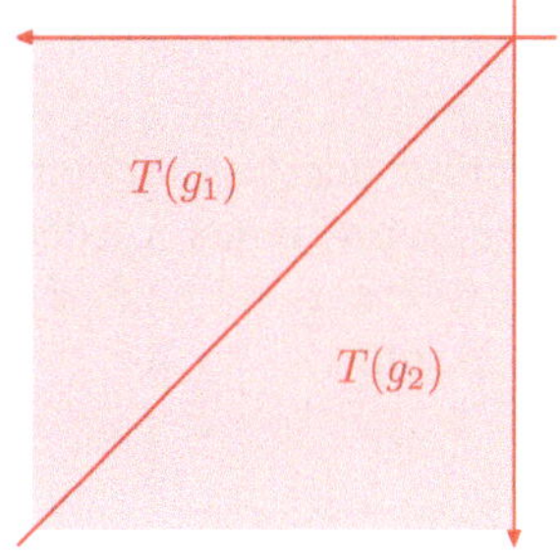

Abb. 7.7 D und der Parameterkegel

aus deren Form wir die Konvexität der Optimalwertfunktion auf ihrem Definitionsbereich $T = \{b \mid P(b) \neq \emptyset\}$ ablesen. Im Folgenden genügt es, die Aufgabe (7.15)
zu diskutieren.

Der Parameterkegel T

Die Menge T der Parameter, für die eine endliche Lösung existiert, ist hier ein
Kegel:

$$T = \{b \mid P(b) \neq \emptyset\} = \{b \mid (7.15) \text{ beschränkt}\} = \{b \mid b^{\mathrm{T}} H \leq 0\} \, .$$

Der Optimalitätsbereichskegel T(ḡ) zu ḡ ∈ G

Auch die Optimalitätsbereiche zu den Ecken des Polyeders sind Kegel:

$$T(\bar{g}) = \{b \in T \mid b^{\mathrm{T}}\bar{g} = z(b)\} = \{b \in T \mid b^{\mathrm{T}}\bar{g} \leq b^{\mathrm{T}}g, g \in \mathcal{G}\} \, .$$

Falls $g \neq \bar{g}$, so enthält $T(g) \cap T(\bar{g})$ keine relativ inneren Punkte, d. h. keine inneren
Punkte bezüglich des von T erzeugten Unterraums $\mathrm{lin}(T)$.

Das Polyeder der Optimallösungen D*(b) zu b ∈ T

Mit Hilfe des Erzeugendensystems kann man die Menge der Optimallösungen leicht
angeben:

$$D^*(b) = \mathrm{conv}\left\{g \in G \mid b^{\mathrm{T}}g = z(b)\right\} + \mathrm{cone}\left\{h \in H \mid b^{\mathrm{T}}h \leq 0\right\} \, . \qquad (7.16)$$

Zulässige Richtungen **d** *in* **b** $\in$ **T**

Um die Änderung der Zielfunktionswerte in gewissen Richtungen zu diskutieren, müssen wir zunächst einmal feststellen, welche Richtungen innerhalb von T möglich sind. Für $0 \neq d \in \mathbb{R}^n$ heißt d eine *zulässige* Richtung in $b \in T$, falls für ein positives $\bar{\delta} \in \mathbb{R}$ gilt:

$$b + \delta d \in T, \quad (0 \leq \delta \leq \bar{\delta}) \,. \tag{7.17}$$

Wegen der Charakterisierung von T ist dies äquivalent zu

$$(b + \delta d)^{\mathrm{T}} H \leq 0, \quad (0 \leq \delta \leq \bar{\delta}) \,,$$

und daher zu

$$(b^{\mathrm{T}} h = 0 \Rightarrow d^{\mathrm{T}} h \leq 0), \quad (h \in \mathcal{H}) \,. \tag{7.18}$$

Für zulässige Richtungen kann man mit Hilfe einer Richtungsableitung die Änderung der Optimalwertfunktion beschreiben. Für eine zulässige Richtung d in $b \in T$ heißt der Grenzwert

$$\lim_{\lambda \to 0_+} \frac{z(b + \lambda d) - z(b)}{\lambda} \,,$$

falls er existiert, *Richtungsableitung* von z bei b in Richtung d und wird mit $z'(b, d)$ bezeichnet. Die uneigentlichen Grenzwerte $\pm\infty$ werden zugelassen.

Satz 7.3.2. *Für* $b \in T$ *und eine zulässige Richtung* d *in* b *existiert die Richtungsableitung* $z'(b, d)$ *und es gilt*

$$z'(b, d) = \max \left\{ d^{\mathrm{T}} y \mid y \in D^*(b) \right\} \,.$$

Beweis. Wegen (7.16) und (7.18) gilt

$$d^{\mathrm{T}} g_* = \max \left\{ d^{\mathrm{T}} y \mid y \in D^*(b) \right\}$$

für ein $g_* \in G$ mit $b^{\mathrm{T}} g_* = z(b)$.

Abbildung 7.8 zeigt, dass wegen der Konvexität der Funktion $z(b + \delta d)$ in δ der Differenzenquotient $\frac{\Delta z(\delta)}{\delta}$ in δ isoton ist. Außerdem gilt

$$z(b + \delta d) \geq (b + \delta d)^{\mathrm{T}} g_* = b^{\mathrm{T}} g_* + \delta d^{\mathrm{T}} g_* = z(b) + \delta d^{\mathrm{T}} g_*$$

und damit

$$\frac{\Delta z(\delta)}{\delta} \geq d^{\mathrm{T}} g_* \tag{7.19}$$

für alle hinreichend kleinen $\delta > 0$. Sei $0 \leq \delta_k \leq \bar{\delta}$ mit $b + \delta_k d \in T$, $\delta_k \searrow 0$. Da $\mathcal{G}$ endlich, gibt es eine Teilfolge genügend großer Indizes k mit

$$z(b + \delta_k d) = (b + \delta_k d)^{\mathrm{T}} \bar{g}$$

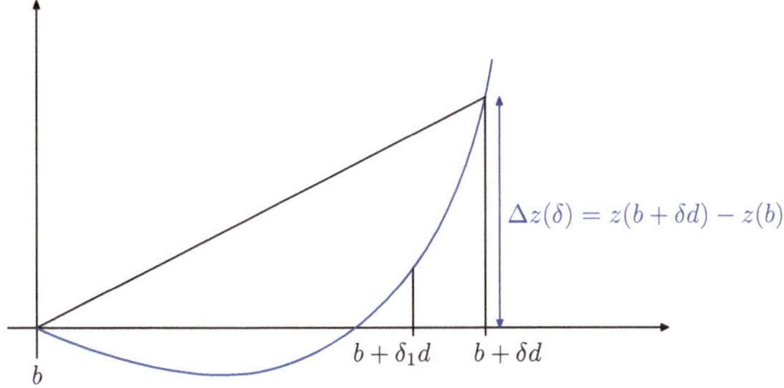

Abb. 7.8 Eigenschaften von $z(b + \delta d)$

für ein festes $\bar{g} \in G$. Dies sei o. B. d. A. die betrachtete Folge. Dann folgt

$$b^{\mathrm{T}} g_* + \delta_k d g_* \leq z(b + \delta_k d) = (b + \delta_k d)^{\mathrm{T}} \bar{g} = b^{\mathrm{T}} \bar{g} + \delta_k d^{\mathrm{T}} \bar{g}$$

und damit

$$\delta_k (d^{\mathrm{T}} \bar{g} - d^{\mathrm{T}} g_*) \geq b^{\mathrm{T}} g_* - b^{\mathrm{T}} \bar{g} = z(b) - b^{\mathrm{T}} \bar{g} \geq 0 \, .$$

Durch Grenzübergang für $\delta_k \to 0$ erhalten wir $b^{\mathrm{T}} g_* = b^{\mathrm{T}} \bar{g}$, d. h. $\bar{g} \in D^*(b)$. Damit folgt unter Berücksichtigung der Ungleichung (7.19)

$$d^{\mathrm{T}} g_* \leq \frac{\Delta z(\delta_k)}{\delta_k} = \frac{(b + \delta_k d)^{\mathrm{T}} \bar{g} - b^{\mathrm{T}} \bar{g}}{\delta_k} = d^{\mathrm{T}} \bar{g} \leq d^{\mathrm{T}} g_* \, .$$

Wegen der Isotonie muss $\frac{\Delta z(\delta)}{\delta} = d^{\mathrm{T}} g_*$ sogar für $0 \leq \delta \leq \bar{\delta}$ gelten, also

$$z'(b, d) = \lim_{\delta \to 0} \frac{\Delta z(\delta)}{\delta} = d^{\mathrm{T}} g_* \, .$$

$\square$

Beispiel 7.3.2. (Parameter b) Für die parametrische Aufgabe (LP) und die zugehörige duale Aufgabe (DP)

$$
\text{(LP)} \quad
\begin{array}{ll}
\min & 2x_1 \\
\text{unter} & x_1 + x_2 \geq b_1 \\
& x_1 - x_2 \geq b_2 \\
& x \geq 0
\end{array}
\qquad
\text{(DP)} \quad
\begin{array}{ll}
\max & b_1 y_1 + b_2 y_2 \\
\text{unter} & y_1 + y_2 \leq 2 \\
& y_1 - y_2 \leq 0 \\
& y \geq 0
\end{array}
$$

ist das duale Polyeder D nicht leer und beschränkt und das primale Polyeder $P(b) \neq \emptyset$ für alle $b \in T = \mathbb{R}^2$. Insbesondere gilt $D = \mathrm{conv}(\binom{0}{0}, \binom{1}{1}, \binom{0}{2}) = D^*(0)$ und $z'(0, d) = \max\{d^{\mathrm{T}} y \mid y \in D\}$. Andererseits ergeben sich die partiel-

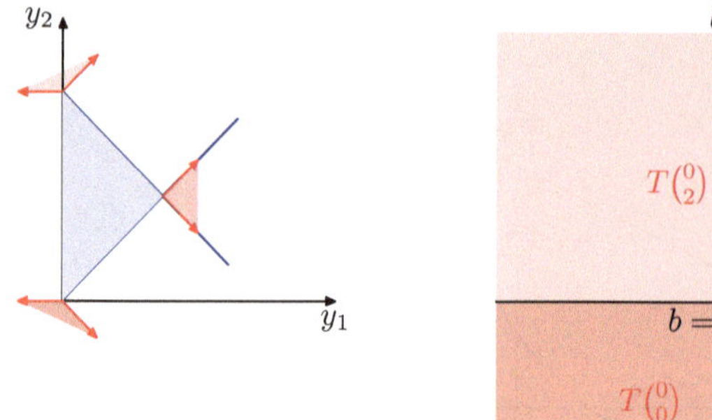

Abb. 7.9 Das duale Polyeder und die zu den drei Ecken gehörigen Parameterkegel

len Ableitungen

$$\frac{\partial z}{\partial b_1}(0) = z'(0, e_1) = e_1^{\mathrm{T}} \begin{pmatrix} 1 \\ 1 \end{pmatrix} = 1 \,,$$

$$\frac{\partial z}{\partial b_2}(0) = z'(0, e_2) = e_2^{\mathrm{T}} \begin{pmatrix} 0 \\ 2 \end{pmatrix} = 2 \,.$$

Für hinreichend kleine Störungen gilt zwar $z(0 + \Delta b_1 e_1) = z(0) + \Delta b_1$, aber, da z nicht differenzierbar ist, gibt dies nur das Verhalten in Richtung e_1 exakt wieder. Im Allgemeinen ist

$$z(0 + \Delta b) \neq z(0) + \Delta b_1 + 2\Delta b_2 \,.$$

Schattenpreise

Falls $D^*(b) = \{y_*\}$, so gilt $z'(b, d) = y_*^{\mathrm{T}} d$. Umgekehrt gilt, falls $W_\epsilon(b') \subset T(y_*)$ für ein hinreichend kleines $\epsilon > 0$, stets $D^*(b') = \{y_*\}$. Die eindeutige duale Optimallösung y_* beschreibt dann die sogenannten Schattenpreise der Ressourcen:

$$(y_*)_i = \frac{\partial z}{\partial b_i}(b')$$

In unserem Beispiel erfüllt $b' = \begin{pmatrix} 1 \\ 0 \end{pmatrix} \in T(\begin{pmatrix} 1 \\ 1 \end{pmatrix})$ diese Bedingung. Also gilt $z'(b', d) = d^{\mathrm{T}} \begin{pmatrix} 1 \\ 1 \end{pmatrix}$ für alle $d \in \mathbb{R}^2$. Für $b' + \Delta b \in T(\begin{pmatrix} 1 \\ 1 \end{pmatrix})$ können wir daher leicht den Optimalwert berechnen:

$$z(b' + \Delta b) = z(b') + 1\Delta b_1 + 1\Delta b_2 \,.$$

Parametrische Kosten lassen sich in analoger Weise analysieren.

Allgemeine parametrische LP

Abschließend soll noch kurz die allgemeine lineare parametrische Optimierungsaufgabe, etwa in kanonischer Form, angesprochen werden:

$$z(t) = \max \left\{ c(t)^\mathrm{T} x \mid A(t)x \leq b(t), x \geq 0 \right\} \tag{7.20}$$

mit affin-linearen Koeffizientenfunktionen $c_j(t) = c_j + \sum_{\varrho=1}^{k} d_{j\varrho} t_\varrho$, $b_i(t) = b_i + \sum_{\varrho=1}^{k} f_{i\varrho} t_\varrho$, $a_{ij}(t) = a_{ij} + \sum_{\varrho=1}^{k} h_{ij\varrho} t_\varrho$ für $i = 1, \ldots, m$, $j = 1, \ldots, n$.

Wir betrachten auch hier wieder die Menge $\mathcal{B}$ aller potentiellen Basen der Aufgabe in Normalform, d. h. aller $B \subseteq \{1, 2, \ldots, m+n\}$ mit $|B| = m$. Die Optimalitätsbereiche von Basen lassen sich mit Hilfe der primalen und dualen Zulässigkeit charakterisieren. Problematisch ist die Tatsache, dass sich der Rang einer Spaltenmenge ändern kann. Der möglicherweise leere Optimalitätsbereich ist

$$T(B) = \left\{ t \mid A_B(t) \text{ regulär}, \ A_B(t)^{-1} b(t) \geq 0, \right.$$
$$\left. c_N(t)^\mathrm{T} - c_B(t)^\mathrm{T} A_B(t)^{-1} A_N(t) \leq 0 \right\}$$

für $B \in \mathcal{B}$. Auf dem Parameterbereich

$$T := \{t \mid z(t) < \infty\} = \bigcup_{B \in \mathcal{B}} T(B),$$

ist die Optimalwertfunktion $z \colon T \to \mathbb{R}$ für $t \in T(B)$ gegeben durch $z(t) = c_B(t)^\mathrm{T} A_B(t)^{-1} b(t)$, d. h. es gilt

Satz 7.3.3. $z \colon T \to \mathbb{R}$ *ist auf jedem Optimalitätsbereich eine rationale Funktion.*

Die Optimalwertfunktion ist in $t \in T$ nur mehr eingeschränkt auf $\bigcup_{B \in \mathcal{B}_t} T(B)$ stetig, wobei $\mathcal{B}_t := \{B \mid t \in T(B)\}$.

Beispiel 7.3.3. (Einparametrische Restriktionen) Für die einparametrische lineare Optimierungsaufgabe

$$\begin{aligned} z(t) = \max \quad & y \\ \text{unter } x + \quad & y \leq 1 \\ x + \quad & ty \geq 1 \\ x, \ y &\geq 0 \end{aligned}$$

unterscheiden wir zwei Fälle. Falls $t < 1$, so führt die Annahme $y > 0$ auf den Widerspruch $1 \leq x + ty < x + y \leq 1$. Also ist die Basislösung $y = 0$, $x = 1$ zur Basis $B_1 = (1, 2)$ zulässig und optimal. Falls andererseits $t \geq 1$, so ist die Basislösung $x = 0$, $y = 1$ zur Basis $B_2 = (2, 4)$ zulässig und optimal.

Einparametrische Probleme mit Parametern in allen Koeffizienten lassen sich mit Verfahren lösen, die in etwas komplexerer aber ähnlicher Weise wie Verfahren für einparametrische Kosten oder Ressourcen verlaufen (siehe z. B. in [29], [78], [75]).

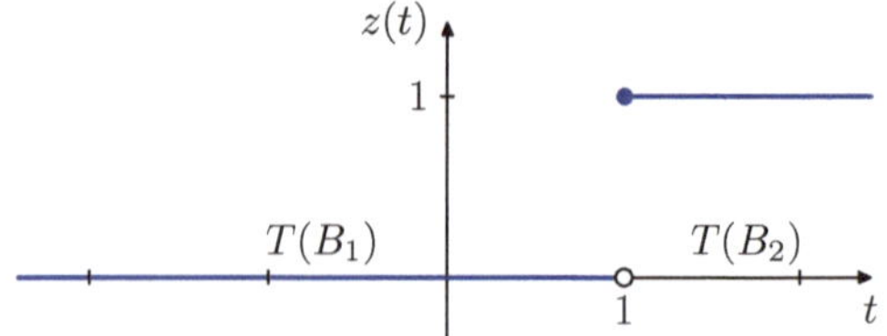

Abb. 7.10 Stückweise konstante Optimalwertfunktion mit Unstetigkeit bei $t = 1$

Beispiel 7.3.4. (Lösung einparametrischer Aufgaben mit dem Simplexverfahren)
Die lineare einparametrische Aufgabe

$$
\begin{aligned}
z(t) = \max\ &{-3x_1 +} \quad 2x_2 \\
\text{unter}\quad &x_1 + (1 + t)x_2 \le 1 \\
&2x_1 - (1 + t)x_2 \le 4 \\
&x \ge 0
\end{aligned}
$$

führt für $t > -1$ auf das zulässige, aber nicht optimale Starttableau T_0 und das zulässige Tableau T_1.

T_0		x_1	x_2
z	0	-3	2
x_3	1	-1	$-(1+t)$
x_4	4	-2	$1+t$

$\rightarrow$

T_1		x_1	x_3
z	$\frac{2}{1+t}$	$\frac{-5-3t}{1+t}$	$-\frac{2}{1+t}$
x_2	$\frac{1}{1+t}$	$-\frac{1}{1+t}$	$-\frac{1}{1+t}$
x_4	5	-3	-1

Für $t \in T(B_1) = (-1, \infty)$ ist T_1 wegen nicht positiver reduzierter Kosten optimal, die zur Basis $B_1 = (2, 4)$ gehörende Basislösung $x_1 = 0$, $x_2 = \frac{1}{1+t}$ ist nicht negativ und $z(t) = \frac{2}{1+t}$.

Für $t = -1$ enthält T_0 die unbeschränkte Variable x_2 und die lineare Optimierungsaufgabe ist nach oben unbeschränkt.

Für $t < -1$ führt ein Pivotschritt von T_0 auf T_2:

T_2		x_1	x_4
z	$-\frac{8}{1+t}$	$\frac{1-3t}{1+t}$	$\frac{2}{1+t}$
x_3	5	-3	-1
x_2	$-\frac{4}{1+t}$	$\frac{2}{1+t}$	$\frac{1}{1+t}$

Die zugehörige Basis $B_2 = (2, 3)$ ist zulässig und optimal auf $T(B_2) = (-\infty, -1)$, denn dort ist $A_{B_2}(t)$ regulär, die Basislösung $x_3 = 5$, $x_2(t) = \frac{4}{-1-t}$ nicht negativ und die reduzierten Kosten sind nicht positiv. Die Optimalwertfunktion ist auf $T(B_2)$ durch $z(t) = -\frac{8}{1+t}$ gegeben.

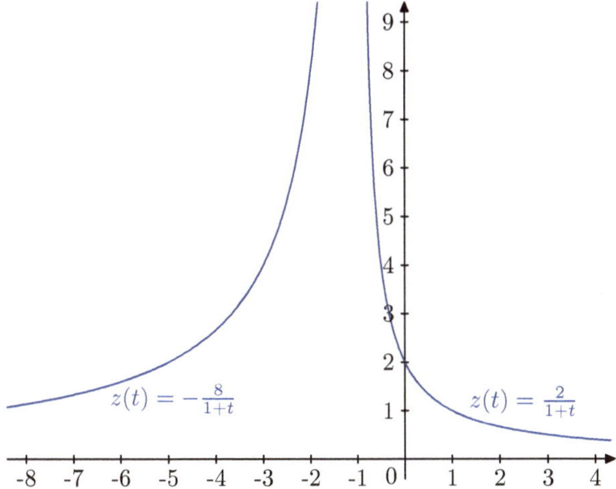

Abb. 7.11 Rationale Optimalwertfunktion mit Polstelle bei $t = -1$

Die Optimalwertfunktion $z\colon T \;\to\; \mathbb{R}$ ist weder konvex noch, eingeschränkt auf einen Optimalitätsbereich, linear. Die Optimalitätsbereiche $T(B_1), T(B_2)$ sind nicht abgeschlossen; T ist weder konvex noch abgeschlossen.

Kapitel 8
Komplexität der linearen Optimierung

Die Laufzeit eines Algorithmus auf einem Computer zur Lösung einer mathematisch modellierten Problemstellung hängt in der Regel vom Umfang des jeweiligen Modells, der sogenannten „Problemgröße", ab. Als Maß für die Laufzeit wird die Anzahl notwendiger elementarer Operationen in Abhängigkeit von der Problemgröße herangezogen. Die hier benutzten Begriffe „Problemgröße" und „elementare Operation" orientieren sich an den auf digitalen Computern gegebenen Möglichkeiten. Die wesentlichen *elementaren Operationen*, die in unseren Algorithmen benutzt werden, sind die Addition, die Subtraktion, die Multiplikation, die Division und Vergleiche, d. h. die Operationen $+, -, \cdot, /, \leq$. Die Problemgröße ist durch die Länge der binären Codierung aller Eingabedaten des Problems gegeben. In der mathematischen Optimierung bestehen die grundlegenden Eingabedaten aus rationalen Zahlen und den daraus zusammengesetzten Vektoren und Matrizen.

Definition 8.0.1 (Größe $\langle z \rangle$ einer Zahl $z \in \mathbb{Z}$). *Die Größe $\langle z \rangle$ einer ganzen Zahl z wird definiert durch*

$$\langle z \rangle := \lceil \log_2(|z| + 1) \rceil + 1 \,.$$

Die Größe einer rationalen Zahl $r = \frac{p}{q}$ mit teilerfremden, ganzen p, q wird dann als $\langle r \rangle := \langle p \rangle + \langle q \rangle$ festgelegt. Die Größe von Vektoren und Matrizen ist die Summe der Größen der jeweiligen Koeffizienten, d. h.

$$\langle A \rangle := \sum_{i=1}^{m} \sum_{j=1}^{n} \langle a_{ij} \rangle$$

für eine $(m \times n)$-Matrix A mit Einträgen $a_{ij} \in \mathbb{Q}$.

Die Laufzeit eines Algorithmus in Abhängigkeit von der Größe $\langle P \rangle$ eines Problems P in einer Problemklasse $[P]$ wird asymptotisch abgeschätzt, wie schon in Kap. 4 beschrieben. Als Beispiel sei etwa der Gauß-Algorithmus zur Lösung linearer Gleichungen $Ax = b$ für eine reguläre, rationale $(n \times n)$-Matrix A und $b \in \mathbb{R}^n$ genannt. Ein Problem P wird hierbei durch die Eingabedaten A, b beschrieben, hat also die Größe $\langle P \rangle = \langle A \rangle + \langle b \rangle$. Die Menge aller derartigen linearen Gleichungen

R. E. Burkard, U. T. Zimmermann, *Einführung in die Mathematische Optimierung*   173
DOI 10.1007/978-3-642-01728-5_8, © Springer-Verlag Berlin Heidelberg 2012

definiert die Problemklasse $[P]$. Die Anzahl elementarer Operationen $f(P)$, also die Laufzeit des Gauß-Algorithmus, ist aus der Linearen Algebra bekannt: es gilt $f(P) = O(n^3)$ für alle $P \in [P]$.

Definition 8.0.2 (Polynomielle Algorithmen). *Sei $[P]$ eine Problemklasse mit rationalen Eingabedaten und ALG ein Algorithmus zur Lösung von Problemen $P \in [P]$ mit der Laufzeit $f(P)$. Dann heißt ALG polynomiell genau dann, wenn für ein beliebiges, aber festes Polynom $p : \mathbb{N} \to \mathbb{N}$ gilt*

$$f(P) = O(p(\langle P \rangle)), \quad P \in [P],$$

und alle im Verlauf des Algorithmus auftretenden Zahlen in binärer Codierung nicht mehr als $O(p(\langle P \rangle))$ Bits an Speicherplatz erfordern.

Offenbar ist der Gauß-Algorithmus ein polynomieller Algorithmus, wenn man nachweisen kann, dass die Größe aller in Zwischenschritten auftretenden rationalen Zahlen polynomiell in der Größe der Eingabedaten beschränkt bleibt. Ein Beweis, der auf Edmonds (1967) zurückgeht, findet sich etwa in Korte und Vygen [52].

Mit Hilfe des Gauß-Algorithmus lässt sich prinzipiell auch die Lösung eines Gleichungssystems mit reellen Koeffizienten bestimmen. Die Problemgröße muss hier anders definiert werden, da sich nicht jede reelle Zahl endlich binär codieren lässt. Als Problemgröße bei reellen Eingabedaten wird die Anzahl $n(P)$ der Eingabedaten festgelegt. Lineare Gleichungen enthalten offenbar $n(P) = n^2 + n$ reelle Koeffizienten.

Definition 8.0.3 (Streng polynomielle Algorithmen). *ALG sei ein polynomieller Algorithmus zur Lösung von $P \in [P]$, der auch entsprechende Probleme $P \in [P]$ mit reellen Eingabedaten löst. Die Anzahl der Eingabedaten sei $n = n(P)$. Dann heißt ALG streng polynomiell, wenn für ein beliebiges aber festes Polynom $p : \mathbb{N} \to \mathbb{N}$ gilt,*

$$f(P) = O(p(n)), \quad P \in [P].$$

Der Gauß-Algorithmus ist wegen $f(P) = O(n^3)$ streng polynomiell.

8.1 Komplexität des Simplexverfahrens

Wir wollen der Frage nachgehen, wieviele Simplexiterationen notwendig sind, bis die Optimallösung einer linearen Optimierungsaufgabe erreicht ist. Die Größe $L := \langle (P) \rangle$ einer linearen Optimierungsaufgabe

$$(P) \quad \max \left\{ c^{\mathrm{T}} x \mid Ax \le b, x \ge 0 \right\}$$

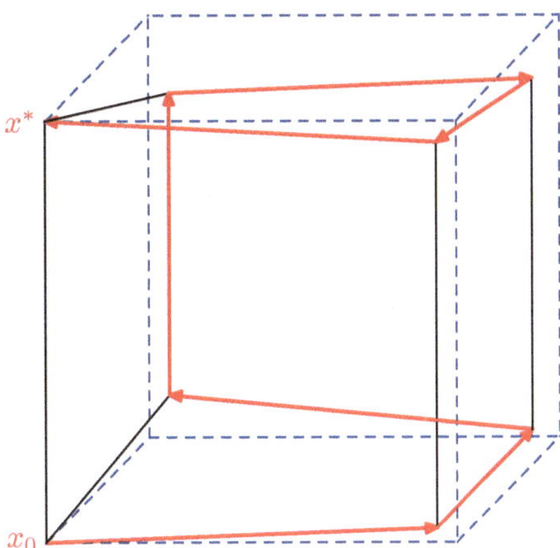

Abb. 8.1 Klee-Minty-Würfel

mit einer $(m \times n)$-Matrix A ist

$$L = \langle A \rangle + \langle b \rangle + \langle c \rangle = \sum_{i=1}^{m} \sum_{j=1}^{n} \log_2(|a_{ij}| + 1) + \sum_{i=1}^{m} \log_2(|b_i| + 1)$$

$$+ \sum_{i=1}^{n} \log_2(|c_j| + 1) + mn + m + n \, .$$

Schon Dantzig kam aufgrund vieler tausender linearer Optimierungsaufgaben zu der Vermutung, dass $O(m \log n)$ Simplexiterationen zur Lösung von (P) für Modelle aus den praktischen Anwendungsbereichen der Linearen Optimierung ausreichen.

Eine obere Schranke für die Folge nicht entarteter Pivotschritte von Startecke zur optimalen Ecke über die Kanten des Polyeders ergibt sich aus dem Graphen des Polyeders, dessen Knoten und Kanten gerade die Ecken und Kanten, also die 0- und 1-dimensionalen Seiten des Polyeders sind. Der Durchmesser eines Graphen ist die maximale Länge eines kürzesten Weges zwischen zwei beliebigen Knoten. Daher ist der Durchmesser eine obere Schranke für die Anzahl nicht entarteter Pivotschritte im Simplexverfahren. Dantzig verwies in seinem Buch zur Linearen Optimierung [21] auf eine Vermutung von Hirsch aus dem Jahr 1957, wonach der Durchmesser des Graphen eines durch m Ungleichungen definierten Polyeders im $\mathbb{R}^n$ höchstens $m - n$ beträgt. Erst 2011 wurde diese Vermutung durch ein Gegenbeispiel von Santos widerlegt. Es bleibt aber auch danach weiterhin möglich, dass der Durchmesser in m und n linear beschränkt ist. Allerdings lässt die beste bekannte obere Schranke $O(m^{1+\log n})$, die 1992 von Kalai und Kleitman veröffentlicht wurde, noch viel Spielraum. Für eine ausführliche Diskussion dieser und verwandter Fragestellungen verweisen wir auf die Übersichtsarbeit von De Loera [23] zur Komplexität und Geometrie der Linearen Optimierung, in der sich auch ein umfassendes Literaturverzeichnis findet.

Groß war zunächst die Überraschung, als 1972 Klee und Minty [50] nachwiesen, dass es eine Klasse von Problemen – deren zulässige Mengen verzerrte Würfel sind – gibt, bei denen alle 2^n Ecken im Simplexverfahren durchlaufen werden, bevor die Optimallösung erreicht wird. Allerdings ist dies keineswegs eine Aussage über den Durchmesser des Graphen des Polyeders, da dies nur gilt, wenn im Simplexverfahren die Auswahlspalte jeweils durch den größten reduzierten Zielfunktionskoeffizienten bestimmt wird. Eine Variante dieser linearen Optimierungsaufgaben von Klee und Minty hat die Form

$$
\begin{aligned}
\min \quad & -x_n \\
\text{unter} \quad 0 \ \leq\ & x_1 \ \leq\ 1 \\
\varepsilon x_1 \ \leq\ & x_2 \ \leq\ 1 - \varepsilon x_1 \\
\varepsilon x_2 \ \leq\ & x_3 \ \leq\ 1 - \varepsilon x_2 \\
& \ \ \vdots \\
\varepsilon x_{n-1} \ \leq\ & x_n \ \leq\ 1 - \varepsilon x_{n-1}
\end{aligned}
$$

Bezogen auf die Länge der Eingabedaten benötigt das Simplexverfahren mit der angegebenen Spaltenauswahlregel für diese Klasse von Problemen exponentiell viele Iterationen. Schon für $n = 50$ auf einem Computer, der 100 Iterationen pro Sekunde schafft, müsste man 350 000 Jahre warten, bis die optimale Ecke gefunden ist.

Andere Autoren konstruierten in der Folge auch für viele weitere Spaltenauswahlregeln Beispielklassen, bei denen im Simplexverfahren alle Ecken durchlaufen werden. Die Frage, ob es eine Spalten- und Zeilenauswahlregel für das Simplexverfahren gibt, für die es nach polynomiell vielen Iterationen endet, ist bis heute ungelöst. Auch für eine detaillierte, theorieorientierte Diskussion von Spaltenauswahlregeln verweisen wir auf die Übersichtsarbeit von De Loera [23].

Bis 1979 war nicht bekannt, ob es überhaupt einen polynomiellen Algorithmus zur Lösung linearer Optimierungsaufgaben gibt. Erst 1979 wies Khachian nach, dass lineare Optimierungsaufgaben durch die sogenannte Ellipsoidmethode in $O(n^4 L)$ Schritten gelöst werden können. Damit war die polynomielle Lösbarkeit der linearen Optimierungsaufgabe gezeigt. Anschließend wurde jahrelang vergeblich versucht, diese Methode in ein praktikables nummerisches Verfahren zur Lösung linearer Optimierungsaufgaben umzusetzen.

1984 beschrieb Karmarkar eine projektive Methode zur Lösung linearer Optimierungsaufgaben und wies für diese Verfahren die Laufzeit-Schranke $O(n^{3.5} L)$ nach. Er behauptete provokativ, diese Methode wäre für praktische Probleme um den Faktor 100 schneller als das Simplexverfahren. Die resultierende kontroverse Diskussion löste eine Flut von Veröffentlichungen über Innere-Punkte-Methoden aus, die inzwischen tatsächlich zu praktikablen Alternativen zum Simplexverfahren geführt hat. Auch wenn die Entwicklung hier noch lange nicht abgeschlossen ist, kann man wohl feststellen, dass sehr effektive Varianten von Inneren-Punkte-Methoden wie auch vom Simplexverfahren zur Lösung linearer Optimierungsaufgaben zur Verfügung stehen. Welches Verfahren bei welcher Struktur der Restriktionen in großen praktischen Anwendungen besonders erfolgreich sein wird, ist erst in Ansätzen bekannt.

Ein streng polynomieller Algorithmus zur Lösung linearer Optimierungsaufgaben ist bislang trotz erheblicher Anstrengungen nicht entwickelt worden. Tardos ([71], 1986) beschrieb einen polynomiellen Algorithmus, der nur von $\langle A \rangle$ abhängt. Eine Verallgemeinerung findet sich in Frank und Tardos ([31], 1987). Ein andersartiger, aktueller Ansatz findet sich in Fujishige, Hayashi, Yamashita und Zimmermann ([32], 2009), ohne bislang zu einem Durchbruch zu führen. In Abschn. 8.3 werden wir einen streng polynomiellen, linearen Algorithmus zur Lösung von linearen Optimierungsaufgaben in zwei Variablen vorstellen.

Theoretische Aussagen über die mittlere Anzahl von Iterationen (average case performance) im Simplexverfahren sind schwierig zu erhalten und nur unter einschränkenden unbefriedigenden Annahmen über die Verteilung der Problemdaten abzuleiten. Borgwardt zeigte 1977 in seiner Dissertation als Erster, dass bei Verwendung spezieller Spalten- und Zeilenauswahlregeln das Simplexverfahren im Mittel nur polynomiell viele Iterationen braucht. Für spezielle Varianten des Simplexverfahrens hat Borgwardt 1987 die Schranke $O(m^4 n^{\frac{1}{m-1}})$ angeben können. Eine ausführliche Diskussion des mittleren Verhaltens des Simplexverfahrens findet sich in der Monographie Borgwardt [10]. Später wurde von Adler und Megiddo [1] gezeigt, dass die erwartete Anzahl von Pivotoperationen im Simplexverfahren $O(\min\{m^2, n^2\})$ beträgt. Damit werden Dantzigs empirische Beobachtungen zum mittleren Verhalten des Simplexalgorithmus, die immer wieder in aktuellen Studien bestätigt worden sind, auch theoretisch untermauert.

8.2 Ellipsoidverfahren

Da negative Komplexitätsaussagen über das Simplexverfahren nichts darüber aussagen, ob lineare Optimierungsaufgaben in polynomieller Zeit gelöst werden können, wurde nach der Veröffentlichung von Klee und Minty [50] angestrengt versucht, andere, zumindest theoretisch effizientere Verfahren zu entwickeln. Im Jahre 1979 konnte Khachian [49] in einer aufsehenerregenden Arbeit nachweisen, dass lineare Optimierungsaufgaben tatsächlich polynomiell lösbar sind. Eine wichtige Übersichtsarbeit zu der von Khachian entwickelten Ellipsoidmethode wurde von Bland, Goldfarb und Todd [9] veröffentlicht. Die weiter gehenden Hoffnungen für die Praxis, die man mit Khachians Ellipsoidverfahren verband, haben sich aber nicht erfüllt. Das Simplexverfahren und seine Varianten zur Lösung linearer Optimierungsaufgaben sind nummerisch den Ellipsoidverfahren in der Praxis weit überlegen. Eine praktisch brauchbare Alternative zu Simplexverfahren wurde erst mit den ebenfalls polynomiellen Inneren-Punkte-Verfahren gefunden, deren erstes auf Karmarkar [48] zurückgeht. Wir werden Innere-Punkte-Verfahren im nächsten Kapitel vorstellen und analysieren.

Rückführung auf die Bestimmung zulässiger Punkte

Zunächst werden wir die Idee von Ellipsoidverfahren skizzieren und uns dabei an den Ausführungen von Gács und Lovász [33] und Schrader [62] orientieren. In einem ersten Schritt stellen wir fest:

Satz 8.2.1. *Die Optimierung einer linearen Zielfunktion über einem Polyeder kann auf die Aufgabe, einen zulässigen Punkt in einem Polyeder zu bestimmen, zurückgeführt werden.*

Beweis. Die Rückführung der linearen Optimierungsaufgabe

$$(LP) \quad \max\left\{c^T x \mid Ax \le b, x \ge 0\right\}$$

ergibt sich aus der Dualitätstheorie der linearen Optimierung unter Einbeziehung der dualen Optimierungsaufgabe $\min\left\{y^T b \mid A^T y \ge c, y \ge 0\right\}$.

Sind sowohl das primale Polyeder $P := \{x \in \mathbb{R}^n \mid Ax \le b, x \ge 0\}$ als auch das duale Polyeder $D := \left\{y \in \mathbb{R}^m \mid A^T y \ge c, y \ge 0\right\}$ nicht leer, so sind die optimalen Paare x^*, y^* die zulässigen Lösungen des durch das Ungleichungssystem

$$Ax^* \le b, \; x^* \ge 0, \; A^T y^* \ge c, \; y^* \ge 0, \; b^T y^* \le c^T x^*$$

beschriebenen Polyeders im $\mathbb{R}^{n+m}$. Falls $P \ne \emptyset$, aber $D = \emptyset$, so ist die primale Zielfunktion unbeschränkt. Falls $P = \emptyset$, so ist (LP) unzulässig. $\square$

Rückführung auf die Bestimmung zulässiger, innerer Punkte

Es genügt also, einen zulässigen Punkt eines Polyeders, etwa des Polyeders $P(A,b) := \{x \mid Ax \le b\}$ bestimmen zu können. Khachians Idee war es nun, die Bestimmung zulässiger Punkte auf die Bestimmung zulässiger, innerer Punkte zurückzuführen. Ein innerer Punkt $\bar{x}$ ist dabei als zulässige Lösung eines Systems strenger Ungleichungen, etwa durch $\bar{x} \in P^<(A,b) := \{x \in \mathbb{R}^n \mid Ax < b\}$, definiert. Nehmen wir an, wir kennen einen polynomiellen Algorithmus zur Bestimmung innerer Punkte. Diesen Algorithmus verwenden wir im Folgenden, um ein $x \in P(A,b)$ zu finden. Wir untersuchen dazu die Polyeder $P_i(A,b) := \{x \in \mathbb{R}^n \mid A_I x \le b_I\}$, mit $I := \{1, 2, \ldots, i\}$ für $i = 1, \ldots, m$, und deren innere Punkte $P_i^<(A,b) := \{x \in \mathbb{R}^n \mid A_I x < b_I\}$.

Wir prüfen, ob die Polyeder $P_i^<$ für $i = 1, \ldots, m$ nicht leer sind. Ist dies der Fall bis hin zu $i = m$, so hat man wegen $P^< \subseteq P(A,b)$ einen zulässigen Punkt für das Ausgangsproblem gefunden.

Falls andererseits $P_{i-1}^< \ne \emptyset$ aber $P_i^< = \emptyset$, so folgt $P_{i-1} \subseteq \{x \mid a_i^T x \ge b_i\}$. Daher gilt für jede potentielle Lösung $\bar{x} \in P_i$ die Gleichung $a_i^T \bar{x} = b_i$. Wir können also diese Restriktion nach einer Variablen auflösen und damit diese Variable anschließend in allen anderen Restriktionen eliminieren.

Für das um eine Variable und eine Restriktion verkleinerte System beginnen wir erneut mit den Prüfungen. Mit höchstens $O(m^2)$ Aufrufen des polynomiellen Algorithmus zur Bestimmung innerer Punkte finden wir entweder eine zulässige Lösung von $P(A, b)$ oder die Tatsache $P(A, b) = \emptyset$. Die Laufzeit der gesamten Prozedur ist offenbar immer noch polynomiell.

Ellipsoidmethode zur Bestimmung zulässiger, innerer Punkte

Im Folgenden wollen wir annehmen, dass alle Eingangsdaten in A und b ganzzahlig sind. Dies ist für rationale Daten keine Einschränkung und irrationale Daten können auf Computern nicht endlich binär kodiert werden. Als *Länge* oder *Größe* L der Eingangsdaten in binärer Codierung verwenden wir

$$L = \sum_{i=1}^{m} \sum_{j=1}^{n} \log_2(|a_{ij}| + 1) + \sum_{i=1}^{m} \log_2(|b_i| + 1) + \log_2 nm + 1,$$

wobei wir anmerken, dass im Vergleich zu unserer früheren Definition $L \leq \langle A \rangle + \langle b \rangle$ gilt, so dass polynomielle Schranken in L erst recht solche in $\langle A \rangle + \langle b \rangle$ liefern.

Einen nützlichen Zusammenhang zwischen der binären Codierung und der *euklidischen Norm* $\|d\|_2^2 := \sum_{i=1}^{m} d_i^2$ eines m-dimensionalen Vektors $d = (d_i)$ liefert die Ungleichung

$$\|d\|_2 \leq \prod_{i=1}^{m} (|d_i| + 1) = 2^{\sum_{i=1}^{m} \log_2(|d_i|+1)}.$$

Wir verwenden derartige Abschätzungen auch für Produkte $\rho(A)$ der euklidische Normen der Spalten von Matrizen, d. h. für die Spalten $A_1, A_2, \ldots, A_n$ der $(m \times n)$-Matrix $A = (a_{ij})$

$$\rho(A) := \prod_{j=1}^{n} \|A_j\|_2 \leq 2^{\sum_{i=1}^{m} \sum_{j=1}^{n} \log_2(|a_{ij}|+1)}.$$

Außerdem setzen wir im Rest des Abschnitts o. B. d. A. $m \geq n = \text{rang } A$ voraus. Insbesondere, da das Polyeder $P(A, b)$ keine Gerade enthält, besitzt es Ecken (siehe Satz 2.4.1) oder ist leer. Jede Ecke x ist festgelegt als Lösung von $A_I x = b_I$ für eine reguläre $(n \times n)$ Teilmatrix A_I von A mit Zeilenindizes $I \subseteq \{1, 2, \ldots, m\}$.

Lemma 8.2.2. (Hadamard'sche Ungleichung) Sei $D = (D_1 D_2 \ldots D_n)$ eine reelle $(n \times n)$-Matrix. Dann gilt $|\det(D)| \leq \rho(D)$.

Beweis. Der Beweis der Hadamard'schen Ungleichung ergibt sich aus der Tatsache, dass $|\det(D)|$ das Volumen des Parallelepipeds ist, das von den Spaltenvektoren der Matrix D aufgespannt wird. Der j-te Spaltenvektor hat die Länge $l_j = \|D_j\|_2$ und das Volumen des Parallelepipeds ist durch das Volumen eines Quaders mit den Seitenlängen l_j nach oben beschränkt, woraus sich unmittelbar die Hadamard'sche Ungleichung ergibt. $\qquad\square$

Ersetzt man in einer regulären, ganzzahligen $(n \times n)$-Matrix $D = (D_1 D_2 \dots D_n)$ die j-te Spalte durch einen ganzzahligen Vektor $h \in \mathbb{Z}^n$, so erhält man

$$D^j(h) := (D_1 \dots D_{j-1} \, h \, D_{j+1} \dots D_n), \, j \in \{1, 2, \dots, n\} \,.$$

Lemma 8.2.3. Die eindeutige Lösung von $Dx = h$ hat nach der Cramer'schen Regel die rationalen Komponenten $x_j = \frac{\det(D^j(h))}{\det(D)}$, für die gilt

$$|x_j| \le |\det(D^j(h)| \le \rho(D^j(h)) \le \rho(D)\|h\|_2$$
$$\le 2^{\sum_{j=1}^m \log_2(|h_j|+1) + \sum_{i=1}^n \sum_{j=1}^n \log_2(|d_{ij}|+1)} \,.$$

Für $x_j \ne 0$ gilt außerdem

$$|x_j| \ge \frac{1}{|\det(D)|} \ge \frac{1}{\rho(D)} \ge 2^{-\sum_{i=1}^n \sum_{j=1}^n \log_2(|d_{ij}|+1)} \,.$$

Beweis. Da die in der Cramer'schen Regel der Linearen Algebra auftretenden Determinanten ganzzahlig sind, ist x rational, $|\det(D)| \ge 1$ und für $x_j \ne 0$ auch $|\det(D^j(h))| \ge 1$. Mit Hilfe der Hadamard'schen Ungleichung 8.2.2 folgen alle übrigen Ungleichungen. $\qquad\qquad\square$

Falls $P^<(A, b) \ne \emptyset$, so besitzt $P(A, b)$ Ecken und deren Koordinaten sind nach Lemma 8.2.3 beschränkt.

Lemma 8.2.4. Falls $P(A, b) \ne \emptyset$, so ist jede Ecke x des Polyeders $P(A, b)$ rational und für jedes $x_j \ne 0$ gilt

$$\frac{mn}{2^L} < |x_j| < \frac{2^L}{mn} \,.$$

Beweis. Jede Ecke x von $P(A, b)$ ist Lösung eines Gleichungssystems $A_I x = b_I$ für eine reguläre $(n \times n)$ Teilmatrix A_I von A mit Zeilenindizes $I \subseteq \{1, 2, \dots, m\}$. Die Spalten von A_I sind also Teilvektoren der Spalten von A und b_I ist ein Teilvektor von b. Daher liefern Lemma 8.2.3 und die Definition von L für jede positive Koordinate

$$\frac{mn}{2^L} < \frac{1}{\rho(A)} \le |x_j| \le \|b\|_2 \rho(A) < \frac{2^L}{mn} \,.$$

$$\square$$

Zur geometrischen Beschreibung der Schranken betrachten wir für $\delta > 0$ abgeschlossene Würfel $W(\delta)$ und Kugeln $U(\delta)$, wobei

$$W(\delta) := \{x \in \mathbb{R}^n \mid \|x\|_\infty \le \delta\}, \quad U(\delta) := \{x \in \mathbb{R}^n \mid \|x\|_2 \le \delta\} \,.$$

Offenbar gilt $W(\delta) \subseteq U(\delta\sqrt{n})$. Insbesondere liegen nach Lemma 8.2.4 alle Ecken des Polyeders $P(A,b)$ im Inneren des Würfels $W(2^L/n)$. Für nicht leere Polyeder $P^<(A,b)$ ergibt sich daraus eine untere Schranke für das Volumen des Polytops $T := P(A,b) \cap W(2^L/n)$.

Lemma 8.2.5. Ist $P^<(A,b) \neq \emptyset$, dann gilt vol $T \geq 2^{-(n+1)L}$.

Beweis. Da $P^<(A,b)$ nicht leer ist, besitzt das Polyeder $P(A,b)$ mindestens eine Ecke x. Nach Lemma 8.2.4 gilt $\|x\|_\infty < 2^L/n$, d.h. x ist innerer Punkt von $W(2^L/n)$. Daher besitzt das Polytop T innere Punkte und infolgedessen auch mindestens $n+1$ Ecken $x^0, \ldots, x^n$, die ein n-dimensionales Simplex $S \subseteq T$ aufspannen. Also gilt nach einer bekannten Formel für das Volumen von Simplices

$$\mathrm{vol}(T) \geq \mathrm{vol}(S) = \frac{1}{n!} \left| \det \begin{pmatrix} 1 & \cdots & 1 \\ x^0 & \cdots & x^n \end{pmatrix} \right|.$$

Mit x_k^j bezeichnen wir im Folgenden die k-te Komponente der j-ten Ecke des betrachteten Simplex. Die Ecken von T sind Lösungen regulärer Gleichungssysteme mit Koeffizientenmatrizen, deren Zeilen zu den Matrizen A und $\pm E$ gehören.

Nach der Cramer'schen Regel (siehe Lemma 8.2.3) gilt $x_k^j = u_k^j / \det(D^j)$ mit ganzzahligen u_k^j und $1 \leq |\det(D^j)| \leq \rho(A) \leq 2^L/n$. Insgesamt lassen sich die Ecken darstellen durch $x^j = u^j/d^j$ mit ganzzahligen Vektoren u^j und Nennern $1 \leq d^j \leq 2^L/n$, so dass

$$\left| \det \begin{pmatrix} 1 & \cdots & 1 \\ x^0 & \cdots & x^n \end{pmatrix} \right| = \left(\prod_{j=0}^{n} d_j \right)^{-1} \left| \det \begin{pmatrix} d_0 & \cdots & d_n \\ u^0 & \cdots & u^n \end{pmatrix} \right|$$

$$\geq \left(\prod_{j=0}^{n} d_j \right)^{-1} \geq 2^{-(n+1)L} n^{n+1}.$$

Damit beträgt das Volumen des Polytops T mindestens

$$\mathrm{vol}(T) \geq \frac{2^{-(n+1)L} n^{n+1}}{n!} > 2^{-(n+1)L}.$$

$\square$

Im Ellipsoidverfahren wird eine Folge schrumpfender Ellipsoide betrachtet, bis entweder der Mittelpunkt eines Ellipsoids zulässig ist oder das Volumen des aktuellen Ellipsoids die Schranke nach Lemma 8.2.5 unterschreitet. Wenn $P^<(A,b)$ nicht leer ist, dann enthält nach Lemma 8.2.5 die Kugel $E_0 = U(2^L/\sqrt{n})$ das Polytop $T \subseteq P(A,b)$, dessen Volumen mindestens $2^{-(n+1)L}$ ist. Im ersten Schritt testet man, ob der Mittelpunkt $x_0 = 0$ von E_0 in $P^<(A,b)$ liegt. Ist dies der Fall, so ist ein zulässiger innerer Punkt gefunden. Andernfalls gibt es eine Restriktion $a_i^T x < b_i$, die von x_0 verletzt wird. Man betrachtet daher die Halbkugel

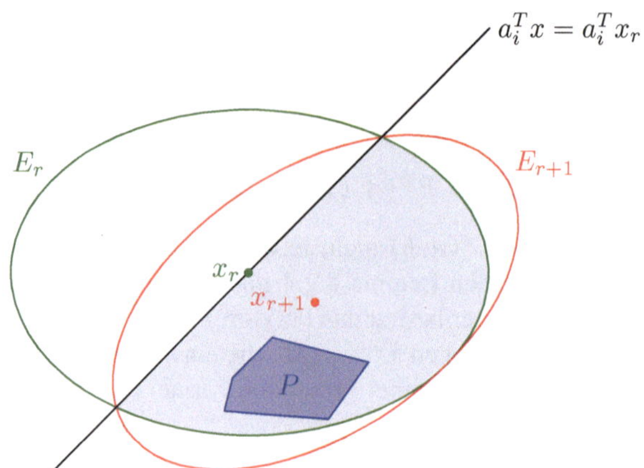

Abb. 8.2 Ellipsoidmethode

$E_0 \cap \{x \mid a_i^T x \le a_i^T x_0\}$, die offenbar T enthält, und legt um diese Halbkugel ein Ellipsoid E_1 mit minimalem Volumen und neuem Mittelpunkt x_1. Im Allgemeinen ist also ein Ellipsoid E_r mit Mittelpunkt x_r und $T \subseteq E_r$ gegeben. Man prüft, ob $x_r \in P^<(A, b)$ gilt, und konstruiert anderenfalls ein neues Ellipsoid E_{r+1} mit kleinerem Volumen, das wiederum T enthält. Falls das Volumen von E_r unter die im Lemma 8.2.5 angegebene Schranke gefallen ist, muss $P^<(A, b)$ leer sein.

Wenn wir zeigen können, dass nach polynomiell vielen Schritten entweder ein zulässiger Punkt für $P^<(A, b)$ gefunden wird oder das Volumen des zuletzt betrachteten Ellipsoids unter die Schranke $2^{-(n+1)L}$ gefallen ist, dann haben wir modulo des Aufwands zur Durchführung einer Iteration ein polynomielles Verfahren zur Bestimmung innerer Punkte von Polyedern und damit auch zur Lösung von linearen Optimierungsaufgaben gewonnen.

Die im Verfahren auftretenden Ellipsoide mit dem Mittelpunkt x_0 werden durch

$$E(x_0, C) := \{x \in \mathbb{R}^n \mid (x - x_0)^T C^{-1} (x - x_0) \le 1\}$$

mit einer reellen, symmetrischen, positiv definiten $(n \times n)$-Matrix C beschrieben. Wird dieses Ellipsoid mit einem Halbraum $\{x \in \mathbb{R}^n \mid a^T x \le a^T x_0\}$, $a \ne 0$, geschnitten, so erhält man das Halbellipsoid

$$E(x_0, C; a) := E(x_0, C) \cap \{x \in \mathbb{R}^n \mid a^T (x - x_0) \le 0\} \, .$$

Wir definieren ein neues Ellipsoid $E(\bar{x}_0, \bar{C})$ durch

$$\bar{x}_0 := x_0 - \frac{1}{n+1} \frac{Ca}{\sqrt{a^T Ca}}, \tag{8.1}$$

$$\bar{C} := \frac{n^2}{n^2 - 1} \left(C - \frac{2}{n+1} \frac{Ca(Ca)^T}{a^T Ca} \right) . \tag{8.2}$$

Offenbar ist $\bar{C}$ symmetrisch. Um einzusehen, dass $\bar{C}$ positiv definit ist, betrachten wir die Cauchy-Schwarz'sche Ungleichung für das Skalarprodukt $\langle x, y \rangle := x^{\mathrm{T}} C y$ zur positiv definiten Matrix C, d. h. :

$$(x^{\mathrm{T}} C a)(a^{\mathrm{T}} C x) = \langle x, a \rangle^2 \leq \|a\|^2 \|x\|^2 = (a^{\mathrm{T}} C a)(x^{\mathrm{T}} C x).$$

Daher ist für beliebiges $x \neq 0, n \geq 2$,

$$\begin{aligned}
x^{\mathrm{T}} \bar{C} x &= \frac{n^2}{n^2 - 1} \left(x^{\mathrm{T}} C x - \frac{2}{n+1} \frac{(x^{\mathrm{T}} C a)(a^{\mathrm{T}} C x)}{a^{\mathrm{T}} C a} \frac{x^{\mathrm{T}} C x}{x^{\mathrm{T}} C x} \right) \\
&= \frac{n^2}{n^2 - 1} (x^{\mathrm{T}} C x) \left(1 - \frac{2}{n+1} \frac{(x^{\mathrm{T}} C a)(a^{\mathrm{T}} C x)}{(a^{\mathrm{T}} C a)(x^{\mathrm{T}} C x)} \right) > 0.
\end{aligned}$$

Lemma 8.2.6. $E(x_0, C; a) \subseteq E(\bar{x}_0, \bar{C})$.

Beweis. Da die Teilmengeneigenschaft invariant gegenüber affinen Transformationen ist, können wir o. B. d. A. annehmen, dass $x_0 = 0$, $a = (-1, 0, \ldots, 0)^{\mathrm{T}}$ und dass $E(x_0, C)$ die Einheitskugel ist, d. h. C ist die Einheitsmatrix. Dann erhalten wir nach (8.1)

$$\bar{x}_0 = \left(\tfrac{1}{n+1} \ 0 \ldots 0 \right)^{\mathrm{T}}$$

und

$$\bar{C} = \mathrm{diag} \left(\tfrac{n^2}{(n+1)^2} \ \tfrac{n^2}{n^2-1} \ \cdots \ \tfrac{n^2}{n^2-1} \right). \tag{8.3}$$

Für $x \in E(x_0, C; a)$ gilt $\|x\|_2^2 = x^{\mathrm{T}} x \leq 1$ und $1 \geq x_1 = -a^{\mathrm{T}} x \geq 0$. Daher ist

$$\begin{aligned}
(x - \bar{x}_0)^{\mathrm{T}} \bar{C}^{-1} (x - \bar{x}_0) &= x^{\mathrm{T}} \bar{C}^{-1} x - 2 x^{\mathrm{T}} \bar{C}^{-1} \bar{x}_0 + \bar{x}_0^{\mathrm{T}} \bar{C}^{-1} \bar{x}_0 \\
&= \frac{n^2 - 1}{n^2} \|x\|^2 + \frac{2(n+1)}{n^2} x_1^2 - 2 \frac{n+1}{n^2} x_1 + \frac{1}{n^2} \\
&= \frac{n^2 - 1}{n^2} \left(\|x\|^2 - 1 \right) + \frac{2n+2}{n^2} x_1 (x_1 - 1) + 1 \leq 1,
\end{aligned}$$

d. h. $x \in E(\bar{x}_0, \bar{C})$. $\qquad\qquad \square$

Wir fassen die bisherigen Überlegungen in der Ellipsoidmethode in Algorithmus 8.1 zusammen.

Um die Korrektheit des Abbruchkriteriums nachzuweisen, ermitteln wir zunächst den Schrumpfungsfaktor für die Volumina sukzessiver Ellipsoide.

Lemma 8.2.7. Es gilt

$$\mathrm{vol}\left(E(\bar{x}_0, \bar{C}) \right) = \left(\frac{n^2}{n^2 - 1} \right)^{(n-1)/2} \frac{n}{n+1} \mathrm{vol}(E(x_0, C))$$

und der Schrumpfungsfaktor ist kleiner als $e^{-1/(2(n+1))}$.

Algorithmus 8.1: Ellipsoidmethode

EINGABE: Ganzzahlige $(m \times n)$-Matrix A mit $m \geq n = \operatorname{rang} A$ und ganzzahliger m-Vektor b.

AUSGABE: Zulässiger innerer Punkt $x \in P^<(A, b)$ oder die Aussage $P^<(A, b) = \emptyset$.

$$x_0 := 0, C_0 := \frac{2^{2L}}{n} E, r := 0.$$

while $r \leq 6n(n+1)L$ **do**

    if $\max_{1 \leq i \leq m} (a_i^\mathrm{T} x_r - b_i) < 0$ **then return** x_r;

    Wähle ein i mit $a_i^\mathrm{T} x_r \geq b_i$;

$$x_{r+1} := x_r - \frac{1}{n+1} \frac{C_r a_i}{\sqrt{a_i^\mathrm{T} C_r a_i}};$$

$$C_{r+1} := \frac{n^2}{n^2-1} \left(C_r - \frac{2}{n+1} \frac{(C_r a_i)(C_r a_i)^\mathrm{T}}{a_i^\mathrm{T} C_r a_i} \right);$$

    $r := r + 1$;

end

return $P^<(A, b) = \emptyset$;

Beweis. Da affine Transformationen das Verhältnis zweier Volumina nicht ändern, übernehmen wir

$$x_0 = 0, a = -E_1, C = E, \bar{C} = \operatorname{diag}\left(\tfrac{n^2}{(n+1)^2} \ \tfrac{n^2}{n^2-1} \ \cdots \ \tfrac{n^2}{n^2-1} \right)$$

aus dem Beweis von Lemma 8.2.6. Bekanntlich ist das Volumen eines Ellipsoids $E(0, C)$ gegeben durch $c(n)\sqrt{\det(C)}$ mit einer von der Dimension abhängigen Konstanten $c(n)$. Daher gilt

$$\operatorname{vol}(E(\bar{x}_0, \bar{C})) = \frac{\sqrt{\det \bar{C}}}{\sqrt{\det C}} \operatorname{vol}(E(x_0, C)) = \sqrt{\det \bar{C}} \operatorname{vol}(E(x_0, C))$$

$$= \frac{n}{n+1} \left(\frac{n^2}{n^2-1} \right)^{(n-1)/2} \operatorname{vol}(E(x_0, C)).$$

Aus $\frac{n^2}{n^2-1} = 1 + \frac{1}{n^2-1} < e^{1/(n^2-1)}$ und $\frac{n}{n+1} = 1 - \frac{1}{n+1} < e^{-1/(n+1)}$ folgt die Abschätzung des Schrumpfungsfaktors. $\qquad\square$

Man kann leicht den folgenden Satz über die Abbruchbedingung beweisen.

Satz 8.2.8. *Wenn der Algorithmus in $6n(n+1)L$ Schritten nicht stoppt, dann ist $P^<(A, b)$ leer.*

Beweis. Nehmen wir an, dass $P^<(A, b)$ innere Punkt besitzt und der Algorithmus in $k := 6n(n+1)L$ Schritten nicht stoppt. Das Polytop $T = P(A, b) \cap W(2^L/n)$ hat nach Lemma 8.2.5 mindestens das Volumen $2^{-(n+1)L}$ und ist in der Kugel $E_0 =$

$U(2^L/\sqrt{n})$ enthalten. Nach Lemma 8.2.6 gilt $T \subset E_k$. Da $E_0 \subseteq W(2^L/\sqrt{n})$, ist vol $E_0 < \frac{2^{(L+1)n}}{(\sqrt{n})^n}$. Somit ergibt sich wegen $e > 2$, $n \geq 2$ und $L \geq 2$ und Lemma 8.2.7 der Widerspruch

$$\text{vol } E_k < e^{-k/(2(n+1))} \text{ vol } E_0 < e^{-3nL}\frac{2^{(L+1)n}}{(\sqrt{n})^n}$$

$$< 2^{-2nL+n} \leq 2^{-(n+1)L} \leq \text{vol } T \leq \text{vol } E_k \,.$$

$\square$

Um zu beweisen, dass durch das obige Verfahren tatsächlich in polynomieller Zeit die Aufgabe gelöst wird, ist noch eine zusätzliche Überlegung notwendig. Der Aufwand pro Iteration ist offenbar polynomiell, wenn man zunächst von den auftretenden Quadratwurzeln absieht. Diese können bei exakter Rechnung auf irrationale Zahlen führen. Khachian konnte aber zeigen, dass Lemma 8.2.6 auch gilt, wenn man alle Ellipsoide um den Faktor $2^{1/8n^2}$ aufbläht und die Berechnungen so durchführt, dass nur $23L$ Stellen vor dem Komma und $38nL$ Stellen nach dem Komma berücksichtigt werden.

Eine ausführliche Diskussion des historischen Hintergrunds der Ellipsoidmethode, die u. a. auf grundlegenden Arbeiten von Judin und Nemirovskii [46] aufbaut, sowie Varianten und Weiterentwicklungen dieser Methode finden sich in Schrader [62].

8.3 Lineare Optimierungsaufgaben in zwei Variablen

Megiddo [58] zeigt, dass lineare Optimierungsaufgaben im $\mathbb{R}^n$ mit m Restriktionen in linearer Laufzeit $O(m)$ gelöst werden können. Dies ist bemerkenswert, da selbst das Simplexverfahren für Probleme in der Ebene ($n = 2$) für jeden Pivotschritt einen Aufwand $O(m)$ und daher einen Gesamtaufwand von mindestens $O(m^2)$ hat. Im Folgenden skizzieren wir Megiddo's Algorithmus (Meggido [57]) für lineare Optimierungsaufgaben in zwei Variablen. Dabei nehmen wir an, dass $m \geq 4$ gilt. Für kleinere Werte von m kann die Aufgabe in naheliegender Weise gelöst werden.

Eine lineare Optimierungsaufgabe der Form

$$
\begin{aligned}
\max \quad & c_1 x_1 + c_2 x_2 \\
\text{unter} \quad & a_{i1} x_1 + a_{i2} x_2 \leq \beta_i \ (i \leq 1 \leq m) \\
& x_1 \geq 0, \quad x_2 \geq 0,
\end{aligned}
$$

kann in linearer Zeit auf die Form

$$
\begin{aligned}
\min \quad & y \\
\text{unter} \ & a_i x + b_i \leq y \leq a_j x + b_j \quad (i \in I, j \in J) \\
& a \leq x \leq b,
\end{aligned}
$$

gebracht werden. Dabei gilt $|I| + |J| \leq m$, $a \geq -\infty$ und $b \leq \infty$. Man definiert zwei Funktionen

$$g(x) := \max\{a_i x + b_i \mid i \in I\},$$
$$h(x) := \min\{a_j x + b_j \mid j \in J\}.$$

Beide Funktionen sind stückweise linear, $g(x)$ ist konvex und $h(x)$ ist konkav. Die Differenzfunktion $f(x) := g(x) - h(x)$ ist daher konvex. Damit lässt sich die zweidimensionale lineare Optimierungsaufgabe als eindimensionale konvexe Optimierungsaufgabe

$$\min\{g(x) \mid f(x) \leq 0, a \leq x \leq b\}$$

mit einer konvexen Restriktion formulieren. Die Mengen $P = \{x \mid f(x) \leq 0, a \leq x \leq b\}$ und P^* der zulässigen bzw. minimalen Lösungen können leer sein. Megiddo's Lösungsverfahren basiert auf dem Test von $O(m)$ möglichen Minima $\bar{x} \in [a, b]$.

Die Tests beruhen auf den für eine konvexe (oder konkave) Funktion existierenden Richtungsableitungen, siehe etwa Korollar 13.2.6. Der hier interessierende eindimensionale Fall wird in Beispiel 13.2.1 im Rahmen der konvexen Optimierung genauer diskutiert und führt auf das Bisektionsverfahren 15.2 zur Bestimmung eines globalen Minimums einer konvexen Funktion. Wir fassen kurz die hier benutzten Eigenschaften zusammen. Eine konvexe Funktion $\phi \colon \mathbb{R} \to \mathbb{R}$ besitzt links- und rechtsseitige Ableitungen $\phi'_{\pm} \colon \mathbb{R} \to \mathbb{R}$, mit denen sich die Lage der Menge X^* möglicher Minima eingrenzen lässt. Es gilt entweder

$$X^* \subseteq \begin{cases} \{x \mid x < \bar{x}\} & \phi'_-(\bar{x}) > 0, \\ \{x \mid x > \bar{x}\} & \phi'_+(\bar{x}) < 0, \end{cases}$$

oder $\bar{x} \in X^*$, falls $\phi'_-(\bar{x}) \leq 0 \leq \phi'_+(\bar{x})$.

Die links- und rechtsseitigen Ableitungen von g, h und f in $\bar{x}$ sind

$$g'_-(\bar{x}) = \min\{a_i \mid g(\bar{x}) = a_i \bar{x} + b_i, i \in I\},$$
$$g'_+(\bar{x}) = \max\{a_i \mid g(\bar{x}) = a_i \bar{x} + b_i, i \in I\},$$
$$h'_-(\bar{x}) = \max\{a_j \mid h(\bar{x}) = a_j \bar{x} + b_j, j \in J\},$$
$$h'_+(\bar{x}) = \min\{a_j \mid h(\bar{x}) = a_j \bar{x} + b_j, j \in J\}$$

und $f'_{\pm}(\bar{x}) = g'_{\pm}(\bar{x}) - h'_{\pm}(\bar{x})$.

Falls $\bar{x} \in [a, b]$ zulässig ist, gilt $f(\bar{x}) \leq 0$, und wir grenzen die Lage der Minima P^* ein. Falls $f(\bar{x}) < 0$, so gilt entweder

$$P^* \subseteq \begin{cases} \{x \mid x < \bar{x}\} & g'_-(\bar{x}) > 0, \\ \{x \mid x > \bar{x}\} & g'_+(\bar{x}) < 0, \end{cases}$$

oder $\bar{x} \in P^*$, falls $g'_-(\bar{x}) \leq 0 \leq g'_+(\bar{x})$. Falls $f(\bar{x}) = 0$, so gilt entweder

$$P^* \subseteq \begin{cases} \{x \mid x < \bar{x}\} & g'_-(\bar{x}) > 0, f'_-(\bar{x}) \geq 0, \\ \{x \mid x > \bar{x}\} & g'_+(\bar{x}) < 0, f'_+(\bar{x}) \leq 0, \end{cases}$$

oder $\bar{x} \in P^*$.

Falls $\bar{x} \in [a,b]$ unzulässig ist, gilt $f(\bar{x}) > 0$ und wir grenzen die Lage der zulässigen Lösungen P ein. Es gilt entweder

$$P \subseteq \begin{cases} \{x \mid x < \bar{x}\} & f'_-(\bar{x}) > 0, \\ \{x \mid x > \bar{x}\} & f'_+(\bar{x}) < 0, \end{cases}$$

oder $P = \emptyset$, da $\bar{x}$ wegen $f'_-(\bar{x}) \leq 0 \leq f'_+(\bar{x})$ ein Minimum von f ist.

Für beliebige $\bar{x} \in [a,b]$ können wir offenbar in linearer Zeit entscheiden, ob $P = \emptyset$, $\bar{x} \in P^*$, $P^* \subseteq [a,\bar{x}]$ oder $P^* \subseteq [\bar{x},b]$.

Um die Testwerte festzulegen, bildet man sowohl aus den Ungleichungen in I als auch aus den Ungleichungen in J disjunkte Paare. Eine möglicherweise jeweils übrig bleibende Ungleichung belässt man für sich. Wir versuchen, redundante Ungleichungen aus den Paaren $p, q \in I$ bzw. $p, q \in J$ zu eliminieren:

- Falls $a_p = a_q$, dann kann eine der beiden Ungleichungen als redundant gestrichen werden.
- Falls $a_p \neq a_q$, dann schneiden sich die beiden Geraden $y = a_p x + b_p$ und $y = a_q x + b_q$ in

$$x_{pq} = \frac{b_p - b_q}{a_q - a_p} \, .$$

Liegt der Schnittpunkt x_{pq} nicht im offenen Intervall (a,b), dann ist ebenfalls eine der beiden Restriktionen redundant und kann gestrichen werden.

Anschließend betrachten wir nur die Paare, deren Schnittpunkt x_{pq} im offenen Intervall (a,b) liegt, und bestimmen den Median x_M dieser Schnittpunkte. Dies ist in linearer Zeit möglich.

Dieser Median dient als Testwert und wird auf Zulässigkeit und Optimalität wie oben beschrieben getestet. Falls der Test nicht zu einem Abbruch führt, da weder $x_M \in P^*$ noch $P = \emptyset$ festgestellt wird, reduziert sich das Intervall $[a,b]$ entweder auf $[a, x_M]$ oder auf $[x_M, b]$. Dadurch entfallen mindestens die Hälfte der aktuell betrachteten Schnittpunkte x_{pq}, da sie außerhalb des reduzierten Intervalls liegen. Bei jedem Test ohne Abbruch können daher mindestens ein Viertel aller Restriktionen eliminiert werden. Somit erhalten wir eine verkleinerte Aufgabe mit höchstens $\lceil \frac{3}{4} m \rceil$ Restriktionen.

Die Laufzeit $T(m)$ der linearen Optimierungsaufgabe mit m Restriktionen erfüllt nach unseren Überlegungen die Rekursion

$$T(m) = C m + T\left(\frac{3}{4}m\right)$$

mit einer Konstanten C. Daraus ergibt sich $T(m) = O(m)$.

Megiddo [57] erweiterte das oben skizzierte Verfahren auf lineare Optimierungsaufgaben im $\mathbb{R}^3$ und in einer späteren Arbeit [58] auf lineare Optimierungsaufgaben in Räumen fester Dimension n. Ein ähnliches Verfahren mit linearer Laufzeit für lineare Optimierungsaufgaben mit zwei und drei Variablen wurde unabhängig von Megiddo von Dyer [27] entwickelt. Dyer [26] und Clarkson [18] erweiterten dieses Verfahren ebenfalls für Räume mit fester Dimension n. Da alle diese Algorithmen im Fall beliebiger aber fester Dimension auf rekursiven Suchtechniken bezüglich der Dimension beruhen, sind sie für größeres n nicht praktikabel.

Kapitel 9
Ein generisches Innere Punkte Verfahren

Wenn die zueinander dualen linearen Optimierungsaufgaben (P) und (D) zulässige Punkte haben, so besitzen sie nach der Dualitätstheorie denselben Optimalwert, d. h.

$$(P) \quad \max\{c^\mathrm{T}x \mid Ax \le b, x \ge 0\} \quad = \quad \min\{b^\mathrm{T}y \mid A^\mathrm{T}y \ge c, y \ge 0\} \quad (D).$$

Um festzustellen, ob die linearen Optimierungsaufgaben (P) und (D) lösbar sind und um gegebenenfalls die Optimallösung anzugeben, kann man die Sätze 5.2.7 und 5.2.8 von Goldman und Tucker heranziehen. Dazu bestimmt man eine Lösung $w^\mathrm{T} = (x^\mathrm{T}, y^\mathrm{T}, t)$ des linearen Ungleichungssystems

$$Qw \ge 0, \quad w \ge 0, \quad Qw + w > 0 \tag{9.1}$$

mit

$$Q := \begin{pmatrix} 0 & A^\mathrm{T} & -c \\ -A & 0 & b \\ c^\mathrm{T} & -b^\mathrm{T} & 0 \end{pmatrix}.$$

Nach Satz 5.1.9 gibt es immer eine Lösung w dieses Ungleichungssystems. Gilt in dieser Lösung $t > 0$, dann liefern $\frac{1}{t}x$ und $\frac{1}{t}y$ ein optimales Paar für (P) und (D). Ist aber $t = 0$, dann hat eines der beiden Probleme keine zulässigen Punkte und es gibt keine endliche Optimallösungen.

Zur Bestimmung einer Lösung w des Systems (9.1) betrachten wir Punkte $\bar{w}^\mathrm{T} := (w^\mathrm{T}, \omega)$ der linearen Optimierungsaufgabe

$$(\bar{S}) \quad \min\{\bar{q}^\mathrm{T}\bar{w} \mid \bar{Q}\bar{w} \ge -\bar{q}, \bar{w} \ge 0\},$$

wobei

$$\bar{Q} := \begin{pmatrix} Q & r \\ -r^\mathrm{T} & 0 \end{pmatrix}, \bar{q} := \begin{pmatrix} 0 \\ n+1 \end{pmatrix} \in \mathbb{R}^{n+1}, r := \mathbb{1} - Q\mathbb{1} \in \mathbb{R}^n.$$

R. E. Burkard, U. T. Zimmermann, *Einführung in die Mathematische Optimierung*
DOI 10.1007/978-3-642-01728-5_9, © Springer-Verlag Berlin Heidelberg 2012

Die erweiterte Matrix $\bar{Q}$ ist wie Q schiefsymmetrisch. Eine wichtige Eigenschaft schiefsymmetrischer $(n \times n)$-Matrizen D ergibt sich aus $x^{\mathrm{T}} D x = (x^{\mathrm{T}} D x)^{\mathrm{T}} = x^{\mathrm{T}} D^{\mathrm{T}} x = x^{\mathrm{T}} (-D) x = -x^{\mathrm{T}} D x$. Offenbar gilt

$$x^{\mathrm{T}} D x = 0, \quad (x \in \mathbb{R}^n). \tag{9.2}$$

Außerdem ist $(\bar{S})$ wegen der Schiefsymmetrie von $\bar{Q}$ eine selbstduale lineare Optimierungsaufgabe, d. h. ihre Dualisierung

$$\max \left\{ -\bar{q}^{\mathrm{T}} y \mid \bar{Q}^{\mathrm{T}} y \leq \bar{q}, y \geq 0 \right\} =$$
$$- \min \left\{ \ \bar{q}^{\mathrm{T}} y \mid -\bar{Q} y \leq \bar{q}, y \geq 0 \right\} = - \min \left\{ \bar{q}^{\mathrm{T}} y \mid \bar{Q} y \geq -\bar{q}, y \geq 0 \right\}$$

führt wieder auf $(\bar{S})$. Falls eine selbstduale lineare Optimierungsaufgabe zulässige Punkte besitzt, so stimmen die Mengen der primalen und dualen Optimallösungen überein und der Optimalwert ist 0. Nach Satz 5.2.7 besitzen duale Optimierungsaufgaben ein Paar streng komplementärer Optimallösungen. Die selbstduale Optimierungsaufgabe $(\bar{S})$ besitzt daher zwei Lösungen $\bar{w}^1, \bar{w}^2$ mit $\bar{Q} \bar{w}^1 + \bar{q} + \bar{w}^2 > 0$, $\bar{Q} \bar{w}^2 + \bar{q} + \bar{w}^1 > 0$ und mit $\bar{w} := \frac{1}{2}(\bar{w}^1 + \bar{w}^2)$ sogar eine gleichzeitig primale und duale Optimallösung mit

$$\bar{Q} \bar{w} + \bar{q} + \bar{w} > 0. \tag{9.3}$$

Da für jede Optimallösung $\bar{w}_*$ von $(\bar{S})$ die Beziehung $\bar{q}^{\mathrm{T}} \bar{w}_* = (n+1) \omega_* = 0$ gilt, hat $\bar{w}_*$ die Form $\bar{w}_*^{\mathrm{T}} = (w_*^{\mathrm{T}}, 0)$. Daher liefert eine Optimallösung mit (9.3) eine zulässige Lösung w_* von (9.1).

Um (P) und (D) simultan zu lösen, betrachten wir die selbstduale lineare Optimierungsaufgabe $(\bar{S})$ in Normalform:

$$(\bar{S}_=) \quad \min \left\{ \bar{w}^{\mathrm{T}} \bar{s} \mid \bar{Q} \bar{w} - \bar{s} = -\bar{q}, \bar{w} \geq 0, \bar{s} \geq 0 \right\}.$$

Die Form der Zielfunktion folgt aus der Schiefsymmetrie von $\bar{Q}$ und der Gleichung $\bar{s} = \bar{Q} \bar{w} + \bar{q}$ für die Schlupfvariablen:

$$\bar{w}^{\mathrm{T}} \bar{s} = \bar{w}^{\mathrm{T}} (Q \bar{w} + \bar{q}) = \bar{w}^{\mathrm{T}} Q \bar{w} + \bar{w}^{\mathrm{T}} \bar{q} = \bar{q}^{\mathrm{T}} \bar{w}.$$

Für jede Optimallösung gilt $\bar{w}_*^{\mathrm{T}} \bar{s}_* = 0$ und daher wegen der Vorzeichenbedingungen auch komponentenweise $\bar{w}_{*j} \bar{s}_{*j} = 0$ für $j = 1, \ldots, n+1$.

Mit Hilfe einer Inneren Punkte Methode kann man in polynomiell vielen Iterationen eine Optimallösung von $(\bar{S})$ mit (9.3), d. h. mit $\bar{s}_* + \bar{w}_* > 0$, berechnen. Innere Punkte von $(\bar{S})$ sind zulässige Lösungen mit $\bar{s} > 0$, $\bar{w} > 0$. In der Tat besitzt $(\bar{S})$ innere Punkte, etwa $\bar{w} = \mathbb{1}, \bar{s} = \mathbb{1}$, denn

$$\begin{pmatrix} Q & r \\ -r^{\mathrm{T}} & 0 \end{pmatrix} \mathbb{1} = \begin{pmatrix} Q\mathbb{1} + r \\ -r^{\mathrm{T}} \mathbb{1} \end{pmatrix} = \begin{pmatrix} Q\mathbb{1} + (\mathbb{1} - Q\mathbb{1}) \\ -(\mathbb{1} - Q\mathbb{1})^{\mathrm{T}} \mathbb{1} \end{pmatrix} = \begin{pmatrix} \mathbb{1} \\ -n \end{pmatrix}.$$

Nach diesen Überlegungen können wir die grundsätzliche Idee eines inneren Punkteverfahrens beschreiben. Wir beginnen mit dem inneren Punkt $\bar{w}^0 = \mathbb{1}$, $\bar{s}^0 = \mathbb{1}$, der für $\mu := \mu_0 := 1$ eine Lösung des nichtlinearen Gleichungssystems

$$\bar{Q}\bar{w} - \bar{s} = -\bar{q}, \quad \bar{w}_j\bar{s}_j = \mu, \quad (j = 1,\dots,n+1)$$

ist. Dieses Gleichungssystem hat für alle $\mu > 0$ eindeutige Lösungen $\bar{w}(\mu), \bar{s}(\mu)$ (siehe Satz 9.1.2), die den *zentralen Pfad* bilden. Die Punkte des zentralen Pfades $\mathcal{C}$, gegeben durch

$$\mathcal{C} := \left\{ \begin{pmatrix} \bar{w}(\mu) \\ \bar{s}(\mu) \end{pmatrix} \mid 0 < \mu \le \mu_0 \right\}$$

konvergieren für $\mu \to 0$ gegen $\bar{w}_*, \bar{s}_*$, wobei $\bar{w}_*$ eine Lösung von $(\bar{S})$ ist, die (9.3) erfüllt, so dass also $\bar{s}_* + \bar{w}_* > 0$ gilt (siehe Satz 9.1.5). Insbesondere enthält $\bar{w}_*^{\mathrm{T}} = (w^{\mathrm{T}}, 0)$ die gesuchte Lösung w von (9.1).

Für einen hinreichend kleinen Parameter μ kann man bereits an der Lösung $\bar{w}(\mu), \bar{s}(\mu)$ ablesen, welche Komponenten der speziellen Optimallösung positiv sind (siehe Satz 9.2.2). Mit Hilfe dieser Information können $\bar{w}_*$ und $\bar{s}_*$ durch Lösen eines linearen Gleichungssystems in $O(n^3)$ Schritten ermittelt werden.

Im weiteren Verlauf dieses Kapitels folgen wir im Wesentlichen der schönen Darstellung von Terlaky [73]. Erst im nächsten Kapitel werden wir uns dann mit der rechnerischen Umsetzung von Inneren Punkte Methoden befassen.

9.1 Selbstduale lineare Optimierungsaufgaben

Einige Notationen sollen uns die Beschreibung erleichtern. Für Vektoren $x, y \in \mathbb{R}^n$ definieren wir *komponentenweise Operationen*, etwa $x \cdot y$ durch

$$(x \cdot y)_j := x_j y_j, \quad (j = 1,\dots,n).$$

Analog sind $\max(x, y), \min(x, y)$ und, für positive y, x/y und $y^{-1} = \mathbb{1}/y$ festgelegt. Die $(n \times n)$-Diagonalmatrix mit Diagonale $x \in \mathbb{R}^n$ wird mit X bezeichnet, d.h. $X := \mathrm{diag}(x)$. Für positive x ist die Inverse der zugehörigen Diagonalmatrix $X^{-1} = \mathrm{diag}(x^{-1}) = \mathrm{diag}(\mathbb{1}/x)$.

Im Folgenden sei Q eine beliebige schiefsymmetrische $(n \times n)$-Matrix und $q \in \mathbb{R}^n_+$. Wir betrachten die lineare selbstduale Optimierungsaufgabe

$$(S) \quad \min \left\{ q^{\mathrm{T}} x \mid Q x \ge -q, x \ge 0 \right\}$$

und die zugehörige Aufgabe in Normalform

$$(\Omega) \quad \min \left\{ x^{\mathrm{T}} s \mid Q x - s = -q, x \ge 0, s \ge 0 \right\}$$

mit den Schlupfvariablen $s \ge 0$, die stets $s = s(x) = Q x + q$ erfüllen. Wegen $q \ge 0$ sind das Polyeder Ω der zulässigen Lösungen und das Polyeder Ω^* der

Optimallösungen von (Ω) nicht leer. Darüber hinaus werden wir im Folgenden stets annehmen, dass (Ω) innere Punkte besitzt, d. h. dass es eine Lösung $x^0 > 0, s^0 > 0$ gibt.

Aufgrund dieser Voraussetzungen besitzen (S) und (Ω) alle schon bisher abgeleiteten Eigenschaften selbstdualer linearer Optimierungsaufgaben. Insbesondere ist der optimale Zielfunktionswert 0 und (Ω) besitzt eine Optimallösung mit $s^* + x^* > 0$.

Lemma 9.1.1. Besitzt (Ω) einen inneren Punkt, so ist die Niveaumenge $L_K := \left\{ \left(\begin{smallmatrix} x \\ s \end{smallmatrix} \right) \in \Omega \mid x^\mathrm{T} s \le K \right\}$ kompakt.

Beweis. Die Niveaumengen sind abgeschlossen, da $x^\mathrm{T} s$ stetig auf Ω ist. Ist $x^0 > 0$, $s^0 > 0$ ein innerer Punkt, so folgen aus

$$0 = (x - x^0)^\mathrm{T} Q(x - x^0) = (x - x^0)^\mathrm{T}(s - s^0) = x^\mathrm{T} s + (x^0)^\mathrm{T} s^0 - x^\mathrm{T} s^0 - (x^0)^\mathrm{T} s$$

die Ungleichungen

$$x_j s_j^0 \le x^\mathrm{T} s^0 = x^\mathrm{T} s + (x^0)^\mathrm{T} s^0 - (x^0)^\mathrm{T} s \le K + (x^0)^\mathrm{T} s^0, \quad (j = 1, \dots, n).$$

Also gilt $x_j \le (K + (x^0)^\mathrm{T} s^0)/s_j^0$ und, völlig analog, $s_j \le (K + (x^0)^\mathrm{T} s^0)/x_j^0$, $(j = 1, \dots, n)$. Somit ist $x^\mathrm{T} s$ beschränkt. $\qquad\square$

Insbesondere ist das Polyeder Ω_* der Optimallösungen wegen $\Omega^* = L_0$ kompakt, also ein Polytop. Die Existenz innerer Punkte hat weitere wesentliche Konsequenzen, die wir im folgenden Satz erfassen.

Satz 9.1.2. *Die folgenden drei Aussagen sind äquivalent*

1. *(Ω) besitzt einen inneren Punkt,*
2. *für jedes $\mu > 0$ gibt es einen inneren Punkt $x = x(\mu), s = s(\mu)$ von (Ω) mit $x \cdot s = \mu \mathbb{1}$,*
3. *für jedes $w > 0$ gibt es einen inneren Punkt x, s von (Ω) mit $x \cdot s = w$.*

Die inneren Punkte der zweiten und dritten Aussage sind eindeutig festgelegt.

Beweis. Die dritte Aussage folgt als Spezialfall aus der zweiten Aussage, welche ihrerseits die erste Aussage impliziert. Es bleibt zu zeigen, dass aus der ersten Aussage die dritte Aussage folgt.

Wir überlegen uns zunächst die Eindeutigkeit einer positiven Lösung des nichtlinearen Gleichungssystems (9.1.2.3). Sind x, s und $\bar{x}, \bar{s}$ verschiedene Lösungen mit $x \cdot s = \bar{x} \cdot \bar{s} = w > 0$, so folgt $(x - \bar{x}) \cdot (s - \bar{s}) \le 0$ mit mindestens einer negativen Komponente. Damit ergibt sich der Widerspruch

$$0 = (x - \bar{x})^\mathrm{T} Q(x - \bar{x}) = (x - \bar{x})^\mathrm{T}(s - \bar{s}) = \sum_{j=1}^{n} (x_j - \bar{x}_j)(s_j - \bar{s}_j) < 0.$$

Wir zeigen, dass aus der ersten Aussage die dritte Aussage folgt. Nach Voraussetzung besitzt also (Ω) einen inneren Punkt, etwa x^0, s^0 und wir zeigen für ein fest vorgegebenes $\hat{w} > 0$ die Existenz eines inneren Punktes x, s von (Ω) mit $x \cdot s = \hat{w}$.

Zu $w^0 := x^0 \cdot s^0 > 0$ definieren wir komponentenweise zwei beschränkende Vektoren $\underline{w}$ und $\bar{w}$ mit $0 < \underline{w} < \bar{w}$ durch

$$\underline{w} := \tfrac{1}{2} \min(w^0, \hat{w}), \quad \bar{w} := 1 + \max(w^0, \hat{w}).$$

Die Menge

$$C := \{ \left(\begin{smallmatrix} x \\ s \end{smallmatrix} \right) \in \Omega \mid \underline{w} \le x \cdot s \le \bar{w} \}$$

enthält x^0, s^0 und ist kompakt, da sie abgeschlossen und in der nach Lemma 9.1.1 beschränkten Menge L_K für $K := \bar{w}^{\mathrm{T}} 1$ enthalten ist. Die Funktion

$$d(x, s) := \| x \cdot s - \hat{w} \|_\infty$$

ist stetig und nimmt daher auf der kompakten Menge C ihr Minimum an, etwa im inneren Punkt $\tilde{x}, \tilde{s}$ von (Ω). Ist $d(\tilde{x}, \tilde{s}) = 0$, dann ist $\tilde{x} \cdot \tilde{s} = \hat{w}$.

Wir zeigen, dass die Annahme $d(\tilde{x}, \tilde{s}) > 0$ auf einen Widerspruch führt. Wir setzen $\tilde{w} := \tilde{x} \cdot \tilde{s}$ und bestimmen den Vektor Δx aus dem linearen Gleichungssystem

$$\tilde{x} \cdot (Q \Delta x) + \tilde{s} \cdot \Delta x = \hat{w} - \tilde{w}. \tag{9.4}$$

Dazu multiplizieren wir es von links mit $\tilde{X}^{-1}$ und erhalten das äquivalente Gleichungssystem

$$(Q + \operatorname{diag}(\tilde{x}^{-1} \cdot \tilde{s})) \Delta x = \tilde{X}^{-1}(\hat{w} - \tilde{w}).$$

Da Q schiefsymmetrisch und $\operatorname{diag}(\tilde{x}^{-1} \cdot \tilde{s})$ positiv definit ist, ist auch die Koeffizientenmatrix des Gleichungssystems positiv definit und das Gleichungssystem besitzt eine eindeutige Lösung Δx. Für $\alpha > 0$ definieren wir

$$x(\alpha) := \tilde{x} + \alpha \Delta x, \, s(\alpha) := \tilde{s} + \alpha \Delta s$$

wobei $\Delta s := Q \Delta x$. Für hinreichend kleines α bleibt $x(\alpha), s(\alpha)$ ein innerer Punkt von (Ω) und damit bleibt $w(\alpha) := x(\alpha) \cdot s(\alpha) > 0$. Wir erhalten mit Hilfe von (9.4)

$$\begin{aligned} w(\alpha) - \hat{w} &= (\tilde{x} + \alpha \Delta x) \cdot (\tilde{s} + \alpha \Delta s) - \hat{w} \\ &= \tilde{w} - \hat{w} + \alpha(\tilde{x} \cdot \Delta s + \tilde{s} \cdot \Delta x) + \alpha^2 \Delta x \cdot \Delta s \\ &= (\tilde{w} - \hat{w})(1 - \alpha) + \alpha^2 \Delta x \cdot \Delta s. \end{aligned}$$

Wir wählen α so klein, dass für jedes j mit $\Delta x_j \Delta s_j (\tilde{w}_j - \hat{w}_j) > 0$ die Beziehung

$$0 < \alpha < \tilde{w}_j - \frac{\hat{w}_j}{\Delta x_j \Delta s_j}$$

gilt. Dann folgt komponentenweise $|\hat{w}_j - w_j(\alpha)| < |\hat{w}_j - \tilde{w}_j|, (j = 1, \ldots, n)$, also auch

$$d(x(\alpha), s(\alpha)) = \|w(\alpha) - \hat{w}\|_\infty < \|\tilde{w} - \hat{w}\|_\infty = d(\tilde{x}, \tilde{s}) \,.$$

Da $\underline{w} < \hat{w} < \bar{w}$, liegt mit $\tilde{w}$ auch $w(\alpha)$ in der Menge $[\underline{w}, \bar{w}]$ und daher gehört der innere Punkt $x(\alpha), s(\alpha)$ von (Ω) zu C. Dies widerspricht aber der Wahl von $\tilde{x}, \tilde{s}$ als Minimum der Distanzfunktion d auf C. $\qquad\square$

Für eine Optimallösung x^*, s^* von (Ω) gilt $x^* \cdot s^* = 0$. Setzt man

$$B := \{j \mid x_j^* > 0\}, \quad N := \{j \mid s_j^* > 0\} \,,$$

erhält man daher zwei disjunkte Mengen B und N. B und N bilden genau dann eine Partition der Indexmenge $\{1, 2, \ldots, n\}$, wenn $x^* + s^* > 0$. Diese Partition (B, N) heißt *optimale Partition*.

Lemma 9.1.3. Die optimale Partition ist eindeutig bestimmt.

Beweis. Sei x, s eine Optimallösung mit $x + s > 0$, die auf die Partition (B, N) führt, und sei $\bar{x}, \bar{s}$ eine Optimallösung mit $\bar{x} + \bar{s} > 0$, die auf die Partition $(\bar{B}, \bar{N})$ führt. Aus $(x - \bar{x})^\mathrm{T} Q (x - \bar{x}) = 0$ folgt $x^\mathrm{T} s + \bar{x}^\mathrm{T} \bar{s} = x^\mathrm{T} \bar{s} + \bar{x}^\mathrm{T} s$. Infolge der Optimalität gilt $x^\mathrm{T} s = \bar{x}^\mathrm{T} \bar{s} = 0$. Da alle beteiligten Vektoren nicht negativ sind, ergibt sich

$$x^\mathrm{T} \bar{s} = \bar{x}^\mathrm{T} s = 0 \,.$$

Aus $x^\mathrm{T} \bar{s} = 0$ folgt $B \cap \bar{N} = \emptyset$, also $B \subseteq \bar{B}$. Analog folgt aus $\bar{x}^\mathrm{T} s$ die Beziehung $\bar{B} \subseteq B$. Aus $B = \bar{B}$ folgt unmittelbar $N = \bar{N}$. $\qquad\square$

Mit Hilfe der optimalen Partition (B, N) definieren wir auf Ω die stetige Funktion

$$f(x, s) := \prod_{i \in B} x_i \prod_{i \in N} s_i \,.$$

Auf dem (kompakten) Polytop Ω^* der Optimallösungen nimmt f ihr Maximum an, etwa in x^*, s^*. Dann heißt x^*, s^* *analytisches Zentrum* von Ω^*.

Lemma 9.1.4. Das analytische Zentrum ist eindeutig bestimmt.

Beweis. Nehmen wir an, dass die Funktion f in zwei analytischen Zentren x^*, s^* und $\bar{x}, \bar{s}$ ihren maximalen Wert, etwa z^*, erreicht. Es gilt

$$z^* = \left(f(x^*, s^*) f(\bar{x}, \bar{s})\right)^{\frac{1}{2}} = \left(\prod_{j \in B} x_j^* \bar{x}_j \prod_{j \in N} s_j^* \bar{s}_j \right)^{\frac{1}{2}} \,.$$

Die zulässige Lösung $\hat{x} := \frac{1}{2}(x^* + \bar{x}), \hat{s} := \frac{1}{2}(s^* + \bar{s})$ hat den Wert

$$\hat{z} = f(\hat{x}, \hat{s}) = \prod_{j \in B} \tfrac{1}{2}(x_j^* + \bar{x}_j) \prod_{j \in N} \tfrac{1}{2}(s_j^* + \bar{s}_j) \,.$$

Zieht man aus der rechten Seite den obigen Faktor $(\prod_{j \in B} x_j^* \bar{x}_j \prod_{j \in N} s_j^* \bar{s}_j)^{\frac{1}{2}}$ heraus, erhält man

$$\hat{z} = z^* \cdot \prod_{j \in B} \frac{1}{2} \left(\sqrt{\frac{x_j^*}{\bar{x}_j}} + \sqrt{\frac{\bar{x}_j}{x_j^*}} \right) \prod_{j \in N} \frac{1}{2} \left(\sqrt{\frac{s_j^*}{\bar{s}_j}} + \sqrt{\frac{\bar{s}_j}{s_j^*}} \right) .$$

Für jedes $0 < \alpha \neq 1$ gilt die Ungleichung $\alpha + \frac{1}{\alpha} > 2$. Damit können wir die beiden länglichen Produkte streng nach unten durch 1 abschätzen und es folgt $\hat{z} > z^*$ im Widerspruch zur Maximalität von z^*. $\qquad\square$

Satz 9.1.5. *Besitzt* (Ω) *innere Punkte, so konvergiert* $x(\mu), s(\mu)$ *für* $\mu \to 0$ *gegen das analytische Zentrum* x^*, s^* *von* Ω^* *und es gilt* $x^* + s^* > 0$.

Beweis. Es sei $\{\mu_t\}$, $t = 1, 2, \ldots$, eine monotone Nullfolge. Dann liegen alle $x(\mu_t), s(\mu_t)$ in der kompakten Niveaumenge $L_{n\mu_1}$. Folglich besitzt die Folge einen Häufungspunkt x^*, s^* und eine Teilfolge, die gegen diesen Häufungspunkt konvergiert. Diese konvergente Teilfolge sei o. B. d. A. wieder mit $\{x(\mu_t), s(\mu_t)\}$ bezeichnet. x^*, s^* ist optimal, denn

$$x^* \cdot s^* = \lim_{t \to \infty} x(\mu_t) \cdot s(\mu_t) = \lim_{t \to \infty} \mu_t \mathbb{1} = 0 .$$

Wir setzen $B := \{j \mid x_j^* > 0\}$, $N := \{j \mid s_j^* > 0\}$. Da Q schiefsymmetrisch ist, folgt wieder

$$0 = \left(x^* - x(\mu_t)\right)^{\mathrm{T}} \left(s^* - s(\mu_t)\right) = x(\mu_t)^{\mathrm{T}} s(\mu_t) - x^{*\mathrm{T}} s(\mu_t) - s^{*\mathrm{T}} x(\mu_t) .$$

Wegen $x(\mu_t) \cdot s(\mu_t) = \mu_t \mathbb{1}$ ist $x(\mu_t)^{\mathrm{T}} s(\mu_t) = n\mu_t$ und wir finden

$$\sum_{j \in B} x_j^* s_j(\mu_t) + \sum_{j \in N} s_j^* x_j(\mu_t) = n\mu_t .$$

Dividiert man diese Gleichung unter Verwendung von $x(\mu_t) \cdot s(\mu_t) = \mu_t \mathbb{1}$ durch μ_t, so erhält man

$$\sum_{j \in B} \frac{x_j^*}{x_j(\mu_t)} + \sum_{j \in N} \frac{s_j^*}{s_j(\mu_t)} = n .$$

Der Grenzübergang $t \to \infty$ liefert $|B| + |N| = n$, also ist (B, N) die optimale Partition und es gilt $x^* + s^* > 0$.

Wir zeigen nun, dass dieses x^*, s^* das analytische Zentrum von Ω^* ist. Ist $\bar{x}, \bar{s}$ das analytische Zentrum, folgt $0 = (\bar{x} - x(\mu_t))^{\mathrm{T}}(\bar{s} - s(\mu_t)) = 0 - x(\mu_t)^{\mathrm{T}}\bar{s} - \bar{x}^{\mathrm{T}} s(\mu_t) + n\mu_t$, also

$$\bar{x}^{\mathrm{T}} s(\mu_t) + \bar{s}^{\mathrm{T}} x(\mu_t) = n\mu_t .$$

Dividiert man diese Gleichung unter Verwendung von $x(\mu_t) \cdot s(\mu_t) = \mu_t \mathbb{1}$ durch μ_t, so erhält man

$$\sum_{j \in B} \frac{\bar{x}_j}{x_j(\mu_t)} + \sum_{j \in N} \frac{\bar{s}_j}{s_j(\mu_t)} = n .$$

und durch Grenzübergang $t \to \infty$ wieder

$$\sum_{j \in B} \frac{\bar{x}_j}{x_j^*} + \sum_{j \in N} \frac{\bar{s}_j}{s_j^*} = n .$$

Wendet man auf diesen Ausdruck die Ungleichung zwischen dem arithmetischem und dem geometrischem Mittel an, so ergibt sich:

$$\left(\prod_{j \in B} \frac{\bar{x}_j}{x_j^*} \prod_{j \in N} \frac{\bar{s}_j}{s_j^*} \right)^{\frac{1}{n}} \leq \frac{1}{n} \left(\sum_{j \in B} \frac{\bar{x}_j}{x_j^*} + \sum_{j \in N} \frac{\bar{s}_j}{s_j^*} \right) = 1 .$$

Daraus folgt

$$f(\bar{x}, \bar{s}) = \prod_{j \in B} \bar{x}_j \prod_{j \in N} \bar{s}_j \leq \prod_{j \in B} x_j^* \prod_{j \in N} s_j^* = f(x^*, s^*) .$$

Da f im analytischen Zentrum maximal ist, muss sogar Gleichheit gelten. Da das analytische Zentrum eindeutig bestimmt ist, fällt x^*, s^* mit dem analytischen Zentrum zusammen. Somit ist das analytische Zentrum der einzige Häufungspunkt der Ausgangsfolge, d. h. die Ausgangsfolge konvergiert gegen das analytische Zentrum.

$$\square$$

9.2 Endlichkeit des Inneren Punkteverfahrens

Wir zeigen in diesem Abschnitt, dass bereits für hinreichend kleine Parameter μ die Indexmengen der optimalen Partition B und N durch den inneren Punkt $x(\mu_t)$, $s(\mu_t)$ festgelegt sind. Mit Hilfe dieser Information kann dann das analytische Zentrum berechnet werden. In den folgenden Abschätzungen verwenden wir die Größen $\rho(D)$ und $\beta(D)$ für eine $(m \times n)$-Matrix $D = (d_{ij})$ mit Spalten $D_1, D_2, \ldots, D_n$:

$$\rho(D) := \prod_{j=1}^{n} \|D_j\|_2, \quad \beta(D) := \|D\|_\infty := \max_{1 \leq i \leq m} \sum_{j=1}^{n} |d_{ij}| .$$

Um zu beschreiben, wie klein der Parameter μ zu wählen ist, führen wir als eine Kenngröße der linearen Optimierungsaufgabe (Ω) die *Konditionszahl* σ ein

$$\sigma := \min_{1 \leq j \leq n} \ \max_{\binom{x}{s} \in \Omega^*} \ (x_j + s_j).$$

Da das analytische Zentrum $\binom{x^*}{s^*} \in \Omega^*$ streng komplementär ist, d. h. insbesondere $x^* + s^* > 0$ gilt, ist $\sigma > 0$. Zur optimalen Partition (B, N) gibt es aufgrund der Definition von σ optimale Lösungen $\binom{x^j}{s^j} \in \Omega^*$, $j \in \{1, 2, \dots, n\}$, mit

$$\sigma \leq \begin{cases} x_j^j & j \in B, \\ s_j^j & j \in N. \end{cases}$$

Lemma 9.2.1. Für schiefsymmetrische, ganzzahlige, $(n \times n)$-Matrix Q ohne Nullspalten und ganzzahlige rechte Seite q in Ω gilt $\sigma \geq \frac{1}{\rho(Q)}$.

Beweis. Für jedes $j = 1, \dots, n$ nimmt die lineare Zielfunktion $x_j + s_j$ auf dem Polytop Ω^* ihr positives Maximum in einer Ecke des Polytops an. Als Polytop der optimalen Lösungen von (Ω) wird dieses Polytop von den optimalen Ecken des Polyeders Ω aufgespannt. Die zu einer Ecke gehörenden Basismatrizen enthalten n Spalten aus der Koeffizientenmatrix $(Q, -E)$ von (Ω). Nach Lemma 8.2.3 lassen sich alle Koordinaten der Ecken abschätzen, insbesondere die positiven Koordinaten nach unten durch $\frac{1}{\rho(Q)}$; also gilt auch $\sigma \geq \frac{1}{\rho(Q)}$. $\qquad\square$

Wir überzeugen uns davon, dass die Koeffizientenmatrix

$$\bar{Q} := \begin{pmatrix} Q & r \\ -r^{\mathrm{T}} & 0 \end{pmatrix}$$

der selbstdualen Optimierungsaufgabe $(\bar{S})$ keine Nullspalte enthält. Zunächst gilt in der letzten Spalte $r = 1 - Q1 \neq 0$, da $1^{\mathrm{T}} r = 1^{\mathrm{T}} 1 - 1^{\mathrm{T}} Q 1 = n \neq 0$. Wäre in einer der übrigen Spalten $Q_j = 0$, so ist $r_j = 1 - 1^{\mathrm{T}} Q_j = 1$.

Satz 9.2.2. *Die optimale Partition (B, N) kann aus jeder Lösung $(x(\mu), s(x(\mu)))$ mit $\mu < \frac{\sigma^2}{n^2}$ ermittelt werden.*

Beweis. Ist $(x^*, s^*) \in \Omega^*$, dann erhält man aus

$$0 = (x(\mu) - x^*)^{\mathrm{T}} Q (x(\mu) - x^*) = (x(\mu) - x^*)^{\mathrm{T}} (s(\mu) - s^*)$$

die Beziehung $x(\mu)^{\mathrm{T}} s^* + s(\mu)^{\mathrm{T}} x^* = n\mu$. Also gilt

$$x_j(\mu) s_j^* \leq x(\mu)^{\mathrm{T}} s^* \leq x(\mu)^{\mathrm{T}} s^* + s(\mu)^{\mathrm{T}} x^* = n\mu.$$

Zu $j \in N$ kann man (x^*, s^*) so wählen, dass $s_j^* \geq \sigma$. Dann ergeben sich

$$x_j(\mu) \leq \frac{n\mu}{s_j^*} \leq \frac{n\mu}{\sigma}, \quad s_j(\mu) = \frac{\mu}{x_j(\mu)} \geq \frac{\mu\sigma}{n\mu} = \frac{\sigma}{n}.$$

Daher gilt $x_j(\mu) \leq \frac{n\mu}{\sigma}$ und $s_j(\mu) \geq \frac{\sigma}{n}$ für alle $j \in N$. In analoger Weise erhält man $x_j(\mu) \geq \frac{\sigma}{n}$, $s_j(\mu) \leq \frac{n\mu}{\sigma}$ für alle $j \in B$. Ist $\mu < \frac{\sigma^2}{n^2}$, so ergibt sich

$$x_j(\mu) < \frac{\sigma}{n}, \quad s_j(\mu) \geq \frac{\sigma}{n}, \quad (j \in N),$$

$$x_j(\mu) \geq \frac{\sigma}{n}, \quad s_j(\mu) < \frac{\sigma}{n}, \quad (j \in B),$$

wodurch die Indexmengen B und N eindeutig festgelegt sind. $\qquad\qquad\square$

Bemerkung: Da nach Lemma 9.2.1 $\sigma \geq \frac{1}{\rho(Q)}$ gilt, ist die Bedingung für μ in Satz 9.2.2 sicher erfüllt, wenn

$$\mu < \frac{1}{n^2 \rho(Q)^2}$$

gewählt wird.

Bestimmung von x^*, s^* aus (B, N)

Sind die Indexmengen B und N bekannt, so lassen sich x^* und s^* mit $x^* + s^* > 0$ durch Runden aus der zugehörigen Näherungslösung $x = x(\mu)$, $s = s(\mu)$ bestimmen. Für die selbstduale Optimierungsaufgabe $(\bar{S}_=)$ ist $B \neq \emptyset$, da für ein analytisches Zentrum $\bar{w}, \bar{s}$ mit $\bar{w} = 0 < \bar{s}$ die strikte Ungleichung $-\bar{q} = Q\bar{w} - \bar{s} = -\bar{s} < 0$ folgt und auf einen Widerspruch zu den 0-Komponenten von $\bar{q}$ führt. Wir setzen daher im Folgenden $B \neq \emptyset$ voraus. Da der optimale Zielfunktionswert durch $0 = q^{\mathrm{T}} x^* = q_B^{\mathrm{T}} x_B^*$ gegeben ist, gilt stets $q_B = 0$.

Passend zu B und N partitionieren wir die Matrix Q und die rechte Seite q, d. h.

$$Q = \begin{pmatrix} Q_{BB} & Q_{BN} \\ Q_{NB} & Q_{NN} \end{pmatrix}, \quad q = \begin{pmatrix} 0 \\ q_N \end{pmatrix}.$$

Für die partitionierten Vektoren x^*, s^* machen wir den Ansatz

$$0 < x_B^* = x_B + \Delta_B, x_N^* = 0, \quad 0 < s_N^* = s_N + \delta_N, s_B^* = 0.$$

Aus $Qx^* + q = s^*$ folgt

$$Q_{BB}(x_B + \Delta_B) = 0, \quad Q_{NB}(x_B + \Delta_B) + q_N = s_N + \delta_N. \qquad (9.5)$$

Nach Abziehen der Gleichungen

$$Q_{BB}x_B + Q_{BN}x_N = s_B, \quad Q_{NB}x_B + Q_{NN}x_N + q_N = s_N,$$

ergeben sich aus (9.5)

$$Q_{BB}\Delta_B = Q_{BN}x_N - s_B =: -q_B^*, \tag{9.6}$$

$$\delta_N = Q_{NB}\Delta_B - Q_{NN}x_N =: Q_{NB}\Delta_B + q_N^*. \tag{9.7}$$

Das System (9.6) besitzt stets die Lösung $\Delta_B = -x_B$. Diese Lösung ist aber wenig sinnvoll, da

$$0 < x_B^* = x_B + \Delta_B, \quad 0 < s_N^* = s_N + Q_{NB}\Delta_B + q_N^* \tag{9.8}$$

erfüllt werden sollen. Falls $Q_{BB} = 0$, so wählen wir $\Delta_B := 0$, also $x_B^* = x_B > 0$. In diesem Fall bleibt nur $s_N^* = s_N + q_N^* > 0$ zu zeigen.

Falls $Q_{BB} \neq 0$, so wählen wir eine quadratische Teilmatrix Q_{RS} von Q_{BB} mit maximalem Rang. Die gewählte Lösung ergibt sich dann aus

$$Q_{RS}\Delta_S := -q_R^*, \quad \Delta_{B\setminus S} := 0. \tag{9.9}$$

Die Wahl von Δ_B erfordert die Lösung eines Gleichungssystems (9.9) in $O(n^3)$ und δ_N wird anschließend durch Matrixmultiplikation aus (9.7) ermittelt. Zu zeigen bleibt (9.8).

Abschätzungen zum Nachweis von $x_B^* > 0$ und $s_N^* > 0$

Dazu verwenden wir die folgenden Abschätzungen. Es ist

$$\|-q_N^*\|_\infty = \|Q_{NN}x_N\|_\infty \le \|Q_{NN}\|_\infty \cdot \|x_N\|_\infty \le \beta\frac{n\mu}{\sigma}, \tag{9.10}$$

wobei $\beta = \beta(Q) = \|Q\|_\infty$. Ferner ist

$$\|-q_B^*\|_2 = \|Q_{BN}x_N - s_B\|_2 \le \sqrt{n}\|Q_{BN}x_N - s_B\|_\infty \tag{9.11}$$

$$\le \sqrt{n}\|(E, Q_{BN})\|_\infty \cdot \max(\|x_N\|_\infty, \|s_B\|_\infty)$$

$$\le \sqrt{n}(1 + \beta)\frac{n\mu}{\sigma} = \frac{1}{\sigma}n^{3/2}(1 + \beta)\mu.$$

Satz 9.2.3. *Für jede ganzzahlige, $(n \times n)$-Matrix Q ohne Nullspalte und ganzzahliges q erfüllt die für*

$$\mu < \frac{\sigma^2}{n^{5/2}(1 + \beta)^2\rho(Q)} \tag{9.12}$$

durch Runden aus $x(\mu), s(\mu)$ ermittelte Lösung (x^*, s^*) die Beziehung $x_B^* > 0$, $s_N^* > 0$.

Beweis. Betrachten wir zunächst das Gleichungssystem $Q_{BB}\Delta_B := -q_B^*$. Falls $Q_{BB} = 0$, wählen wir $\Delta_B := 0$. Dann ist $x_B^* = x_B > 0$ und wir können $\delta_N = -q_N^*$ mit (9.10) abschätzen, d. h. $\|\delta_N\|_\infty = \|q_N^*\|_\infty \le \beta\frac{n\mu}{\sigma}$. Wir erhalten für $j \in N$:

$$|s_j^*| = |s_j + \delta_j| \ge |s_j| - \|\delta\|_\infty \ge \frac{\sigma}{n} - \beta\frac{n\mu}{\sigma} > 0$$

auf Grund der Wahl von μ in (9.12). Ist $Q_{BB} \ne 0$, berechnen wir Δ_B aus (9.9), d. h. $Q_{RS}\Delta_S = -q_R^*$, $\Delta_{B\setminus S} = 0$. Nach Lemma 8.2.3 können wir die Komponenten von Δ_S nach oben abschätzen und erhalten unter Berücksichtigung der Abschätzung (9.11)

$$\|\Delta_B\|_\infty \le \|-q_R^*\|_2 \rho(Q_{RS}) \le \|-q_B^*\|_2 \rho(Q) \le \frac{1}{\sigma}n^{3/2}(1 + \beta)\mu\rho(Q). \quad (9.13)$$

Für $j \in B$ folgt wegen $x_j \ge \frac{\sigma}{n}$ und der Wahl von μ in (9.12), dass $x_j^* = x_j + \Delta_j > 0$ gilt.

Mit Hilfe der für $\|\Delta_B\|_\infty$ gefundenen Schranke und der Ungleichung (9.10) können wir δ_N abschätzen:

$$\|\delta_N\|_\infty = \|q_N^* + Q_{NB}\Delta_B\|_\infty \le (1 + \beta)\max\left(\|q_N^*\|_\infty, \|\Delta_B\|_\infty\right)$$
$$\le (1 + \beta)\max\left(\beta\frac{n\mu}{\sigma}, \frac{1}{\sigma}n^{3/2}(1 + \beta)\mu\rho(Q)\right) = \frac{1}{\sigma}n^{3/2}(1 + \beta)^2\mu\rho(Q).$$

Für $j \in N$ folgt wegen $s_j \ge \frac{\sigma}{n}$ und der Wahl von μ in (9.12), dass $s_j^* = s_j + \delta_j > 0$ gilt. $\qquad\square$

Bemerkung: Da nach Lemma 9.2.1 $\sigma \ge \frac{1}{\rho(Q)}$ gilt, ist die Bedingung für μ in Satz 9.2.3 sicher erfüllt, wenn

$$\mu < \frac{1}{n^{5/2}(1 + \beta)^2\rho(Q)^3}$$

gewählt wird.

9.3 Innere-Punkte-Verfahren mit Newton-Schritten

In diesem Abschnitt wollen wir einen generischen Algorithmus zur Umsetzung der theoretischen Ergebnisse zu selbstdualen linearen Optimierungsaufgaben beschreiben. Er fußt zu einem Teil auf Iterationschritten des Newtonverfahrens, dem vielleicht bekanntesten Verfahren zur Lösung nichtlinearer Gleichungssysteme. Im Inneren Punkte Verfahren wird es zur Lösung eines sehr speziellen, überwiegend linearen Gleichungssystems genutzt. Wir weisen darauf hin, dass das Newtonverfahren im Abschn. 16.2 der Konvexen Optimierung allgemeiner entwickelt und diskutiert wird, um anschließend mit seiner Hilfe das Minimum einer differenzierbaren, konvexen Funktion als Nullstelle ihres Gradienten zu bestimmen.

Wie wir zu Beginn dieses Kapitels gesehen haben, sind Lösbarkeit und Optimallösungen der zueinander dualen linearen Optimierungsaufgaben

$$(P) \quad \max\{c^\mathrm{T}x \mid Ax \le b, x \ge 0\} \quad = \quad \min\{b^\mathrm{T}y \mid A^\mathrm{T}y \ge c, y \le 0\} \quad (D)$$

aus einer optimalen Lösung $\bar{w}, \bar{s}$ mit $\bar{w} + \bar{s} > 0$ der selbstdualen linearen Optimierungsaufgabe

$$(\bar{S}_=) \quad 0 = \min\{\bar{q}^\mathrm{T}\bar{w} \mid \bar{Q}\bar{w} - \bar{s} = -\bar{q}, \bar{w} \ge 0, \bar{s} \ge 0\}$$

ablesbar, wobei

$$\bar{Q} := \begin{pmatrix} Q & r \\ -r^\mathrm{T} & 0 \end{pmatrix}, \qquad Q := \begin{pmatrix} 0 & A^\mathrm{T} & -c \\ -A & 0 & b \\ c^\mathrm{T} & -b^\mathrm{T} & 0 \end{pmatrix},$$

$$r := \mathbb{1} - Q\mathbb{1}, \qquad \bar{q} := \begin{pmatrix} 0 \\ n+1 \end{pmatrix} \in \mathbb{R}^{n+1}.$$

Für $(S_=)$ ist $\bar{w}_0 = \bar{s}_0 = \mathbb{1}$ ein zulässiger innerer Punkt, der aber wegen $\bar{q}^\mathrm{T}\bar{w}_0 = n + 1 \ne 0$ nicht optimal ist. Im Folgenden spalten wir die letzten Komponenten der Lösungen ab, d. h. wir zerlegen $\bar{w} = \binom{w}{\omega}$ und $\bar{s} = \binom{s}{u}$ mit $\omega, u \in \mathbb{R}$. Wegen der Schiefsymmetrie von $\bar{Q}$ gilt

$$s^\mathrm{T}w + u\omega = \bar{s}^\mathrm{T}\bar{w} = \bar{q}^\mathrm{T}\bar{w} = (n+1)\omega. \tag{9.14}$$

In jeder Optimallösung ist daher $\bar{s}^\mathrm{T}\bar{w} = 0$. Ausgehend vom inneren Startpunkt löst man sukzessive nichtlineare Gleichungssysteme

$$-\begin{pmatrix} Q & r \\ -r^\mathrm{T} & 0 \end{pmatrix}\begin{pmatrix} w \\ \omega \end{pmatrix} + \begin{pmatrix} s \\ u \end{pmatrix} = \begin{pmatrix} 0 \\ n+1 \end{pmatrix} \tag{9.15}$$

$$\begin{pmatrix} w \\ \omega \end{pmatrix} \cdot \begin{pmatrix} s \\ u \end{pmatrix} = \mu\mathbb{1} \tag{9.16}$$

für genügend schnell monoton gegen 0 fallenden Parameter μ. Nach Kap. 9.1 besitzt dieses System eine eindeutige Lösung für jedes $\mu > 0$. Die Lösungen bilden den sogenannten zentralen Pfad. Für genügend kleines μ bestimmt die Lösung eindeutig die optimale Partition und man kann die gesuchte optimale Lösung von $(S_=)$ wie in Abschn. 9.2 beschrieben bestimmen.

Ausgehend von einem beliebigen inneren Punkt $\bar{w}, \bar{s}$ mit (9.15) bestimmen wir mit Hilfe des Newtonverfahrens eine Näherungslösung $\binom{w+\Delta w}{\omega+\Delta\omega}, \binom{s+\Delta s}{u+\Delta u}$ des durch (9.15) und (9.16) gegebenen nichtlinearen Gleichungssystems. Die Durchführung einer Iteration des Newtonverfahrens kann wegen der speziellen Struktur der

Gleichungen vereinfacht werden. Da der innere Punkt und die Näherungslösung die lineare Gleichung (9.15) erfüllen, folgt für die Newtonrichtung

$$-Q\,\Delta w - r\Delta\omega + \Delta s = 0 \tag{9.17}$$

$$-r^{\mathrm{T}}\Delta w + \Delta u = 0 \tag{9.18}$$

Die nichtlineare Gleichung $\left(\begin{smallmatrix} w+\Delta w \\ \omega+\Delta\omega \end{smallmatrix}\right) \cdot \left(\begin{smallmatrix} s+\Delta s \\ u+\Delta u \end{smallmatrix}\right) = \mu\mathbb{1}$ liefert unter Vernachlässigung der quadratischen Korrekturterme $\Delta w \cdot \Delta s$ und $\Delta\omega\,\Delta u$

$$s \cdot \Delta w + w \cdot \Delta s = \mu\mathbb{1} - w \cdot s, \tag{9.19}$$

$$u \cdot \Delta\omega + \omega \cdot \Delta u = \mu - u\omega. \tag{9.20}$$

Multiplikation dieser Gleichungen von links mit $\mathbb{1}$ führt auf die entsprechenden Skalarprodukte

$$s^{\mathrm{T}}\Delta w + u\Delta\omega + w^{\mathrm{T}}\Delta s + \omega\Delta u = (n+1)\mu - w^{\mathrm{T}}s - u\omega.$$

Auch für die Näherungslösung gilt (9.14) in analoger Weise, d.h. $(w + \Delta w)^{\mathrm{T}} \cdot (s + \Delta s) + (\omega + \Delta\omega)(u + \Delta u) = (n+1)(\omega + \Delta\omega)$. Ausmultiplizieren unter Vernachlässigung quadratischer Korrekturterme und Isolieren der Korrekturterme auf der linken Seite ergibt

$$\Delta w^{\mathrm{T}}s + w^{\mathrm{T}}\Delta s + \Delta\omega u + \omega\Delta u = (n+1)(\omega + \Delta\omega) - w^{\mathrm{T}}s - \omega u$$

Gleichsetzen der letzten beiden Gleichungen führt auf

$$\Delta\omega = \mu - \omega. \tag{9.21}$$

Einsetzen von (9.21) in (9.20) ergibt $u\mu - u\omega + \omega\Delta u = \mu - u\omega$ und aufgelöst nach Δu

$$\Delta u = \frac{\mu(1-u)}{\omega}. \tag{9.22}$$

Aus (9.19) erhält man mit $W := \operatorname{diag}(w)$ und $S := \operatorname{diag}(s)$

$$\Delta s = \mu W^{-1}\mathbb{1} - s - W^{-1}S\Delta w. \tag{9.23}$$

Setzen wir Δs und $\Delta\omega$ in (9.17) ein, so ergibt sich

$$-Q\,\Delta w - r(\mu - \omega) + \mu W^{-1}\mathbb{1} - s - W^{-1}S\Delta w = 0.$$

Die resultierende Gleichung für Δw

$$(Q + W^{-1}S)\Delta w = \mu W^{-1}\mathbb{1} - s - (\mu - \omega)r \tag{9.24}$$

ist ein lineares Gleichungssystem mit positiv definiter Koeffizientenmatrix. Aufgrund der speziellen Gestalt von Q finden sich in der Literatur (siehe Roos, Terlaky und Vial [61]) mehrere spezielle Lösungsverfahren für dieses Gleichungssystem. Die gesuchten Update-Formeln für w und s sind durch (9.23) und (9.24) vollständig beschrieben. Da wir die quadratischen Korrekturterme vernachlässigt haben, erhalten wir nur eine Näherungslösung, die nicht mehr auf dem zentralen Pfad liegt. Zur Verbesserung kann man das gedämpfte Newton-Verfahren wählen, dass mit einer kleineren Schrittweite $0 < \alpha \leq 1$ arbeitet, d. h.

$$w := w + \alpha \Delta w, \quad s := s + \alpha \Delta s,$$

und daher näher am zentralen Pfad bleibt. Mit Stetigkeitsüberlegungen kann man sich davon überzeugen, dass die Ergebnisse des Abschn. 9.1 auch in der Nähe des zentralen Pfades gültig bleiben. In nummerischen Verfahren müssen wir sicherstellen, dass wir zumindest in der Nähe des zentralen Pfades bleiben. Um den Abstand vom zentralen Pfad zu messen, stehen verschiedene Maße zur Verfügung, die alle davon Gebrauch machen, dass am zentralen Pfad alle Komponenten des Vektors $\bar{w} \cdot \bar{s}$ gleich sind. Man kann also z. B. die Größe

$$\delta_c(\bar{w}, \bar{s}) := \frac{\max_i \bar{w}_i \bar{s}_i}{\min_i \bar{w}_i \bar{s}_i}$$

oder, ausgehend vom Vektor v mit den Komponenten $v_i := \sqrt{\frac{\bar{w}_i \bar{s}_i}{\mu}}, i = 1, \dots, n,$ die Größe

$$\delta_0(\bar{w}, \bar{s}, \mu) := \tfrac{1}{2} \| v - v^{-1} \|$$

verwenden. Beide Maße führen auf polynomielle Algorithmen (siehe [61]).

Zusammenfassend beschreiben wir ein generisches Innere-Punkte-Verfahren zur Lösung von $(\bar{S}_=)$.

Algorithmus 9.1: Generisches Innere-Punkte-Verfahren mit gedämpften Newton-Schritten

EINGABE: Selbstduale Lineare Optimierungsaufgabe
$\min \{ \bar{q}^{\mathrm{T}} \bar{w} \mid \bar{Q} \bar{w} - \bar{s} = -\bar{q}, \bar{w} \geq 0, \bar{s} \geq 0 \}$.
AUSGABE: Innerer Punkt $\bar{w}, \bar{s}$ mit $\bar{w} + \bar{s} > 0$.

Wähle Genauigkeit $\epsilon > 0$, Update-Faktor $0 < \theta < 1$, Nachbarschaftsparameter $\kappa > 0$;
Wähle Startlösung $\bar{w}, \bar{s}$ mit $\mu := \frac{\bar{w}^{\mathrm{T}} \bar{s}}{n+1} \leq 1$ und $\delta(\bar{w}, \bar{s}, \mu) \leq \kappa$;
while $(n + 1)\mu \geq \epsilon$ **do**
    $\mu := (1 - \theta)\mu$;
    while $\delta(\bar{w}, \bar{s}, \mu) \geq \kappa$ **do**
        $\bar{w} := \bar{w} + \alpha \Delta \bar{w}$;
        $\bar{s} := \bar{w} + \alpha \Delta \bar{s}$;
    end
end
return $\bar{w}, \bar{s}$;

Algorithmus 9.2: Primal-duales Innere-Punkte-Verfahren mit vollen Newton-Schritten

---

EINGABE: Selbstduale Lineare Optimierungsaufgabe
$\min \left\{ \bar{q}^{\mathrm{T}} \bar{w} \mid \bar{Q} \bar{w} - \bar{s} = -\bar{q}, \bar{w} \geq 0, \bar{s} \geq 0 \right\}$.
AUSGABE: Innerer Punkt $\bar{w}, \bar{s}$ mit $\bar{w} + \bar{s} > 0$.

Wähle Genauigkeit $\epsilon > 0$, setze Update-Faktor $\theta := \frac{1}{\sqrt{2(n+1)}}$;
Wähle Startlösung $\bar{w} := \mathbb{1}, \bar{s} := \mathbb{1}, \mu := 1$;
while $(n+1)\mu \geq \epsilon$ **do**
    $\mu := (1 - \theta)\mu$;
    $\bar{w} := \bar{w} + \alpha \Delta \bar{w}$;
    $\bar{s} := \bar{w} + \alpha \Delta \bar{s}$;
end
return $\bar{w}, \bar{s}$;

Eine besonders einfache Version eines inneren Punkte Verfahrens, das zudem noch eine hervorragende Komplexität aufweist, erhält man durch Wahl des Update-Faktors $\theta := \frac{1}{\sqrt{2(n+1)}}$. Man kann dann zeigen, dass Newton-Schritte ohne Dämpfung stets in der durch $\kappa := \frac{1}{\sqrt{2}}$ beschriebenen Nähe des zentralen Pfades bleiben (siehe [61]), so dass die Abfrage $\delta(\bar{w}, \bar{s}, \mu) \geq \kappa$ entfällt und jeweils ein einziger Newton-Schritt genügt. Diese Variante führt auf Algorithmus 9.2.

Algorithmus 9.2 bricht nach einer polynomiellen Anzahl von Iterationen mit einer hinreichend genauen Lösung von $(\bar{S}_=)$ ab.

Satz 9.3.1. *Das in Algorithmus 9.2 beschriebene primal-duale innere Punkteverfahren mit vollen Newton Schritten liefert nach höchstens $\left\lceil 2\sqrt{n+1} \log \frac{n+1}{\epsilon} \right\rceil$ Iterationen eine zulässige Näherungslösung von $(\bar{S}_=)$ mit $(n+1)\mu \leq \epsilon$.*

Für einen Beweis dieses Resultates verweisen wir auf Theorem II.53 im Buch von Roos, Terlaky und Vial [61]. In diesem Buch werden außerdem verschiedene Varianten Innerer Punkte Algorithmen detailliert entwickelt, diskutiert und analysiert.

Die besten bekannten oberen Schranken für die im ungünstigsten Fall notwendige Iterationenanzahl Innerer Punkte Verfahren, die dem zentralen Pfad folgen, liegen bei $O(\sqrt{N} \log N)$ für lineare Optimierungsaufgaben mit N Restriktionen. Für entsprechende untere Schranken sei beispielhaft auf eine Arbeit von Deza, Nematollahi und Terlaky [24] hingewiesen, die wieder die Variante des Klee-Minty-Würfels in Abb. 8.1 untersuchen. Durch Hinzufügen exponentiell vieler redundanter Restriktionen erzwingen sie, dass der zentrale Pfad kleine Umgebungen aller Ecken des Würfels durchläuft. Die resultierenden mindestens $2^n - 1$ Iterationen der Inneren Punkte Methode führen auf eine untere Schranke der Größenordnung $\Omega\left(\sqrt{\frac{N}{\log^3 N}}\right)$.

Kapitel 10
Ganzzahlige Polyeder, Transport- und Flussprobleme

10.1 Ganzzahlige Polyeder

Lineare Optimierungsaufgaben in der Praxis erfordern oftmals ganzzahlige Lösungen, z. B. wenn Stückzahlen oder logische Entscheidungen wie *ja* oder *nein* modelliert werden. Daher hat die ganzzahlige lineare Optimierungsaufgabe

$$(\text{GLP}) \qquad \max\left\{c^{\mathrm{T}}x \mid Ax \leq b, x \in \mathbb{Z}_+^n\right\}$$

beträchtliches Interesse in Praxis und Forschung gefunden.

Da das Simplexverfahren der linearen Optimierung stets eine optimale Basislösung liefert, stellt sich die Frage, wann die Basislösungen einer linearen Optimierungsaufgabe ganzzahlig sind. Geometrisch ausgedrückt lautet die Frage, wann die Ecken des zugrundeliegenden Polyeders

$$P(b) = \{x \mid Ax \leq b, x \geq 0\}$$

ganzzahlig sind. Dann nennen wir $P(b)$ ein *ganzzahliges Polyeder*. Da man die Innere Punkte Methode benutzen kann, um in insgesamt polynomieller Laufzeit eine optimale Ecke zu bestimmen, sind ganzzahlige lineare Optimierungsaufgaben über ganzzahligen Polyedern polynomiell lösbar. Wir werden in diesem Abschnitt einige wichtige Polyeder kennenlernen, die allein aufgrund der Eigenschaften der Koeffizientenmatrix A ganzzahlig sind.

Eine ganzzahlige $(n \times n)$-Matrix A heißt *unimodular*, wenn $\det A = \pm 1$. Nach der Cramer'schen Regel für die Matrixinverse ist

$$A^{-1} = \frac{1}{\det A} A^+,$$

wobei die Elemente von A^+ Polynome in den Elementen von A sind. Daher ist die Inverse einer unimodularen Matrix wieder ganzzahlig und die Lösung des Gleichungssystem $Ax = b$ ist für jede ganzzahlige rechte Seite ganzzahlig.

R. E. Burkard, U. T. Zimmermann, *Einführung in die Mathematische Optimierung*
DOI 10.1007/978-3-642-01728-5_10, © Springer-Verlag Berlin Heidelberg 2012

Beispiel 10.1.1. (Unimodulare Koeffizientenmatrix einer Gleichung) Die Matrix A und ihre Inverse sind unimodular:

$$A = \begin{pmatrix} 4 & 3 \\ 7 & 5 \end{pmatrix}, \qquad A^{-1} = \begin{pmatrix} -5 & 3 \\ 7 & -4 \end{pmatrix}.$$

Daher besitzt das zugehörige Gleichungssystem $Ax = b$ eine eindeutige ganzzahlige Lösung $x \in \mathbb{Z}^2$ für jede ganzzahlige rechte Seite $b \in \mathbb{Z}^2$:

$$\begin{pmatrix} 4 & 3 \\ 7 & 5 \end{pmatrix} x = b, \qquad x = \begin{pmatrix} -5 & 3 \\ 7 & -4 \end{pmatrix} b.$$

Eine ganzzahlige $(m \times n)$-Matrix A heißt *vollständig unimodular*, wenn für jede quadratische Untermatrix B von A gilt det $B \in \{0, +1, -1\}$. Offenbar können die Elemente, d. h. die (1×1)-Untermatrizen, einer vollständig unimodularen Matrix A ebenfalls nur die Werte 0 und ± 1 annehmen.

Lemma 10.1.1. Ist A vollständig unimodular, so ist A eine $(0, \pm 1)$-Matrix und die Matrizen $A^{\mathrm{T}}, -A, (A|A), (A|E)$ und $(A|-A)$ sind ebenfalls vollständig unimodular.

Beweis. Wegen det $B = \det B^{\mathrm{T}}$ für jede quadratische Matrix B und $\det(-A) = \pm \det A$, sind mit A auch A^{T} und $-A$ vollständig unimodular.

B sei eine beliebige quadratische Untermatrix von $(A|E)$. Enthält B nur Spalten von A oder nur Spalten von E, so ist det $B \in \{0, \pm 1\}$. Enthält B sowohl Spalten von A als auch von E, so lässt sich B nach passender Zeilen- und Spaltenpermutation als

$$\hat{B} = \begin{pmatrix} A_1 & 0 \\ A_2 & \hat{E} \end{pmatrix}$$

mit passender Einheitsmatrix $\hat{E}$ schreiben. Also gilt $\pm \det B = \det \hat{B} = \det A_1 \cdot \det \hat{E} = \det A_1 \in \{0, \pm 1\}$ d. h. $(A|E)$ ist ebenfalls vollständig unimodular.

Eine Untermatrix B von $(A|A)$ enthält entweder identische Spalten oder alle Spalten sind verschieden. Im ersten Fall ist B singulär und im zweiten Fall kann B auch als Untermatrix von A aufgefasst werden. In jedem Fall ist det $B \in \{0, \pm 1\}$.

Da Vorzeichenwechsel von Spalten in B nur Vorzeichenwechsel von det B nach sich ziehen, folgt analog, dass $(A|-A)$ vollständig unimodular ist. $\qquad \square$

Beispiel 10.1.2. $(A|B)$ ist nicht immer vollständig unimodular. Auch wenn A und B vollständig unimodular sind, muss das nicht für die Matrix $(A|B)$ gelten! Anderenfalls wäre jede $(0, \pm 1)$-Matrix vollständig unimodular. Aber

$$\det \begin{pmatrix} 1 & 1 & 0 \\ 0 & 1 & 1 \\ 1 & 0 & 1 \end{pmatrix} = 2.$$

Der folgende Satz zeigt, dass die Koeffizientenmatrix A genau dann vollständig unimodular ist, wenn das Polyeder $P(b) = \{x \mid Ax \le b, x \ge 0\}$ für *jede* ganzzahlige rechte Seite b ganzzahlig ist.

Satz 10.1.2. *(Hoffman und Kruskal, 1956 [43])* *Sei A eine ganzzahlige Matrix. Dann sind folgende Aussagen äquivalent:*

1. *A ist vollständig unimodular,*
2. *$P(b) = \{x \mid Ax \le b, x \ge 0\}$ ist ganzzahlig für alle ganzzahligen b mit $P(b) \ne \emptyset$,*
3. *jede quadratische, nicht singuläre Untermatrix von A hat eine ganzzahlige Inverse.*

Beweis. (nach Veinott und Dantzig [76]):

$1. \Rightarrow 2.$ Nach Lemma 10.1.1 ist mit A auch $\bar{A} := (A \mid E)$ vollständig unimodular. Daher ist jede Basismatrix $\bar{A}_B$ unimodular und die zugehörige Basislösung ist ganzzahlig. Also ist jede Ecke von $\bar{P}(b) := \{x \mid \bar{A}x = b, x \ge 0\}$ und damit jede Ecke von $P(b)$ ganzzahlig.

$2. \Rightarrow 3.$ Sei $\bar{A}_B$ eine Basismatrix und $\bar{b}_i$ der i-te Spaltenvektor von $\bar{A}_B^{-1}$. Falls alle $\tilde{b}_i$ ganzzahlig sind, ist $\bar{A}_B^{-1}$ ganzzahlig. Um die Ganzzahligkeit von $\bar{b}_i$ zu zeigen, wählen wir einen genügend großen ganzzahligen Vektor t so, dass $\bar{b}_i + t \ge 0$ gilt. Für $b(t) := \bar{A}_B t + e_i$ mit i-tem Einheitsvektor e_i, ergibt sich

$$x_B = \bar{A}_B^{-1} b(t) = \bar{A}_B^{-1} \bar{A}_B t + \bar{A}_B^{-1} e_i = t + \bar{b}_i \ge 0 \,.$$

Daher entspricht $(x_B, x_N) = (t + \bar{b}_i, 0)$ einer Ecke von $\bar{P}(b(t))$, die ganzzahlig sind, da nach Voraussetzung die Ecken von $P(b)$ ganzzahlig sind. Da t ganzzahlig ist, ist dann auch $\bar{b}_i$ ganzzahlig.

Um zu zeigen, dass jede quadratische, nicht singuläre Untermatrix F von A eine ganzzahlige Inverse besitzt, ergänzen wir die zu F gehörenden Spalten von A durch passende Spalten von E zu einer Basismatrix A_B. Nach geeigneter Zeilenpermutation mit Hilfe einer Permutationsmatrix Π erhalten wir

$$\Pi A_B = \begin{pmatrix} F & 0 \\ \cdots & \hat{E} \end{pmatrix}, \qquad A_B^{-1} \Pi^{\mathrm{T}} = \begin{pmatrix} F^{-1} & 0 \\ \cdots & \hat{E} \end{pmatrix}$$

mit passender Einheitsmatrix $\hat{E}$. Da A_B^{-1} ganzzahlig ist, ist auch F^{-1} ganzzahlig.

$3. \Rightarrow 1.$ Für eine beliebige quadratische, nicht singuläre Untermatrix F von A ist nach Voraussetzung F^{-1} ganzzahlig. Daher sind $\det F$ und $\det F^{-1}$ ganze Zahlen. Aus $\det F \cdot \det F^{-1} = \det(F \cdot F^{-1}) = \det E = 1$ folgt $\det F = \pm 1$. Also ist A vollständig unimodular. $\qquad \square$

Die Ganzzahligkeit von Polyedern mit vollständig unimodularer Koeffizientenmatrix gilt symmetrisch für die Polyeder der primalen und dualen linearen Optimierungsaufgabe.

Korollar 10.1.3. *A sei eine vollständig unimodulare Matrix. Dann gilt*

   1. die zu einander dualen, linearen Optimierungsaufgaben gehörenden Polyeder sind ganzzahlig für alle ganzzahligen b, c,

   2. das Polyeder $S = \{x \mid \underline{b} \leq Ax \leq \bar{b}, 0 \leq x \leq d\}$ ist ganzzahlig für alle ganzzahligen $\underline{b}, \bar{b}$ und d.

Beweis. Zu 2.: Die Koeffizientenmatrix von S hat die Form $\begin{pmatrix} A \\ -A \\ E \end{pmatrix}$ und ist daher nach Lemma 10.1.1 vollständig unimodular.   □

Die praktische Bedeutung des Satzes von Hoffman und Kruskal liegt darin, dass lineare Optimierungsaufgaben mit vollständig unimodularer Koeffizientenmatrix nur ganzzahlige Basislösungen besitzen, so dass eine ganzzahlige Optimallösung mit Hilfe des Simplexverfahrens bestimmt werden kann. Außerdem gelten unter dieser Voraussetzung die Dualitätssätze der linearen Optimierung auch dann, wenn nur ganzzahlige Lösungen zulässig sind. Als Beispiel sei das folgende Korollar genannt:

Korollar 10.1.4. *A sei eine vollständig unimodulare $(m \times n)$-Matrix. Dann gilt*

$$\max \{c^{\mathrm{T}} x \mid Ax \leq b, x \in \mathbb{Z}_+^n\} = \min \{y^{\mathrm{T}} b \mid y^{\mathrm{T}} A \geq c^{\mathrm{T}}, y \in \mathbb{Z}_+^m\}$$

für alle $b \in \mathbb{Z}^m$, $c \in \mathbb{Z}^n$.

In Anbetracht der Konsequenzen wäre es nützlich, für eine $(0, \pm 1)$-Koeffizientenmatrix schnell feststellen zu können, ob sie vollständig unimodular ist. Wie die Matrix im Beispiel 10.1.2 zeigt, sind leider nicht alle $(0, \pm 1)$-Matrizen vollständig unimodular. Mit Hilfe eines tiefliegenden Dekompositionssatzes von Seymour [64] kann man in polynomieller Zeit, nämlich in $O((m+n)^4 m)$ Schritten, testen, ob eine gegebene $(0, \pm 1)$-Matrix vollständig unimodular ist. Ein derartiger Test ist ausführlich in Schrijver [63] beschrieben. Besitzt jede Spalte der betrachteten Matrix A nur zwei von 0 verschiedene Elemente, so liefert der folgende Satz eine hinreichende Bedingung für die vollständige Unimodularität von A.

Satz 10.1.5. *(Heller und Tompkins, 1956 [39]) Eine $(0, \pm 1)$-Matrix A, die in jeder Spalte höchstens zwei ± 1-Elemente enthält, ist vollständig unimodular, falls sich die Zeilen von A in zwei Klassen R und T einteilen lassen, wobei gilt:*

   (a) enthält eine Spalte zwei $+1$- oder zwei -1-Elemente, so liegen die beiden zugehörigen Zeilen in verschiedenen Klassen,

   (b) enthält eine Spalte ein $+1$- und ein -1-Element, so liegen die beiden zugehörigen Zeilen in derselben Klasse.

Beweis. Wir zeigen durch vollständige Induktion über k, dass jede $(k \times k)$-Untermatrix B von A unter den Voraussetzungen des Satzes det $B \in \{0, \pm 1\}$ erfüllt. Für einelementige Untermatrizen ist dies offensichtlich, da A eine $(0, \pm 1)$-Matrix ist. Nehmen wir an, die Aussage gelte für alle $((k-1) \times (k-1))$-Untermatrizen, und sei B eine $(k \times k)$-Untermatrix. Wir betrachten drei verschiedene Fälle.

(1) Enthält B eine Nullspalte, so ist det $B = 0$.

(2) Enthält B eine Spalte mit nur einem (± 1) Element, so entwickeln wir det B nach dieser Spalte. Die Induktionsannahme liefert dann det $B \in \{0, \pm 1\}$.

(3) Jede Spalte von B enthält genau zwei (± 1)-Elemente. Für die Einteilung in die Klassen R und T gilt dann wegen der Regeln (a) und (b) für jede Spalte j von B:

$$\sum_{i \in R} a_{ij} = \sum_{i \in T} a_{ij} \qquad (j = j_1, \ldots, j_k).$$

Also sind die Zeilen von B linear abhängig und damit gilt det $B = 0$. $\qquad \square$

Im Anhang zur Arbeit von Heller und Tompkins zeigte Gale [39], dass die Bedingungen des Satzes für Matrizen, die in jeder Spalte höchstens zwei Elemente ± 1 besitzen, auch notwendig sind. Offenbar gibt es für die Matrix (10.1.2) keine Zeilenpartition, wie sie der Satz von Heller und Tompkins erfordert. Daher ist diese Matrix nicht vollständig unimodular. Insbesondere zeigt der Beweis des Satzes von Heller und Tompkins, dass die Zeilen jeder vollständig unimodularen Matrix, deren Spalten genau zwei ± 1-Elemente enthalten, linear abhängig sind.

Korollar 10.1.6. *Hat eine vollständig unimodulare Matrix in jeder Spalte genau zwei ± 1-Elemente, dann sind ihre Zeilen linear abhängig.*

Mit dem Satz von Heller und Tompkins lassen sich zwei wichtige Klassen linearer Optimierungsaufgaben behandeln.

Beispiel 10.1.3. (Knoten-Kanten-Inzidenzmatrix gerichteter Graphen) Wir betrachten einen gerichteten Graph $G = (V, E)$ mit endlicher Knotenmenge V und der Menge $E \subseteq V \times V$ gerichteter Kanten.

Die Knoten-Kanten-Inzidenzmatrix $A = (a_{ve})$ eines gerichteten Graphen wird durch

$$a_{ie} := \begin{cases} 1, & e = (i, j) \\ -1, & e = (j, i) \qquad (v \in V), (e \in E), \\ 0, & \text{anderenfalls,} \end{cases}$$

definiert. Für den gerichteten Graphen in Abb. 10.1 ergibt sich die im Folgenden schematisch angegebene Inzidenzmatrix

	e_1	e_2	e_3	e_4	e_5	e_6	e_7	e_8	e_9	e_{10}
v_1	1	-1	1							
v_2			-1	1						
v_3	-1	1		-1						
v_4					-1	-1	1			
v_5						1	-1			1
v_6					1			1	-1	
v_7								-1	1	-1

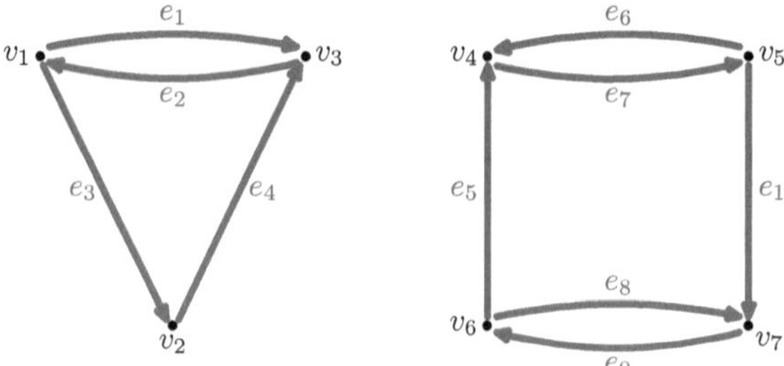

Abb. 10.1 Ein gerichteter
Graph mit 7 Knoten

Für $R := V$ und $T := \emptyset$ zeigt der Satz von Heller-Tompkins, dass die Knoten-Kanten-Inzidenzmatrix gerichteter Graphen vollständig unimodular ist. Nach Korollar 10.1.6 sind die Zeilen der Knoten-Kanten-Inzidenzmatrix eines gerichteten Graphen linear abhängig.

In Abschn. 10.3 werden wir Flüsse in Netzwerken einführen. Die Koeffizientenmatrix des wesentlichen Teils des zugehörigen linearen Modells ist die Knoten-Kanten-Inzidenzmatrix eines gerichteten Graphen und erweist sich daher als vollständig unimodular.

Beispiel 10.1.4. (Koeffizientenmatrix des Transportproblems) Die $((m+n)\times(mn))$-Koeffizientenmatrix des Transportproblems

$$\min \quad \sum_{i=1}^{m}\sum_{j=1}^{n} c_{ij}x_{ij}$$

$$\text{unter} \quad \sum_{j=1}^{n} x_{ij} = a_i \ (1 \le i \le m)$$

$$\sum_{i=1}^{m} x_{ij} = b_j \ (1 \le j \le n)$$

$$x_{ij} \ge 0 \ (1 \le i \le m, 1 \le j \le n)$$

hat die Gestalt

$$A = \begin{pmatrix} 1\,1\ldots 1 & & & \\ & 1\,1\ldots 1 & & \\ & & \ddots & \\ & & & 1\,1\ldots 1 \\ \hline 1 & 1 & & 1 \\ 1 & 1 & & 1 \\ \ddots & \ddots & \cdots & \ddots \\ 1 & 1 & & 1 \end{pmatrix}. \tag{10.1}$$

Für die Zeilenpartition $R := \{1, 2, \ldots, m\}$ und $T := \{m + 1, \ldots, m + n\}$ sind die Bedingungen des Satzes von Heller und Tompkins erfüllt und daher ist A vollständig unimodular. Man kann also mit Hilfe des Simplexverfahrens eine ganzzahlige Optimallösung bestimmen, falls a und b ganzzahlig sind. Nach Korollar 10.1.6 sind die Zeilen von A linear abhängig. Transportprobleme werden wir in Abschn. 10.2 genauer diskutieren.

Aus dem Satz von Heller und Tompkins folgt auch der klassische Satz 10.1.7 von Birkhoff [7] über doppelt-stochastische Matrizen. Eine $(n \times n)$-Matrix $X = (x_{ij})$ heißt *doppelt-stochastisch*, wenn gilt

$$\sum_{j=1}^{n} x_{ij} = 1 \qquad (1 \le i \le n),$$

$$\sum_{i=1}^{n} x_{ij} = 1 \qquad (1 \le j \le n), \tag{10.2}$$

$$x_{ij} \ge 0 \qquad (1 \le i \le n, 1 \le j \le n).$$

Die zulässigen Lösungen des Ungleichungssystems (10.2) bilden das *Zuordnungspolyeder*. Permutationsmatrizen sind spezielle doppelt-stochastische Matrizen. Im linearen Zuordnungsproblem wird eine Zielfunktion $\sum_{i=1}^{n} \sum_{j=1}^{n} c_{ij} x_{ij}$ unter den Restriktionen (10.2) minimiert. Permutationsmatrizen entsprechen den ganzzahligen Lösungen von *Zuordnungsproblemen*. Der Satz von Birkhoff gestattet es, ganzzahlige Zuordnungsprobleme mit Methoden der linearen Optimierung zu lösen.

Satz 10.1.7. *(Birkhoff, 1944) Die Permutationsmatrizen entsprechen den Ecken des Zuordnungspolyeders* (10.2).

Mit anderen Worten besagt der Satz von Birkhoff, dass jede doppelt-stochastische Matrix eine Konvexkombination von Permutationsmatrizen ist. Ferner ist jede Basislösung eines Zuordnungsproblems ganzzahlig und entspricht damit einer Permutationsmatrix.

Streicht man in der vollständig unimodularen Koeffizientenmatrix von (10.1) einige Spalten, so erhält man die Knoten-Kanten-Inzidenzmatrix A eines bipartiten Graphen $G = (I, J; E)$, mit $E \subseteq \{[ij] \mid i \in I, j \in J\}$. Ist A die Koeffizientenmatrix einer linearen Optimierungsaufgabe mit ganzzahligen Zielfunktionskoeffizienten und ganzzahliger rechter Seite, so gelten ganzzahlige Dualitätssätze, wie z. B. in Korollar 10.1.4 beschrieben:

$$\max \left\{ \mathbb{1}^{\mathrm{T}} x \mid Ax \le \mathbb{1}, x \in \mathbb{Z}_{+}^{E} \right\} = \min \left\{ \mathbb{1}^{\mathrm{T}} y \mid y^{\mathrm{T}} A \ge \mathbb{1}, y \in \mathbb{Z}_{+}^{V} \right\} \tag{10.3}$$

$$\min \left\{ \mathbb{1}^{\mathrm{T}} x \mid Ax \ge \mathbb{1}, x \in \mathbb{Z}_{+}^{E} \right\} = \max \left\{ \mathbb{1}^{\mathrm{T}} y \mid y^{\mathrm{T}} A \le \mathbb{1}, y \in \mathbb{Z}_{+}^{V} \right\}. \tag{10.4}$$

In Optimallösungen können wir o. B. d. A. annehmen, dass alle Variablen nur $(0, 1)$-Werte annehmen. Eine Kante e bzw. ein Knoten k wird als ausgewählt betrachtet genau dann, wenn die Kantenvariable den Wert $x_e = 1$ bzw. die Knotenvariable den Wert $y_k = 1$ annimmt.

In Gleichung (10.3) können wir in der Maximierungsaufgabe Kanten auswählen, die keinen Knoten gemeinsam haben. Derartige Kantenmengen werden als *Mat-*

ching bezeichnet. Andererseits müssen die in der Minimierungsaufgabe ausgewählten Knoten zwingend alle Kanten in E überdecken und werden daher als *Kantenüberdeckung* bezeichnet. Die Aussage des Dualitätssatzes ist also, dass die maximale Anzahl der Kanten in einem Matching genau der minimalen Anzahl der Knoten in einer Kantenüberdeckung entspricht.

Der Dualitätssatz in Gleichung (10.4) zeigt dagegen, dass die minimale Anzahl von Kanten, die alle Knoten überdecken, *Knotenüberdeckung* genannt, genau der maximalen Anzahl Knoten entspricht, die durch keine Kante verbunden sind. Derartige Knotenmengen werden als *stabile* Knotenmenge bezeichnet.

Allgemeine Zuordnungsprobleme beinhalten wichtige Modelle der ganzzahligen Optimierung. Sie treten etwa auf, wenn n Aufgaben auf n Personen verteilt werden sollen, wobei c_{ij} die Bearbeitungszeit der i-ten Aufgabe durch die j-te Person ist und die Gesamtbearbeitungszeit minimiert werden soll. Sind die Kosten ganzzahlig, gilt wiederum ein ganzzahliger Dualitätssatz:

$$\max\left\{\sum c_{ij}x_{ij} \mid Ax = \mathbb{1}, x \in \mathbb{Z}_+^E\right\} = \min\left\{\sum y_k \mid y^\mathsf{T}A \geq c^T, y \in \mathbb{Z}^V\right\}.$$

Zuordnungsprobleme und ihre Lösungsverfahren werden ausführlich in der Monographie von Burkard, Dell'Amico und Martello [13] dargestellt.

Nicht alle vollständig unimodularen Matrizen haben höchstens zwei ± 1-Elemente pro Spalte. Seymour [64] hat gezeigt, dass sich vollständig unimodulare Matrizen im Wesentlichen in Knoten-Kanten-Inzidenzmatrizen gerichteter Graphen und in zwei weitere spezielle $(0, \pm 1)$-Matrizen

$$M := \begin{pmatrix} 1 & 1 & 1 & 1 & 1 \\ 1 & 1 & 1 & 0 & 0 \\ 1 & 0 & 1 & 1 & 0 \\ 1 & 0 & 0 & 1 & 1 \\ 1 & 1 & 0 & 0 & 1 \end{pmatrix} \qquad \bar{M} := \begin{pmatrix} 1 & -1 & 0 & 0 & -1 \\ -1 & 1 & -1 & 0 & 0 \\ 0 & -1 & 1 & -1 & 0 \\ 0 & 0 & -1 & 1 & -1 \\ -1 & 0 & 0 & -1 & -1 \end{pmatrix}$$

zerlegen lassen. Sowohl M als auch $\bar{M}$ besitzen mehr als zwei ± 1-Elemente pro Spalte und sind trotzdem vollständig unimodular.

10.2 Transportprobleme

Gegeben seien m Fabriken, in denen jeweils die Warenmengen a_i, $i = 1, \ldots, m$, erzeugt werden. Die Waren sollen vollständig an n Abnehmer versandt werden, wobei der j-te Abnehmer die Warenmenge b_j, $j = 1, \ldots, n$, benötigt. Die Transportkosten für den Versand einer Wareneinheit vom Erzeuger i zum Abnehmer j bezeichnen wir mit c_{ij}. Die Variable x_{ij} gibt an, wieviele Wareneinheiten vom Erzeuger i an den Abnehmer j gesandt werden.

Man kann o. B. d. A. annehmen, dass genau so viel erzeugt wie verbraucht wird, d. h. $\mathbb{1}^T a = \mathbb{1}^T b$. Denn wird mehr erzeugt als verbraucht, so führt man einen zusätzlichen Verbraucher $n + 1$ ein, der die nicht gelieferten Waren übernimmt. Die Größen $c_{i,n+1}$ sind dann Lagerkosten bei den Erzeugern i, $i = 1, \ldots, m$. Wird aber mehr gebraucht als erzeugt, so führt man einen zusätzlichen Erzeuger $m + 1$ ein. Die Kosten $c_{m+1,j}$ sind dann Strafkosten für den Fehlbedarf der Abnehmers j, $j = 1, \ldots, n$.

Die Minimierung der gesamten Transportkosten führt auf eine lineare Optimierungsaufgabe und wird als *Transportproblem* bezeichnet:

$$
\begin{array}{ll}
\min & c^T x \\
\text{unter} & \sum_{j=1}^{n} x_{ij} = a_i \ (1 \le i \le m), \\
& \sum_{i=1}^{m} x_{ij} = b_j \ (1 \le j \le n), \\
& x_{ij} \quad\ \ge 0 \ (1 \le i \le m, 1 \le j \le n).
\end{array}
$$

Aufgrund der speziellen Gestalt der Restriktionen kann das Simplexverfahren so modifiziert werden, dass man allein mit Additionen und Subtraktionen eine Optimallösung erhält. Daraus folgt erneut, dass man bei ganzzahligen Ausgangswerten eine ganzzahlige Optimallösung erhält.

Die zulässigen Lösungen des Transportproblems können wir bei Bedarf als Vektoren $x = (x_{11}, x_{12}, \ldots, x_{1n}, x_{21}, x_{22}, \ldots, x_{2n}, \ldots, x_{mn})^T$ im $\mathbb{R}^{mn}$ auffassen. Die Koeffizientenmatrix A eines Transportproblems (kurz: *Transportmatrix*) hat die Gestalt (10.1). Die ersten m Zeilen dieser Matrix entsprechen den Erzeugern, die letzten n Zeilen der Matrix den Abnehmern. Jede Spalte $i \cdot n + j$ gibt an, dass j von i aus beliefert werden kann. Da die Summe der ersten m Zeilen gleich der Summe der letzten n Zeilen ist, sind die Zeilen der Matrix A linear abhängig. Streicht man jedoch die letzte Zeile, so erhält man eine Matrix mit dem Rang $m + n - 1$, denn wie man leicht sieht, sind die ersten n Spalten, sowie die $m - 1$ Spalten mit den Indizes $kn + 1$, $k = 1, \ldots, m - 1$, linear unabhängig.

Die Transportmatrix kann man als Knoten-Kanten-Inzidenzmatrix eines bipartiten, ungerichteten Graphen interpretieren, den wir als Transportgraphen bezeichnen werden. Dies ermöglicht eine besonders anschauliche Darstellung des für Transportprobleme adaptierten Simplexverfahrens. Aus diesem Grund sehen wir uns zunächst näher den Zusammenhang zwischen ungerichteten Graphen und Transportproblemen an.

Ungerichtete Graphen, Wege und Bäume

Gegeben sei ein ungerichteter Graph $G = (V, E)$ mit endlicher *Knotenmenge* V und *Kantenmenge* $E \subseteq \{[i, j] \mid i, j \in V\}$. Dabei bezeichnen $[i, j]$ und $[j, i]$ dieselbe Kante, die die zwei Knoten i und j von V verbindet. Man sagt, dass die Knoten i und j mit der sie verbindenden Kante $[i, j]$ *inzidieren*. Zwei Knoten, die durch eine Kante verbunden sind, heißen *benachbart*. Der *Grad* $d(i)$ eines Knotens $i \in V$ ist die Anzahl der Kanten, die mit i inzidieren. Ist $d(i) = 1$, so bezeichnet man den Knoten i als ein *Blatt*.

Ein Graph $\bar{G} = (V, \bar{E})$ heißt *Teilgraph* von $G = (V, E)$, falls $\bar{E} \subseteq E$ gilt. Für $e \in E$ ist etwa $G - e := G(V, E \setminus e)$ ein echter Teilgraph. Ein Graph $G' = (V', E')$ mit $V' \subseteq V$ und $E' \subseteq E$ heißt *Untergraph* von G. Insbesondere ist $G[V'] := (V', E[V'])$ mit $E[V'] := \{[i, j] \in E \mid i, j \in V'\}$ der durch V' *knotenerzeugte Untergraph*. Für $v \in V$ ist etwa $G - v := G[V \setminus v]$ ein knotenerzeugter echter Untergraph.

Ein Graph $G = (V, E)$ heißt *bipartit*, wenn sich seine Knotenmenge in zwei nichtleere, disjunkte Mengen I, J so zerlegen lässt, dass $E \subseteq \{[i, j] \mid i \in I, j \in J\}$. Wir kennzeichnen einen bipartiten Graphen mit bekannter Zerlegung als $G = (I, J; E)$.

Gilt für eine Folge $W = (i_0, i_1, \ldots, i_n)$ von Knoten, dass $[i_k, i_{k+1}]$ für $k = 0, \ldots, n - 1$ eine Kante in E ist, und sind die Knoten $i_0, i_1, \ldots, i_{n-1}$ paarweise verschieden, so bezeichnet man W als einen *Weg*. Der Weg W verbindet i_0 und i_n. Gilt $i_0 = i_n$, so liegt ein *Kreis* vor. Kreise (i_0, i_0) bezeichnet man als *Schlingen*. Ein Graph $G = (V, E)$ heißt *einfach*, wenn er wie oben definiert ist und keine Schlingen besitzt. Die Anzahl der Kanten eines Weges bzw. eines Kreises nennt man die *Länge des Weges (Kreises)* . Ein Weg bzw. Kreis mit einer geraden Anzahl von Kanten heißt ein *gerader Weg* bzw. *gerader Kreis*. Zur Vereinfachung werden wir auch die Menge der Kanten eines Weges mit W bezeichnen, d. h. $W \equiv \{[i_k, i_{k+1}] \mid k = 0, \ldots, n - 1\}$.

Ein Graph heißt *zusammenhängend*, wenn es zu zwei verschiedenen Knoten $i, j \in V$ stets einen Weg mit $i_0 = i$ und $i_n = j$ gibt. Ist V_i die Menge aller Knoten $j \in V$, die von i aus über einen Weg erreichbar sind, so nennt man $G[V_i]$ die *Zusammenhangskomponente* von i. Die Zusammenhangskomponenten eines Graphen bilden eine Partition von G. Ein *Baum* ist ein zusammenhängender Graph, der keine Kreise besitzt.

Lemma 10.2.1. (Kreisfreie Graphen) $G = (V, E)$ sei ein nichtleerer, ungerichteter, kreisfreier Graph mit n Knoten. Dann gilt:

(a) ist G ein Baum, so besitzt er ein Blatt,
(b) ist G ein Baum, so besitzt er $n - 1$ Kanten,
(c) hat G r Zusammenhangskomponenten, so besitzt er $n - r$ Kanten .

Beweis. Zu (a):   In einem zusammenhängenden Graphen hat jeder Knoten mindestens Grad 1. Wäre der Grad jedes Knotens mindestens 2, so könnte man ausgehend von jedem Knoten leicht einen Kreis konstruieren. Da ein Baum aber kreisfrei ist, besitzt er mindestens ein Blatt.

Zu (b):   Der Beweis erfolgt per Induktion über n. Ein Baum mit einem Knoten hat offenbar keine Kanten, d. h. die Aussage ist korrekt für $n = 1$. Wir betrachten im Induktionsschritt einen Baum G mit $n > 1$ Knoten. Wir wählen ein Blatt v des Baumes. Die einzige mit v inzidierende Kante sei $[u, v]$. Entfernen wir v und $[u, v]$ aus G, so erhalten wir einen Baum mit $n - 1$ Knoten, der nach Induktionsvoraussetzung $n - 2$ Kanten besitzt. Also hat G $n - 1$ Kanten.

Zu (c):   Jede Zusammenhangskomponente G_i, $i = 1, \ldots, r$, ist kreisfrei, also ein Baum mit n_i Knoten und $n_i - 1$ Kanten. Die Summation der Kanten der Komponenten ergibt für G insgesamt $\sum_{i=1}^{r}(n_i - 1) = \sum_{i=1}^{r} n_i - r = n - r$ Kanten.

$\square$

Bevor wir beweisen, dass Bäume im Transportgraphen Basislösungen von Transportproblemen entsprechen, geben wir einige der vielfältigen Charakterisierungen von Bäumen an. Ist G ein zusammenhängender Graph, aber keiner seiner echten Teilgraphen ist zusammenhängend, so heißt G *minimal zusammenhängend*. Ist G kreisfrei, aber jede Kante $e \notin E$ erzeugt einen Kreis in $G(V, E \cup e)$, so heißt G *maximal kreisfrei*.

Satz 10.2.2. *(Charakterisierung von Bäumen)* $G = (V, E)$ *sei ein nichtleerer, ungerichteter Graph mit n Knoten. Dann sind äquivalent:*

1. G ist ein Baum,
2. G hat $n - 1$ Kanten und ist zusammenhängend,
3. G hat $n - 1$ Kanten und ist kreisfrei,
4. für jedes Paar verschiedener Knoten enthält G genau einen verbindenden Weg,
5. G ist minimal zusammenhängend,
6. G ist maximal kreisfrei.

Beweis. 1.$\Rightarrow$ 2.   folgt unmittelbar aus Lemma 10.2.1 (b).

2.$\Rightarrow$ 3.   Wir betrachten einen zusammenhängenden Graph G mit n Knoten und $n - 1$ Kanten. Hätte er Kreise, so könnte man sukzessive in jedem dieser Kreise eine Kante streichen, ohne den Zusammenhang zu verletzen. Der resultierende Graph wäre ein Baum mit n Knoten und weniger als $n-1$ Kanten im Widerspruch zu Lemma 10.2.1 (b).

3.$\Rightarrow$ 4.   Wir betrachten einen kreisfreien Graph G mit n Knoten und $n - 1$ Kanten. Nach Lemma 10.2.1 (c) muss G dann zusammenhängend sein. Also gibt es für jedes Paar von Knoten mindestens einen und, da G kreisfrei, genau einen verbindenden Weg.

4.$\Rightarrow$ 5.   Da es im betrachteten Graph G für jedes Paar i, j verschiedener Knoten genau einen verbindenden Weg gibt, ist insbesondere jede Kante $[p, q] \in E$ der einzige Weg, der p und q verbindet. Folglich ist für jede Kante $e \in E$ der Graph $G - e$ nicht zusammenhängend, d. h. G ist minimal zusammenhängend.

5.$\Rightarrow$ 6.   Da der betrachtete Graph G minimal zusammenhängend ist, ist er auch kreisfrei. Enthielte er einen Kreis, könnte man eine Kante des Kreises entfernen, ohne den Zusammenhang zu verletzen. Andererseits ist jedes Paar p, q verschiedener Knoten mit $[p, q] \notin E$ in G durch einen Weg verbunden. Daher enthält $G' = (V, E \cup [p, q])$ einen Kreis, d. h. G ist maximal kreisfrei.

6.$\Rightarrow$ 1.   Für zwei verschiedene Knoten $i, j \in V$ ist entweder $[i, j] \in E$ oder $G' = (V, E \cup [i, j])$ enthält einen Kreis, da G maximal kreisfrei ist. In beiden Fällen sind i und j bereits in G durch einen Weg verbunden. Daher ist G auch zusammenhängend, d. h. G ist ein Baum.

$\square$

Eine $(n \times m)$-Matrix $A = (a_{ik})$ heißt *Knoten-Kanten-Inzidenzmatrix* eines ungerichteten Graphen $G = (V, E)$ mit $|V| = n, |E| = m$, wenn

$$a_{ik} := \begin{cases} 1 & \text{Knoten } i \text{ inzidiert mit Kante } k, \\ 0 & \text{anderenfalls.} \end{cases} \tag{10.5}$$

Wir ordnen einem Transportproblem einen bipartiten Graphen $G = (I, J; E)$ zu, dessen Knotenmenge die disjunkte Vereinigung der Erzeugerknoten $I = \{i \mid i = 1, \ldots, m\}$ und der Abnehmerknoten $J = \{j \mid j = 1, \ldots, n\}$ und dessen Kantenmenge $E := \{[i, j] \mid 1 \le i \le m, 1 \le j \le n\}$ ist. Wir nennen diesen Graphen *Transportgraph*. Offenbar ist die Koeffizientenmatrix (10.1) eines Transportproblems die Knoten-Kanten-Inzidenzmatrix des Transportgraphen.

Lemma 10.2.3. Jeder Kreis in einem bipartiten Graphen hat eine gerade Anzahl von Kanten, die dementsprechend abwechselnd blau und rot gefärbt werden können.

Beweis. In einem Kreis $K = (k_0, k_1, \ldots, k_r)$ in einem bipartiten Graphen $G = (I, J; E)$ liegen die Knoten des Kreises abwechselnd in I und J. Wegen $k_0 = k_r$ muss dann r gerade sein. Wegen ihrer geraden Anzahl lassen sich die im Kreis aufeinanderfolgenden Kanten abwechselnd blau und rot färben. $\square$

Satz 10.2.4. *Jeder Menge linear unabhängiger Spalten der Knoten-Kanten-Inzidenzmatrix A eines bipartiten Graphen G entspricht eineindeutig ein Teilgraph von G, der keine Kreise enthält.*

Beweis. Nach Definition der Knoten-Kanten-Inzidenzmatrix entspricht jeder Spalte A_e von A eine Kante e in G. Wir zeigen: Sind die Spalten linear abhängig, so enthält der zugehörige Teilgraph einen Kreis und umgekehrt.

G enthalte einen Kreis K. Da G bipartit ist, ist der Kreis gerade und seine Kanten können abwechselnd blau und rot gefärbt werden. Da jeder Knoten des Kreises mit einer blauen und einer roten Kante inzidiert, gilt $\sum_{e\,\text{blau}} A_e = \sum_{e\,\text{rot}} A_e$. Daher ist $\{A_e \mid e \in K\}$ linear abhängig.

Sei umgekehrt $\{A_e \mid e \in K\}$ eine Menge linear abhängiger Spalten. Dann gibt es ein $0 \neq \alpha \in \mathbb{R}^K$ mit $\sum_{e \in K} \alpha_e A_e = 0$. Sei $K' := \{e \mid \alpha_e \neq 0\}$. Die mit Kanten in K' inzidenten Knoten fassen wir in V' zusammen. Wegen der verschwindenden Linearkombination muss jeder Knoten $i \in V'$ mit mindestens zwei Kanten inzidieren. Daher enthält (V', E') und damit der Teilgraph $G' = (V, E')$ einen Kreis. $\square$

Bemerkung (Matroide): Whitney [79] axiomatisierte 1935 den Begriff der linearen Abhängigkeit und führte dazu das kombinatorische Konzept eines *Matroids* ein. Whitney betrachtet nichtleere Familien $\mathcal{I}$ von Teilmengen einer endlichen Menge E. Ein System $(E, \mathcal{I})$ heißt *Matroid*, falls

1. $\mathcal{I}$ mit $F \in \mathcal{I}$ auch alle Teilmengen von F enthält und
2. für alle $F, G \in \mathcal{I}$ mit $|F| < |G|$ ein Element $e \in G \setminus F$ existiert, so dass
   $F \cup \{e\} \in \mathcal{I}$ *(Steinitz'sche Austauscheigenschaft)* .

Die Mengen $F \in \mathcal{I}$ werden als *unabhängige Mengen* bezeichnet.

Es ist leicht überprüfbar, dass die Familie der linear unabhängigen Spaltenmengen einer Matrix A diese Eigenschaften besitzt. Sie bilden das *Matrixmatroid* der Matrix A. Ferner kann man auch leicht zeigen, dass die Familie aller kreisfreien Untergraphen eines ungerichteten Graphen G diese Eigenschaften besitzt. Sie bilden das *graphische Matroid* von G. Satz 10.2.4 besagt also:

Ist A die Knoten-Kanten-Inzidenzmatrix eines ungerichteten bipartiten Graphen G, so sind das Matrixmatroid der Matrix A und das graphische Matroid des bipartiten Graphen G isomorph.

Das Simplexverfahren für Transportprobleme

Für Transportprobleme liefert der Satz 10.2.4:

Korollar 10.2.5. *Jeder Menge linear unabhängiger Spalten der Transportmatrix (10.1) entspricht eineindeutig ein Teilgraph des Transportgraphen, der keine Kreise enthält.*

Teilgraphen eines ungerichteten Graphen G enthalten nach Definition alle Knoten des Graphen. Zusammenhängende, kreisfreie Teilgraphen von G sind also Bäume, die G aufspannen. Sie werden als *Gerüste* von G bezeichnet. Gerüste sind nach Satz 10.2.2, Punkt 6, maximal kreisfreie Graphen. Da der Transportgraph $m + n$ Knoten besitzt, hat nach Satz 10.2.2 ein Gerüst dieses Graphen $m + n - 1$ Kanten. Diese entsprechen nach Satz 10.2.4 einer maximalen Menge von linear unabhängigen Spalten der Transportmatrix (10.1), also einer Basis B. Umgekehrt entspricht jede Basis des Transportproblems einem Gerüst im Transportgraphen. Damit haben wir den wichtigen Zusammenhang zwischen Basen und Gerüsten des Transportgraphen hergestellt:

Satz 10.2.6. *(Gerüstdarstellung der Basen) Jeder Basis des Transportproblems entspricht eineindeutig ein Gerüst im zugehörigen Transportgraphen.*

Die Gerüstdarstellung der Basen der Transportmatrix A ist für die Durchführung des Simplexverfahrens für Transportprobleme sehr hilfreich. Im primalen Simplexverfahren treten nur zulässige Basen auf, d. h. Basen mit zugehöriger zulässiger Basislösung. Wir identifizieren im Folgenden stets Basen und Gerüste, insbesondere entsprechen zulässigen Basen zulässige Gerüste. Es sei $B \subseteq E$ ein zulässiges Gerüst des Transportgraphen $G = (I, J; E)$. Die Nichtbasis ist dann durch $N = E \setminus B$ gegeben. Dementsprechend werden auch die Variablen x_{ij} den Kanten $[i, j]$ des Transportgraphen zugeordnet. Um zu überprüfen, ob die zugehörige Basislösung optimal ist, betrachten wir die zum Transportproblem

$$
\begin{aligned}
\min \quad & c^{\mathrm{T}} x \\
\text{unter} \quad & \sum_{j=1}^{n} x_{ij} = a_i \quad (i \in I) \\
& \sum_{i=1}^{m} x_{ij} = b_j \quad (j \in J) \\
& x_{ij} \quad\quad \geq 0 \quad ([i, j] \in E)
\end{aligned}
$$

duale Aufgabe

$$\max \quad a^\mathrm{T} u + b^\mathrm{T} v$$
$$\text{unter} \quad u_i + v_j \ \le c_{ij} \ ([i, j] \in E).$$

Bekanntlich ist B primal optimal, wenn B dual zulässig ist. Berechnet man zunächst die Dualvariablen u, v aus dem Gleichungssystem

$$u_i + v_j := c_{ij} \quad ([i, j] \in B), \tag{10.6}$$

so ist B dual zulässig, falls

$$u_i + v_j \le c_{ij} \quad ([i, j] \in (E \setminus B)). \tag{10.7}$$

Alternativ kann man mit Hilfe der Dualvariablen die reduzierten Kostenkoeffizienten $\tilde{c}_N^\mathrm{T} = c_N^\mathrm{T} - (u^\mathrm{T}, v^\mathrm{T}) A_N$ für $N = E \setminus B$ berechnen:

$$\tilde{c}_{ij} = c_{ij} - u_i - v_j \quad ([i, j] \in E \setminus B) \tag{10.8}$$

und die primale Optimalitätsbedingung $\tilde{c}_N \ge 0$ überprüfen. Tatsächlich werden wir Vergleichskosten $\bar{c}_{ij} := u_i + v_j$ für alle $[i, j] \in E \setminus B$ berechnen und die äquivalente Bedingung

$$c_{ij} \ge \bar{c}_{ij} \quad ([i, j] \in E \setminus B) \tag{10.9}$$

überprüfen.

Bei der Berechnung der $m + n$ Dualvariablen aus den $m + n - 1$ Gleichungen (10.6) können wir den Wert einer Variablen frei wählen, etwa $v_n := 0$. Dann sind für die mit dem Knoten $n \in J$ inzidierenden Kanten $[i, n]$, $i \in I$, die Werte $u_i := c_{in}$ festgelegt. Für die weiteren mit $i \in I$ inzidierenden Kanten $[i, j]$, $j \in J$, ist anschließend v_j eindeutig aus $u_i + v_j := c_{ij}$ berechenbar. Da ausgehend vom Knoten $n \in J$ jeder Knoten des Transportgraphen auf einem eindeutigen durch das Gerüst festgelegten Weg erreichbar ist, ist das Gleichungssystem (10.6) eindeutig rekursiv auflösbar. Da jede Variable mit höchstens einer Addition oder Subtraktion berechnet wird, ist die insgesamt erforderliche Laufzeit $O(m + n)$. Die Überprüfung der Optimalität von B mit Hilfe von (10.9) erfolgt mit einem Aufwand von $O(|E \setminus B|) = O((m + n)mn)$.

Ist (10.9) nicht erfüllt, so wird eine Nichtbasisvariable x_{rs} mit $c_{rs} < \bar{c}_{rs}$ in die Basis aufgenommen, d. h. die Kante $[r, s]$ wird im Transportgraphen zum aktuellen Gerüst B hinzugefügt. Dadurch entsteht nach Satz 10.2.2 genau ein Kreis K, der gerade ist. Nach Blaufärbung der neuen Kante $[r, s]$ werden alle anderen Kanten von K abwechselnd rot und blau gefärbt, so dass K in die rote und die blaue Kantenmenge, K_r und K_b zerfällt. Wird der Wert der bisherigen Nichtbasisvariablen x_{rs} von 0 auf δ erhöht, so erhöht sich die Summe der Variablen in den Knoten r, s des Graphen. Um die korrekten Summen der Variablen in allen Knoten zu erhalten, müssen die Basisvariablen $x_{ij}, [i, j] \in K_r$ um δ abgesenkt und die in K_b um δ angehoben werden. Die maximal mögliche Erhöhung δ_0 ergibt sich daraus, dass die neuen abgesenkten Variablenwerte für keine roten Kanten negativ werden dürfen, d. h.

$$\delta_0 := x_{pq} := \min\left\{x_{ij} \mid [i,j] \in K_r\right\}.$$

Wird das Minimum in mehreren roten Kanten angenommen, wird eine dieser Kanten ausgewählt. Diese Kante $[p,q]$ wird aus dem Kreis entfernt, so dass das neue Gerüst

$$B := B \cup \{[r,s]\} \setminus \{[p,q]\}$$

entsteht, das wieder einer zulässigen Basis entspricht. Die neue Basislösung ergibt sich aus

$$x_{ij} := \begin{cases} x_{ij} + \delta_0 & [i,j] \in K_b, \\ x_{ij} - \delta_0 & [i,j] \in K_r, \\ x_{ij} & [i,j] \notin K. \end{cases}$$

Um das Simplexverfahren für Transportprobleme starten zu können, muss anfangs ein zulässiges Gerüst im Transportgraphen bestimmt werden.

Durch die Prozedur `StartGeruest` wird stets ein zulässiges Gerüst für das Transportproblem bestimmt. In den ersten $m + n - 2$ Iterationen der Schleife wird durch die Prozedur `ReduziereGraph` jeweils ein Knoten der gewählten Kante $[p,q]$, also entweder in $p \in I$ oder in $q \in J$ entfernt. Daher kann in B kein Kreis entstehen. In der letzten Iteration wird die Kante $[p,q]$ für die jeweils einzigen verbliebenen Elemente $p \in I$ und $q \in J$ gewählt. Als kreisfreier Teilgraph mit $m + n - 1$ Kanten ist B bei Abbruch ein Gerüst. Durch die Reduktionen von a und b wird sichergestellt, dass x bei Abbruch eine zulässige Basislösung ist. Insbesondere gilt in der letzten Iteration der Schleife $a_p = b_q$.

Für die Auswahl der Kanten werden verschiedene Regeln vorgeschlagen. Für die in einer Iteration zur Verfügung stehenden Knotenmengen I und J lauten die *Nordwesteckenregel*

$$p := \min I, \quad q := \min J$$

und die *Regel der geringsten Kosten*

$$c_{pq} := \min\left\{c_{ij} \mid i \in I, j \in J\right\}.$$

Prozedur StartGeruest(I, J, C, a, b)

EINGABE: Daten des Transportproblems I, J, C, a, b;
AUSGABE: Zulässiges Gerüst B, zugehörige Basislösung x;

$B := \emptyset; mn1 := m + n - 1;$
for $k = 1$ **to** $mn1$ **do**
    $[p,q] :=$ WaehleKante (I, J, C);
    $B := B \cup \{[p,q]\}$;
    $x_{pq} := \min(a_p, b_q)$;
    if $k < mn1$ **then** $(I, J, a, b) =$ ReduziereGraph (I, J, a, b, p, q);
end
return B, x;

Prozedur ReduziereGraph(I, J, a, b, p, q)

Eingabe: $I, J, a, b, [p, q]$;
Ausgabe: I, J, a, b;

if $a_p < b_q$ **then** $I := I \setminus p$; $b_q := b_q - a_p$; **return** I, J, a, b;
if $a_p > b_q$ **then** $J := J \setminus q$; $a_p := a_p - b_q$; **return** I, J, a, b;
if $I \neq p$ **then** $I := I \setminus p$; **return** I, J, a, b;
if $J \neq q$ **then** $J := J \setminus q$; **return** I, J, a, b;

Funktion WaehleKante(I, J, C) *„Regel der geringsten Kosten"*

Eingabe: I, J, C;
Ausgabe: $[p, q]$;

$c_{pq} := \min \{c_{ij} \mid i \in I, j \in J\}$;
return $[p, q]$;

Diese Regel ist in der angegebenen Version der Funktion WaehleKante beschrieben.

Die Regel der geringsten Kosten erfordert einen deutlich größeren Rechenaufwand als die Nordwesteckenregel, da jeweils das Minimum aller $(|I| \times |J|)$-Kostenkoeffizienten gesucht werden muss. Andererseits ist die erzeugte Ausgangslösung kostengünstiger, so dass die Optimallösung i. Allg. mit deutlich weniger Simplexiterationen gefunden wird. Einen Kompromiss zwischen Aufwand für die Ausgangslösung und Anzahl der resultierenden Simplexiterationen bietet die komplexere *Rollende Zeilen-Minimum Regel*, bei der die in der aktuellen Menge $I = \{i_1 < i_2 < \cdots < i_r\}$ verbliebenen Indizes zyklisch in ihrer Reihenfolge durchlaufen werden. Für den jeweils aktuellen Index $p = i_\mu \in I$ wird dann q durch

$$c_{pq} := \min \{c_{pj} \mid j \in J\}$$

bestimmt.

Beispiel 10.2.1. (Zulässige Startlösungen) Zur Veranschaulichung ordnen wir die Informationen des Transportproblems in zwei Tableaus T^c und T^x an:

T^c	I
J	c

T^x	b^{T}
a	x

Das Tableau T^c enthält die Erzeuger I, die Abnehmer J und die entsprechenden Kostenkoeffizienten c_{ij}. Das Tableau T^x enthält den Angebotsvektor a, den Nachfragevektor b und die entsprechende aktuelle zulässige Basislösung x_{ij}.

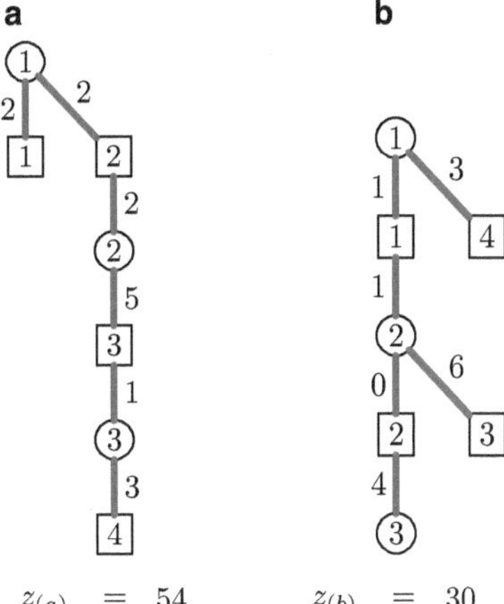

Abb. 10.2 a Nordwest-eckenregel und **b** Regel der geringsten Kosten

Für das betrachte Beispiel mit Angebotsvektor $a^{\mathrm{T}} = (4, 7, 4)$, Nachfragevektor $b^{\mathrm{T}} = (2, 4, 6, 3)$ und Tableau T^c

T^c	1 2 3 4
1	2 3 4 1
2	5 4 2 3
3	4 2 8 6

vergleichen wir die mit der Nordwesteckenregel und der Regel der geringsten Kosten berechneten zulässigen Basislösungen in den Tableaus $T^x_{(a)}$ und $T^x_{(b)}$

$T^x_{(a)}$	2 4 6 3
4	2 2
7	2 5
4	1 3

$T^x_{(b)}$	2 4 6 3
4	1 3
7	1 0 6
4	4

mit Transportkosten $z_{(a)} = c^{\mathrm{T}}x = 54$ und $z_{(b)} = c^{\mathrm{T}}x = 30$. Die Nordwesteckenregel liefert stets Basislösungen in der typischen Treppenform wie in Tableau $T^x_{(a)}$.
Die mit der Regel der geringsten Kosten bestimmte Basislösung in Tableau $T^x_{(b)}$ ist
offenbar entartet.

Die zugehörigen zulässigen Gerüste finden sich in Abb. 10.2a und b. Die kreisför-
migen Erzeugerknoten I und die quadratischen Abnehmerknoten sind durch die
der Basis entsprechenden Kanten verbunden. Die Werte der Basisvariablen stehen
neben diesen Kanten.

Wir fassen die adaptierte Version des Simplexverfahrens für Transportprobleme im
Algorithmus 10.1 zusammen.

Algorithmus 10.1: Adaptiertes Simplexverfahren für Transportprobleme

---

EINGABE: Daten des Transportproblems $G = (I, J; E), C, a, b$;
AUSGABE: Minimale zulässige Basislösung x, Gerüst B, Minimalwert z.

$(B, x) = \texttt{StartGeruest}\,(I, J, C, a, b)$;
$(\bar{C}, u, v) = \texttt{Vergleichskosten}\,(C, B)$;
while $c_{ij} < \bar{c}_{ij}$ *für ein* $[i, j] \in \bar{B}$ **do**
> $(r, s) = \texttt{NeueKante}\,(C, \bar{C}, B)$;
> $(p, q, \delta) = \texttt{AlteKante}\,(x, B, r, s, p, q, \delta)$;
> $(x, B) = \texttt{Update}\,(x, B, r, s, p, q, \delta)$;
> $(\bar{C}, u, v) = \texttt{Vergleichskosten}\,(C, B)$;

end
$z := \sum_{[i,j] \in B} c_{ij} x_{ij}$;
return x, z, B
;;

Prozedur Vergleichskosten(C, B)

EINGABE: Kostenkoeffizienten S, Baum B
AUSGABE: Vergleichskosten $\bar{C}$, Dualvariable u, v

Berechne u, v rekursiv längs des Baums B:
> $v_n := 0; u_i + v_j := c_{ij} \quad ([i, j] \in B)$;

for $[i, j] \notin B$ **do** $\bar{c}_{ij} = u_i + v_j$;
return $\bar{C}, u, v$;

Prozedur NeueKante$(C, \bar{C})$

EINGABE: Kosten C, Vergleichskosten $\bar{C}$;
AUSGABE: Aufzunehmende neue Kante $[r, s]$;

$c_{rs} - \bar{c}_{rs} := \min\{c_{ij} - \bar{c}_{ij} \mid [i, j] \notin B\}$;
return r, s;

Prozedur AlteKante(x, B, r, s)

EINGABE: Basislösung x, Gerüst B, Aufzunehmende neue Kante $[r, s]$
AUSGABE: Entfallende alte Kante $[p, q]$, Kreiskapazität δ

$K := B \cup [r, s]$;
Färbe ab blauer Kante $[r, s]$ die Kanten in K abwechselnd blau und rot;
$\delta := x_{pq} := \min(x_{ij} \mid [i, j] \in K, [i, j] \text{ rot})$;
return p, q, δ;

Beispiel 10.2.2. (Transportproblem 10.2.1) Wir lösen das Transportproblem ausgehend von der durch die Nordwesteckenregel bereits bestimmte Basislösung wie in den Tableaus T^c und T_0^x festgehalten. Das zugehörige Gerüst B_0 findet sich in Abb. 10.3 links. Längs B_0 werden die Dualvariablen mit Hilfe der an den Kanten

Prozedur Update$(x, B, r, s, p, q, \delta)$

EINGABE: Basislösung x, Gerüst B, Aufzunehmende neue Kante $[r, s]$, Entfallende Kreiskapazität δ; Entfallende alte Kante $[p, q]$;
AUSGABE: Basislösung x, Gerüst B;

$$B := B \cup [r, s] \setminus [p, q];$$

$$x_e := \begin{cases} \delta & e = [r, s] \\ x_e + \delta & e = [i, j] \text{ blau}; \\ x_e - \delta & e = [i, j] \text{ rot} \end{cases}$$

return x, B;

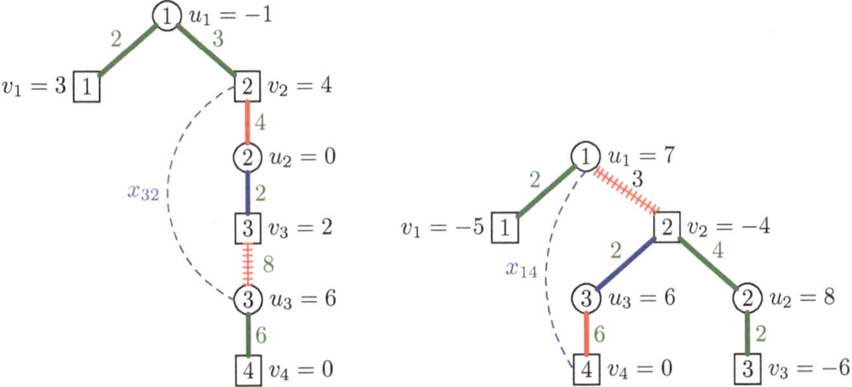

Abb. 10.3 Die ersten zwei Basiswechsel $B_0 \to B_1 \to B_2$. *Links* Zum Startgerüst B_0 mit Kosten c_{B_0} werden die Dualvariablen u, v rekursiv berechnet. Der Basiswechsel ist $B_1 := B_0 \cup [3, 2] \setminus [3, 3]$; *rechts* Zum Gerüst B_1 werden neue Dualvariablen berechnet. Der resultierende Basiswechsel liefert $B_2 := B_1 \cup [1, 4] \setminus [1, 2]$

angegebenen Kosten rekursiv berechnet. Ausgehend von $v_4 := 0$ erhält man aus den Gleichungen $u_i + v_j = c_{ij}$, $[i, j] \in B_0$ sukzessive die Werte der Dualvariablen u_3, v_3, u_2, v_2, u_1 und v_1. Aus $\bar{c}_{ij} := u_i + v_j$ erhält man die Vergleichskosten für alle $[i, j] \notin B$. Zur Veranschaulichung stellen wir diese in einem weiteren Tableau $T^{\bar{c}}$ zusammen, in dem die zum Gerüst gehörenden Kantenpositionen mit $*$ gekennzeichnet sind. Die Vergleichskosten müssen nur für die Kantenpositionen außerhalb des Gerüstes berechnet werden:

T^c	1	2	3	4
1	2	3	4	1
2	5	4	2	3
3	4	2	8	6

T_0^x	2	4	6	3
4	2	2		
7		2	5	
4			1	3

$T^{\bar{c}}$	v^{T}
u	$\bar{c}$

$\equiv$

$T_0^{\bar{c}}$	3	4	2	0
-1	$*$	$*$	1	-1
0	3	$*$	$*$	0
6	9	**10**	$*$	$*$

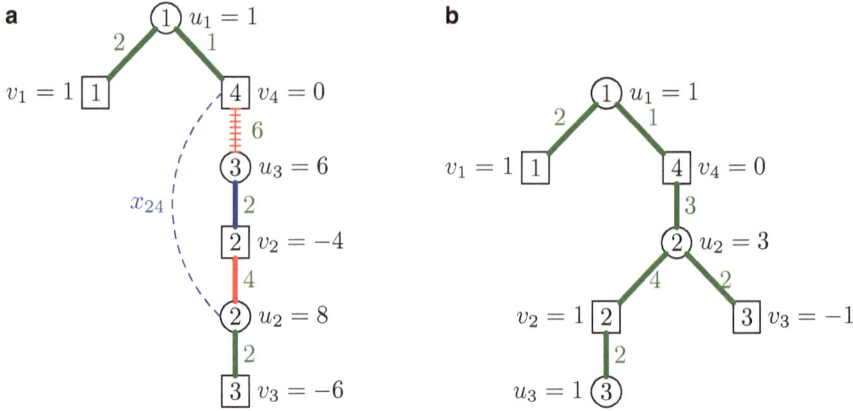

Abb. 10.4 Der Basiswechsel $B_2 \to B_3$ liefert das optimale Gerüst, **a** Zum Gerüst B_2 werden neue Dualvariablen berechnet. Der resultierende Basiswechsel liefert $B_3 := B_1 \cup [2,4] \setminus [3,4]$; **b** Das Gerüst B_3 ist optimal

Offenbar liegen die markierten Vergleichskosten $\bar{c}_{32} = 10$ für die Kante $[3,2]$ am deutlichsten oberhalb der Kosten c_{32}. Daher wird die neue Kante $[3,2]$ in das Gerüst aufgenommen und blau gefärbt. Die abwechselnde Färbung der Kanten des entstandenen Kreises zerlegt diesen in die blauen Kanten $K_b := \{[3,2],[2,3]\}$ und die roten Kanten $K_r := \{[2,2],[3,3]\}$. Daraus ergibt sich

$$\delta := x_{33} := \min\{x_{22}, x_{33}\} = 1 \,.$$

Die neue Basislösung in T_1^x unterscheidet sich von der alten nur auf den Kanten des Kreises. Längs des neuen zugehörigen Gerüsts B_1 in Abb. 10.3, rechts ergeben sich sukzessive die Dualvariablen u, v und anschließend die Vergleichskosten $\bar{c}$ in $T_1^{\bar{c}}$:

<table>
<tr><td>

T_1^x	2	4	6	3
4	2	2		
7			1	6
4			1	3

</td><td>:=</td><td>

T_1^x	2	4	6	3
4	2	2		
7			$2-\delta$	$5+\delta$
4			$+\delta$	$1-\delta$	3

</td><td>

$T_1^{\bar{c}}$	-5	-4	-6	0
7	$*$	$*$	1	**7**
8	3	$*$	$*$	8
6	1	$*$	0	$*$

</td></tr>
</table>

Das Gerüst B_1 ist noch nicht optimal, da zwei der Vergleichskosten größer als die Kosten sind, wobei der größte Unterschied für die Kante $[1,4]$ auftritt, die daher als neue Kante zum Gerüst hinzugefügt wird. Der resultierende Kreis zerfällt in die blauen Kanten $K_b := \{[1,4],[3,2]\}$ und die roten Kanten $K_r := \{[1,2],[3,4]\}$, so dass sich

$$\delta := x_{12} := \min\{x_{12}, x_{34}\} = 2$$

und die neue Basislösung in T_2^x ergeben. Längs des neuen zugehörigen Gerüsts B_2 in Abb. 10.4a berechnet man wieder die Dualvariablen und die Vergleichskosten.

T_2^x	2	4	6	3
4	2			2
7		1	6	
4		3	1	

$:=$

T_2^x	2	4	6	3
4	2	$2-\delta$		$+\delta$
7		1	6	
4		$1+\delta$	$3-\delta$	

$T_2^{\bar c}$	1	-4	-6	0
1	*	-3	-5	*
8	9	*	*	**8**
6	7	*	0	*

Der Vergleich zeigt, dass die neue Kante $[2, 4]$ zum Gerüst hinzugefügt werden muss. Der erzeugte Kreis zerfällt in die blauen Kanten $K_b := \{[2, 4], [3, 2]\}$ und die roten Kanten $K_r := \{[2, 2], [3, 4]\}$ und wegen

$$\delta := x_{34} := \min\{x_{22}, x_{34}\} = 1$$

ergibt sich in T_3^x eine entarteten Basislösung, deren Gerüst B_3 sich in Abb. 10.4b findet. Die zugehörigen Dualvariablen führen auf Vergleichsgrößen $c_{ij} \geq \bar c_{ij}$, für alle $[i, j] \notin B_3$, die zeigen, dass B_3 optimal ist.

T_3^x	2	4	6	3
4	2			2
7		0	6	1
4		4		

$:=$

T_3^x	2	4	6	3
4	2			2
7		$1-\delta$	6	$+\delta$
4		$3+\delta$	$1-\delta$	

$T_3^{\bar c}$	1	1	-1	0
1	*	2	0	*
3	4	*	*	*
1	2	*	0	1

Der optimale Zielfunktionswert ist $z = 29$.

Ausgehend vom Tableau $T_{(b)}^x$, das durch die Regel der geringsten Kosten bestimmt wurde, bedarf es lediglich einer Iteration, um zu einer optimalen Basislösung zu gelangen.

Bekanntlich ist das Simplexverfahren für lineare Optimierungsaufgaben nicht polynomiell. Wie Zadeh [82] durch ein Beispiel zeigte, ist auch das adaptierte Simplexverfahren für Transportprobleme kein polynomielles Verfahren. Es gibt jedoch streng polynomielle Algorithmen zur Lösung von Transportproblemen, deren Rechenaufwand nur polynomiell von m und n abhängt, siehe etwa Tardos [71]. Lineare Zuordnungsprobleme, die als spezielle Transportprobleme mit $m = n$ und $a = b = 1$ aufgefasst werden können, lassen sich durch effiziente Verfahren in $O(n^3)$ Schritten lösen, siehe Burkard, Dell'Amico und Martello [13].

Hochdimensionale Transportprobleme aus der Praxis werden als Flussprobleme in Netzwerken, die wir in Abschn. 10.3 kurz ansprechen, modelliert und unter Ausnutzung sehr effizienter Datenstrukturen gelöst. Das zugehörige Netzwerk entsteht durch Erweiterung des Transportgraphen $G(I, J; E)$, dessen Kanten dafür als gerichtete Kanten von I nach J interpretiert werden. Die Knotenmenge wird durch eine Quelle s und eine Senke t erweitert. Von der Quelle führen neue gerichtete Kanten (s, i) mit oberen Schranken a_i zu den Erzeugerknoten $i \in I$. Von den Abnehmerknoten $j \in J$ führen neue gerichtete Kanten (j, t) mit unteren Schranken b_j zur Senke. Für einen Transport auf diesen neuen Kanten werden keine Kosten veranschlagt. Ein Fluss in diesem Netzwerk entspricht einer zulässigen Lösung des Transportproblems. Ein Fluss mit minimalen Kosten entspricht daher einer optimalen Lösung des Transportproblems.

Im Netzwerk lassen sich auch verbotene Transportbeziehungen in einfacher Weise modellieren. Kann der Hersteller i nicht an den Abnehmer j liefern, entfernt man die Kante (i, j) aus E. Ebenso leicht können Transportkapazitäten s_{ij} berücksichtigt werden, die den Transport x_{ij} vom Erzeuger i zum Abnehmer j beschränken, indem man auf der Kante (i, j) des Netzwerks die obere Schranke s_{ij} einführt. Möglicherweise kann anschließend nur noch ein Teil des insgesamt erzeugten Angebots $\mathbb{1}^{\mathrm{T}} a$ zu den Abnehmern transportiert werden. Der maximal mögliche Transport entspricht dem Wert eines maximalen Flusses im Netzwerk. Eine Grundidee zur Bestimmung von maximalen Flüssen wird im folgenden Abschn. 10.3 besprochen. Ein maximaler Fluss mit minimalen Kosten entspricht dann einem optimalen Transportplan. Eine Reihe von Verfahren zur Bestimmung von maximalen Flüssen mit minimalen Kosten wird ausführlich in der Monographie von Ahuja, Magnanti und Orlin [2] dargestellt.

Es gibt einen interessanten Spezialfall von Transportproblemen, der optimal durch die Nordwesteckenregel gelöst wird. Dazu definieren wir Monge-Matrizen.

Definition 10.2.1 (Monge-Matrizen). *Eine $(m \times n)$-Matrix $C = (c_{ij})$ heißt Monge-Matrix, wenn gilt:*

$$c_{ij} + c_{rs} \le c_{is} + c_{rj} \qquad (1 \le i < r \le m, 1 \le j < s \le n). \tag{10.10}$$

Die Monge-Eigenschaft (10.10) ist in Abb. 10.5 graphisch dargestellt. Für Vektoren p, q mit $0 \le p_1 \le p_2 \le \cdots \le p_m$ und $q_1 \ge q_2 \ge \cdots \ge q_n \ge 0$ sind Matrizen der Form $C := pq^{\mathrm{T}}$ Beispiele für Monge-Matrizen.

Satz 10.2.7. *Ist die Kostenmatrix eines Transportproblems eine Monge-Matrix, so liefert die Nordwesteckenregel für beliebige Angebots- und Nachfragevektoren $a \in \mathbb{R}_+^m$, $b \in \mathbb{R}_+^n$ mit $\mathbb{1}^{\mathrm{T}} a = \mathbb{1}^{\mathrm{T}} b$ stets eine Optimallösung des Transportproblems.*

Beweis. Wir fassen Lösungen $x = (x_{11}, x_{12}, \ldots, x_{1n}, x_{21}, x_{22}, \ldots, x_{2n}, \ldots, x_{mn})^{\mathrm{T}}$ als Vektoren im $\mathbb{R}^{mn}$ auf. x bezeichne die durch die Nordwesteckenregel erzeugte Lösung und y diejenige Minimallösung des Transportproblems, für die der Vektor $z = (z_{ij}) = (|x_{ij} - y_{ij}|)$ lexikographisch minimal ist.

Angenommen, $z \ne 0$, so sei z_{ip} die erste nicht verschwindende Komponente. Da x durch die Nordwesteckenregel bestimmt wurde, muss $x_{ip} > y_{ip}$ gelten. Aufgrund

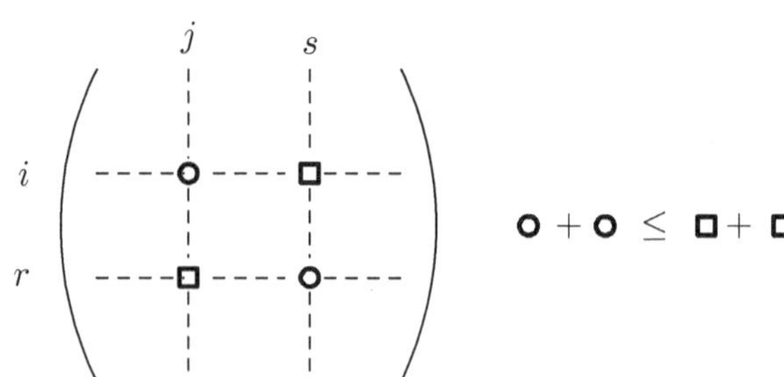

Abb. 10.5 Monge-Eigenschaft

der Restriktionen des Transportproblems in 10.1.4 gibt es ein $q > p$ mit $y_{iq} > 0$ und ein $j > i$ mit $y_{jp} > 0$. Mit $\delta := \min(y_{iq}, y_{jp}, x_{ip} - y_{ip}) > 0$ und berechnen wir eine neue Lösung $\bar{y}$ durch

$$\bar{y}_{rs} := \begin{cases} y_{rs} - \delta, & (r,s) = (i,q), (j,p), \\ y_{rs} + \delta, & (r,s) = (i,p), (j,q), \\ y_{rs}, & \text{anderenfalls.} \end{cases}$$

Nach Konstruktion ist $\bar{y}$ eine zulässige Lösung. Aufgrund der Monge-Bedingung (10.10) gilt $\Delta = c_{iq} + c_{jp} - (c_{ip} + c_{jq}) \geq 0$. Daher ist

$$\sum_{i,j} c_{ij} y_{ij} = \Delta \cdot \delta + \sum_{i,j} c_{ij} \bar{y}_{ij} \,.$$

Da y eine Minimallösung ist, ist $\Delta = 0$ und $\bar{y}$ ebenfalls eine Minimallösung. Da $z' = z'_{ij} = (|x_{ij} - \bar{y}_{ij}|)$ lexikographisch kleiner als z ist, ergibt sich ein Widerspruch zur Wahl von y.

Also ist $z = 0$ und damit $x = y$. $\qquad\qquad\qquad\qquad\qquad\qquad\qquad\qquad\square$

Die Monge-Eigenschaft von Matrizen hängt von der Indizierung der Zeilen und Spalten ab, die bei Transportproblemen willkürlich ist. Daher stellt sich die Frage, ob und gegebenenfalls wie man die Zeilen und Spalten einer gegebenen Kostenmatrix C so permutieren kann, dass die permutierte Matrix eine Monge-Matrix ist. Eine derart permutierbare Matrix heißt *permutierte Monge-Matrix*. Zum Beispiel ist jede Matrix der Form pq^{T}, $p \in \mathbb{R}^m$, $q \in \mathbb{R}^n$, eine permutierte Monge-Matrix. Deĭneko und Filonenko entwickelten 1979 ein Verfahren, siehe [15], das in $O(mn + m \log m + n \log n)$ Schritten feststellt, ob C eine permutierte Monge-Matrix ist, und gegebenenfalls die entsprechenden Zeilen- und Spaltenpermutationen liefert.

Monge-Matrizen spielen eine interessante Rolle in der Optimierung. Optimierungsaufgaben, deren Eingabedaten eine Monge-Eigenschaft erfüllen, sind oft in sehr einfacher Weise lösbar, siehe Burkard, Klinz und Rudolf [15].

10.3 Maximale Flüsse in Netzwerken

Flüsse in Netzwerken spielen in der Praxis eine große Rolle. Es geht insbesondere darum, Flüsse mit maximalem Flusswert oder minimalen Kosten zu berechnen. Beide Aufgaben lassen sich als lineare Optimierungsaufgaben formulieren und lösen. Aufgrund der speziellen Gestalt der Restriktionen ist es wiederum wie bei Transportproblemen möglich, effizientere angepasste Lösungsmethoden zu entwickeln.

Ein *Netzwerk* $\mathcal{N} = (V, E, c)$ besteht aus einem gerichteten Graphen G= (V,E) mit Kapazitäten $c \in \mathbb{R}_+^E$. Oft werden auch unbeschränkte Kantenkapazitäten $c_e = \infty$ zugelassen. Zwei der Knoten des Netzwerkes sind ausgezeichnet, die *Quelle s* und die *Senke t*. Ohne Beschränkung der Allgemeinheit können wir annehmen, dass es keine Kanten gibt, die in die Quelle einmünden oder die Senke verlassen.

Im Folgenden benutzen wir die folgenden Notationen. Für $S, T \subseteq V$ ist $(S, T) := \{(i, j) \in E \mid i \in S, j \in T\}$. Für einen Vektor $h \in \mathbb{R}^E$ ist

$$h(S, T) := \sum_{e \in (S,T)} h_e \, .$$

Für einelementige Mengen $S = \{i\}$ schreiben wir $h(i, T)$ anstelle von $h(\{i\}, T)$. Insbesondere ist daher $h(i, j) = h_e$ für die Kanten $e = (i, j) \in E$. Offenbar gilt

$$h(S, T) = \sum_{i \in S} h(i, T) = \sum_{j \in T} h(S, j) = \sum_{i \in S} \sum_{j \in T} h(i, j) \, .$$

Ein Vektor $x \in \mathbb{R}^E$ heißt *Fluss* von s nach t, wenn die folgenden Restriktionen erfüllt sind:

$$x(V, j) = x(j, V) \quad (j \in V \setminus \{s, t\}), \tag{10.11}$$
$$0 \le x \le c \, . \tag{10.12}$$

Aufgrund der linearen Gleichungen (10.11), die als *Flusserhaltungsgleichungen* bezeichnet werden, ist in jedem von Quelle und Senke verschiedenen Knoten die Summe der ankommenden Flüsse gleich der Summe der abgehenden Flüsse. Die linearen Ungleichungen (10.12) heißen *Kapazitätsrestriktionen* und beschränken den Fluss auf jeder Kante. Das durch (10.11) und (10.12) beschriebene Polyeder wird als *Flusspolyeder* bezeichnet.

Der *Wert $z(x)$* eines Flusses x ist die Summe der aus der Quelle abgehenden Flüsse.

$$z(x) := x(s, V) \, .$$

Ein Fluss x mit maximalem Wert $z(x)$ wird als *maximaler Fluss* bezeichnet. Die Aufgabe, einen maximalen Fluss zu bestimmen, lässt sich als lineare Optimierungsaufgabe formulieren:

$$\begin{aligned}
z_* := \max \quad & x(s, V) \\
\text{unter} \quad & x(V, j) - x(j, V) = 0 \quad (j \in V \setminus \{s, t\}) \\
& 0 \le x \le c
\end{aligned}$$

Man erkennt, dass die Koeffizientenmatrix des Gleichungssystems die Knoten-Kanten-Inzidenzmatrix des gerichteten Graphen G und damit vollständig unimodular ist. Da die Koeffizientenmatrix der Kapazitätsungleichungen $x \le c$ eine Einheitsmatrix ist, ist die gesamte Koeffizientenmatrix vollständig unimodular. Daher sind bei ganzzahligen Kantenkapazitäten alle Ecken des Flusspolyeders ganzzahlig. Unter dieser Voraussetzung gibt es stets einen maximalen Fluss, der auf allen Kanten ganzzahlig ist.

Sind zusätzlich Kosten $a \in \mathbb{R}^E$ gegeben, so kann man die Flüsse bewerten. Die Aufgabe, einen maximalen Fluss mit minimalen Kosten zu bestimmen, wird als *minimales Kostenflussproblem* bezeichnet. Für ganzzahlige Kapazitäten besitzt auch diese lineare Optimierungsaufgabe

$$
\begin{array}{lll}
\min & \sum_{e \in E} a_e x_e & \\
\text{unter} & x(V, j) - x(j, V) = 0 & (j \in V \setminus \{s, t\}) \\
& x(s, V) = z_* & \\
& 0 \leq x \leq c &
\end{array}
$$

stets eine ganzzahlige Optimallösung, d. h. es gibt unter dieser Voraussetzung einen maximalen Fluss mit minimalen Kosten, der auf allen Kanten ganzzahlig ist.

Flüsse und Schnitte in Netzwerken stehen in engem Zusammenhang. Für $S \subseteq V$ bezeichnet $\bar{S} := V \setminus S$ das Komplement von S in V. $(S, \bar{S})$ heißt (s, t)-*Schnitt* im Netzwerk $\mathcal{N}$, falls $s \in S$ und $t \in \bar{S}$. Die Kanten in $(S, \bar{S})$ werden als *Kanten im Schnitt* bezeichnet. Die Flusserhaltungsgleichungen implizieren Bedingungen für die Flüsse auf den Kanten der Schnitte.

Lemma 10.3.1. Für einen Fluss x von s nach t und einen (s, t)-Schnitt $(S, \bar{S})$ gilt

$$
x(S, \bar{S}) = x(\bar{S}, S) + z(x) \,.
$$

Insbesondere gilt daher $x(V, t) = z(x) = x(s, V)$.

Beweis. Mit $A := S \setminus s$, $B := \bar{S} \setminus t$ ergibt sich die Partition $s \cup A \cup B \cup t$ von V. Wegen $A \subseteq V \setminus \{s, t\}$ liefern die Flusserhaltungsgleichungen $x(A, V) = x(V, A)$. Kürzen von $x(A, A)$ auf beiden Seiten führt auf

$$
x(A, \bar{A}) = x(\bar{A}, A) \,.
$$

Da keine Kanten in die Quelle hinein oder aus der Senke heraus führen, gelten Gleichungen wie $x(A, \bar{A}) = x(A, B \cup t)$, $x(\bar{A}, A) = x(B \cup s, A)$ und $x(B, A) = x(B \cup t, A \cup s)$. Damit folgen

$$
x(A, B \cup t) = x(B \cup s, A) = x(B, A) + x(s, A) = x(B \cup t, A \cup s) + x(s, A) \,.
$$

Addition von $x(s, B \cup t)$ auf beiden Seiten führt zur behaupteten Gleichung

$$
x(A \cup s, B \cup t) = x(B \cup t, A \cup s) + x(s, V) \,.
$$

Im Fall $S = V \setminus t, \bar{S} = \{t\}$ ergibt sich $x(V, t) = x(s, V)$. $\qquad\square$

Die Summe $c(S, \bar{S})$ aller Kantenkapazitäten der Kanten im Schnitt wird als *Wert des Schnittes* $(S, \bar{S})$ bezeichnet. Wie primale und duale Lösungen im schwachen

Dualitätssatz der linearen Optimierung begrenzen sich die Werte von Flüssen und Schnitten gegenseitig:

Lemma 10.3.2. Ist x ein Fluss von s nach t und $(S, \bar{S})$ ein (s, t)-Schnitt, so gilt

$$z(x) \leq c(S, \bar{S}) \, .$$

Beweis. Nach Lemma 10.3.1 gilt

$$x(S, \bar{S}) = x(\bar{S}, S) + x(s, V) \, .$$

Wegen $c(S, \bar{S}) \geq x(S, \bar{S})$, $x(\bar{S}, S) \geq 0$ und $z(x) = x(s, V)$ folgt daraus unmittelbar die behauptete Ungleichung. $\qquad\square$

Falls das maximale Flussproblem keine endliche Optimallösung besitzt, so folgt aus Lemma 10.3.2, dass kein Schnitt mit endlichem Wert existiert.

Eine grundlegende kombinatorische Idee zur Bestimmung maximaler Flüsse besteht in der Vergrößerung des Flusswertes mit Hilfe spezieller Wege. Zu einem Fluss x bezeichnen wir Kanten $(i, j) \in E$ mit $x(i, j) < c(i, j)$ als *Vorwärtskanten* und Kanten $(i, j) \in E$ mit $x(i, j) > 0$ als *Rückwärtskanten*. Ein Weg $W = (i_0, i_1, i_2, \ldots, i_r)$, wobei für alle $k = 0, \ldots, r - 1$ entweder die Kante (i_k, i_{k+1}) eine Vorwärtskante oder die Kante (i_{k+1}, i_k) eine Rückwärtskante ist, wird *augmentierender Weg* von i_0 nach i_k genannt.

Sei F die Menge aller Vorwärtskanten in W und B die Menge aller Rückwärtskanten eines augmentierenden Weges W von der Quelle s zur Senke t. Die Kapazität ϵ des Weges ist

$$\epsilon := \min \left(\min_{e \in F} c_e - x_e, \min_{e \in B} x_e \right) \, .$$

Aufgrund der Eigenschaft von Vorwärts- und Rückwärtskanten gilt $\epsilon > 0$. Wir modifizieren den Fluss x auf allen Vorwärts- und Rückwärtskanten:

$$y_e := \begin{cases} x_e + \epsilon & e \in F \\ x_e - \epsilon & e \in B \\ x_e & e \in V \setminus (F \cup B) \end{cases}$$

Man kann leicht nachprüfen, siehe Abb. 10.6, dass der so modifizierte Fluss y wieder alle Flusserhaltungsgleichungen und Kapazitätsrestriktionen erfüllt. Sein Wert ist $z(y) = z(x) + \epsilon > z(x)$.

Ausgehend von einem Startfluss, etwa $x = 0$, kann man versuchen, mit Hilfe einer Folge augmentierender Wege von s nach t einen maximalen Fluss zu bestimmen. Diese Methode wird als Verfahren augmentierender Wege bezeichnet. Das

Abb. 10.6 Flusserhaltungsgleichung entlang eines augmentierenden Weges von s nach t

Verfahren bricht ab, wenn es einen augmentierenden Weg unbeschränkter Kapazität findet oder wenn es keinen weiteren augmentierenden Weg findet. Im ersten Fall gibt es keinen endlichen maximalen Fluss. Wie der Beweis des folgenden Satzes von Ford und Fulkerson zeigt, ist bei Abbruch im zweiten Fall tatsächlich nicht nur ein maximaler Fluss sondern gleichzeitig sogar ein minimaler Schnitt gefunden. Der Satz ist eine Spezialisierung des Starken Dualitätsatzes der linearen Optimierung für maximale Flussprobleme.

Satz 10.3.3. *(Max-Fluss-min-Schnitt-Satz) Der Wert eines maximalen Flusses von s nach t ist gleich dem minimalen Wert eines (s, t)-Schnitts.*

$$\max_{x} z(x) = \min_{(S,\bar{S})} c(S, \bar{S}) \tag{10.13}$$

Beweis. Falls das maximale Flussproblem keine endliche Optimallösung besitzt, ist der Satz wegen Lemma 10.3.2 trivial. Daher nehmen wir an, dass x ein maximaler Fluss mit endlichem Wert $z(x)$ ist. Nach Lemma 10.3.2 bleibt zu zeigen, dass es einen Schnitt $(S, \bar{S})$ mit $z(x) = c(S, \bar{S})$ gibt. Wir definieren die Menge S als Menge der von der Quelle s aus über einen augmentierenden Weg erreichbaren Knoten in V.

Da x ein maximaler Fluss ist, ist t nicht über einen augmentierenden Weg von s aus erreichbar. Anderenfalls hätte der resultierende modifizierte Fluss y im Widerspruch zur Maximalität von x einen Flusswert $z(y) > z(x)$. Also liegt t in $\bar{S}$, d. h. $(S, \bar{S})$ ist tatsächlich ein Schnitt.

Aus der Definition der Menge S folgt

$$x_e = c_e \qquad (e \in (S, \bar{S}), \tag{10.14}$$

$$x_e = 0 \qquad (e \in (\bar{S}, S), \tag{10.15}$$

d. h. $c(S, \bar{S}) = x(S, \bar{S})$ und $x(\bar{S}, S) = 0$. Mit Hilfe von Lemma 10.3.1 ergibt sich

$$c(S, \bar{S}) = x(S, \bar{S}) = x(\bar{S}, S) + z(x) = z(x).$$

$\square$

Ohne Zusatzregeln ist das Verfahren augmentierender Wege nicht brauchbar. Es ist nicht einmal sicher, dass es nach endlich vielen Iterationen abbricht. Eine einfache Zusatzregel, für die das Verfahren augmentierender Wege streng polynomiell in der Anzahl der Knoten und Kanten des Netzwerks ist, besteht darin, nur kürzeste augmentierende Wege zu benutzen.

Zur Bestimmung maximaler Flüsse und minimaler Kostenflüsse gibt es eine ganze Reihe effizienter, sehr genau analysierter Algorithmen. Dazu verweisen wir auf Bücher zu Flussproblemen oder zur kombinatorischen Optimierung, wie etwa Ahuja, Magnanti und Orlin [2] oder Korte und Vygen [52].

Teil II
Konvexe Optimierung

Kapitel 11
Nichtlineare Modelle

Die bisher diskutierten Optimierungsaufgaben führen stets auf eine lineare Zielfunktion, die unter Nebenbedingungen in Form linearer Gleichungen und Ungleichungen zu maximieren oder zu minimieren ist. In mathematischen Modellen für Anwendungsprobleme kann man aber häufig nicht von der Linearität der auftretenden Funktionen ausgehen. Wir betrachten daher *nichtlineare Optimierungsaufgaben* der Form

$$\text{(NLO)} \quad \min\{f(x) \mid g(x) \leq 0, h(x) = 0\}\,, \tag{11.1}$$

allerdings nur in endlich-dimensionalen Räumen, weswegen Modelle der Variationsrechnung oder mit Nebenbedingungen in Form von Differentialgleichungen ausscheiden.

Bei nichtlinearen Optimierungsaufgaben spielen neue Phänomene eine wesentliche Rolle; so können etwa verschiedene lokale Extrema (vgl. Abb. 11.1) auftreten.

Sind die Funktionen $f(x)$, $g_i(x)$, $i = 1, \ldots, m$, konvex und die Funktionen $h_j(x)$, $j = 1, \ldots, k$, affin-linear, so bezeichnet man die Aufgabe (11.1) als *konve-*

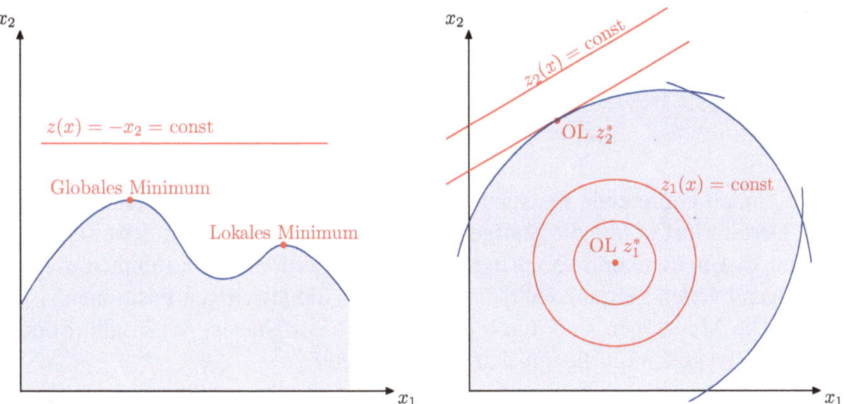

Abb. 11.1 Nichtkonvexe und konvexe Optimierungsaufgaben im $\mathbb{R}^2$

R. E. Burkard, U. T. Zimmermann, *Einführung in die Mathematische Optimierung*
DOI 10.1007/978-3-642-01728-5_11, © Springer-Verlag Berlin Heidelberg 2012

xe Optimierungsaufgabe. Für konvexe Optimierungsaufgaben sind lokale Minima stets globale Minima. Wir beschränken uns im Wesentlichen auf die Untersuchung konvexer Optimierungsaufgaben. Insbesondere gehören Lineare Optimierungsaufgaben zu den konvexen Optimierungsaufgaben. Bei konvexen, aber nicht linearen Optimierungsaufgaben (vgl. Abb. 11.1) , muss das Optimum nicht mehr am Rand des zulässigen Bereichs liegen.

Bereits Lagrange (1736–1813) charakterisiert unter geeigneten Voraussetzungen Minima x^* der nichtlinearen differenzierbaren Optimierungsaufgabe

$$\min \{ f(x) \mid h(x) = 0 \} \, .$$

Existieren *Lagrangemultiplikatoren* μ, dann kann x^* durch Lösung der Gleichung

$$\nabla f(x^*) + \sum_{j=1}^{p} \mu_j \nabla h_j(x^*) = 0 \, ,$$

erhalten werden (Lagrange'sche Multiplikatorenregel) . Kuhn und Tucker (1950) konnten seinen Ansatz auf konvexe Optimierungsaufgaben mit Gleichungen und Ungleichungen erweitern. Verfahren, die auf Charakterisierungen dieser Art aufbauen, werden seit etwa 1960 auf Computern implementiert und liegen heute in großer Vielfalt mit unterschiedlichen speziellen Anwendungsbereichen vor. Im Folgenden stellen wir einige Problemtypen vor, die auf konvexe Optimierungsaufgaben führen.

11.1 Lineare Ausgleichsrechnung

In Naturwissenschaft und Technik kennt man häufig zumindest die Form einer mathematischen Gleichung, die den Zusammenhang gewisser Größen beschreibt. Für die gleichmäßig beschleunigte, reibungsfreie Bewegung auf einer schiefen Ebene liefern zum Beispiel physikalische Überlegungen ein Modell für den Ort $s(t)$ eines Massenpunktes zum Zeitpunkt t:

$$s(t) = \frac{1}{2}g \cdot \sin \alpha \cdot t^2 + v_0 \cdot t + s_0 \, .$$

Die im Modell auftretende Konstante der Erdbeschleunigung g ist zunächst unbekannt. Der Startort s_0 und die Startgeschwindigkeit v_0 hängen vom jeweiligen Experiment ab. Um diese drei Parameter aus einem Experiment zu bestimmen, werden zu genügend vielen Zeitpunkten t_i, $i = 1, \ldots, m$, die jeweiligen Positionen s_i gemessen. Die Messungen sind durch unbekannte Messfehler ε_i verfälscht. Stimmt das Modell, so gelten für die unbekannten Parameter

$$x_1 := \frac{1}{2}g \sin \alpha, \quad x_2 := v_0, \quad x_3 := s_0$$

die Gleichungen

$$s_i = x_1 \cdot t_i^2 + x_2 \cdot t_i + x_3 + \varepsilon_i, \quad (i = 1, \ldots, m).$$

Aufgrund der tatsächlichen Messfehler wird es im Allgemeinen keine Lösung $x \in \mathbb{R}^3$ für das wegen $m \gg 3$ überbestimmte Gleichungssystem geben, wenn man einfach $\varepsilon := 0 \in \mathbb{R}^m$ einsetzt. Man kann aber versuchen, eine Lösung x zu bestimmen, für die sich möglichst kleine Messfehler ergeben.

Gauß (1777–1855) hat allgemein zur Lösung überbestimmter Gleichungssysteme $Ax = b$ mit $(m \times n)$-Matrix A, $m > n$, die Methode der kleinsten Quadrate vorgeschlagen, d. h.

$$\min \left\{ \sum_i \varepsilon_i^2 \mid x \in \mathbb{R}^n \right\}$$

für $\varepsilon := b - Ax$. Dieser Ansatz führt also auf eine unbeschränkte, konvexe Aufgabe mit quadratischer Zielfunktion. Andere Ansätze zur linearen Ausgleichsrechnung wie $\min \{ \max_i |\varepsilon_i| \mid x \in \mathbb{R}^n \}$ oder $\min \left\{ \sum_i |\varepsilon_i| \mid x \in \mathbb{R}^n \right\}$ führen auf lineare Optimierungsaufgaben wie in Abschn. 4.2 der Linearen Optimierung besprochen.

11.2 Angebotsauswertung

Auch wirtschaftliche Zusammenhänge lassen häufig eine Beschreibung durch Gleichungen und Ungleichungen zu. Eine Firma benötigt etwa a Einheiten eines Materials und holt dazu von verschiedenen Lieferanten Angebote ein. Die Preise werden aufgrund von Mengenrabatten nicht linear mit der gekauften Menge wachsen. Beispielsweise könnte der Preis für x_i Einheiten beim i-ten Anbieter jeweils eine stückweise lineare Funktion $f_i(x_i)$ sein. Außerdem gibt es bei jedem Lieferanten gewisse Obergrenzen M_i für die angebotene Menge. Um möglichst günstig einzukaufen, muss die Firma die stückweise lineare Optimierungsaufgabe

$$\min \left\{ \sum_i f_i(x_i) \mid \mathbb{1}^\mathrm{T} x = a, 0 \leq x \leq M \right\}$$

lösen. Ist hingegen der Preis pro Einheit bei einer Abnahme von x_i Einheiten durch $c_i(x) := \alpha_i - \beta_i x_i$ gegeben, dann führt

$$f_i(x_i) = \alpha_i x_i + \beta_i x_i^2.$$

auf eine quadratische Minimierungsaufgabe mit linearen Restriktionen.

11.3 Portfolioplanung

Soll umgekehrt ein gewisses Finanzvolumen a angelegt werden, so müssen die Teilvolumina x_i gewählt werden, die unter Beachtung der Schranken $m_i \leq x_i \leq M_i$ bei Aktivität i, $i = 1, \ldots, n$, investiert werden sollen. Ist μ_i der Erwartungswert des Gewinns pro Einheit bei Aktivität i, dann kann die Anlagestrategie mit höchstem erwarteten Gewinn mit Hilfe der linearen Optimierungsaufgabe

$$\max \left\{ \sum_i \mu_i x_i \mid \mathbb{1}^{\mathrm{T}} x \leq a, m \leq x \leq M \right\}$$

bestimmt werden. In der Regel wird man aber nicht nur an einem hohen erwarteten Gewinn, sondern auch an einer geringen Streuung (Varianz) interessiert sein. Ist $Q := (\sigma_{ij})$ die Kovarianzmatrix der Aktivitäten, dann ist $x^{\mathrm{T}} Q x$ die Varianz des Gewinns. Die quadratische Optimierungsaufgabe

$$\min \left\{ x^{\mathrm{T}} Q x \mid \mathbb{1}^{\mathrm{T}} x \leq a, m \leq x \leq M \right\}$$

liefert eine Anlagestrategie mit minimaler Streuung. Möchte man einen Kompromiss zwischen hohem Gewinn und großer Sicherheit finden, dann lässt sich das durch Maximierung der quadratischen Zielfunktion

$$f(x) := \alpha \left(\mu^{\mathrm{T}} x \right) - \beta \left(x^{\mathrm{T}} Q x \right)$$

erreichen. Bei gekoppelter Wahl von $\beta := \frac{1}{2}\alpha^2$ wird die Risikominimierung verstärkt, wenn die so genannte „risk aversion constant" $\alpha > 0$ wächst.

Hängen alle Gewinne von einer einzigen Zufallsvariablen y ab, ist also etwa der Gewinn pro Einheit $c = d + ye$ mit positiven Vektoren $d, e \in \mathbb{R}^n$, dann ist die Wahrscheinlichkeit $\mathbb{P}$, dass der Gesamtgewinn mindestens γ beträgt,

$$\mathbb{P}\left(c^{\mathrm{T}} x \geq \gamma\right) = \mathbb{P}\left(d^{\mathrm{T}} x + ye^{\mathrm{T}} x \geq \gamma\right) = \mathbb{P}\left(y \geq \frac{\gamma - d^{\mathrm{T}} x}{e^{\mathrm{T}} x}\right).$$

Die maximale Wahrscheinlichkeit ergibt sich als Lösung der gebrochen rationalen Optimierungsaufgabe

$$\min \left\{ \frac{\gamma - d^{\mathrm{T}} x}{e^{\mathrm{T}} x} \mid \mathbb{1}^{\mathrm{T}} x \leq a, m \leq x \leq M \right\}.$$

11.4 Standortplanung

Bei der Planung neuer Lagerkapazitäten werden Standorte (x_i, y_i), $i = 1, \ldots, m$, gesucht, an denen Lager gebaut werden sollen, um Abnehmer der gelagerten Waren an ihren bekannten Wohnorten oder Produktionsstätten (α_j, β_j), $j = 1, \ldots, n$, zu beliefern. Als Planungsgrundlage dienen der ebenfalls bekannte Bedarf b_j der Abnehmer und die vorgegebenen Kapazitäten a_i der Lager. Außerdem ist die Wahl der Standorte durch Bauverbotszonen um vorgeschriebene Mittelpunkte (γ_k, δ_k) mit Radien ε_k, $k = 1, \ldots, r$, eingeschränkt. Das führt auf die nichtlineare Optimierungsaufgabe

$$
\begin{aligned}
\min \quad & \sum_{ij} d_{ij} z_{ij} \\
\text{unter} \quad & \sum_{j} z_{ij} \leq a_i, & (i = 1, \ldots, m), \\
& \sum_{i} z_{ij} \leq b_j, & (j = 1, \ldots, n), \\
& \Delta_{ik} \geq \varepsilon_k, & (k = 1, \ldots, r), \\
& z \geq 0.
\end{aligned}
$$

Dabei bezeichnet d_{ij} die Entfernungen zwischen dem i-ten Standort und dem j-ten Abnehmer und Δ_{ik} die Abstände zwischen dem i-ten Standort und der k-ten Bauverbotszone. Als Maße für Entfernung und Abstand können etwa Rechteckdistanzen

$$
d_{ij} := |x_i - \alpha_j| + |y_i - \beta_j|,
$$

euklidische Abstände

$$
\Delta_{ik} := \sqrt{(x_i - \gamma_k)^2 + (y_i - \delta_k)^2}
$$

oder tabellierte Straßen- oder Bahnkilometer verwendet werden. Wenn nur euklidische Abstände benutzt werden, ergibt sich eine quadratische Optimierungsaufgabe mit zusätzlichen quadratischen, konkaven Restriktionen. Werden statt der Bauverbotszonen Bauzonen ausgewiesen, die durch $\Delta_{ik} \leq \varepsilon_k$ beschrieben werden, erhält man eine konvexe Optimierungsaufgabe.

11.5 Allgemeine Aufgabenstellung der konvexen Optimierung

Nichtlineare Optimierungsaufgaben werden allgemein durch Funktionen $f\colon D \to \mathbb{R}$, $g\colon D \to \mathbb{R}^m$ und $h\colon D \to \mathbb{R}^p$ auf einer Menge $D \subseteq \mathbb{R}^n$ beschrieben. Die nichtlineare Optimierungsaufgabe lautet dann

$$
\text{(NLO)} \quad \min\{f(x) \mid g(x) \leq 0, h(x) = 0\}.
$$

Wir werden grundsätzlich annehmen, dass der Definitionsbereich D der Funktionen f, g und h eine nichtleere, offene Menge ist und dass die Menge $P :=$ $\{x \mid g(x) \le 0, h(x) = 0\}$ der zulässigen Punkte nicht leer und abgeschlossen ist. Eine nichtlineare Optimierungsaufgabe heißt *konvex*, falls die Funktionen f und g konvex sind und die Funktion h affin-linear ist. Die nichtlineare Optimierungsaufgabe heißt *differenzierbar*, falls f, g und h stetig differenzierbar sind. Die nichtlineare Optimierungsaufgabe

$$\min \{ f(x) \mid x \in D \}$$

heißt *unbeschränkt*.

11.6 Geometrische Darstellung in zwei Variablen

Analog zur Linearen Optimierung lassen sich zweidimensionale konvexe Optimierungsaufgaben graphisch veranschaulichen. Als Beispiel untersuchen wir die Aufgabe

$$
\begin{array}{rrrrr}
\min & (x_1 - 3)^2 + (x_2 - 2)^2 & & & \\
\text{unter} & x_1^2 & - & x_2 & - 3 \le 0 \\
& & & x_2 & - 1 \le 0 \\
& -x_1 & & & \le 0
\end{array}
$$

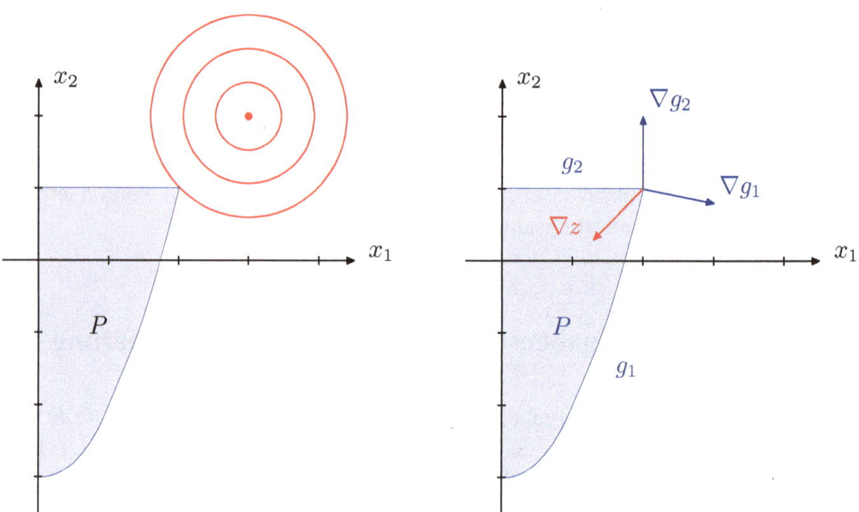

Abb. 11.2 Graphische Lösung in zwei Variablen

Die Menge P der zulässigen Punkte bildet eine Fläche im $\mathbb{R}^2$, die von zwei Geraden und einer Parabel begrenzt wird. Die Zielfunktion bildet einen Punkt auf seinen euklidischen Abstand zum Punkt $(3, 2)$ ab. Gesucht wird also ein Punkt aus P, der minimalen Abstand zu $(3, 2)$ hat. Dazu bestimmt man den kleinsten Kreis mit Mittelpunkt $(3, 2)$, der mit P mindestens einen Punkt gemeinsam hat (vgl. Abb. 11.2). Unter gewissen Annahmen gilt ähnlich wie in der linearen Optimierung, dass der negative Gradient der Zielfunktion eine nicht negative Kombination der Gradienten der aktiven Restriktionen ist.

Nichtlineare Optimierungsaufgaben können geradezu pathologisch schwer sein. Betrachte etwa die Bestimmung eines $\tilde{x} \in \mathbb{R}^4$ mit

$$f(\tilde{x}) = \min \{ f(x) \mid x_1, x_2, x_3 \geq 1, \ x_4 \geq 3 \} ,$$

wobei

$$f(x) := \left(x_1^{x_4} + x_2^{x_4} - x_3^{x_4} \right)^2 + \sum_{i=1}^{4} (1 - \cos 2\pi x_i)^2$$

ist. Falls $f(\tilde{x}) = 0$, so wäre $\tilde{x} \in \mathbb{N}^4$ mit $\tilde{x}_1^{\tilde{x}_4} + \tilde{x}_2^{\tilde{x}_4} = \tilde{x}_3^{\tilde{x}_4}$. Damit wäre $\tilde{x}$ eine Lösung des großen Fermat'schen Problems. Fermat (1607–1665) vermutete bereits, dass es keine derartige Lösung geben kann. Erst Wiles und Taylor ([80], [72]) gelang im Jahre 1993 ein Beweis, der 1995 veröffentlicht wurde. Demnach muss $f(\tilde{x}) = 1$ für jede Optimallösung $\tilde{x}$ gelten. Die Bestimmung einer Optimallösung $\tilde{x}$ ist offenbar genauso schwer wie der Beweis des großen Fermat'schen Satzes.

Kapitel 12
Konvexe Mengen

Eine Menge $S \subseteq \mathbb{R}^n$ heißt *konvex*, wenn mit zwei Punkten $a, b \in S$ stets auch das Intervall $[a, b]$ ganz in der Menge S liegt. In konvexen Optimierungsaufgaben sind die Menge der zulässigen Punkte und der Definitionsbereich der Zielfunktion konvexe Mengen.

12.1 Grundlegende Eigenschaften konvexer Mengen

Für $A_i \in S$, $i = 1, \ldots, m$, und $x \in \mathbb{R}^m$ bezeichnet $y := \sum_{i=1}^{m} x_i A_i$ eine endliche *Linearkombination* von Vektoren aus S. Mit $A := (A_1 \cdots A_m)$ lassen sich Linearkombinationen in Matrixschreibweise $y = Ax$ angeben. Wir nennen y eine endliche *Konvexkombination*, falls $\mathbb{1}^{\mathrm{T}} x = 1, x \geq 0$ ist, eine endliche *Affinkombination*, falls $\mathbb{1}^{\mathrm{T}} x = 1$, und eine endliche *Kegelkombination*, falls $x \geq 0$ ist.

Für $S \subseteq \mathbb{R}^n$ bezeichnet die *lineare Hülle*, lin S, die Menge aller endlichen Linearkombinationen von S. Analog besteht die *konvexe Hülle*, conv S, aus allen endlichen Konvexkombinationen, die *affine Hülle*, aff S, aus allen endlichen Affinkombinationen und die *konische Hülle*, cone S, aus allen endlichen Kegelkombinationen von Vektoren aus S.

Die konvexe Hülle conv S ist konvex. Ist T konvex mit $S \subseteq T$, dann gilt conv $S \subseteq T$. Insbesondere ist daher conv S die kleinste konvexe Menge, die S enthält. Analog ist cone S der kleinste konvexe Kegel, der S enthält. Für dim $S :=$ dim(aff S) gelten dim(conv S) $=$ dim S und dim(cone S) $\geq$ dim S. Wie das Beispiel in Abb. 12.1 zeigt, kann die Dimension der konischen Hülle von S größer als die von S sein.

Satz 12.1.1. *(Caratheodory) Sei $S \subseteq \mathbb{R}^n$ mit* dim $S = k$. *Dann ist* conv S *die Menge aller Konvexkombinationen von höchstens $k + 1$ Vektoren aus S.*

Beweis. Für eine endliche Konvexkombination $y = Ax$ mit $m \geq k + 2$ Vektoren $A_j \in S$, $x \geq 0$, $\mathbb{1}^{\mathrm{T}} x = 1$ zeigen wir, dass sich y bereits als Konvexkombination von nur $m - 1$ dieser Vektoren darstellen lässt.

R. E. Burkard, U. T. Zimmermann, *Einführung in die Mathematische Optimierung*
DOI 10.1007/978-3-642-01728-5_12, © Springer-Verlag Berlin Heidelberg 2012

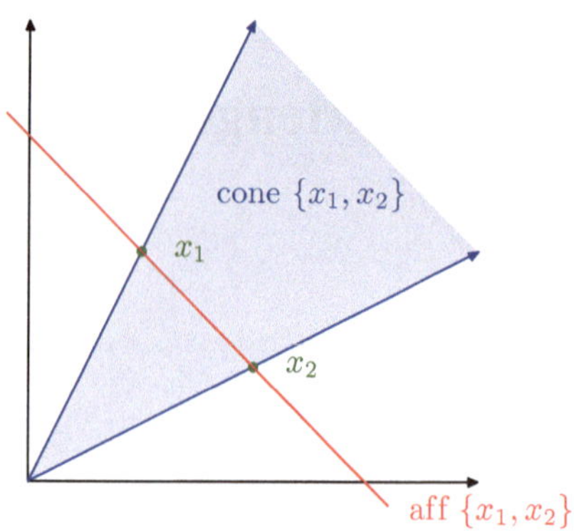

Abb. 12.1 Beispiel für
$\dim(\text{cone}\, S) > \dim S$.

Wegen $m - 1 > k = \dim S$ sind die Spalten von $B := (A_2 - A_1, \ldots, A_m - A_1)$ linear abhängig. Es gibt also $v^{\mathrm{T}} := (u_2, \ldots, u_m) \neq 0$ mit $Bv = 0$. Für $u^{\mathrm{T}} := (u_1, \ldots, u_m)$ mit $u_1 := -u_2 - u_3 - \cdots - u_m$ folgen $\mathbb{1}^{\mathrm{T}} u = 0$ und $Au = 0$. Insbesondere ist o. B. d. A. ein u_j, $j \in \{1, 2, \ldots, m\}$, positiv und das Minimum

$$\alpha := \frac{x_r}{u_r} := \min\left\{\frac{x_j}{u_j} \;\middle|\; u_j > 0\right\}$$

wird für ein $r \in \{1, 2, \ldots, m\}$ angenommen. Hieraus folgen $x - \alpha u \geq 0$, $x_r - \alpha u_r = 0$ und $\mathbb{1}^{\mathrm{T}}(x - \alpha u) = \mathbb{1}^{\mathrm{T}} x = 1$. Daher ist

$$y = Ax - \alpha Au = A(x - \alpha u) = \sum_{i \neq r}(x_i - \alpha u_i)A_i$$

Konvexkombination der $m - 1$ Vektoren A_i, $i \neq r$. Induktiv folgt die Behauptung des Satzes. $\qquad\qquad\square$

Korollar 12.1.2. *Sei $S \subseteq \mathbb{R}^n$ mit $\dim(\text{cone}\, S) = k$. Dann ist* cone S *die Menge aller Kegelkombinationen von höchstens k Vektoren aus S.*

Der Satz von Caratheodory impliziert, dass für eine beschränkte Menge $S \subseteq \mathbb{R}^n$ auch ihre konvexe Hülle conv S beschränkt ist.

Topologische Eigenschaften konvexer Mengen

Bezüglich der euklidischen Norm definieren wir eine (offene) δ-*Kugel* um $\tilde{x}$ mit Radius $\delta > 0$ als

$$U_\delta(\tilde{x}) := \{x \in \mathbb{R}^n \mid \|x - \tilde{x}\| < \delta\}\,.$$

Ein Punkt $x \in S \subseteq \mathbb{R}^n$ heißt *innerer Punkt* von S, falls $U_\delta(x) \subseteq S$ für ein $\delta > 0$. Die Menge aller inneren Punkte einer Menge S wird mit int S bezeichnet. Eine Menge heißt *offen*, falls sie nur aus inneren Punkten besteht.

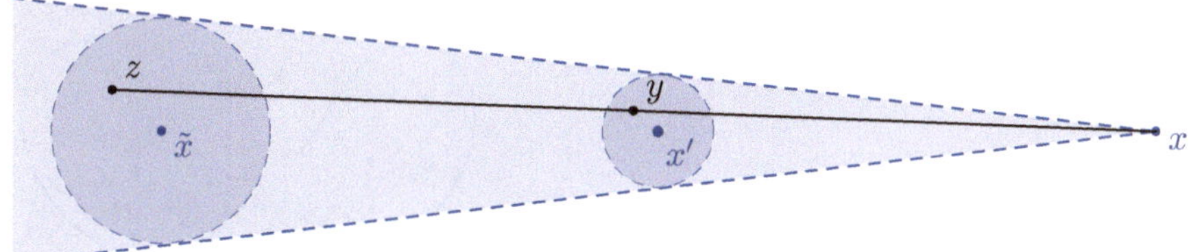

Abb. 12.2 Approximierbarkeit von Randpunkten durch innere Punkte

Als *Abschluss einer Menge* $S \subseteq \mathbb{R}^n$ bezeichnet man die Menge $\mathrm{cl}\, S := \mathbb{R}^n \setminus \mathrm{int}\, S$. Der *Rand der Menge* S ist dann $\mathrm{rd}\, S := \mathrm{cl}\, S \setminus \mathrm{int}\, S$. Ist S *kompakt*, d. h. beschränkt und abgeschlossen, so kann man sich überlegen, dass auch $\mathrm{conv}\, S$ kompakt ist.

Für beschränktes S gilt $\mathrm{conv}(\mathrm{cl}\, S) = \mathrm{cl}(\mathrm{conv}\, S)$; i. Allg. ist dies im unbeschränkten Fall nicht richtig, wie das folgende Gegenbeispiel mit $S := \{(x, 1) \mid x \in \mathbb{R}\} \cup \{(0, 0)\}$ zeigt. Wegen $\mathrm{cl}\, S = S$ gilt einerseits

$$\mathrm{conv}(\mathrm{cl}\, S) = \mathrm{conv}\, S = \{(x, y) \mid x, y \in \mathbb{R}, 0 < y \leq 1\} \cup \{(0, 0)\}$$

aber andererseits

$$\mathrm{cl}(\mathrm{conv}\, S) = \{(x, y) \mid x, y \in \mathbb{R}, 0 \leq y \leq 1\} \,.$$

Also ist in diesem Beispiel $\mathrm{conv}(\mathrm{cl}\, S)$ echte Teilmenge von $\mathrm{cl}(\mathrm{conv}\, S)$.

Lemma 12.1.3. Sei $S \subseteq \mathbb{R}^n$ konvex. Dann gilt $[\tilde{x}, x) \subseteq \mathrm{int}\, S$ für alle $\tilde{x} \in \mathrm{int}\, S$ und $x \in S$.

Beweis. Da $\tilde{x} \in \mathrm{int}\, S$ gilt, existiert ein $\delta > 0$ mit $U_\delta(\tilde{x}) \subseteq S$. Sei $x' \in [\tilde{x}, x)$, also $x' = \lambda \tilde{x} + (1 - \lambda)x$ mit $\lambda \in (0, 1)$. Dann ist $\tilde{x} = \frac{1}{\lambda}(x' - (1 - \lambda)x)$. Zu $y \in U_{\delta\lambda}(x')$ betrachte den Punkt $z := \frac{1}{\lambda}(y - (1 - \lambda)x)$. Es ist

$$\|\tilde{x} - z\| = \frac{1}{\lambda}\|x' - y\| < \delta \,.$$

Also ist $z \in U_\delta(\tilde{x}) \subseteq S$. Wegen $y = \lambda z + (1 - \lambda)x$ ist auch $y \in S$ und demnach $U_{\delta\lambda}(x') \subseteq S$. $\qquad\square$

12.2 Trennung durch Hyperebenen

Sei $H = \{x \mid a^\mathrm{T}x = \alpha\}$ mit $a \neq 0$ und $\alpha \in \mathbb{R}$. Die Hyperebene H *trennt* die Mengen $A, B \subseteq \mathbb{R}^n$, falls

$$a^\mathrm{T}x \leq \alpha \leq a^\mathrm{T}y, \quad (x \in A, y \in B)$$

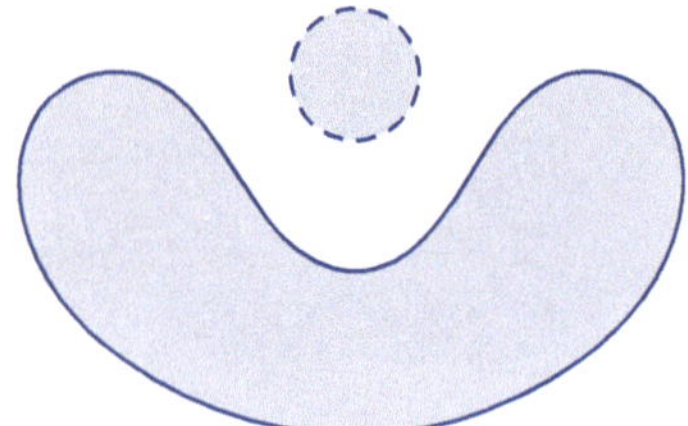

Abb. 12.3 Disjunkte, nicht durch Hyperebene trennbare Mengen

gilt. Falls in einer der Ungleichungen „<" gilt, liegt eine *echte Trennung* vor. Wir können die Trennung der Mengen A und B durch eine Hyperebene H auch durch

$$A \subseteq H_{\leq}, \qquad B \subseteq H_{\geq}$$

beschreiben. Wie Abb. 12.3 zeigt, ist Trennung durch Hyperebenen i. Allg. nicht möglich, wenn die Mengen zwar disjunkt, aber nicht konvex sind.

Satz 12.2.1. *Sei $C \subseteq \mathbb{R}^n$ konvex, $y \in \mathbb{R}^n \setminus \mathrm{cl}\, C$. Dann existiert eine Hyperebene H durch y mit $C \subseteq H_{>}$.*

Beweis. Im Folgenden bezeichnet $\|x\| = \sqrt{x^{\mathsf{T}} x}$ die euklidische Norm. Da $R^n \setminus \mathrm{cl}\, C$ eine offene Menge ist, gibt es ein $\varepsilon > 0$ mit $U_{\varepsilon}(y) \subseteq R^n \setminus \mathrm{cl}\, C$ und es gilt

$$\delta := \inf_{x \in C} \|x - y\| \geq \varepsilon > 0.$$

Da $\|x - y\|$ eine in x auf $\mathbb{R}^n$ stetige Funktion ist, nimmt sie auf der kompakten Menge $\mathrm{cl}\, C \cap \{x \mid f(x) \leq 2\delta\}$ ihr Minimum an, etwa in $\bar{x} \in \mathrm{cl}\, C$ mit $\|\bar{x} - y\| = \delta$.

Sei $x \in C$ beliebig gewählt. Da mit C auch $\mathrm{cl}\, C$ konvex ist, gilt $[x, \bar{x}] \subseteq \mathrm{cl}\, C$. Folglich ist $\|z - y\| \geq \|\bar{x} - y\| = \delta$ für alle $z = \bar{x} + \lambda(x - \bar{x})$ mit $0 \leq \lambda \leq 1$. Mit $z - y = a + \lambda(x - \bar{x})$ für $a := \bar{x} - y$ ergibt sich die Ungleichung

$$\|a + \lambda(x - \bar{x})\|^2 \geq \|a\|^2, \quad (0 \leq \lambda \leq 1).$$

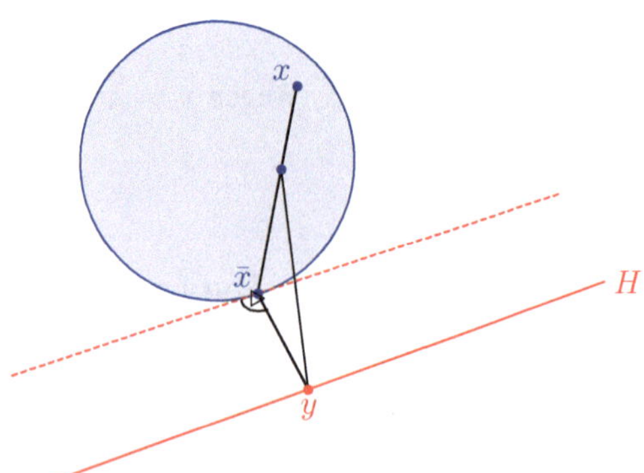

Abb. 12.4 Zum Beweis von Satz 12.2.1.

Subtrahiert man auf beiden Seiten $\|a\|^2$, verbleibt

$$2\lambda a^{\mathrm{T}}(x - \bar{x}) + \lambda^2 \|x - \bar{x}\|^2 \geq 0.$$

Nach Division durch $\lambda > 0$ und Grenzübergang für $\lambda \to 0_+$ erhalten wir $a^{\mathrm{T}}(x - \bar{x}) \geq 0$ und somit

$$a^{\mathrm{T}}x \geq a^{\mathrm{T}}\bar{x} = a^{\mathrm{T}}a + a^{\mathrm{T}}y = \delta^2 + a^{\mathrm{T}}y > a^{\mathrm{T}}y =: \alpha. \tag{12.1}$$

Die Hyperebene $H := \{x \mid a^{\mathrm{T}}x = \alpha\}$ enthält y und C liegt in $H_>$. $\qquad\square$

Stützhyperebenen

Eine Hyperebene H heißt *Stützhyperebene* der Menge $C \subseteq \mathbb{R}^n$, falls sowohl $H \cap$ cl $C \neq \emptyset$ als auch $C \subseteq H_\geq$ gelten.

Satz 12.2.2. *Seien $C \subseteq \mathbb{R}^n$ konvex und $y \in \mathrm{rd}\, C$. Dann existiert eine Stützhyperebene von C durch y.*

Beweis. Für eine konvergente Folge $(y_k)_{k\in\mathbb{N}}$, $y_k \to y$ mit $y_k \notin \mathrm{cl}\, C$, existiert nach Satz 12.2.1 zu jedem y_k eine Hyperebene $H_k = \{x \mid a_k^{\mathrm{T}}x = \alpha_k\}$ durch y_k mit

$$a_k^{\mathrm{T}}y_k = \alpha_k < a_k^{\mathrm{T}}x, \quad (x \in C).$$

Nach geeigneter Skalierung von a_k und α_k gilt $\|a_k\| = 1$. Die beschränkte Folge $(a_k)_{k\in\mathbb{N}}$ enthält eine konvergente Teilfolge $\tilde{a}_k \to a$. Dann gilt

$$\alpha := a^{\mathrm{T}}y = \lim_{k\to\infty} \tilde{a}_k^{\mathrm{T}}y_k \leq \lim_{k\to\infty} \tilde{a}_k^{\mathrm{T}}x = a^{\mathrm{T}}x, \quad (x \in C).$$

Für $H = \{x \mid a^{\mathrm{T}}x = \alpha\}$ ergibt sich $y \in H$ und $C \subseteq H_\geq$. Also ist H eine Stützhyperebene von C durch y. $\qquad\square$

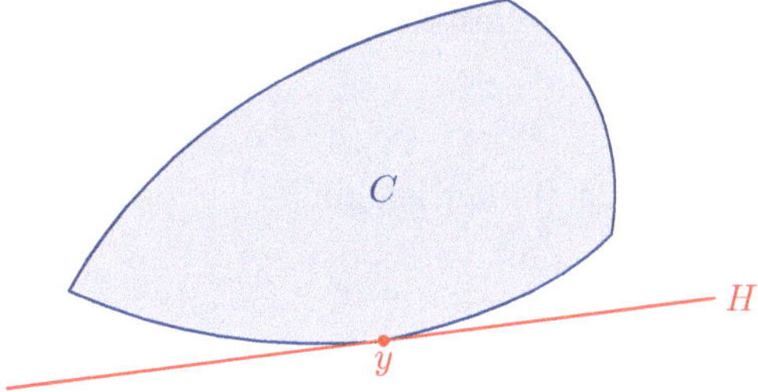

Abb. 12.5 Stützhyperebene an die Menge C

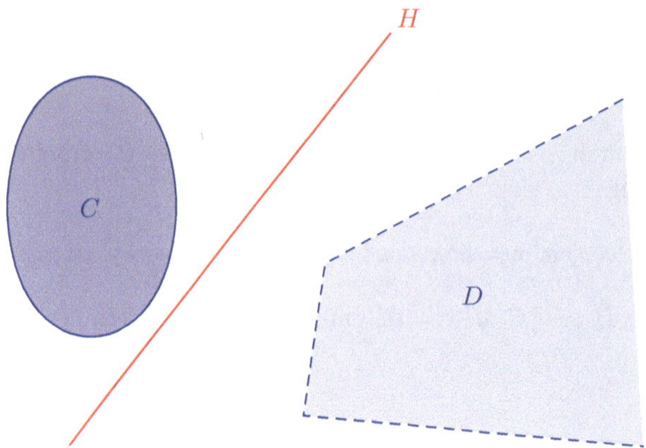

Abb. 12.6 Trennung der konvexen Mengen C und D durch eine Hyperebene H

Lemma 12.2.3. Seien C und D disjunkte, nichtleere, konvexe Teilmengen des $\mathbb{R}^n$. Dann gilt für die Menge $B := D - C = \{y - x \mid y \in D, x \in C\}$

1. B ist nicht leer, konvex und $0 \notin B$,
2. falls D offen, so ist B offen,
3. falls C kompakt und D abgeschlossen, so ist B abgeschlossen.

Beweis. B ist offenbar nichtleer, konvex und $0 \notin B$. Falls D offen, so ist B als Vereinigung offener Mengen, $B = \bigcup_{x \in C} \{y - x \mid y \in D\}$, offen. Sei C kompakt, D abgeschlossen und $z_k := y_k - x_k \in B$ eine konvergente Folge. Da C kompakt, ist x_k eine beschränkte Folge. Da z_k konvergent, muss dann auch y_k beschränkt sein. Also konvergieren Teilfolgen $x_k, k \in K$ und $y_k, k \in K$, etwa gegen $\bar{x}$ und $\bar{y}$. Da C und D abgeschlossen, gilt $\bar{x} \in C$ und $\bar{y} \in D$. Da die gesamte Folge z_k konvergiert, konvergiert z_k gegen $\bar{y} - \bar{x} \in B$, d. h. B ist abgeschlossen. $\square$

Satz 12.2.4. *Seien C und D disjunkte, nichtleere, konvexe Teilmengen des $\mathbb{R}^n$. D sei offen. Dann existiert eine Hyperebene H mit $C \subseteq H_{\leq}$ und $D \subseteq H_{>}$.*

Beweis. Nach Lemma 12.2.3 ist die Menge $B := D - C = \{y - x \mid y \in D, x \in C\}$ nicht leer, konvex, offen und $0 \notin B$. Nach den Trennungssätzen 12.2.1 und 12.2.2 gibt es daher eine Hyperebene H durch 0 mit $B \subseteq H_{\geq}$. Wegen $0 \in H$ hat sie die Form $H = \{z \mid a^{\mathrm{T}} z = 0\}$. Also gilt $a^{\mathrm{T}}(y - x) \geq 0$ bzw. $a^{\mathrm{T}} y \geq a^{\mathrm{T}} x$ für alle $x \in C$ und alle $y \in D$. Insbesondere ist $a^{\mathrm{T}} y$ für $y \in D$ nach unten beschränkt, so dass das Infimum

$$\beta := \inf \{a^{\mathrm{T}} y \mid y \in D\}$$

existiert. Da D offen ist, gilt

$$a^{\mathrm{T}} y > \beta \geq a^{\mathrm{T}} x, \quad (x \in C, y \in D).$$

Die Hyperebene $H = \{x \mid a^{\mathrm{T}} x = \beta\}$ hat die behaupteten Eigenschaften. $\square$

Korollar 12.2.5. *Seien C und D disjunkte, nichtleere, konvexe Teilmengen des $\mathbb{R}^n$. Dann existiert eine Hyperebene H mit $C \subseteq H_{\leq}$ und $D \subseteq H_{\geq}$.*

Beweis. Nach Satz 12.2.4 existiert für die Mengen C, int D eine Hyperebene H mit $C \subseteq H_{\leq}$ und int $D \subseteq H_{>}$. Da $H_{\geq}$ abgeschlossen ist, gilt $D \subseteq H_{\geq}$. $\qquad\square$

Satz 12.2.6. *Seien C und D disjunkte, nichtleere, konvexe Teilmengen des $\mathbb{R}^n$. Sei C kompakt und D abgeschlossen. Dann existieren $a \in \mathbb{R}^n, a \neq 0$ und $\alpha, \beta \in \mathbb{R}$ mit*

$$a^{\mathrm{T}} y \geq \beta > \alpha \geq a^{\mathrm{T}} x, \quad (x \in C, y \in D).$$

Beweis. Nach Lemma 12.2.3 ist die Menge $B := D - C = \{y - x \mid y \in D, x \in C\}$ nicht leer, konvex, abgeschlossen und $0 \notin B$. Wie im Beweis des Trennungssatzes 12.2.1 finden wir daher ein $\bar{z} \in \mathrm{cl}\, B$ mit

$$\|\bar{z}\| = \inf_{x \in B} \|z\| = \delta > 0.$$

Da B abgeschlossen, ist $\bar{z} \in B$. Entsprechend der Ungleichung (12.1) erhalten wir für $a := \bar{z}$

$$a^{\mathrm{T}} z \geq a^{\mathrm{T}} \bar{z} = a^{\mathrm{T}} a = \delta^2, \quad (z \in B).$$

Für $x, \bar{x} \in C$ und $y, \bar{y} \in D$ mit $z = y - x$ und $\bar{z} = \bar{y} - \bar{x}$ erhalten wir

$$a^{\mathrm{T}}(y - x) \geq a^{\mathrm{T}}(\bar{y} - \bar{x}) = a^{\mathrm{T}} a = \delta^2, \quad (x \in C, y \in D).$$

Durch spezielle Wahl von $y = \bar{y}$ bzw. $x = \bar{x}$ folgen die Ungleichungen

$$a^{\mathrm{T}} y \geq a^{\mathrm{T}} \bar{x} + \delta^2 = a^{\mathrm{T}} \bar{y} =: \beta, \quad (y \in D),$$

$$a^{\mathrm{T}} x \leq a^{\mathrm{T}} \bar{y} - \delta^2 = a^{\mathrm{T}} \bar{x} =: \alpha, \quad (x \in C),$$

wobei offenbar $\beta = \alpha + \delta^2$. Damit folgt schließlich

$$a^{\mathrm{T}} y \geq \beta > \alpha \geq a^{\mathrm{T}} x, \quad (x \in C, y \in D).$$

$$\square$$

Für die Hyperebene $H = \{z \in \mathbb{R}^n \mid a^{\mathrm{T}} z = \frac{1}{2}(\alpha + \beta)\}$ ergibt sich aus Satz 12.2.6 das folgende, etwas schwächere Korollar.

Korollar 12.2.7. *Seien C und D disjunkte, nichtleere, konvexe Teilmengen des $\mathbb{R}^n$. Sei C kompakt und D abgeschlossen. Dann existiert eine Hyperebene H mit $C \subseteq H_{<}$ und $D \subseteq H_{>}$.*

Kapitel 13
Konvexe Funktionen

Eine Funktion $f: S \to \mathbb{R}$ mit konvexem Definitionsbereich $S \subseteq \mathbb{R}^n$ heißt *konvex*, falls die Konvexitätsungleichung gilt:

$$f(\lambda x + (1 - \lambda)y) \leq \lambda f(x) + (1 - \lambda)f(y), \quad (x, y \in S, \lambda \in (0, 1)).$$

Entsprechend definiert man *streng konvex* mit „<", *konkav* mit „≥" und *streng konkav* mit „>". Offenbar kann man Resultate für konvexe Funktionen, die auf der Konvexitätsungleichung beruhen, auf konkave Funktionen übertragen, da sich dann die Eigenschaften der konkaven Funktion f aus denen der konvexen Funktion $-f$ ergeben.

Die Konvexitätsungleichung beschreibt das Verhalten einer konvexen Funktion auf dem Intervall zwischen zwei Punkten des Definitionsbereichs und ist daher einerseits eine eindimensionale Eigenschaft. Sie gilt andererseits in jeder Richtung und hat erhebliche, teilweise überraschende Konsequenzen für die Eigenschaften konvexer Funktionen.

Elementare Beispiele liefern affin-lineare Funktionen, also Funktionen der Form $f: \mathbb{R} \to \mathbb{R}$ mit $f(x) = \alpha x + \beta$ für $\alpha, \beta \in \mathbb{R}$, $\alpha \neq 0$. Rein quadratische Funktionen mit nicht negativen Koeffizienten, also Funktionen der Form $f: \mathbb{R} \to \mathbb{R}$ mit $f(x) =$

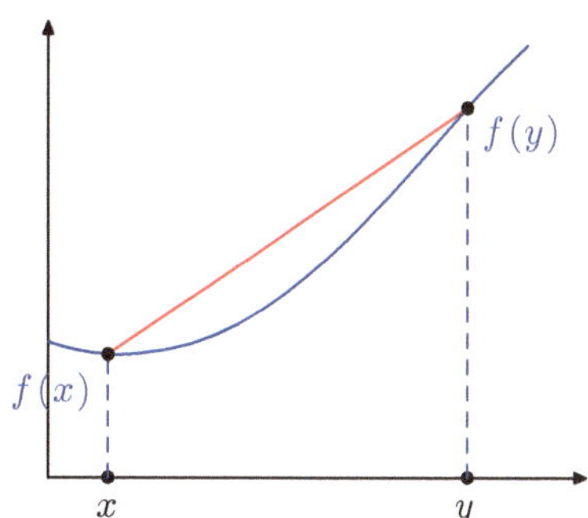

Abb. 13.1 Konvexe Funktion und Konvexitätsungleichung

R. E. Burkard, U. T. Zimmermann, *Einführung in die Mathematische Optimierung*
DOI 10.1007/978-3-642-01728-5_13, © Springer-Verlag Berlin Heidelberg 2012

αx^2, $\alpha \geq 0$, sind ebenfalls konvex. Da nicht negativ gewichtete Summen konvexer Funktionen $f_1, \ldots, f_n \colon \mathbb{R}^n \to \mathbb{R}$, also Funktionen der Form

$$\sum_{i=1}^{n} \alpha_i f_i(x)$$

für $\alpha_i \geq 0$, $i = 1, \ldots, n$, wiederum konvexe Funktionen sind, ergeben sich aus affin-linearen und rein quadratischen Funktionen etliche weitere Beispiele, wie z. B. die linearen Zielfunktionen $f(x) = c^{\mathrm{T}} x$ der Linearen Optimierung.

13.1 Niveaumengen und Stetigkeitseigenschaften

Konvexität von Mengen und Funktionen sind auf vielfältige Weise miteinander verknüpft. Klassische Eigenschaften wie die Stetigkeit einer Funktion ergeben sich zumindest teilweise unmittelbar aus der Konvexität.

Lemma 13.1.1. Die Niveaumengen

$$A_\alpha := \{x \in S \mid f(x) < \alpha\}, \quad B_\alpha := \{x \in S \mid f(x) \leq \alpha\}, \qquad (\alpha \in \mathbb{R})$$

einer konvexen Funktion $f \colon S \to \mathbb{R}$ sind konvex.

Beweis. Für $x, y \in B_\alpha$ und $\lambda \in (0, 1)$ ist

$$f(\lambda x + (1 - \lambda)y) \leq \lambda f(x) + (1 - \lambda) f(y) \leq \lambda \alpha + (1 - \lambda)\alpha = \alpha \,,$$

also $\lambda x + (1 - \lambda)y \in B_\alpha$. Folglich gilt B_α konvex. Der Beweis für A_α verläuft analog. $\qquad\square$

Die Konvexität der Niveaumengen hat hilfreiche Konsequenzen. So folgt etwa aus $Y \subseteq B_\alpha$ unmittelbar $\operatorname{conv} Y \subseteq B_\alpha$. Insbesondere nimmt eine konvexe Funktion auf einem Würfel ihr Maximum in einer Ecke des Würfels an.

Satz 13.1.2. *Eine konvexe Funktion $f \colon S \to \mathbb{R}$ ist stetig auf* $\operatorname{int} S$.

Beweis. Sei $\bar{x} \in \operatorname{int} S$. Nach geeigneter Koordinatenverschiebung kann man o. B. d. A. $\bar{x} = 0$ und $f(\bar{x}) = f(0) = 0$ annehmen. Zum Nachweis der Stetigkeit ist für $\epsilon > 0$ ein $\delta(\epsilon) > 0$ anzugeben, so dass für alle $x \in U_{\delta(\epsilon)}$ gilt $|f(x)| < \epsilon$. Dazu betrachten wir den Würfel $W_\rho := \{x \mid \|x\|_\infty \leq \rho\}$ um $\bar{x}$. W_ρ ist konvexe Hülle seiner Eckenmenge V_ρ, also $\operatorname{conv} V_\rho = W_\rho$. Für

$$M := \max \{f(x) \mid x \in V_\rho\}$$

folgt $W_\rho \subseteq B_M$ bzw. $f|_{W_\rho} \leq M$. Zu $x \in S$ mit $\|x\|_\infty \leq \|x\|_2 = \alpha \leq \rho$ betrachten wir $u := \frac{\rho}{\alpha} x \in W_\rho$. Wegen $f(u) \leq M$ liefert die Konvexität von f die obere Schranke

$$f(x) = f\left(\left(1 - \frac{\alpha}{\rho}\right)0 + \frac{\alpha}{\rho}u\right) \le \frac{\alpha}{\rho}M.$$

Analog erhalten wir wegen $\|-x\| = \alpha$ auch $f(-x) \le \frac{\alpha}{\rho}M$. Da $0 = \frac{1}{2}x + \frac{1}{2}(-x) \in [x, -x]$, folgt

$$0 = f(0) \le \frac{1}{2}f(x) + \frac{1}{2}f(-x) \le \frac{1}{2}f(x) + \frac{1}{2}\frac{\alpha}{\rho}M$$

und damit die untere Schranke $-\frac{\alpha}{\rho}M \le f(x)$. Insgesamt liefern die Schranken

$$|f(x)| \le \frac{M}{\rho}\alpha = \frac{M}{\rho}\|x\|,$$

d. h. f ist nicht nur stetig sondern lokal sogar Lipschitzstetig in 0. $\qquad\square$

Konvexe Funktionen sind in Randpunkten ihres Definitionsbereichs nicht notwendigerweise stetig. Beispielsweise ist die Funktion $f \colon [0, 1] \to \mathbb{R}$ mit

$$f(x) = \begin{cases} x & 0 < x < 1 \\ 3 & x = 0 \\ 2 & x = 1 \end{cases}$$

konvex und stetig auf $\mathrm{int}[0, 1] = (0, 1)$ aber nicht stetig in den Randpunkten 0 und 1.

13.2 Epigraph und Differenzierbarkeitseigenschaften

Um Differenzierbarkeitseigenschaften konvexer Funktionen zu untersuchen, führen wir ihre Epigraphen ein. Für eine Funktion $f \colon S \to \mathbb{R}$ heißt die Menge

$$\mathrm{epi}(f) := \left\{ \left(\begin{smallmatrix} x \\ z \end{smallmatrix}\right) \in \mathbb{R}^{n+1} \mid x \in S, f(x) \le z \right\}$$

Epigraph von f. Die Konvexität von Funktionen ist äquivalent zur Konvexität ihrer Epigraphen.

Lemma 13.2.1. Sei $S \subseteq \mathbb{R}^n$ konvex und $f \colon S \to \mathbb{R}$. Dann ist f genau dann konvex, wenn $\mathrm{epi}(f)$ konvex ist.

Beweis. Für konvexes f gilt $f(\lambda x_1 + (1 - \lambda)x_2) \le \lambda f(x_1) + (1 - \lambda)f(x_2) \le \lambda z_1 + (1 - \lambda)z_2$ für alle $\left(\begin{smallmatrix} x_1 \\ z_1 \end{smallmatrix}\right), \left(\begin{smallmatrix} x_2 \\ z_2 \end{smallmatrix}\right) \in \mathrm{epi}(f)$ und für alle $\lambda \in (0, 1)$. Damit folgt

$$\lambda \begin{pmatrix} x_1 \\ z_1 \end{pmatrix} + (1 - \lambda) \begin{pmatrix} x_2 \\ z_2 \end{pmatrix} \in \mathrm{epi}(f),$$

d. h. $\mathrm{epi}(f)$ ist konvex.

Für konvexes epi(f) gilt

$$\lambda \begin{pmatrix} x_1 \\ f(x_1) \end{pmatrix} + (1-\lambda) \begin{pmatrix} x_2 \\ f(x_2) \end{pmatrix} = \begin{pmatrix} \lambda x_1 + (1-\lambda)x_2 \\ \lambda f(x_1) + (1-\lambda)f(x_2) \end{pmatrix} \in \mathrm{epi}(f)$$

für alle $x_1, x_2 \in S$ und für alle $\lambda \in (0,1)$. Also ist $f(\lambda x_1 + (1-\lambda)x_2) \leq \lambda f(x_1) + (1-\lambda)f(x_2)$, d. h. f ist konvex. $\qquad\qquad\square$

Stützhyperebenen des Epigraphen

Offenbar gilt $\{ \begin{pmatrix} x \\ f(x) \end{pmatrix} \mid x \in S \} \subseteq \mathrm{rd}(\mathrm{epi}(f))$. Daher existiert für eine konvexe Funktion nach Satz 12.2.2 in jedem Punkt $\begin{pmatrix} y \\ f(y) \end{pmatrix}$ eine Stützhyperebene

$$H = \left\{ \begin{pmatrix} x \\ z \end{pmatrix} \mid a^\mathrm{T} \begin{pmatrix} x \\ z \end{pmatrix} = a^\mathrm{T} \begin{pmatrix} y \\ f(y) \end{pmatrix} \right\}$$

an den Epigraphen. Zerlegen wir den Vektor $0 \neq a^\mathrm{T} =: (s^\mathrm{T}, \mu)$, so erhalten wir die Ungleichung

$$s^\mathrm{T}x + \mu z \leq s^\mathrm{T}y + \mu f(y), \quad (x \in S, f(x) \leq z). \tag{13.1}$$

Für $y \in \mathrm{int}(S)$ gibt es Punkte $x', x'' \in S$ mit $y \in (x', x'')$ und $s^\mathrm{T}x' \leq s^\mathrm{T}y \leq s^\mathrm{T}x''$. Falls $\mu = 0$, folgt mit (13.1) auch $s^\mathrm{T}x \leq s^\mathrm{T}y$ für alle $x \in S$. Dann wäre $s^\mathrm{T}x'' = s^\mathrm{T}y$ und damit $s = 0$, was auf einen Widerspruch zu $a \neq 0$ führt. Also gilt $\mu \neq 0$. Wegen (13.1) gilt dann insbesondere $\mu < 0$. Passende Skalierung von a in H fixiert $\mu = -1$, d. h. die Stützhyperebene hat die Form $H = \{ \begin{pmatrix} x \\ z \end{pmatrix} \mid f(y) + s^\mathrm{T}(x-y) = z \}$. Die Ungleichung (13.1) vereinfacht sich zu

$$f(y) + s^\mathrm{T}(x-y) \leq z, \quad (x \in S, f(x) \leq z).$$

Insbesondere für $f(x) = z$ ergibt sich

$$f(y) + s^\mathrm{T}(x-y) \leq f(x), \quad (x \in S).$$

Wir halten diese Ergebnisse im folgenden Satz fest.

Satz 13.2.2. *Für eine konvexe Funktion $f : S \to \mathbb{R}$ gibt es zu jedem $y \in \mathrm{int}(S)$ ein $s \in \mathbb{R}^n$, so dass*

$$H = \{ \begin{pmatrix} x \\ z \end{pmatrix} \mid f(y) + s^\mathrm{T}(x-y) = z \} \tag{13.2}$$

eine Stützhyperebene in $\begin{pmatrix} y \\ f(y) \end{pmatrix}$ an epi(f) ist und die Ungleichung

$$f(y) + s^\mathrm{T}(x-y) \leq f(x), \quad (x \in S) \tag{13.3}$$

gilt.

Subgradienten

Für $S \subseteq \mathbb{R}^n$ sei eine nicht notwendigerweise konvexe Funktion $f: S \to \mathbb{R}$ gegeben. Falls $y \in S$ und $s \in \mathbb{R}^n$ die Ungleichungen (13.3) erfüllen, dann heißt s ein *Subgradient* von f in y. Diese Ungleichungen werden daher auch als *Subgradientenungleichungen* bezeichnet.

Wie Abb. 13.2 am Beispiel $f(x) = |x - 1| - 3$ zeigt, sind Subgradienten im allgemeinen nicht eindeutig bestimmt. Die Menge aller Subgradienten von f in y heißt *Subdifferential* und wird mit $\partial f(y)$ bezeichnet.

Satz 13.2.3. *Sei $S \subseteq \mathbb{R}^n$ konvex. Falls $\partial f(y) \neq \emptyset$ für alle $y \in S$, so ist die Funktion $f: S \to \mathbb{R}$ konvex.*

Beweis. Für $x, y \in S$, $\lambda \in (0, 1)$, $z := \lambda x + (1 - \lambda)y$ und $s \in \partial f(z)$ gelten die Ungleichungen

$$f(x) \geq f(z) + s^{\mathrm{T}}(x - z), \quad f(y) \geq f(z) + s^{\mathrm{T}}(y - z).$$

Addition nach Gewichtung mit λ und $1 - \lambda$ liefert

$$\lambda f(x) + (1 - \lambda) f(y) \geq f(z) + s^{\mathrm{T}}(\lambda x + (1 - \lambda)y - z) = f(z) + s^{\mathrm{T}}(z - z) = f(z).$$

Also ist f konvex. $\qquad\square$

Offenbar charakterisieren strenge Subgradientenungleichungen streng konvexe Funktionen.

Korollar 13.2.4. *Sei $S \subseteq \mathbb{R}^n$ konvex und offen. Dann ist $f: S \to \mathbb{R}$ genau dann konvex, falls $\partial f(y) \neq \emptyset$ für alle $y \in S$.*

Man kann leicht zu Bedingung (12.2.5) analoge Bedingungen für konkave und streng konkave Funktionen angeben.

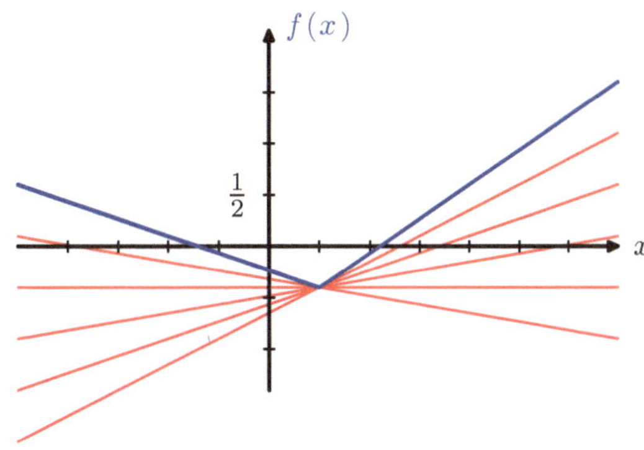

Abb. 13.2 $\partial f(\tfrac{1}{2}) = [-\tfrac{1}{3}, \tfrac{2}{3}]$, da $-\tfrac{2}{5} + s(x - \tfrac{1}{2}) \leq f(x)$, $(s \in [-\tfrac{1}{3}, \tfrac{2}{3}])$.

Zulässige Richtungen

Ein Vektor $0 \neq d \in \mathbb{R}^n$ heißt *zulässige Richtung* in $x \in S$, falls es ein $\bar{\lambda} > 0$ gibt, so dass $x + \lambda d \in S$ für alle $0 \leq \lambda \leq \bar{\lambda}$. Die Menge aller zulässigen Richtungen in $x \in S$ wird mit $D(x)$ bezeichnet. Ist $S \subseteq \mathbb{R}^n$ konvex, dann folgt aus $x, y \in S$ auch $x + \lambda(y - x) \in S$ für alle $0 \leq \lambda \leq 1$. Also ist in diesem Fall $D(x) = \{\lambda(y - x) \mid y \in S, y \neq x, \lambda > 0\}$.

Richtungsableitung

Für $\bar{x} \in S \subseteq \mathbb{R}^n$, $f : S \to \mathbb{R}$ und $d \in D(\bar{x})$ heißt der Grenzwert

$$\lim_{\lambda \to 0_+} \frac{f(\bar{x} + \lambda d) - f(\bar{x})}{\lambda},$$

falls er existiert, *Richtungsableitung* von f im Punkt $\bar{x}$ in Richtung d und wird mit $f'(\bar{x}, d)$ bezeichnet. Die uneigentlichen Grenzwerte $\pm\infty$ werden zugelassen.

Satz 13.2.5. *Eine konvexe Funktion $f : S \to \mathbb{R}$ besitzt in jedem $\bar{x} \in S$ Richtungsableitungen für alle zugehörigen zulässigen Richtungen $d \in D(\bar{x})$, wobei*

$$f'(\bar{x}, d) = \inf_{\lambda > 0} \frac{f(\bar{x} + \lambda d) - f(\bar{x})}{\lambda}.$$

Beweis. Für $0 < \mu < \lambda$ ist $\bar{x} + \mu d = \frac{\mu}{\lambda}(\bar{x} + \lambda d) + (1 - \frac{\mu}{\lambda})\bar{x}$ und folglich, da f konvex,

$$f(\bar{x} + \mu d) = f\left(\frac{\mu}{\lambda}(\bar{x} + \lambda d) + \left(1 - \frac{\mu}{\lambda}\right)\bar{x}\right) \leq \frac{\mu}{\lambda}f(\bar{x} + \lambda d) + \left(1 - \frac{\mu}{\lambda}\right)f(\bar{x}).$$

Subtrahieren wir auf beiden Seiten der Ungleichung $f(\bar{x})$ und teilen diese dann durch μ, so erhalten wir

$$\frac{f(\bar{x} + \mu d) - f(\bar{x})}{\mu} \leq \frac{f(\bar{x} + \lambda d) - f(\bar{x})}{\lambda}.$$

Die Funktion $g(\lambda) := \frac{f(\bar{x} + \lambda d) - f(\bar{x})}{\lambda}$ ist demnach monoton nicht wachsend für $\lambda \to 0_+$. Daher existiert $\lim_{\lambda \to 0_+} g(\lambda) \in \mathbb{R} \cup \{-\infty\}$ und es ergibt sich

$$f'(x, d) = \lim_{\lambda \to 0_+} g(\lambda) = \inf_{\lambda > 0} g(\lambda).$$

$\square$

In inneren Punkten des Definitionsbereichs sind alle Richtungen zulässig.

Korollar 13.2.6. *Eine konvexe Funktion* $f\colon S \to \mathbb{R}$ *besitzt in jedem* $\bar{x} \in \mathrm{int}(S)$ *Richtungsableitungen für alle* $d \in \mathbb{R}^n$.

Beispiel 13.2.1. (Richtungsableitungen für konvexe Funktionen $f\colon [a,b] \to \mathbb{R}$)
Wir setzen $a,b \in \mathbb{R}$, $a < b$ voraus. Falls sie existieren, werden die *links- bzw. rechtsseitige Ableitung* von f in x mit f'_- bzw. f'_+ bezeichnet, wobei bekanntlich

$$f'_{\pm}(x) := \lim_{\lambda \to 0_+} \frac{f(\bar{x} \pm \lambda) - f(\bar{x})}{\pm \lambda}.$$

Offenbar gilt dann $f'_{\pm}(x) = \pm f'(x, \pm 1)$. Nach Satz 13.2.6 besitzt eine auf dem abgeschlossenen Interval $[a,b]$ konvexe Funktion f sowohl linksseitige als auch rechtsseitige Ableitungen auf dem Interval (a,b). In den Randpunkten haben die Richtungsableitungen die uneigentlichen Werte $f'(a,1) = -\infty$, $f'(b,-1) = \infty$, falls f dort nicht einseitig stetig ist.

Außerdem ist f (siehe auch Abb. 13.2) auf dem offenen Intervall (a,b) subdifferenzierbar und es gilt

$$\partial f(\bar{x}) = [f'_-(\bar{x}), f'_+(\bar{x})], \quad (\bar{x} \in (a,b)),$$

da $f(\bar{x}) + s(x - \bar{x}) \leq f(x)$ für alle $s \in [f'_-(\bar{x}), f'_+(\bar{x})]$ und für alle $x \in [a,b]$.

Die Funktionswerte einer konvexen Funktion in einer zulässigen Richtung sind durch Richtungsableitung und Konvexitätsungleichung nach unten bzw. nach oben beschränkt:

Korollar 13.2.7. *Für eine konvexe Funktion* $f\colon S \to \mathbb{R}$ *gilt*

$$f(\bar{x}) + \lambda f'(\bar{x}, d) \leq f(\bar{x} + \lambda d) \leq f(\bar{x}) + \lambda(f(\bar{x} + d) - f(\bar{x})),$$
$$(\bar{x}, \bar{x} + d \in S, \lambda \in [0,1]).$$

13.3 Differenzierbare konvexe Funktionen

Konvexe Funktionen besitzen wie oben beschrieben Subgradienten und sind richtungsdifferenzierbar, so dass man über Abschätzungen des Funktionsverlaufs verfügt. Genauere Approximationen und nummerisch nützliche Charakterisierungen der Minima konvexer Funktionen erfordern Annahmen über deren Differenzierbarkeit. Wir diskutieren einfach oder zweifach differenzierbare konvexe Funktionen. Zur Vereinfachung setzen wir im Fall zweifach differenzierbarer Funktionen meist die zweifach stetige Differenzierbarkeit voraus. Wir stellen zunächst einige Bezeichnungen und Ergebnisse der Analysis differenzierbarer Funktionen zusammen.

Gradient und Hesse-Matrix

Für eine auf dem offenen Definitionsbereich $\Omega \subseteq \mathbb{R}^n$ differenzierbare Funktion $f: \Omega \to \mathbb{R}$ bezeichnet

$$\nabla f(x)^{\mathrm{T}} := f'(x) := \left(\frac{\partial f}{\partial x_1}, \ldots, \frac{\partial f}{\partial x_n}\right)(x)$$

den *Gradienten* von f in $x \in \Omega$. Wir werden sowohl die Ableitung $f'(x)$ als auch den Gradienten $\nabla f(x)$ benutzen, um möglichst übersichtliche Formeln zu erhalten. Differenzierbare Funktionen f lassen sich mit Hilfe der *Taylorentwicklung erster Ordnung*

$$f(x + h) = f(x) + f'(x)h + o(\|h\|),$$

linear approximieren, wobei $o(\delta)$ eine Funktion mit $\lim_{\delta \to 0} \frac{o(\delta)}{\delta} = 0$ bezeichnet. Derartige Approximationen sind sehr nützlich. Eingesetzt in die Definition der Richtungsableitung ergibt sich z. B.

$$\lim_{\lambda \to 0_+} \frac{f(x + \lambda d) - f(x)}{\lambda} = \lim_{\lambda \to 0_+} \frac{f'(x)(\lambda d) + o(\|\lambda d\|)}{\lambda} = f'(x)d.$$

Für stetig differenzierbare Funktionen f gilt also

$$f'(x, d) = f'(x)d = \nabla f(x)^{\mathrm{T}}d.$$

Ist f zweifach differenzierbar, dann bezeichnet

$$F(x) := f''(x) := \begin{pmatrix} \frac{\partial^2 f}{\partial x_1 \partial x_1} & \cdots & \frac{\partial^2 f}{\partial x_1 \partial x_n} \\ \vdots & \ddots & \vdots \\ \frac{\partial^2 f}{\partial x_n \partial x_1} & \cdots & \frac{\partial^2 f}{\partial x_n \partial x_n} \end{pmatrix}$$

die *Hesse-Matrix* von f in x. Die Hesse-Matrix zweifach stetig differenzierbarer Funktionen ist symmetrisch. Zweifach differenzierbare Funktionen erlauben eine genauere quadratische Approximation mit Hilfe der *Taylorentwicklung zweiter Ordnung*

$$f(x + h) = f(x) + f'(x)h + \frac{1}{2}h^{\mathrm{T}} f''(x)h + o(\|h\|)^2.$$

Beispiel 13.3.1. (Ableitung und Richtungsableitung für $f: \mathbb{R} \to \mathbb{R}$) Für $f(x) = x^2$ ergibt sich

$$f'(x, 1) = f'_+(x) = f'(x) = 2x, \quad f'(x, -1) = -f'_-(x) = -f'(x) = -2x.$$

Offenbar ist $\partial f(x) = [f'_-(x), f'_+(x)] = \{f'(x)\} = \{2x\}$.

Lemma 13.3.1. Für eine in $y \in \operatorname{int} S \subseteq \mathbb{R}^n$ differenzierbare Funktion $f \colon S \to \mathbb{R}$ mit $\partial f(y) \neq \emptyset$ gilt $\partial f(y) = \{\nabla f(y)\}$.

Beweis. Wir betrachten f auf einer Kugelumgebung $U_\mu(y) \subseteq S$. Dann gilt $y + \lambda d \in S$ für jedes d mit $\|d\| = 1$ und alle $0 \leq \lambda < \mu$. Für $s \in \partial f(y)$ erhalten wir mit Hilfe der Definition der Subgradienten und der Taylorapproximation

$$f(y + \lambda d) \geq f(y) + \lambda s^{\mathrm{T}} d,$$
$$f(y + \lambda d) = f(y) + \lambda \nabla f(y)^{\mathrm{T}} d + o(\|\lambda d\|).$$

Subtraktion und Division mit $\lambda > 0$ liefert

$$0 \geq (s - \nabla f(y))^{\mathrm{T}} d - \frac{o(\|\lambda d\|)}{\lambda}.$$

Für $\lambda \to 0_+$ folgt $0 \geq (s - \nabla f(y))^{\mathrm{T}} d$. Mit $d := s - \nabla f(y)$ ergibt sich daraus

$$0 \geq (s - \nabla f(y))^{\mathrm{T}} (s - \nabla f(y)) = \|s - \nabla f(y)\|.$$

Also ist $s = \nabla f(y)$. $\qquad\qquad\square$

Da für eine differenzierbare Funktion als Subgradient nur der Gradient in Frage kommt, lässt sich die Konvexität differenzierbarer Funktionen durch Gradientenungleichungen statt durch Subgradientenungleichungen (12.2.5) charakterisieren. Analog lassen sich streng konvexe und gleichmäßig konvexe Funktionen beschreiben.

Gleichmäßig konvexe Funktionen

Eine Funktion $f \colon S \to \mathbb{R}$ mit konvexem Definitionsbereich $S \subseteq \mathbb{R}^n$ heißt gleichmäßig konvex, wenn es eine Konstante $\gamma > 0$ gibt, so dass

$$\lambda(1 - \lambda) \cdot \gamma \|x - y\|^2 + f(\lambda x + (1 - \lambda)y) \leq \lambda f(x) + (1 - \lambda) f(y),$$
$$(x, y \in S, \lambda \in (0, 1)).$$

Offenbar sind gleichmäßig konvexe Funktionen streng konvex und führen, setzt man $\gamma = 0$, wieder auf konvexe Funktionen.

Satz 13.3.2. *(Gleichmäßige Gradientenungleichung) Seien $S \subseteq \Omega \subseteq \mathbb{R}^n$, S konvex, Ω offen. Dann ist eine differenzierbare Funktion $f \colon \Omega \to \mathbb{R}$ gleichmäßig konvex auf S genau dann, wenn es eine Konstante $\gamma > 0$ gibt, so dass die gleichmäßige Gradientenungleichung gilt:*

$$\gamma \|y - x\|^2 + f(x) + \nabla f(x)^{\mathrm{T}} (y - x) \leq f(y), \quad (x, y \in S).$$

Beweis. Für eine auf S gleichmäßig konvexe Funktion f, $x, y \in S$ und $\lambda \in (0, 1)$ gilt

$$\lambda(1 - \lambda) \cdot \gamma \|x - y\|^2 + f(\lambda y + (1 - \lambda)x) \le \lambda f(y) + (1 - \lambda) f(x)$$

für eine Konstante $\gamma > 0$. Durch beidseitige Subtraktion von $f(x)$ und Division durch λ folgt daraus

$$(1 - \lambda) \cdot \gamma \|x - y\|^2 + \frac{f(x + \lambda(y - x)) - f(x)}{\lambda} \le f(y) - f(x) .$$

Für $\lambda \to 0_+$ erhalten wir

$$\gamma \|y - x\|^2 + \nabla f(x)^{\mathrm{T}}(y - x) \le f(y) - f(x) .$$

Umgekehrt wenden wir die gleichmäßige Gradientenungleichung auf $y, z \in S$ und $x, z \in S$ mit $z := \lambda x + (1 - \lambda)y$ und $\lambda \in (0, 1)$ an. Wegen $x - z = (1 - \lambda)(x - y)$, $y - z = -\lambda(x - y)$ ergeben sich die Ungleichungen

$$\gamma \lambda^2 \|x - y\|^2 + \nabla f(z)^{\mathrm{T}}(y - z) + f(z) \le f(y),$$
$$\gamma (1 - \lambda)^2 \|x - y\|^2 + \nabla f(z)^{\mathrm{T}}(x - z) + f(z) \le f(x) .$$

Addition nach Multiplikation mit $1 - \lambda$ bzw. λ liefert

$$\gamma \lambda(1 - \lambda)\|x - y\|^2 + 0 + f(z) \le \lambda f(x) + (1 - \lambda) f(y) ,$$

d. h. f ist gleichmäßig konvex auf S. $\square$

Setzt man im Beweis des Satzes 13.3.2 durchgehend $\gamma = 0$, so ergibt sich eine Charakterisierung differenzierbarer, konvexer Funktionen.

Korollar 13.3.3. *(Gradientenungleichung) Seien $S \subseteq \Omega \subseteq \mathbb{R}^n$, S konvex, Ω offen. Dann ist eine differenzierbare Funktion $f \colon \Omega \to \mathbb{R}$ konvex auf S genau dann, wenn die Gradientenungleichung gilt:*

$$f(x) + \nabla f(x)^{\mathrm{T}}(y - x) \le f(y), \quad (x, y \in S) .$$

Setzen wir im Beweis des Satzes 13.3.2 durchgehend $\gamma = 0$ und betrachten wir zusätzlich stets strenge Ungleichungen, so ergibt sich eine Charakterisierung differenzierbarer, streng konvexer Funktionen. Man beachte, dass der Differenzenquotient beim Grenzübergang $\lambda \to 0_+$ in sein Infimum für $\lambda > 0$ übergeht, so dass die strenge Ungleichung erhalten bleibt.

Korollar 13.3.4. *(Strenge Gradientenungleichung) Seien $S \subseteq \Omega \subseteq \mathbb{R}^n$, S konvex, Ω offen. Dann ist eine differenzierbare Funktion $f \colon \Omega \to \mathbb{R}$ streng konvex auf S genau dann, wenn die strenge Gradientenungleichung gilt:*

$$f(x) + \nabla f(x)^{\mathrm{T}}(y - x) < f(y), \quad (x, y \in S) .$$

Die Konvexität einer zweifach stetig differenzierbaren Funktion $f\colon S \to \mathbb{R}$ kann man mit Hilfe der Hesse-Matrix F charakterisieren. Aus der linearen Algebra ist bekannt, dass eine reell symmetrische positiv semidefinite $(n \times n)$-Matrix A nicht negative Eigenwerte $\lambda_1 \geq \ldots \geq \lambda_n \geq 0$ besitzt. Daher gilt $x^\mathrm{T} A x \geq \lambda_n \|x\|^2$ für alle $x \in \mathbb{R}^n$. Ist A positiv definit, insbesondere also $\lambda_n > 0$, so folgt $x^\mathrm{T} A x \geq \lambda_n \|x\|^2 > 0$ für alle $0 \neq x \in \mathbb{R}^n$. Der kleinste Eigenwert λ_n wird auch als $\lambda_{\min} A$ bezeichnet. F heißt semidefinit (positiv definit) auf S, wenn $\lambda_{\min} F(x) \geq 0$ $(\lambda_{\min} F(x) > 0)$ für alle $x \in S$. In Ergänzung bezeichnen wir F als *gleichmäßig positiv definit* auf S, wenn es eine Konstante $\gamma > 0$ gibt, so dass $\lambda_{\min} F(x) \geq \gamma$ für alle $x \in S$.

Satz 13.3.5. *(Gleichmäßig positiv definite Hesse-Matrix) Seien $S \subseteq \Omega \subseteq \mathbb{R}^n$, S konvex mit $\mathrm{int}(S) \neq \emptyset$, Ω offen und $f\colon \Omega \to \mathbb{R}$ zweimal stetig differenzierbar. Dann ist f gleichmäßig konvex auf S genau dann, wenn F gleichmäßig positiv definit auf S ist.*

Beweis. Falls F gleichmäßig positiv semidefinit auf S ist, so ergibt sich mit Hilfe der Taylor-Entwicklung erster Ordnung mit Restglied für ein $\tilde{x} \in [x, y]$ die gleichmäßige Gradientenungleichung

$$f(y) - f(x) - \nabla f(x)^\mathrm{T}(y - x) = \frac{1}{2}(y - x)^\mathrm{T} F(\tilde{x})(y - x) \geq \frac{1}{2}\gamma\|y - x\|^2\,,$$

d. h. f gleichmäßig konvex auf S.

Sei $y \in \mathrm{int}\, S$ mit $U_\delta(y) \subseteq S$. Für die Umkehrung wenden wir die gleichmäßige Gradientenungleichung auf $y + d, y$ und $y, y + d$ mit $y + d \in U_\delta(y), d \neq 0$ an:

$$f(y) - f(y + d) - f'(y + d)(-d) \geq \gamma\|d\|^2,$$
$$f(y + d) - f(y) - f'(y)d \geq \gamma\|d\|^2\,.$$

Addition liefert die Ungleichung

$$(f'(y + d) - f'(y))d \geq 2\gamma\|d\|^2 > 0\,.$$

Da mit $y + d$ auch $y + \lambda d \in S$ für alle $0 < \lambda \leq 1$, erhalten wir nach Division durch λ^2

$$\frac{1}{\lambda}(f'(y + \lambda d) - f'(y))d \geq 2\gamma\|d\|^2 > 0\,.$$

Da f zweimal stetig differenzierbar ist, liefert der Grenzübergang $\varepsilon \to 0+$ die zweiten partiellen Ableitungen in Richtung d, d. h.

$$d^\mathrm{T} F(y)d \geq 2\gamma\|d\|^2 > 0\,.$$

Offenbar ist F gleichmäßig positiv definit. Insbesondere gilt

$$\lambda_{\min} F(y) \geq 2\gamma > 0\,.$$

Da F stetig ist, folgt dies nicht nur für alle inneren Punkte von S, sondern mit Hilfe von Lemma 12.1.3 für alle $x \in S$. $\qquad\qquad\qquad\qquad\qquad\qquad\qquad\qquad\qquad\qquad$ $\square$

Setzen wir im Beweis des Satzes durchgehend $\gamma = 0$, so erhalten wir

Korollar 13.3.6. *(Positiv semidefinite Hesse-Matrix) Seien $S \subseteq \Omega \subseteq \mathbb{R}^n$, S konvex mit* $\mathrm{int}(S) \neq \emptyset$, *$\Omega$ offen und $f : \Omega \to \mathbb{R}$ zweimal stetig differenzierbar. Dann ist f konvex auf S genau dann, wenn F positiv semidefinit auf S ist.*

Setzen wir im Beweis des Satzes durchgehend $\gamma = 0$ und betrachten wir die Entwicklung strenger Ungleichungen, so erhalten wir nur eine hinreichende Bedingung:

Korollar 13.3.7. *(Positiv definite Hesse-Matrix) Seien $S \subseteq \Omega \subseteq \mathbb{R}^n$, S konvex, Ω offen und $f : \Omega \to \mathbb{R}$ zweimal stetig differenzierbar. Dann ist f streng konvex auf S, wenn F positiv definit auf S ist.*

Die Umkehrung gilt nicht. Ein einfaches Beispiel liefert die streng konvexe Funktion $f : \mathbb{R} \to \mathbb{R}$, $f(x) = x^4$, wegen $f''(0) = 0$.

Kapitel 14
Minima konvexer Funktionen

Nach der vorbereitenden Diskussion konvexer Mengen und konvexer Funktionen charakterisieren wir zunächst die Minima konvexer Funktionen ohne Beachtung expliziter Restriktionen, um für eine konvexe Funktion $f\colon S \to \mathbb{R}$ die Aufgabe

$$\min\{f(x) \mid x \in S\} \tag{14.1}$$

zu lösen, wobei wir voraussetzen, dass der konvexe Definitionsbereich $S \subseteq \mathbb{R}^n$ nicht leer ist. Ist nicht bekannt, ob S leer ist, müssten wir wie in der linearen Optimierung in einer vorgeschobenen Phase einen zulässigen Punkt in S bestimmen, um den trivialen Fall $S = \emptyset$ auszuschließen.

14.1 Minimierung konvexer Funktionen ohne Nebenbedingungen

In der Analysis unterscheidet man lokale und globale Minima. Ein Punkt $x_* \in S$ heißt *lokales Minimum* (von f auf S), wenn für ein $\epsilon > 0$

$$f(x_*) \le f(x), \quad (x \in U_\epsilon(x_*) \setminus \{x_*\})$$

gilt. Falls die Ungleichung sogar für alle $x \in S \setminus \{x_*\}$ erfüllt ist, so heißt x_* *globales Minimum*. Wird in der Ungleichung „$\le$" durch „$<$" ersetzt, dann heißt x_* *strenges lokales bzw. strenges globales Minimum*.

Satz 14.1.1. *Alle lokalen Minima einer konvexen Funktion sind auch globale Minima. Die Menge der Minima ist konvex.*

Beweis. Sei $\epsilon > 0$ und x_* ein lokales Minimum mit $f(x_*) = \alpha$. Für $x \in S, x \ne x_*$ wählen wir dazu passend ein $0 < \lambda < 1$ mit $x' := \lambda x + (1 - \lambda)x_* \in U_\epsilon(x_*)$. Die

R. E. Burkard, U. T. Zimmermann, *Einführung in die Mathematische Optimierung* 263
DOI 10.1007/978-3-642-01728-5_14, © Springer-Verlag Berlin Heidelberg 2012

lokale Minimalität liefert

$$\alpha \leq f(x') \leq \lambda f(x) + (1 - \lambda) f(x_*) = \lambda f(x) + (1 - \lambda)\alpha,$$

d. h. $\alpha \leq f(x)$. Die Menge der Minima stimmt mit der Niveaumenge $B_\alpha = \{x \in S \mid f(x) \leq \alpha\}$ überein und ist daher konvex.   □

Satz 14.1.2. *(Charakterisierung der Minima) Für eine konvexe Funktion $f : S \to \mathbb{R}$ ist $x_* \in S$ genau dann ein Minimum von f auf S, wenn eines der beiden äquivalenten Kriterien gilt:*

$$f'(x_*, d) \geq 0, \quad (d \in D(x_*)), \tag{14.2}$$
$$0 \in \partial f(x_*). \tag{14.3}$$

Beweis. Zunächst zeigen wir Kriterium (14.3): $f(x_*) \leq f(y)$ gilt für alle $y \in S$ genau dann, wenn

$$f(x_*) + 0^{\mathrm{T}}(y - x_*) \leq f(y), \quad (y \in S).$$

Dies ist äquivalent zu $0 \in \partial f(x_*)$.

Wir zeigen Kriterium (14.2): Ist x_* Minimum von f auf S, dann gilt $f(x_* + \mu d) - f(x_*) \geq 0$ für alle $d \in D(x_*)$ und alle μ mit $x_* + \mu d \in S$. Daher ist

$$f'(x_*, d) = \inf_{\mu > 0} \frac{f(x_* + \mu d) - f(x_*)}{\mu} \geq 0$$

und somit ist (14.2) erfüllt. Ist umgekehrt $f'(x_*, d) \geq 0$ für alle $d \in D(x_*)$ und $y \in S$ beliebig gewählt, so ist wegen $y - x_* \in D(x_*)$ nach Korollar 13.2.7

$$f(x_*) \leq f(x_*) + f'(x_*, y - x_*) \leq f(x_* + (y - x_*)) = f(y).$$

Also ist x_* Minimum von f.   □

Korollar 14.1.3. *Die auf einer offenen Menge Ω mit $S \subseteq \Omega$ definierte Funktion $f : \Omega \to \mathbb{R}$ sei differenzierbar. Dann lauten die Kriterien dafür, dass $x_* \in S$ ein Minimum ist:*

$$\nabla f(x_*)^{\mathrm{T}} d \geq 0, \quad (d \in D(x_*)),$$

bzw., falls $x_* \in \operatorname{int} S$,

$$\nabla f(x_*) = 0.$$

Das Verschwinden des Gradienten ist offenbar hinreichend, aber i. Allg. nicht notwendig. Man beachte, dass auch im Fall einer differenzierbaren Funktion $f : \Omega \to \mathbb{R}$ trotz des möglicherweise größeren Definitionsbereichs Ω die Menge $D(x_*)$ nur die in S zulässigen Richtungen enthält. Genauer wird die Situation untersucht, wenn wir an späterer Stelle die Menge der zulässigen Punkte durch explizite Restriktionen beschreiben.

Notwendige und hinreichende Kriterien für differenzierbare Funktionen

Aus der Analysis sind notwendige und hinreichende Kriterien für lokale Minima von einfach bzw. zweifach stetig differenzierbaren Funktionen bekannt, an die hier in angepasster Form erinnert werden soll.

Satz 14.1.4. *(Notwendige Kriterien) Für eine auf dem offenen Definitionsbereich $\Omega \subseteq \mathbb{R}^n$ differenzierbare Funktion $f \colon \Omega \to \mathbb{R}$ sei $x_* \in S$ lokales Minimum von f auf $S \subseteq \Omega$. Dann gilt*

$$\nabla f(x_*)^{\mathrm{T}} d \geq 0, \quad (d \in D(x_*))$$

und zusätzlich, falls f zweifach stetig differenzierbar,

$$d^{\mathrm{T}} F(x_*) d \geq 0, \quad (d \in D(x_*) \ \text{mit} \ \nabla f(x_*)^{\mathrm{T}} d = 0) \,.$$

Beweis. Für $d \in D(x_*)$ hat die für hinreichend kleine $\lambda > 0$ definierte Funktion $g(\lambda) := f(x_* + \lambda d)$ ein lokales Minimum $\lambda = 0$ und es gilt $g'(0) = \nabla f(x_*)^{\mathrm{T}} d$. Der Satz von Taylor liefert

$$0 \leq g(\lambda) - g(0) = g'(0)\lambda + o(\lambda) \,.$$

Aus der Ungleichung $0 \leq g'(0)\lambda + o(\lambda)$ folgt nach Division durch $\lambda > 0$ für $\lambda \to 0_+$ das behauptete Kriterium.

Im zweifach stetig differenzierbaren Fall gilt für die betrachtete zulässige Richtung zusätzlich $g'(0) = 0$ und $g''(0) = d^{\mathrm{T}} F(x_*) d$. Der Satz von Taylor liefert hier

$$0 \leq g(\lambda) - g(0) = \frac{1}{2} g''(0) \cdot \lambda^2 + o(\lambda^2)$$

und daher in analoger Weise das zusätzliche Kriterium. $\qquad\qquad\square$

Für einen inneren Punkt $x_* \in \mathrm{int}\, S$ ist $D(x_*) = \mathbb{R}^n$. Ein derartiges lokales Minimum von f auf S ist offenbar auch lokales Minimum von f auf Ω. Wir erhalten als Korollar

Korollar 14.1.5. *(Notwendige Kriterien in inneren Punkten) Für eine auf dem offenen Definitionsbereich $\Omega \subseteq \mathbb{R}^n$ stetig differenzierbare Funktion $f \colon \Omega \to \mathbb{R}$ sei $x_* \in \mathrm{int}\, S$ lokales Minimum von f auf $S \subseteq \Omega$ (also ebenfalls lokales Minimum von f auf Ω). Für einfach stetig differenzierbare Funktionen gilt dann*

$$\nabla f(x_*) = 0$$

und für zweifach stetig differenzierbare Funktionen gilt dann zusätzlich

die Hesse-Matrix $F(x_*)$ ist positiv semidefinit *.*

Falls $F(x)$ auf einer Umgebung von x_* positiv semidefinit wäre, so wäre die Funktion f eingeschränkt auf diese Umgebung konvex und hätte wegen $\nabla f(x_*) = 0$ in x_* ein lokales Minimum.

Satz 14.1.6. *(Hinreichendes Kriterium) Eine auf dem offenen Definitionsbereich $\Omega \subseteq \mathbb{R}^n$ zweifach stetig differenzierbare Funktion $f \colon \Omega \to \mathbb{R}$ hat in $x_* \in \operatorname{int} S$ ein strenges lokales Minimum von f auf $S \subseteq \Omega$ (also ebenfalls ein strenges lokales Minimum von f auf Ω), falls*

$$\nabla f(x_*) = 0 \ \textit{und} \ F(x_*) \ \text{positiv definit}.$$

Beweis. Infolge der Stetigkeit ist $F(x)$ auch auf einer hinreichend kleinen Umgebung von x_* positiv definit und daher ist die Funktion f eingeschränkt auf diese Umgebung streng konvex. $\qquad\square$

Unter der zusätzlichen Annahme der Regularität der Hesse-Matrix $F(x_*)$ ergeben die Kriterien ein gleichzeitig hinreichendes und notwendiges Kriterium.

Korollar 14.1.7. *Es sei f eine auf dem offenen Definitionsbereich $\Omega \subseteq \mathbb{R}^n$ zweifach stetig differenzierbare Funktion und $S \subseteq \Omega$. Die Funktion f hat in $x_* \in \operatorname{int} S$ mit nicht singulärer Hesse-Matrix $F(x_*)$ genau dann ein strenges lokales Minimum bezüglich S, wenn*

$$\nabla f(x_*) = 0 \ \textit{und} \ F(x_*) \ \text{positiv semidefinit} \ \textit{ist}.$$

Pseudokonvexe Funktionen

Eine auf einer offenen Menge $\Omega \subseteq \mathbb{R}^n$ definierte differenzierbare Funktion $f \colon \Omega \to \mathbb{R}$ heißt *pseudokonvex* auf der konvexen Menge $S \subseteq \Omega$, falls

$$f(y) \geq f(x), \quad (x, y \in S \text{ mit } \nabla f(x)^{\mathrm{T}}(y - x) \geq 0).$$

Die Funktion f heißt *pseudokonkav* auf S, falls $-f$ pseudokonvex auf S ist.

Differenzierbare, konvexe Funktionen sind offenbar aufgrund der Gradientenungleichung $f(y) \geq f(x) + \nabla f(x)^{\mathrm{T}}(y - x)$ stets pseudokonvex. Die Umkehrung ist nicht notwendigerweise richtig, wie z. B. die Funktion $f \colon \mathbb{R} \to \mathbb{R}$, $f(x) := x + x^3$, zeigt. Die Pseudokonvexität erlaubt eine einfache Charakterisierung der Minima.

Satz 14.1.8. *Für eine auf S pseudokonvexe Funktion $f \colon \Omega \to \mathbb{R}$ ist $x_* \in S$ globales Minimum von f auf S genau dann, wenn*

$$\nabla f(x_*)^{\mathrm{T}} d \geq 0, \quad (d \in D(x_*)).$$

Beweis. Da f konvex auf S, ist das Kriterium notwendig. Für die Umkehrung wählen wir $y \in S$, $y \neq x_*$, insbesondere also $y - x_* \in D(x_*)$. Das Kriterium liefert $\nabla f(x_*)^{\mathrm{T}}(y - x_*) \geq 0$, woraus nach Definition der Pseudokonvexität $f(y) \geq f(x_*)$ folgt. $\qquad\square$

14.2 Minimierung konvexer Funktionen unter Nebenbedingungen

Die Menge S der zulässigen Punkte der konvexen Minimierungsaufgabe soll explizit durch Ungleichungen und Gleichungen beschrieben werden. Dazu betrachten wir auf dem offenen, konvexen Definitionsbereich $\Omega \subseteq \mathbb{R}^n$ definierte Funktionen $g\colon \Omega \to \mathbb{R}^m$ und $h\colon \Omega \to \mathbb{R}^p$, wobei g konvex und h affin-linear ist. Dann ist

$$S := \{x \in \Omega \mid g(x) \le 0, h(x) = 0\}$$

eine konvexe Menge. Da alle Funktionen stetig sind, ist S abgeschlossen. Wir setzen wieder $S \neq \emptyset$ voraus. Wäre dies nicht bekannt, müssten wir es zunächst durch Lösung einer geeigneten Hilfsaufgabe sicher stellen. Für eine konvexe Funktion $f\colon \Omega \to \mathbb{R}$ suchen wir ein Minimum der *konvexen Minimierungsaufgabe*

$$\min\{f(x) \mid g(x) \le 0, h(x) = 0\}\,, \tag{14.4}$$

Falls S beschränkt ist, ist S kompakt und die stetige Funktion f nimmt auf S ihr Minimum an.

Wir werden insbesondere die *differenzierbare konvexe Minimierungsaufgabe* untersuchen, für die nicht nur die affin-lineare Funktion h sondern auch die übrigen beteiligten Funktionen f und g einfach differenzierbar sind. Die partiellen Ableitungen der Komponentenfunktionen von g (und analog von h) werden in Matrizen zusammengefasst. Die $(m \times n)$-Matrix

$$g'(x) := \left(\frac{\partial g_i}{\partial x_j}\right)(x) = \begin{pmatrix} g_1'(x) \\ \vdots \\ g_m'(x) \end{pmatrix} = \begin{pmatrix} \nabla g_1(x)^{\mathrm{T}} \\ \vdots \\ \nabla g_m(x)^{\mathrm{T}} \end{pmatrix}$$
$$= \left(\nabla g_1(x) \cdots \nabla g_m(x)\right)^{\mathrm{T}} =: \nabla g(x)^{\mathrm{T}}$$

heißt *Jacobi-Matrix* von g.

Lagrangefunktion

Lagrange führte die Bestimmung von Minima von Funktionen mit Gleichungen als Nebenbedingungen auf die Bestimmung von Minima unrestringierter Funktionen zurück. Analog dazu werden wir die konvexe Minimierungsaufgabe (14.4) auf eine konvexe Minimierungsaufgabe ohne explizite Restriktionen zurückführen. Dazu betrachten wir die *Lagrangefunktion* $\mathcal{L}\colon \Omega \times \mathbb{R}_+^m \times \mathbb{R}^p \to \mathbb{R}$ definiert durch

$$\mathcal{L}(x, \lambda, \mu) = f(x) + \lambda^{\mathrm{T}} g(x) + \mu^{\mathrm{T}} h(x)\,. \tag{14.5}$$

Die Vektoren $\lambda \geq 0$ und μ heißen *(Lagrange-)Multiplikatoren*. Für feste Multiplikatoren ist die Funktion $\varphi \equiv \varphi_{\lambda,\mu} \colon \Omega \to \mathbb{R}$, mit $\varphi_{\lambda,\mu}(x) := f(x) + \lambda^\mathrm{T} g(x) + \mu^\mathrm{T} h(x)$ konvex. Ein Punkt (x_*, λ_*, μ_*) mit

$$\mathcal{L}(x_*, \lambda, \mu) \leq \mathcal{L}(x_*, \lambda_*, \mu_*) \leq \mathcal{L}(x, \lambda_*, \mu_*) \quad (x \in \Omega, \lambda \in \mathbb{R}^m_+, \mu \in \mathbb{R}^p)$$

heißt *Sattelpunkt* der Lagrangefunktion. Sattelpunkte haben weitreichende Eigenschaften.

Satz 14.2.1. *Ist (x_*, λ_*, μ_*) Sattelpunkt der Lagrangefunktion (14.5), so ist x_* globales Minimum von (14.4) und die Komplementaritätsbedingung $\lambda_*^\mathrm{T} g(x_*) = 0$ ist erfüllt.*

Beweis. Die linke Ungleichung der Sattelpunktsbedingung liefert nach beidseitigem Abzug von $f(x_*)$

$$\lambda^\mathrm{T} g(x_*) + \mu^\mathrm{T} h(x_*) \leq \lambda_*^\mathrm{T} g(x_*) + \mu_*^\mathrm{T} h(x_*), \quad (\lambda \in \mathbb{R}^m_+, \mu \in \mathbb{R}^p).$$

Da $\lambda \in \mathbb{R}^m_+$ nach oben unbeschränkt ist, kann $g(x_*)$ keine positive Komponente enthalten. Aus analogem Grund kann $h(x)$ keine nicht verschwindende Komponente besitzen. Also gilt $g(x_*) \leq 0$ und $h(x_*) = 0$, d. h. $x_* \in S$. Für $\lambda = 0$ und $\mu = 0$ vereinfacht sich die Ungleichung wegen $h(x_*) = 0$ zu $0 \leq \lambda_*^\mathrm{T} g(x_*)$. Mit $\lambda_* \geq 0$ und $g(x_*) \leq 0$ folgt andererseits $\lambda_*^\mathrm{T} g(x_*) \leq 0$, d. h. die Komplementaritätsbedingung ist erfüllt.

Die rechte Ungleichung der Sattelpunktsbedingung lautet

$$f(x_*) + \lambda_*^\mathrm{T} g(x_*) + \mu_*^\mathrm{T} h(x_*) \leq f(x) + \lambda_*^\mathrm{T} g(x) + \mu_*^\mathrm{T} h(x), \quad (x \in \Omega).$$

Wegen $\lambda_*^\mathrm{T} g(x_*) = 0$ und $h(x_*) = 0$ ergibt sich

$$f(x_*) \leq f(x) + \lambda_*^\mathrm{T} g(x), \quad (x \in \Omega).$$

Insbesondere gilt $\lambda_*^\mathrm{T} g(x) \leq 0$ für $x \in S$, so dass wir nach oben durch $f(x)$ abschätzen können, d. h.

$$f(x_*) \leq f(x), \quad (x \in S).$$

$$\square$$

Für differenzierbare konvexe Minimierungsaufgaben ist auch die Lagrangefunktion in x einfach differenzierbar, wobei für feste Multiplikatoren gilt

$$\varphi'(x) \equiv \varphi'_{\lambda,\mu}(x) = f'(x) + \lambda^\mathrm{T} g'(x) + \mu^\mathrm{T} h'(x).$$

Die *Multiplikatorenregel* verlangt in $x_* \in \Omega$, dass das System

$$f'(x_*) + \lambda_*^\mathrm{T} g'(x_*) + \mu_*^\mathrm{T} h'(x_*) = 0, \tag{14.6}$$

$$\lambda_*^\mathrm{T} g(x_*) = 0, \tag{14.7}$$

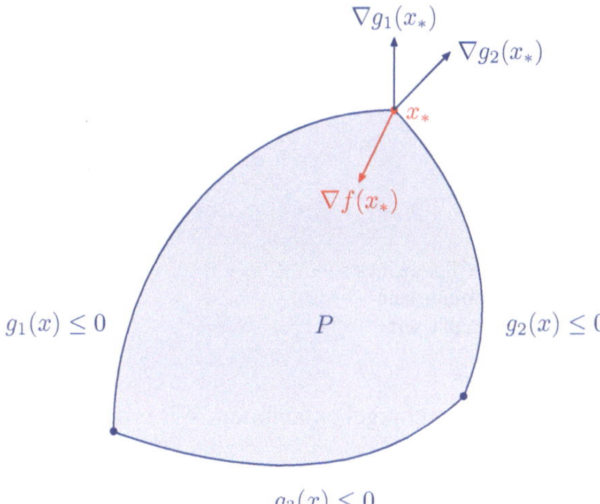

Abb. 14.1 $-\nabla f(x_*)$ ist Kegelkombination der Gradienten von in x_* aktiven Restriktionen.

eine Lösung $(\lambda_*, \mu_*) \in \mathbb{R}_+^m \times \mathbb{R}^p$ besitzt. Falls dabei $x_* \in S$, so wird x_* als *Kuhn-Tucker-Punkt* bezeichnet. Man kann das zu lösende Gleichungssystem auch mit Gradienten aufschreiben:

$$\nabla f(x_*) + \nabla g(x_*)\lambda_* + \nabla h(x_*)\mu_* = 0, \tag{14.8}$$

$$\lambda_*^{\mathrm{T}} g(x_*) = 0, \tag{14.9}$$

In einer differenzierbaren konvexen Minimierungsaufgabe (14.4) ohne Gleichungen als Nebenbedingungen lässt sich in einem Kuhn-Tucker-Punkt x_* der negative Gradient $-\nabla f(x_*)$ der Zielfunktion als Kegelkombination der Gradienten $\nabla g_i(x_*)$ von in x_* aktiven Restriktionen, d.h. mit $g_i(x_*) = 0$, darstellen. Abb. 14.1 verdeutlicht diesen Sachverhalt.

Korollar 14.2.2. *(Differenzierbarer Fall) Ist (x_*, λ_*, μ_*) ein Sattelpunkt, so ist x_* ein Kuhn-Tucker-Punkt.*

Beweis. Nach Satz 14.2.1 ist $x_* \in S$ und erfüllt die Komplementaritätsbedingung $\lambda_*^{\mathrm{T}} g(x_*) = 0$. Es ist also nur noch zu zeigen, dass $\varphi'_{\lambda_*, \mu_*}(x_*) = 0$. Nach der rechten Sattelpunktsungleichung besitzt $\varphi_{\lambda_*, \mu_*}(x)$ auf Ω das globale Minimum x_*. Da $\varphi_{\lambda_*, \mu_*}(x)$ konvex auf der offenen Menge Ω ist, folgt $\varphi'_{\lambda_*, \mu_*}(x_*) = 0$. □

Satz 14.2.3. *(Differenzierbarer Fall) Ist x_* ein Kuhn-Tucker-Punkt, so ist x_* globales Minimum von f auf S.*

Beweis. Wegen Satz 14.2.1 genügt es zu zeigen, dass die Lösung (λ_*, μ_*) der Multiplikatorenregel (14.6) im gegebenen Punkt $x_* \in S$ einen Sattelpunkt (x_*, λ_*, μ_*) der Lagrangefunktion liefert.

Die linke Ungleichung folgt mit Hilfe von $x_* \in S$, d.h. mit $g(x_*) \leq 0$, $h(x_*) = 0$. Da $\lambda \geq 0$, gilt $\lambda^{\mathrm{T}} g(x_*) \leq 0 = \lambda_*^{\mathrm{T}} g(x_*)$, wobei wir die letzte Gleichung

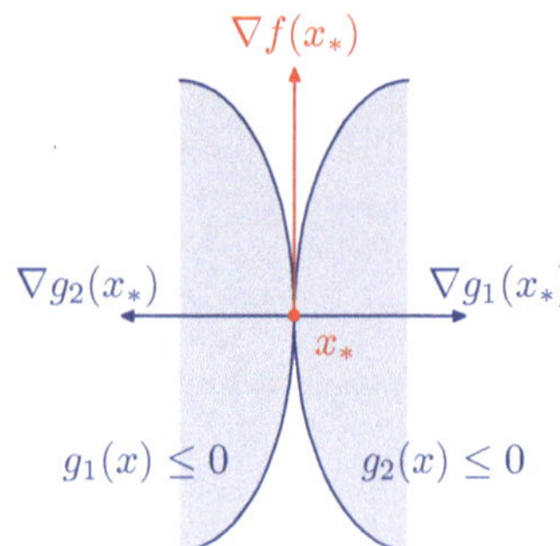

Abb. 14.2 Im Allgemeinen muss das Minimum kein Kuhn-Tucker-Punkt sein.

der Multiplikatorenregel entnehmen. Wir erhalten

$$\mathcal{L}(x_*, \lambda, \mu) = f(x_*) + \lambda^{\mathrm{T}} g(x_*) + \mu^{\mathrm{T}} h(x_*)$$
$$\leq f(x_*) + \lambda_*^{\mathrm{T}} g(x_*) + \mu_*^{\mathrm{T}} h(x_*) = \mathcal{L}(x_*, \lambda_*, \mu_*).$$

Die rechte Ungleichung folgt mit Hilfe der Konvexität der Funktion $\varphi_{\lambda_*, \mu_*}(x)$ auf Ω. Aufgrund der Multiplikatorenregel ist $\varphi'_{\lambda_*, \mu_*}(x_*) = 0$. Also ist x_* globales Minimum der konvexen Funktion auf Ω, d. h.

$$\varphi_{\lambda_*, \mu_*}(x_*) \leq \varphi_{\lambda_*, \mu_*}(x), \quad (x \in \Omega).$$

$\square$

Für differenzierbare konvexe Optimierungsaufgaben haben wir festgestellt, dass Sattelpunkte (x_*, λ_*, μ_*) und Kuhn-Tucker-Punkte x_* einander entsprechen und beide jeweils hinreichende Kriterien für die globale Minimalität von f auf S in x_* sind. Ohne weitere Annahmen kann man leider nicht schließen, dass eines dieser hinreichenden Kriterien auch notwendig ist, wie das Beispiel in Abb. 14.2 zeigt.

Slater-Bedingung

Im Rahmen der konvexen Optimierung wählen wir eine Annahme, die keine Differenzierbarkeit voraussetzt. In der *Slater-Bedingung* verlangen wir die Existenz eines Punktes x_0 mit

$$g(x_0) < 0, h(x_0) = 0.$$

Damit verschärft sich die durchgehend gemachte Annahme $S \neq \emptyset$. Aus der Slater-Bedingung folgt

$$a^{\mathrm{T}} g(x_0) + b^{\mathrm{T}} h(x_0) < 0, \quad (0 \neq a \in \mathbb{R}_+^m, b \in \mathbb{R}^p). \tag{14.10}$$

Bevor wir die strenge Alternative zu dieser Ungleichung diskutieren, betrachten wir die linearen Gleichungen genauer. Wenn $U := \{x \in \mathbb{R}^n \mid h(x) = 0\} \neq \emptyset$, kann man linear abhängige Gleichungen entfernen, ohne U zu ändern. Daher dürfen wir o. B. d. A. annehmen, dass $h(x) =: Hx + h$ mit rang $H = p$. Diese Annahme erweist sich als recht nützlich. Dann folgt z. B. für ein $z \in \mathbb{R}^p$ mit

$$0 \leq z^{\mathrm{T}} h(x), \quad (x \in \Omega),$$

bereits $z = 0$. Denn für beliebig gewähltes $\bar{x} \in U$ ergibt sich

$$0 \leq z^{\mathrm{T}}(h(x) - h(\bar{x})) = z^{\mathrm{T}} H(x - \bar{x}), \quad (x \in \Omega),$$

und daher, da Ω offen, $z^{\mathrm{T}} H = 0$. Wegen rang $H = p$ bedeutet dies $z = 0$.

Lemma 14.2.4. Sei $U := \{x \in \mathbb{R}^n \mid h(x) = 0\} \neq \emptyset$. Ist die Slater-Bedingung nicht erfüllt, dann gibt es Multiplikatoren $0 \neq a \in \mathbb{R}^m_+$ und $b \in \mathbb{R}^p$ mit

$$a^{\mathrm{T}} g(x) + b^{\mathrm{T}} h(x) \geq 0, \quad (x \in \Omega).$$

Beweis. Da die Slater-Bedingung nicht erfüllt ist, gilt

$$0 \notin T := \left\{ \left(\begin{smallmatrix} y \\ h(x) \end{smallmatrix} \right) \mid x \in \Omega, g(x) < y \right\}.$$

T ist offenbar konvex. Daher gibt es nach dem Trennungssatz einen Vektor $\left(\begin{smallmatrix} a \\ b \end{smallmatrix} \right) \neq 0$ mit

$$a^{\mathrm{T}} y + b^{\mathrm{T}} h(x) \geq 0, \quad (x \in \Omega, g(x) < y).$$

Da y nach oben nicht beschränkt ist, muss $a \geq 0$ sein. Wähle $x \in \Omega$ und $y := g(x) + \varepsilon \mathbb{1}$ mit $\varepsilon > 0$. Dann folgt

$$a^{\mathrm{T}} g(x) + b^{\mathrm{T}} h(x) \geq -\varepsilon a^{\mathrm{T}} \mathbb{1}, \quad (x \in \Omega).$$

Da ε beliebig klein gewählt werden kann, ergibt sich

$$a^{\mathrm{T}} g(x) + b^{\mathrm{T}} h(x) \geq 0, \quad (x \in \Omega).$$

Aus der Annahme $a = 0$ folgt

$$b^{\mathrm{T}} h(x) \geq 0, \quad (x \in \Omega).$$

Wie oben gezeigt wurde, können wir wegen $U \neq \emptyset$ o. B. d. A. annehmen, dass H in $h(x) =: Hx + h$ maximalen Zeilenrang hat. Daraus folgt $b = 0$ und damit ein Widerspruch zu $\left(\begin{smallmatrix} a \\ b \end{smallmatrix} \right) \neq 0$. Also ist $a \neq 0$. $\qquad \square$

Offenbar formuliert Lemma 14.2.4 die strenge Alternative zur Ungleichung (14.10).

Notwendige und hinreichende Kriterien

Satz 14.2.5. *(Sattelpunktsbedingung) Die Slater-Bedingung sei erfüllt. Dann ist x_* globales Minimum von (14.4) genau dann, wenn die Lagrangefunktion einen Sattelpunkt (x_*, λ_*, μ_*) besitzt.*

Beweis. Nach Satz 14.2.1 folgt aus der Existenz eines Sattelpunktes, dass x_* globales Minimum von (14.4) ist.

Ist umgekehrt x_* globales Minimum von (14.4), so folgt

$$\{x \in \Omega \mid f(x) - f(x_*) < 0, g(x) < 0, h(x) = 0\} = \emptyset \,.$$

Aufgrund der Slater-Bedingung ist hierfür die Voraussetzung von Lemma 14.2.4 erfüllt und es gibt Vektoren $0 \neq \binom{a_0}{a} \geq 0$ und b mit

$$a_0(f(x) - f(x_*)) + a^{\mathrm{T}} g(x) + b^{\mathrm{T}} h(x) \geq 0, \quad (x \in \Omega) \,.$$

Nehmen wir $a_0 = 0$ an, so muss $a \neq 0$ sein. Dann steht die vorangehende Ungleichung für $x := x_0$ im Widerspruch zur Ungleichung (14.10).

Also gilt $a_0 > 0$. Mit dem Ansatz $\lambda_* := \frac{1}{a_0} a$ und $\mu_* := \frac{1}{a_0} b$ folgt

$$f(x_*) \leq f(x) + \lambda_*^{\mathrm{T}} g(x) + \mu_*^{\mathrm{T}} h(x) = \mathcal{L}(x, \lambda_*, \mu_*), \quad (x \in \Omega) \,.$$

Wegen $g(x_*) \leq 0, h(x_*) = 0$ gilt auch

$$f(x_*) \geq f(x_*) + \lambda^{\mathrm{T}} g(x_*) + \mu^{\mathrm{T}} h(x_*) = \mathcal{L}(x_*, \lambda, \mu), \quad (\lambda \geq 0, \mu) \,,$$

und somit insgesamt

$$\mathcal{L}(x_*, \lambda, \mu) \leq f(x_*) \leq \mathcal{L}(x, \lambda_*, \mu_*), \quad (x \in \Omega, \lambda \geq 0, \mu) \,.$$

Für $(x, \lambda, \mu) = (x_*, \lambda_*, \mu_*)$ ergibt sich insbesondere $f(x_*) = \mathcal{L}(x_*, \lambda_*, \mu_*)$. Also ist (x_*, λ_*, μ_*) ein Sattelpunkt der Lagrangefunktion.   □

Im Beweis der Umkehrung ergibt sich offenbar auch $\lambda_*^{\mathrm{T}} g(x_*) = 0$.

Satz 14.2.6. *(Differenzierbarer Fall: Satz von Kuhn und Tucker) Die Slater-Bedingung sei erfüllt. Dann ist x_* globales Minimum von (14.4) genau dann, wenn x_* ein Kuhn-Tucker-Punkt ist.*

Beweis. Ist x_* ein globales Minimum von (14.4), so gibt es nach Satz 14.2.5 einen Sattelpunkt (x_*, λ_*, μ_*) der Lagrangefunktion. Ist (x_*, λ_*, μ_*) ein Sattelpunkt, so ist nach Korollar 14.2.2 x_* ein Kuhn-Tucker-Punkt. Ein Kuhn-Tucker-Punkt x_* wiederum ist nach Satz 14.2.3 ein globales Minimum von (14.4).   □

Anwendung auf lineare und quadratische Minimierungsaufgaben

Für die lineare Minimierungsaufgabe $\min\{c^\mathrm{T}x \mid Ax = b, x \geq 0\}$ mit $S = \{x \mid Ax = b,\ x \geq 0\} \neq \emptyset$ finden wir $g(x) := -x$, $h(x) := Ax - b$ und $f(x) := c^\mathrm{T}x$. Gibt es eine zulässige positive Lösung, so ist ein $x_* \in S$ eine globale optimale Lösung genau dann, wenn es Multiplikatoren (λ_*, μ_*) mit

$$0 = f'(x_*) + \lambda_*^\mathrm{T}g'(x_*) + \mu_*^\mathrm{T}h'(x_*) = c^\mathrm{T} + \lambda_*^\mathrm{T}(-E) + \mu_*^\mathrm{T}A,$$
$$0 = \lambda_*^\mathrm{T}g(x_*) = \lambda_*^\mathrm{T}(-x_*),$$
$$0 \leq \lambda_*,$$

gibt. Nach Elimination von $\lambda_*^\mathrm{T} = c^\mathrm{T} + \mu_*^\mathrm{T}A$ wird nur mehr die Existenz von Multiplikatoren μ_* mit

$$c^\mathrm{T} + \mu_*^\mathrm{T}A \geq 0,$$
$$c_j + \mu_*^\mathrm{T}A_j = 0, \quad (j \in \{k \mid (x_*)_k > 0\})$$

gefordert. Ist x_* eine Basislösung von S zur Basis B, so führt die Elimination von $\mu_*^\mathrm{T} := -c_B^\mathrm{T}A_B^{-1}$ auf die bekannten Bedingungen für die reduzierten Kosten

$$c_N^\mathrm{T} - c_B^\mathrm{T}A_B^{-1}A_N \geq 0.$$

Die quadratische streng konvexe Minimierungsaufgabe lautet

$$\min\left\{\frac{1}{2}x^\mathrm{T}Qx - q^\mathrm{T}x \mid Ax \leq b, Hx = h\right\},$$

wobei Q eine positiv definite $(n \times n)$-Matrix, A eine $(m \times n)$-Matrix mit $m < n$ und H eine $(p \times n)$-Matrix mit $p < n$ bezeichnen. Bei linearen Restriktionen kann man o. B. d. A. annehmen, dass die Slater-Bedingung erfüllt ist. Da die Zielfunktion auf der abgeschlossenen Menge S der zulässigen Punkte nach unten beschränkt ist, wird das Minimum auf S angenommen. Die Lagrangefunktion $\mathcal{L}(x, \lambda, \mu)$ definiert für feste Multiplikatoren die konvexe Funktion $\varphi_{\lambda,\mu}$ mit

$$\varphi_{\lambda,\mu}(x) = \frac{1}{2}x^\mathrm{T}Qx - q^\mathrm{T}x + \lambda^\mathrm{T}(Ax - b) + \mu^\mathrm{T}(Hx - h).$$

Das Infimum der konvexen Minimierungsaufgabe

$$\Psi(\lambda, \mu) := \min_{x \in \mathbb{R}} \varphi_{\lambda,\mu}(x)$$

besitzt ein globales Minimum $x_*(\lambda, \mu)$, das durch

$$0 = \varphi'_{\lambda,\mu}(x_*) = (Qx_* - q)^\mathrm{T} + \lambda^\mathrm{T}A + \mu^\mathrm{T}H$$

festgelegt ist. Damit ergibt sich das Minimum

$$x_*^{\mathrm{T}}(\lambda, \mu) = (q^{\mathrm{T}} - \lambda^{\mathrm{T}} A - \mu^{\mathrm{T}} H) Q^{-1},$$

das wir zur Berechnung des Minimalwerts einsetzen:

$$\Psi(\lambda, \mu) = \frac{1}{2} x_*^{\mathrm{T}} Q x_* - q^{\mathrm{T}} x_* + \lambda^{\mathrm{T}} (A x_* - b) + \mu^{\mathrm{T}} (H x_* - h)$$

$$= -\frac{1}{2} x_*^{\mathrm{T}} Q x_* + (x_*^{\mathrm{T}} Q - q^{\mathrm{T}} + \lambda^{\mathrm{T}} A + \mu^{\mathrm{T}} H) x_* - \lambda^{\mathrm{T}} b - \mu^{\mathrm{T}} h.$$

Da der Term in Klammern verschwindet, erhalten wir

$$\Psi(\lambda, \mu) = -\frac{1}{2} (q^{\mathrm{T}} - \lambda^{\mathrm{T}} A - \mu^{\mathrm{T}} H) Q^{-1} (q - A^{\mathrm{T}} \lambda - H^{\mathrm{T}} \mu) - \lambda^{\mathrm{T}} b - \mu^{\mathrm{T}} h$$

$$= -\frac{1}{2} (\lambda^{\mathrm{T}} A + \mu^{\mathrm{T}} H) Q^{-1} (A^{\mathrm{T}} \lambda + H^{\mathrm{T}} \mu)$$

$$+ (q^{\mathrm{T}} Q^{-1} A^{\mathrm{T}} - b^{\mathrm{T}}) \lambda + (q^{\mathrm{T}} Q^{-1} H^{\mathrm{T}} - h^{\mathrm{T}}) \mu - \frac{1}{2} q^{\mathrm{T}} Q^{-1} q.$$

Gelingt es uns, die *duale* Maximierungsaufgabe max $\{\Psi(\lambda, \mu) \mid \lambda \geq 0, \mu\}$ zu lösen, so liefert deren Lösung (λ_*, μ_*) zusammen mit x_* einen Sattelpunkt der Lagrangefunktion, so dass $x_*(\lambda_*, \mu_*)$ ein globales Minimum der quadratischen konvexen Minimierungsaufgabe ist.

Wenn wir die für die Optimierung unerhebliche Konstante in $-\Psi(\lambda, \mu)$ weglassen, ergibt sich eine neue quadratische Minimierungsaufgabe

$$\min \left\{ \frac{1}{2} \left(\begin{smallmatrix} \lambda \\ \mu \end{smallmatrix} \right)^{\mathrm{T}} \tilde{Q} \left(\begin{smallmatrix} \lambda \\ \mu \end{smallmatrix} \right) - \tilde{q}^{\mathrm{T}} \left(\begin{smallmatrix} \lambda \\ \mu \end{smallmatrix} \right) \mid \lambda \geq 0, \mu \right\}.$$

Falls die Zeilen der ursprünglichen linearen Restriktionen linear unabhängig sind, ist $\tilde{Q}$ wiederum positiv definit, d. h. die duale Maximierungsaufgabe entspricht wieder einer quadratischen streng konvexen Minimierungsaufgabe. Deren Vorteil liegt in den erheblich einfacheren linearen Restriktionen, die sich auf die Vorzeichenbedingung $\lambda \geq 0$ reduzieren.

Kapitel 15
Verfahren zur Minimierung ohne Restriktionen

Da das Minimum einer auf einem offenen Intervall $I \subseteq \mathbb{R}$ stetig differenzierbaren Funktion $f: I \to \mathbb{R}$ notwendigerweise auch eine Nullstelle der Ableitung $g \equiv f'$ ist, kann man ersatzweise versuchen, ein $\hat{x} \in I$ mit $g(\hat{x}) = 0$ zu finden. Man bestimmt dazu zunächst ein Intervall $[a, b] \subset I$ mit $g(a) < 0 < g(b)$, da dann wegen der Stetigkeit von g eine Nullstelle in (a, b) existiert.

Eine vollkommen analoge Überlegung kann man für eine auf I konvexe Funktion f durchführen, die nicht notwendigerweise differenzierbar sein muss. Nach Korollar 13.2.6 besitzt eine konvexe Funktion f auf einem offenem Intervall I sowohl links- als auch rechtsseitige Ableitungen $g_{\pm} \equiv f'_{\pm}$. Man bestimmt daher zunächst ein Intervall $[a, b] \subset I$ mit $g_+(a) < 0 < g_-(b)$. Dann ist die stetige Funktion f auf diesem abgeschlossenen Intervall nach unten beschränkt und nimmt daher ihr globales Minimum in $[a, b]$ an.

15.1 Bisektions- und Newton-Verfahren in $\mathbb{R}$

Berechnet man für eine stetig differenzierbare Funktion $f: I \to \mathbb{R}$ ihre stetige Ableitung $g(x)$ für ein $x \in (a, b)$ mit $g(a) < 0 < g(b)$, so liegt eine Nullstelle im kleineren Intervall (x, b), falls $g(x) < 0$, oder im kleineren Intervall (a, x), falls $g(x) > 0$. Sollte der Fall $g(x) = 0$ auftreten, ist eine Nullstelle gefunden. Bekanntlich ist i. Allg. nicht sicher, dass eine derartig bestimmte oder zumindest eingegrenzte Nullstelle tatsächlich ein Minimum von f ist. Falls allerdings g in einer ϵ-Umgebung $(x - \epsilon, x + \epsilon) \subseteq I$ streng monoton wachsend ist, ist x zumindest ein lokales Minimum von f.

Berechnet man für eine konvexe Funktion $f: I \to \mathbb{R}$ die einseitigen Ableitungen $g_{\pm}(x)$ für ein $x \in (a, b)$ mit $g_+(a) < 0 < g_-(b)$, so liegt ein Minimum im kleineren Intervall (x, b), falls $g_+(x) < 0$, oder im kleineren Intervall (a, x), falls $g_-(x) > 0$. Sollte der Fall $g_-(x) \leq 0 \leq g_+(x)$ auftreten, dann ist x ein globales Minimum von f, da dann $0 \in \partial f(x) = [g_-(x), g_+(x)]$ (siehe Beispiel 13.2.1).

R. E. Burkard, U. T. Zimmermann, *Einführung in die Mathematische Optimierung*
DOI 10.1007/978-3-642-01728-5_15, © Springer-Verlag Berlin Heidelberg 2012

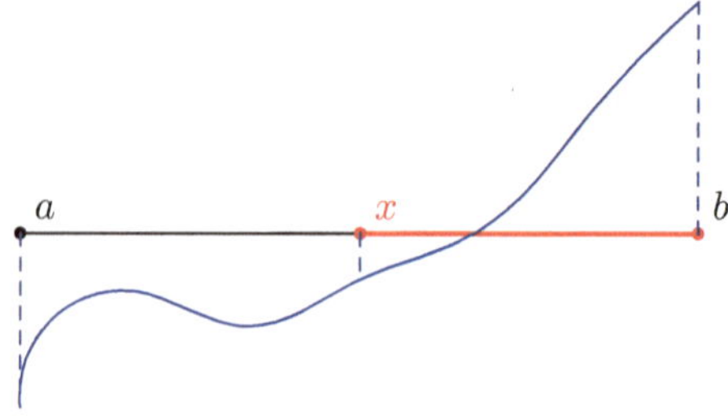

Abb. 15.1 g stetig: Bisektionsschritt reduziert auf (x, b)

Algorithmus 15.1: Bisektionsverfahren für stetige Ableitung g

---

EINGABE: Startintervall $[a, b]$ mit $g(a) < 0 < g(b)$; Restintervalllänge $\varepsilon > 0$.
AUSGABE: $x \in [a, b]$ mit $b - a \leq \varepsilon$ oder $g(x) = 0$.

while $b - a > \varepsilon$ **do**
    $x := \frac{1}{2}(a + b)$;
    if $g(x) > 0$ **then** $b := x$;
    else if $g(x) < 0$ **then** $a := x$;
    else return a, x, b;
end
return a, x, b;

Algorithmus 15.2: Bisektionsverfahren für einseitige Ableitungen $g_\pm$

EINGABE: Startintervall $[a, b]$ mit $g_+(a) < 0 < g_-(b)$; Restintervalllänge $\varepsilon > 0$.
AUSGABE: $x \in [a, b]$ mit $b - a \leq \varepsilon$ oder $g_-(x) \leq 0 \leq g_+(x)$.

while $b - a > \varepsilon$ **do**
    $x := \frac{1}{2}(a + b)$;
    if $g_-(x) > 0$ **then** $b := x$;
    else if $g_+(x) < 0$ **then** $a := x$;
    else return a, x, b;
end
return a, x, b;

Das einfachste Verfahren zur Bestimmung einer Nullstelle einer stetigen Ableitung g bzw. eines Minimums einer konvexen Funktion f ist das Bisektionsverfahren, in dem die Ableitung g bzw. die einseitigen Ableitungen $g_\pm$ jeweils an der Stelle $x := \frac{1}{2}(a + b)$ des aktuellen Intervalls (a, b) ausgewertet werden.

Da das Bisektionsverfahren die Länge des Restintervalls $[a, b]$ in jeder Iteration um den Faktor $\lambda = \frac{1}{2}$ reduziert, handelt es sich um ein lineares Verfahren, das unter den angegebenen Voraussetzungen stets eine Nullstelle von g bzw. ein Minimum von f lokalisiert.

Schnellere Verfahren, wie das im Folgenden beschriebene Newton-Verfahren, konvergieren i. Allg. nur unter strengeren Voraussetzungen an die Funktion f. Wir gehen wieder von einem Intervall $[a, b] \subset I$ mit $g(a) < 0 < g(b)$ aus. Für eine zweifach stetig differenzierbare Funktion f wird das Newton-Verfahren durch die

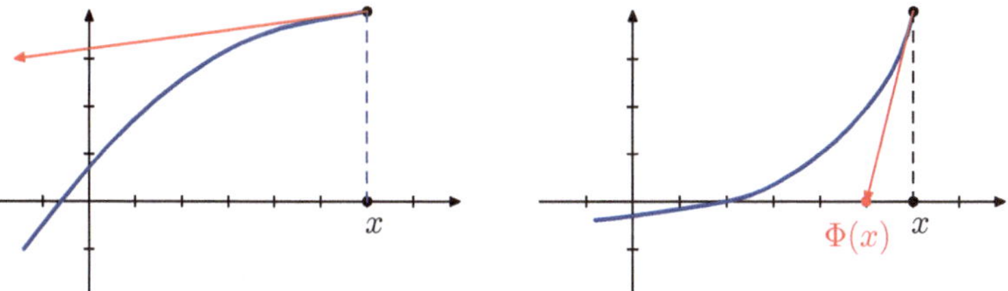

Abb. 15.2 Newton-Verfahren: *links* ein schlechter und *rechts* ein guter Schritt

Iterationsfunktion

$$\Phi(x) := x - \frac{g(x)}{g'(x)}$$

beschrieben.

Selbst wenn die Ableitung g von f streng monoton ist und daher eine eindeutige Nullstelle in (a, b) existiert, kann das Newton-Verfahren versagen, wie im linken Bild der Abb. 15.2 angedeutet: der Newton-Schritt führt weit weg von der Nullstelle. Im rechten Bild der Abb. 15.2 dagegen liegt rasche Konvergenz gegen die Nullstelle vor.

Im Folgenden betrachten wir genauer das Newton-Verfahren für konvexe Funktionen $g\colon I \to \mathbb{R}$, wie im rechten Bild der Abb. 15.2. Wir setzen dabei nicht unbedingt die Differenzierbarkeit von g voraus und ersetzen dazu im Newton-Verfahren die Ableitung $g'(x)$ durch einen geeignet gewählten Subgradienten $g'(x) \in \partial g(x) = [g'_-(x), g'_+(x)]$, z. B. durch $g'_-(x)$.

Satz 15.1.1. *(Globale Konvergenz des Newton-Verfahrens) Für eine auf dem offenen Intervall I konvexe Funktion $g\colon I \to \mathbb{R}$ sei $[a, b] \subseteq I$ ein Intervall mit $g(a) < 0 < g(b)$. Dann besitzt g eine eindeutige Nullstelle $x_* \in (a, b)$, wobei $g'(x_*) > \frac{-g(a)}{b-a} > 0$. Für $\varepsilon > 0$ und die im Algorithmus 15.3 erzeugte Newtonfolge x_k mit $x_0 := b$, $x_{k+1} := \Phi(x_k)$, $k = 0, 1, \ldots$, gilt:*

$$x_k \text{ ist streng monoton fallend mit Grenzwert } x_*, \tag{15.1}$$

$$g(x_k) \le \varepsilon, \qquad \left(2k \ge \left\lceil \log_2\left(\frac{g'(b)g(b)}{g'(x_*)}\right) + \log_2 \frac{1}{\varepsilon} \right\rceil\right), \tag{15.2}$$

$$x_k - x_* \le \varepsilon, \qquad \left(2k \ge \left\lceil \log_2\left(\frac{g'(b)g(b)}{(g'(x_*))^2}\right) + \log_2 \frac{1}{\varepsilon} \right\rceil\right). \tag{15.3}$$

Beweis. Zunächst zeigen wir Existenz und Eindeutigkeit von x_*. Da g stetig ist, gibt es eine Nullstelle $x_* \in (a, b)$. Angenommen, $x'_* \in (a, b)$ ist eine zweite Nullstelle, wobei o. B. d. A. $a < x_* < x'_* < b$, d. h. $x_* = \lambda a + (1 - \lambda)x'_*$ für ein $\lambda \in (0, 1)$. Da g konvex, folgt mit $0 = g(x_*) \le \lambda g(a) + (1 - \lambda)g(x'_*) = \lambda g(a) < 0$ ein Widerspruch.

Algorithmus 15.3: Newton-Verfahren

EINGABE: Startintervall $[a, b]$ mit $g(a) < 0 < g(b)$; $\varepsilon > 0$.
AUSGABE: $x \in [a, b]$ mit $|g(x)| < \varepsilon$.

$x := b$;
while $|g(x)| \geq \varepsilon$ **do**
    $x := \Phi(x)$;
    if $x \notin [a, b]$ **then return** Fehler, a, x, b;
end
return a, x, b ;

Wir zeigen die Monotonie von Φ. Aus der Eindeutigkeit der Nullstelle folgt

$$g(x) < 0 < g(y), \quad (a \leq x < x_* < y \leq b). \tag{15.4}$$

Für $b \geq y \geq x_*$ liefert die Subgradientenungleichung $g(a) \geq g(y) + g'(y)(a - y)$, woraus

$$g'(y) > \frac{g(y) - g(a)}{y - a} \geq \frac{-g(a)}{b - a} > 0, \quad (x_* \leq y \leq b), \tag{15.5}$$

folgt. Wegen (15.4) und (15.5) gilt $\Phi(y) < y$ für $x_* < y \leq b$. Die Subgradientenungleichung

$$0 = g(x_*) \geq g(y) + g'(y)(x_* - y), \quad (x_* < y \leq b),$$

kann man durch $g'(y)$ teilen und man erhält

$$x_* \leq y - \frac{g(y)}{g'(y)} = \Phi(y), \quad (x_* < y \leq b).$$

Also ist die durch Algorithmus 15.3 erzeugte Newtonfolge x_k streng monoton fallend mit $x_k \geq x_*$.

Schließlich zeigen wir die Konvergenz, wobei stets $x_* < y \leq b$. Die Subgradientenungleichung impliziert

$$g(y) \geq g(\Phi(y)) + g'(\Phi(y))(y - \Phi(y)).$$

Da $y - \Phi(y) = \frac{g(y)}{g'(y)}$ erhält man nach Division durch $g(y)$

$$1 \geq \frac{g(\Phi(y))}{g(y)} + \frac{g'(\Phi(y))}{g'(y)} =: \alpha + \beta.$$

Die Ungleichung zwischen geometrischem und arithmetischem Mittel liefert

$$\sqrt{\alpha \cdot \beta} \leq \tfrac{1}{2}(\alpha + \beta) \leq \tfrac{1}{2},$$

also $\alpha \cdot \beta \leq \tfrac{1}{4}$. Offensichtlich gilt

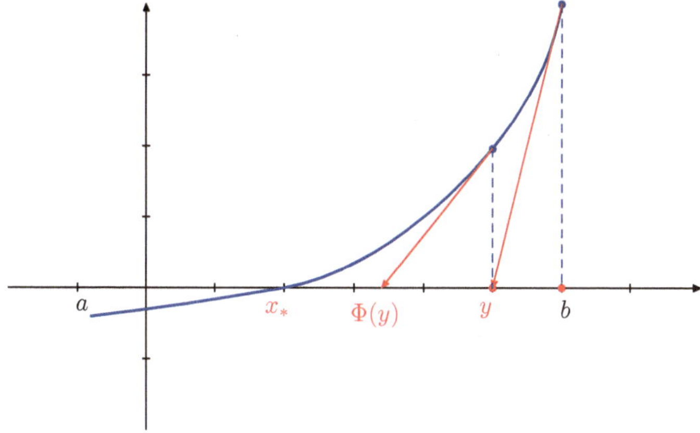

Abb. 15.3 Newton-Verfahren für konvexe Funktionen

$$g(\Phi(y))g'(\Phi(y)) \le \tfrac{1}{4}g(y)g'(y)\,,$$

woraus wir nach k Iterationen

$$g(x_k)g'(x_k) \le (\tfrac{1}{4})^k \cdot g(b)g'(b)$$

erhalten. Zusammen mit $g'(x_k) \ge g'(x_*)$ liefert diese Ungleichung:

$$g(x_k) \le (\tfrac{1}{4})^k \cdot \frac{g(b)g'(b)}{g'(x_*)}\,, \tag{15.6}$$

woraus (15.2) folgt. Eine weitere Anwendung der Subgradientenungleichung zeigt $g(x_k) \ge g(x_*) + g'(x_*)(x_k - x_*)$, also $\frac{g(x_k)}{g'(x_*)} \ge x_k - x_*$. Damit folgt aus (15.6) auch (15.3). $\qquad\square$

Derart genaue Aussagen über Konvergenz und Komplexität eines Algorithmus erfordern einen hohen Aufwand und können nur selten erbracht werden. Eine akzeptierte Abhilfe sind asymptotische Aussagen über das Konvergenzverhalten.

Konvergenzgeschwindigkeit

Eine positive Nullfolge (r_n), d. h. $r_n \to 0, r_n > 0$, heißt *(mindestens) konvergent* von der Ordnung p, falls es ein $b > 0$ und ein $N \in \mathbb{N}$ gibt, so dass

$$r_{n+1} \le b \cdot r_n^p\,, \quad (n > N)\,.$$

Wir sagen genauer, (r_n) hat die *Konvergenzordnung*

$$p := \sup\left\{q > 0 \mid 0 \leq \beta_q = \limsup_{n\to\infty} \frac{r_{n+1}}{r_n^q} < \infty\right\}.$$

Dabei heißt β_q *Konvergenzfaktor* zur Ordnung q. Einige Beispiele finden sich in der folgenden Tabelle.

Folge	Konvergenzordnung	Konvergenzfaktor
$r_{n+1} := \frac{r_n}{2}$, mit $r_0 := 1$	$p = 1$	$\beta_1 = \frac{1}{2}$, aber $\beta_2 = \infty$
$r_{n+1} := r_n^2$ mit $r_0 := \frac{1}{2}$	$p = 2$	$\beta_2 = 1$
$r_n := \frac{1}{n}$	$p = 1$	$\beta_1 = 1$
$r_n := (\frac{1}{2})^{n^2}$	$p = 1$	$\beta_1 = 0$

Insbesondere bezeichnet man Folgen mit $p = 1, 0 < \beta_1 < 1$ als *linear konvergent*, mit $p \geq 1, \beta_1 = 0$ als *superlinear konvergent* und mit $p = 2$ als *quadratisch konvergent*.

Beim Bisektionsverfahren bilden die Längen des Restintervalls eine linear konvergente Nullfolge, für die das Konvergenzverhalten unmittelbar ab $N = 1$ einsetzt. Im allgemeinen beschreibt die Konvergenzgeschwindigkeit nur das asymptotische Verhalten der Folge. Dies wird auch bei der folgenden Untersuchung des Newton-Verfahrens deutlich, die wir für lipschitzstetig differenzierbare Funktionen durchführen.

Lemma 15.1.2. (*L-lipschitzstetig differenzierbare Funktionen*) Für eine stetig differenzierbare Funktion $g\colon (a,b) \to \mathbb{R}$ mit $|g'(y) - g'(x)| \leq L \cdot |y - x|$ für ein $L > 0$ gilt

$$|g(y) - g(x) - g'(x) \cdot (y - x)| \leq \tfrac{1}{2}L(y - x)^2, \quad (x, y \in (a,b)).$$

Beweis. $|g(y) - g(x) - g'(x)(y - x)| \leq \int_x^y |g'(z) - g'(x)|\,\mathrm{d}z \leq L \int_x^y (z-x)\,\mathrm{d}z = \frac{L}{2}(y - x)^2.$ $\square$

Mit Hilfe dieser Abschätzung kann man die Konvergenzgeschwindigkeit des Newton-Verfahrens bestimmen. Den Beweis lassen wir zur Übung offen.

Satz 15.1.3. (*Lokal quadratische Konvergenz des Newton-Verfahrens*) *Für eine L-lipschitzstetig differenzierbare Funktion $g\colon (a,b) \to \mathbb{R}$ sei $|g'| \geq \rho > 0$ und $g(x_*) = 0$ für ein $x_* \in (a,b)$. Dann gibt es ein $\eta > 0$, so dass die Newtonfolge (x_k), definiert durch $x_{k+1} := x_k - \frac{g(x_k)}{g'(x_k)}$, für alle x_0 mit $|x_0 - x_*| < \eta$ gegen x_* konvergiert, wobei*

$$|x_{k+1} - x_*| \leq \frac{L}{2\rho}(x_k - x_*)^2.$$

Der Satz formuliert eine lokale Konvergenzaussage hinreichend nahe beim gesuchten Minimum x_* der Funktion $f\colon (a,b) \to \mathbb{R}$, $g \equiv f'$. Lokal liefert das Newton-Verfahren dann allerdings in jedem Schritt eine Verdopplung der Genauigkeit, d. h. eine typische Entwicklung des Abstandes $|x_{k+1} - x_*|$ ist etwa 10^{-2}, 10^{-4}, $10^{-8}, \ldots$

15.2 Abstiegsverfahren in $\mathbb{R}^n$

Für eine auf der offenen, konvexen Menge $\Omega \subseteq \mathbb{R}^n$ definierte konvexe Funktion $f : \Omega \to \mathbb{R}$ lautet die konvexe Minimierungsaufgabe:

$$\min\{f(x) \mid x \in S\} \, .$$

Dabei setzen wir, wie im Kapitel über die Charakterisierung der Minima konvexer Funktionen, voraus, dass $\emptyset \neq S \subseteq \Omega$. Eine Möglichkeit, solche Aufgaben zu lösen, liefern Abstiegsverfahren. Dabei wird in jedem Iterationsschritt ausgehend von der derzeitigen besten Lösung x eine *Abstiegsrichtung*, d. h. eine Richtung $d \in D(x)$ mit $f'(x, d) < 0$, gewählt und dann in dieser Richtung eine qualifiziert bessere Lösung bestimmt.

Für die im Abstiegsverfahren 15.4 definierte Iterationsfolge (x_k) ist die Folge der Funktionswerte $f(x_k)$ streng monoton fallend. Falls die Folge der $f(x_k)$ nach unten beschränkt ist, konvergiert sie also gegen ein $\alpha \in \mathbb{R}$. Falls darüber hinaus die Niveaumenge $N(x_0) := \{x \in S \mid f(x) \leq f(x_0)\}$ beschränkt und wegen Stetigkeit von f auch kompakt ist, so besitzt die Iterationsfolge Häufungspunkte $\bar{x} \in S$, wobei $f(\bar{x}) = \alpha$, da f stetig. Für jede gegen $\bar{x}$ konvergente Teilfolge $(x_k)_{k \in K}$ konvergiert die Folge der Funktionswerte streng monoton fallend gegen $f(\bar{x})$. Es bleibt aber zunächst unklar, ob $\bar{x}$ tatsächlich ein Minimum von f auf S ist.

Bei Minimierungsverfahren der konvexen Optimierung spricht man von Konvergenz, wenn entweder die nach k Iterationsschritten bestimmte Lösung x_k oder alle Häufungspunkte der Iterationsfolge (x_k) Minima sind. Ist M die Menge der Minima, so spricht man von *Konvergenz gegen M*. Konvergenz nach endlich vielen

---

Algorithmus 15.4: Abstiegsverfahren

EINGABE: Zielfunktion f, Menge der zulässigen Punkte S.
AUSGABE: Lokales Minimum x_* von f auf S.

Wähle $x \in S$;
repeat
    Wähle Richtung $d \in D(x)$ mit $f'(x, d) < 0$;
    Wähle Schrittweite $\lambda > 0$ mit $x + \lambda d \in S$ und $f(x + \lambda d) < f(x)$;
    $x := x + \lambda d$;
until $f'(x, d) \geq 0, (d \in D(x))$;
$x_* := x$;
return x_* ;

Schritten ist wegen der Nichtlinearität ein seltener Ausnahmefall. Daher gilt es im Wesentlichen, die Menge der Häufungspunkte zu untersuchen.

Um Konvergenz zu sichern, müssen die Wahl der Abstiegsrichtung d und die Wahl der Schrittweite λ aufeinander abgestimmt werden. Die nahe liegende Wahl der optimalen Schrittweite, d.h. die Bestimmung des exakten Minimums x_* in Richtung $x + \lambda d$, $\lambda > 0$ ist schon aus nummerischen Gründen kaum möglich. Ein hinreichender Abstieg in dieser Richtung kann durch verschiedene Kriterien, wie in der folgenden Armijo-Suche, gewährleistet werden.

Für die weitere Diskussion setzen wir jetzt voraus, dass f stetig differenzierbar ist und dass die Iterationsfolge x_k eine für $k \in K$ gegen $\bar{x}$ konvergente Teilfolge enthält. Insbesondere ist daher im Abstiegsverfahren die Richtungsableitung stets $f'(x, d) = \nabla f(x)^{\mathrm{T}} d$.

Armijo-Suche (1. Ordnung)

Zunächst wird $0 < \alpha < 1$ fest gewählt. Für die im k-ten Iterationsschritt gewählte Abstiegsrichtung $d_k \in D(x_k)$ wähle eine maximale Schrittweite $\lambda_k := (\frac{1}{2})^{i(k)}$, d.h. mit minimalen $i(k) \in \mathbb{N}$, so dass

$$f(x_k + \lambda_k d_k) \leq f(x_k) + \alpha \cdot \lambda_k \nabla f(x_k)^{\mathrm{T}} d_k . \tag{15.7}$$

Unter den Voraussetzungen der Armijo-Suche ist der Index $i(k)$ für alle Iterationen wohldefiniert, da $0 < \alpha < 1$. Verwendet man die Armijo-Suche in Abstiegsverfahren, so lässt sich unter gewissen Annahmen zeigen, dass eine konvergente Teilfolge der erzeugten Iterationsfolge gegen einen Punkt $\bar{x}$ mit $\nabla f(\bar{x}) = 0$ konvergiert, also für eine konvexe Funktion f gegen ein globales Minimum.

Lemma 15.2.1. (Armijo-Abstieg 1. Ordnung) Unter Einsatz der Armijo-Suche im Abstiegsverfahren konvergiere die Teilfolge $\{x_k\}_{k \in K}$ der Iterationsfolge x_k ge-

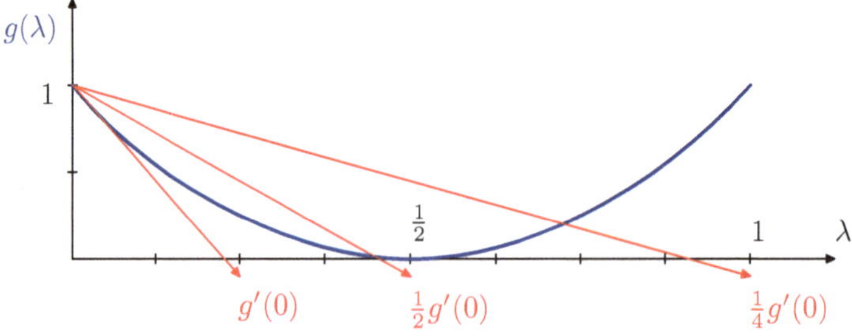

Abb. 15.4 Für $\alpha = 0.999$ liefert die Armijo-Suche $i(k) = 2$, denn $g(\frac{1}{4}) \leq g(0) + \alpha \frac{1}{4} g'(0)$ für $g(\lambda) := f(x_k + \lambda d_k)$.

gen $\bar{x}$. Gilt für geeignete Konstanten $\beta, \delta, \gamma > 0$:

$$\frac{\nabla f(x_k)^{\mathrm{T}} d_k}{\|\nabla f(x_k)\| \cdot \|d_k\|} \leq -\delta, \quad (k \in K), \tag{15.8}$$

und

$$\beta \|\nabla f(x_k)\| \leq \|d_k\| \leq \gamma, \quad (k \in K), \tag{15.9}$$

so gilt auch $\nabla f(\bar{x}) = 0$.

Beweis. 1. Fall: Es gibt ein $\bar{\lambda} > 0$, so dass $\lambda_k \geq \bar{\lambda}$ für alle $k \in K$. Da für alle k die Ungleichung (15.7) und $\nabla f(x_k)^{\mathrm{T}} d_k < 0$ gilt, erhalten wir die Abschätzung

$$f(\bar{x}) - f(x_0) = \sum_{k=0}^{\infty} (f(x_{k+1}) - f(x_k))$$

$$\leq \alpha \sum_{k=0}^{\infty} \lambda_k \nabla f(x_k)^{\mathrm{T}} d_k \leq \alpha \bar{\lambda} \sum_{k \in K} \nabla f(x_k)^{\mathrm{T}} d_k \,.$$

Da die Reihe nach unten beschränkt ist, bilden die negativen Summanden eine Nullfolge. Mit (15.8) und (15.9) lassen sich diese negativen Summanden nach oben abschätzen:

$$\nabla f(x_k)^{\mathrm{T}} d_k \leq -\delta \|\nabla f(x_k)\| \cdot \|d_k\| \leq -\delta \beta \|\nabla f(x_k)\|^2, \quad (k \in K) \,.$$

Wegen der Stetigkeit von Gradient und Norm folgt aus $\|\nabla f(x_k)\| \to 0$ unmittelbar $\|\nabla f(\bar{x})\| = 0$.

2. Fall: $\{\lambda_k\}_{k \in K'} \to 0$ für eine Teilfolge $K' \subseteq K$. Für $k \in K'$ ist die Ungleichung (15.7) für $2 \cdot \lambda_k$ nicht erfüllt. Mit dem Satz von Taylor (1. Ordnung) findet man daher für $k \in K'$:

$$\nabla f(x_k)^{\mathrm{T}} d_k \cdot 2\lambda_k + o(\|d_k\| \cdot 2\lambda_k) = f(x_k + d_k \cdot 2\lambda_k) - f(x_k)$$

$$> \alpha 2\lambda_k \nabla f(x_k)^{\mathrm{T}} d_k \,.$$

Elementare Umformungen liefern mit Hilfe von (15.8):

$$\frac{o(\|d_k\| \cdot 2\lambda_k)}{\|d_k\| \cdot 2\lambda_k} > \frac{(\alpha - 1)\nabla f(x_k)^{\mathrm{T}} d_k}{\|d_k\|} \geq (1 - \alpha)\delta \|\nabla f(x_k)\| \geq 0 \,.$$

Für $k \to \infty, k \in K'$, konvergiert der Nenner der linken Seite wegen (15.9) gegen 0. Daher konvergiert die linke Seite gegen 0. Die rechte Seite konvergiert für $k \to \infty$ gegen $(1 - \alpha)\delta \|\nabla f(\bar{x})\|$, da Norm und Gradient stetig sind. Also muss $\|\nabla f(\bar{x})\| = 0$ gelten. $\qquad \square$

Für stetig differenzierbare, konvexe Minimierungsaufgaben sind unter den gemachten Annahmen alle Häufungspunkte der Iterationsfolge globale Minima. Ohne Konvexität erfolgt Konvergenz gegen $M := \{x \in S \mid \nabla f(x) = 0\}$.

Kapitel 16
Gradienten- und Newton–Verfahren

In diesem Abschnitt untersuchen wir für eine ein- oder zweifach stetig differenzierbare Funktion $f : \mathbb{R}^n \to \mathbb{R}$ Verfahren zur Lösung der Minimierungsaufgabe

$$\min \{ f(x) \mid x \in \mathbb{R}^n \} . \tag{16.1}$$

Gesucht werden statt der globalen Minima nur Lösungen, die die notwendigen Bedingungen für lokale Minima erfüllen. Ist die Funktion konvex, so sind diese Lösungen tatsächlich globale Minima.

16.1 Das Gradientenverfahren

Eines der ältesten Verfahren, das bereits 1847 von Cauchy zur Lösung von Gleichungssystemen formuliert wurde, ist das Abstiegsverfahren 16.1.

Wegen der Wahl der Abstiegsrichtung nennt man das Verfahren auch Gradientenverfahren.

Algorithmus 16.1: Steilster Abstieg

EINGABE: Zielfunktion f, Abbruchfehler $\varepsilon > 0$.
AUSGABE: x_* mit $\| \nabla f(x) \| \leq \varepsilon$.

Wähle $x \in \mathbb{R}^n$;
repeat
$\quad d := -\nabla f(x)$;
$\quad$ Wähle Schrittweite $\lambda_* > 0$ mit $f(x + \lambda_* d) < f(x)$;
$\quad x := x + \lambda_* d$;
until $\| \nabla f(x) \| \leq \varepsilon$;
$x_* := x$;
return x_* ;

R. E. Burkard, U. T. Zimmermann, *Einführung in die Mathematische Optimierung*
DOI 10.1007/978-3-642-01728-5_16, © Springer-Verlag Berlin Heidelberg 2012

Wahl der Schrittweite λ_*

Zur Wahl der Schrittweite bieten sich verschiedene Möglichkeiten. Lokal optimal wäre die Suche nach einem globalen oder lokalen Optimum in der Gradientenrichtung d, d. h.

$$\alpha := f(x + \lambda_* d) := \min \{ f(x + \lambda d) \mid \lambda \geq 0 \} .$$

Dann verschwindet bei $x + \lambda_* d$ die entsprechende Richtungsableitung $\nabla f(x + \lambda_* d)^{\mathrm{T}} d$, so dass sukzessive Suchrichtungen orthogonal sind. In etwas abgeschwächter Form akzeptiert man Lösungen, deren Funktionswert nahe bei dem des globalen Optimums liegen:

$$f(x + \lambda_* d) \leq \alpha + \varepsilon .$$

Für eine Armijo-Suche (1. Ordnung) sind mit $\beta := \delta := 1$ zwei der drei erforderlichen Ungleichungen in den Voraussetzungen des Lemmas 15.2.1 erfüllt, denn

$$\frac{\nabla f(x)^{\mathrm{T}} d}{\|\nabla f(x)\|_2 \cdot \|d\|_2} = \frac{-\|d\|_2^2}{\|d\|_2 \cdot \|d\|_2} = -1, \quad \|\nabla f(x)\| = \|d\| .$$

Für die praktikable Armijo-Suche wollen wir einen Konvergenzsatz formulieren, dessen Voraussetzungen in typischer Weise die noch fehlende Ungleichung $\|d_k\| \leq \gamma$ im Lemma 15.2.1 erzwingen.

Satz 16.1.1. *Die im Gradientenverfahren mit Armijo-Suche erzeugte Folge $x_k, k = 0, 1, \ldots,$ ist konvergent, falls die Niveaumenge $N(x_0) := \{ x \mid f(x) \leq f(x_0) \}$ beschränkt ist.*

Beweis. Wegen der Stetigkeit von f ist die Niveaumenge $N(x_0)$ kompakt. Da die Armijo-Suche fallende Funktionswerte $f(x_k)$ garantiert, gehören alle Iterationspunkte zu $N(x_0)$. Wir betrachten eine konvergente Teilfolge, o. B. d. A. $x_k \to \bar{x}$. Wie bereits zuvor festgestellt, sind zwei der drei Ungleichungen in den Voraussetzungen des Lemmas 15.2.1 erfüllt für $\delta := \beta := 1$. Außerdem ist ∇f auf dem Kompaktum $N(x_0)$ beschränkt, etwa

$$\|\nabla f(x)\| \leq \gamma, \quad (x \in N(x_0)) ,$$

für ein $\gamma > 0$. Wegen $d_k = -\nabla f(x_k)$ ist auch die dritte Ungleichung des Lemmas 15.2.1 erfüllt. $\qquad\square$

Streng konvexe, quadratische Funktionen

Für eine reell symmetrische, positiv definite $(n \times n)$-Matrix Q und $b \in \mathbb{R}^n$ ist die Funktion $f \colon \mathbb{R}^n \to \mathbb{R}$ mit

$$f(x) := \tfrac{1}{2} x^{\mathrm{T}} Q x - b^{\mathrm{T}} x$$

eine streng konvexe, quadratische Funktion. f ist zweifach stetig differenzierbar mit $\nabla f(x) = Qx - b$ und $F(x) = Q$.

Eigenschaften quadratischer Funktionen

Das eindeutig bestimmte globale Minimum x_* der streng konvexen Funktion f ist die Lösung der Gleichung $Qx_* = b$, da dann $\nabla f(x_*) = Qx_* - b = 0$. Einsetzen von $x_* = Q^{-1}b$ liefert $f(x_*) = \frac{1}{2}(Q^{-1}b)^\mathrm{T}QQ^{-1}b - b^\mathrm{T}Q^{-1}b = -\frac{1}{2}b^\mathrm{T}Q^{-1}b$. Da höhere Ableitungen verschwinden, ist die quadratische Approximation nach Taylor (2. Ordnung) exakt, d. h.

$$f(x) = f(x_*) + \frac{1}{2}(x - x_*)^\mathrm{T}Q(x - x_*).$$

Daher kann man zur Vereinfachung der Diskussion die rein quadratische Funktion $\tilde{f}(x) := f(x) - f(x_*) = \frac{1}{2}(x - x_*)^\mathrm{T}Q(x - x_*)$ untersuchen, die dasselbe Minimum x_* besitzt.

Das eindeutig bestimmte globale Minimum $x + \lambda_* d$ in einer Richtung $d \neq 0$ kann durch Lösung der Gleichung $0 = \nabla f(x + \lambda_* d)^\mathrm{T} d = [Q(x + \lambda_* d) - b]^\mathrm{T} d$ explizit angegeben werden. Man erhält

$$\lambda_* = -\frac{(Qx - b)^\mathrm{T} d}{d^\mathrm{T} Q d}.$$

Mit Hilfe dieser Eigenschaften lässt sich das Gradientenverfahren für quadratische Funktionen vereinfachen.

Die Konvergenzeigenschaften hängen stark von der Form der quadratischen Funktion f ab. Für $f(x) = \frac{1}{2}x^\mathrm{T}x$ findet man das Optimum im ersten Iterationsschritt, denn

$$x_1 = x_0 + \frac{x_0^\mathrm{T}x_0}{x_0^\mathrm{T}x_0}(-x_0) = 0.$$

Algorithmus 16.2: Steilster Abstieg für streng konvexe, quadratische Funktionen

---

EINGABE: Positiv definite Matrix Q, Vektor b, Abbruchfehler $\varepsilon > 0$.
AUSGABE: x_* mit $\|Qx_* - b\| \leq \varepsilon$.

Wähle $x \in \mathbb{R}^n$;
repeat
     $d := -(Qx - b)$;
     $x := x + \frac{d^\mathrm{T}d}{d^\mathrm{T}Qd}d$;
until $\|Qx - b\| \leq \varepsilon$;
$x_* := x$;
return x_* ;

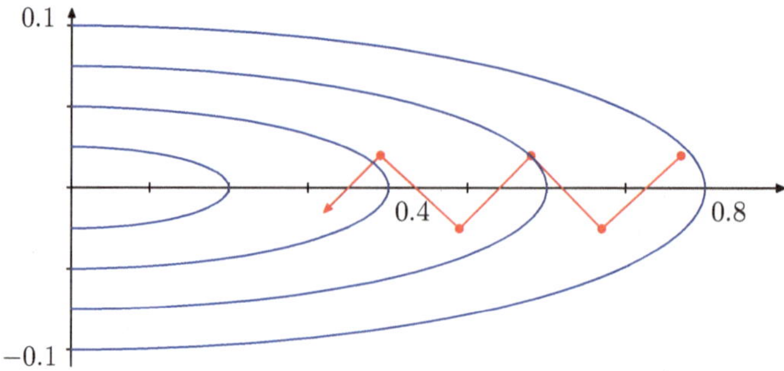

Abb. 16.1 Konvergenz für quadratische Funktionen

Für $f(x) = x^2 + 100y^2$ konvergiert die Folge der Iterationspunkte nur linear und es gilt

$$f(x_{k+1}) \approx 0.63 \cdot f(x_k), \quad (k = 0, 1, \ldots).$$

Die langsame Konvergenz im zweiten Beispiel erweist sich als typisch für das Gradientenverfahren. Eine entsprechende Abschätzung liefert der folgende Satz. Hier verwenden wir die bekannte Tatsache, dass eine positiv definite $(n \times n)$-Matrix eine Basis aus paarweise orthonormalen Eigenvektoren zu ihren n positiven reellen Eigenwerten besitzt.

Satz 16.1.2. *Die $(n \times n)$-Matrix Q habe die Eigenwerte $0 < \mu_1 \le \ldots \le \mu_n$. Für die streng konvexe, quadratische Funktion $f(x) := \frac{1}{2}x^{\mathrm{T}}Qx - b^{\mathrm{T}}x$ sei x_* das Minimum von f. Dann gilt für die mit Algorithmus 16.2 erzeugte Iterationsfolge x_k, $k = 0, 1, \ldots$:*

$$f(x_{k+1}) - f(x_*) \le \left(\frac{\mu_n - \mu_1}{\mu_n + \mu_1}\right)^2 (f(x_k) - f(x_*)).$$

Beweis. Modulo einer Koordinatenverschiebung können wir wegen der Eigenschaften streng konvexer, quadratischer Funktionen o. B. d. A. annehmen, dass $f(x) = \frac{1}{2}x^{\mathrm{T}}Qx$ und damit $f(x_*) = 0$, $x_* = 0$ und $\nabla f(x) = Qx$ gelten. Die globale Minimierung in den untersuchten Richtungen liefert

$$f(x_{k+1}) \le f(x_k - \lambda Q x_k), \quad (\lambda \ge 0). \tag{16.2}$$

Die paarweise orthonormalen Eigenvektoren $a_1, a_2, \ldots, a_n$ zu den Eigenwerten $\mu_1, \mu_2, \ldots, \mu_n$ der reell symmetrischen, positiv definiten Matrix Q bilden eine Orthonormalbasis. Ist $x_k := \sum_{i=1}^{n} \alpha_i a_i$ die entsprechende Koordinatendarstellung von x_k, so ist der zugehörige Funktionswert gegeben durch

$$f(x_k) = \frac{1}{2}x_k^{\mathrm{T}}Qx_k = \frac{1}{2}\sum_{i=1}^{n}(\alpha_i)^2\mu_i. \tag{16.3}$$

Als Koordinatendarstellung des Argumentes der rechten Seite in (16.2) ergibt sich

$$x_k - \lambda Q x_k = \sum_{i=1}^{n} \alpha_i a_i - \lambda \sum_{i=1}^{n} \alpha_i Q a_i = \sum_{i=1}^{n} \alpha_i (1 - \lambda \mu_i) a_i .$$

Daher ergibt sich analog zu (16.3) für die spezielle Wahl $\bar\lambda = \frac{2}{\mu_n + \mu_1}$ der Funktionswert

$$f(x_k - \bar\lambda Q x_k) = \frac{1}{2} \sum_{i=1}^{n} \alpha_i^2 (1 - \bar\lambda \mu_i)^2 \mu_i = \frac{1}{2} \sum_{i=1}^{n} \alpha_i^2 \left[\frac{\mu_n + \mu_1 - 2\mu_i}{\mu_n + \mu_1} \right]^2 \mu_i .$$

Mit $\max_i (\mu_n + \mu_1 - 2\mu_i) = \mu_n - \mu_1$ folgt

$$f(x_{k+1}) \le f(x_k - \bar\lambda Q x_k) \le \left(\frac{\mu_n - \mu_1}{\mu_n + \mu_1} \right)^2 f(x_k) .$$

$\square$

Beim Gradientenverfahren ist offenbar die Folge $r_k := f(x_k) - f(x_*)$ mindestens linear konvergent, da $(\frac{\mu_n - \mu_1}{\mu_n + \mu_1})^2 < 1$. Falls $\mu_n \gg \mu_1$ wird es praktisch unbrauchbar, da mit $r := \frac{\mu_n}{\mu_1} \to \infty$ der Konvergenzfaktor $(\frac{r-1}{r+1})^2 \to 1$ wächst. Diese Konvergenzanalyse überträgt sich lokal in der Nähe eines Minimums auch auf zweifach differenzierbare, nicht notwendigerweise quadratische Funktionen f. Mit $x_k \to x_*$ konvergiert $F(x_k) \to F(x_*) =: Q$, so dass letztlich die Eigenwerte von $F(x_*)$ das Konvergenzverhalten des Gradientenverfahrens nahe x_* bestimmen.

Ein weiterer Nachteil des Verfahrens ist seine Skalierungsabhängigkeit. *Skalierung der Koordinaten*, gegeben etwa durch $y_i := \alpha_i x_i$ für $i = 1, \ldots, n$, ist eine spezielle lineare Koordinatentransformation. Allgemein wird nach einem Koordinatenwechsel $y := H^{-1} x$ mit regulärer Matrix H die transformierte Funktion g mit $g(y) := f(Hy)$ minimiert. Die zugehörigen Gradienten ergeben sich aus $f'(Hy)H$. In y-Koordinaten ist die neue Suchrichtung $-H^{\mathrm{T}} \nabla f(Hy)$. In x-Koordinaten resultiert die Suchrichtung $-HH^{\mathrm{T}} \nabla f(x)$. Nicht nur die Suchrichtung ist abhängig von den gewählten Koordinaten, auch die Eigenwerte der Hesse-Matrix können sich entscheidend ändern, es gilt $G(y) = H^{\mathrm{T}} F(Hy) H$. Insbesondere durch Skalierung der Koordinaten werden die alten Eigenwerte μ_i einer quadratischen Funktion in die Eigenwerte μ_i / α_i^2 transformiert. Da in der Regel keine Informationen über die Eigenwerte nahe des gesuchten Minimums vorliegen, sind skalierungsunabhängige Verfahren vorzuziehen.

Für Weiterentwicklungen des Gradientenverfahrens wie das Verfahren konjugierter Gradienten verweisen wir auf die Monographie von Hestenes [40].

Das Gradientenverfahren kann auch für nichtdifferenzierbare, konvexe Funktionen verallgemeinert werden. Anstelle der Gradienten werden dann Subgradienten im Verfahren genutzt. Bei geeigneter Wahl von Subgradienten und Schrittweiten kann man die Konvergenz dieser Subgradientenverfahren nachweisen. Allerdings konvergieren Subgradientenverfahren recht langsam. Weitergehender und erfolgreicher sind Bundle-Methoden, die u. a. Mengen geeigneter Subgradienten aus ver-

schiedenen Subdifferentialen, etwa in der Nachbarschaft des aktuellen Iterations-
punktes, nutzen. Für eine anwendungsorientierte Einführung verweisen wir auf das
Lehrbuch von Alt [3].

16.2 Das Newton-Verfahren

Die Taylorentwicklung 2. Ordnung um den vorliegenden Iterationspunkt $\bar{x}$ liefert
eine quadratische Approximation $Q(x)$ der zu minimierenden Funktion:

$$f(x) \approx f(\bar{x}) + \nabla f(\bar{x})^{\mathrm{T}}(x - \bar{x}) + \tfrac{1}{2}(x - \bar{x})^{\mathrm{T}} F(\bar{x})(x - \bar{x}) =: Q(x)$$

Falls $F(\bar{x})$ positiv definit ist, so ist durch $x_* - \bar{x} = -F(\bar{x})^{-1}[\nabla f(\bar{x})]$ das globale
Minimum x_* der quadratischen Funktion $Q(x)$ gegeben. Für zweifach stetig diffe-
renzierbare Funktionen kann man x_* als nachfolgenden Iterationspunkt betrachten.
Das daraus abgeleitete Verfahren ist das

Algorithmus 16.3: Newton-Verfahren

EINGABE: Zielfunktion f, Abbruchfehler $\varepsilon > 0$.
AUSGABE: x_* mit $\|\nabla f(x)\| \le \varepsilon$.

Wähle $x \in \mathbb{R}^n$;
repeat
    $F(x)d := -\nabla f(x)$;
    Wähle Schrittweite $\lambda_* > 0$ mit $f(x + \lambda_* d) < f(x)$;
    $x := x + \lambda_* d$;
until $\|\nabla f(x)\| \le \varepsilon$;
$x_* := x$;
return x_* ;

Für eine positiv definite Hesse-Matrix $F(x)$ liegt wegen

$$\nabla f(x)^{\mathrm{T}} d = -\nabla f(x)^{\mathrm{T}} F^{-1}(x)\nabla f(x)$$

eine Abstiegsrichtung vor. Für nichtlineare Funktionen wird dies i. Allg. aber nicht
gelten, so dass globale Konvergenz nur unter zusätzlichen Annahmen zu erzwingen
ist. Die im einfachen Newton-Verfahren auf $\lambda_* := 1$ fixierte Schrittweite kann zur
Verbesserung durch eine flexible Schrittweitensteuerung ersetzt werden. Wir untersuchen zunächst das lokale Konvergenzverhalten des einfachen Newton-Verfahrens.
Zur Abschätzung benötigen wir Matrixnormen.

Submultiplikative, verträgliche Matrixnormen

Eine aus der euklidischen Norm $\|x\|_2$ reeller Vektoren x abgeleitete Matrixnorm $\|A\|$ reeller Matrizen erhalten wir durch

$$\|A\| := \max_{\|x\|=1} \|Ax\|_2 .$$

Offenbar gilt $\|A\| = \max\{ \sqrt{\frac{x^\mathsf{T} A^\mathsf{T} A x}{x^\mathsf{T} x}} \mid x \neq 0 \} = \sqrt{\mu_{\max}(A^\mathsf{T} A)}$, wobei $\mu_{\max}$ der maximale Eigenwert von $A^\mathsf{T} A$ ist. Diese Matrixnorm ist *verträglich* mit der euklidischen Norm, d. h. es gilt

$$\|Ax\|_2 \leq \|A\| \cdot \|x\|_2 ,$$

und sie ist *submultiplikativ*, d. h. es gilt

$$\|AB\| \leq \|A\| \cdot \|B\| .$$

Im Folgenden benutzen wir eine beliebige Vektornorm $\|x\|$ und eine dazu verträgliche, submultiplikative Matrixnorm $\|A\|$, die man ganz analog zum euklidischen Fall ableiten kann.

Eine auf einer offenen Menge $X \subseteq \mathbb{R}^n$ definierte Funktion $A : X \to \mathbb{R}^m$ nennen wir dann in $\bar{x} \in X$ lokal lipschitzstetig mit Lipschitzkonstante $\mu \geq 0$, falls für eine Umgebung $U_\delta(\bar{x}) \subseteq X$ die Ungleichung

$$\|A(x) - A(\bar{x})\| \leq \mu \|x - \bar{x}\|, \quad (x \in U_\delta(\bar{x})) ,$$

erfüllt ist.

Satz 16.2.1. *(Lokal quadratische Konvergenz des Newton-Verfahrens) Die auf der offenen Menge $X \subseteq \mathbb{R}^n$ definierte, zweifach stetig differenzierbare Funktion $f : X \to \mathbb{R}$ erfülle in $\bar{x} \in X$ die folgenden Bedingungen:*

$$\nabla f(\bar{x}) = 0, \quad F(\bar{x}) \text{ regulär und lokal } \mu\text{-lipschitzstetig} .$$

Dann konvergiert das Newton-Verfahren in einer Umgebung $U_\varepsilon(\bar{x})$, mindestens quadratisch gegen $\bar{x}$.

Beweis. Da $F(\bar{x})$ regulär und μ-lipschitzstetig in einer Umgebung $U_\delta(\bar{x})$ ist, können wir $\delta > 0$ so klein wählen, dass für alle $x \in U_\delta(\bar{x})$ die Norm der Inversen beschränkt bleibt, etwa $\|F^{-1}(x)\| \leq C$ für eine Konstante $C > 0$. Auf dieser Umgebung ist die Iterationsfunktion $g(x) := x - F^{-1}(x)\nabla f(x)$ wohldefiniert. Um $g(x) - \bar{x}$ abzuschätzen, untersuchen wir zunächst den Gradienten. Wegen $\nabla f(\bar{x}) = 0$ erhalten wir

$$-\nabla f(x) = -\nabla f(x) + F(\bar{x})x + \nabla f(\bar{x}) - F(\bar{x})\bar{x} - F(\bar{x})(x - \bar{x})$$
$$=: h(x) - h(\bar{x}) - F(\bar{x})(x - \bar{x}) .$$

Wegen $h'(x) = (-\nabla f(x) + F(\bar{x})x)' = -F(x) + F(\bar{x})$ liefert der Mittelwertsatz die Abschätzung

$$\|h(x) - h(\bar{x})\| \leq \|x - \bar{x}\| \cdot \sup_{y \in [x, \bar{x}]} \|F(y) - F(\bar{x})\| \leq \mu \|x - \bar{x}\|^2 .$$

Multiplizieren wir

$$F(x)(g(x) - \bar{x}) = F(x)(g(x) - x) + F(x)(x - \bar{x}) = -\nabla f(x) + F(x)(x - \bar{x})$$
$$= h(x) - h(\bar{x}) + (F(x) - F(\bar{x}))(x - \bar{x})$$

mit $F^{-1}(x)$, so erhalten wir unter Ausnutzung der Dreiecksungleichung die Abschätzung

$$\|g(x) - \bar{x}\| \leq \|F^{-1}(x)\| \cdot (\|h(x) - h(\bar{x})\| + \|F(x) - F(\bar{x})\| \cdot \|x - \bar{x}\|)$$
$$\leq C \cdot 2\mu \|x - \bar{x}\|^2 .$$

Wir wählen ε mit $0 < \varepsilon < \delta$ hinreichend klein, so dass $0 \leq \varepsilon \cdot 2\mu C =: \alpha < 1$. Für $x_0 \in U_\varepsilon(\bar{x})$ erhalten wir dann

$$\|x_1 - \bar{x}\| = \|g(x_0) - \bar{x}\| \leq 2\mu C \|x_0 - \bar{x}\|^2 < \alpha \|x_0 - \bar{x}\| < \alpha\varepsilon ,$$

woraus sich nach k Iterationen

$$\|x_k - \bar{x}\| < \alpha^k \varepsilon$$

ergibt; insbesondere folgt $x_k \to \bar{x}$. Diese Folge ist mindestens quadratisch konvergent, denn

$$\|x_{k+1} - \bar{x}\| = \|g(x_k) - \bar{x}\| \leq 2\mu C \|x_k - \bar{x}\|^2 .$$

□

Das lokal quadratisch konvergente Newton-Verfahren erfordert einen wesentlich höheren Aufwand als das Gradientenverfahren. Pro Iteration muss neben dem Gradienten die Hesse-Matrix $F(x)$ berechnet oder zumindest approximiert werden, bevor das Gleichungssystem $F(x)d := -\nabla f(x)$ gelöst werden kann. Darüber hinaus bleibt, wie oben bereits angesprochen, die globale Konvergenz unsicher. Beide Schwierigkeiten versucht man mit geeigneten Modifikationen aus dem Weg zu räumen.

Zur Approximation von $F(x)$ betrachten wir stetige, positiv definite Matrixfunktionen $G(x)$. Die Newtonrichtung d_k ergibt sich dann als Lösung des Gleichungssystems $A_k d_k := -\nabla f(x_k)$ mit $A_k := G(x_k)$. Unter diesen Annahmen bleibt d_k eine Abstiegsrichtung. Zur Sicherung der Konvergenz verwenden wir eine Schrittweitensteuerung mit λ_k, etwa die Armijo-Suche. Wird quadratische Konvergenz erkennbar, wird die Schrittweite auf $\lambda_k = 1$ fixiert. Ist die Niveaumenge $N(x_0) := \{x \mid f(x) \leq f(x_0)\}$ beschränkt, so erhält man globale Konvergenz wie in Satz 16.1.1, im Falle einer streng konvexen Funktion f also gegen das globale Minimum von f.

16.3 Quasi-Newton-Verfahren

Als besonders geeignet haben sich Approximationen erwiesen, die die Matrix A_{k+1} iterativ aus der Matrix A_k ableiten. Zur Motivation betrachten wir die Minimierung quadratischer Funktionen der Form $f(x) = \frac{1}{2}x^{\mathrm{T}}Qx - b^{\mathrm{T}}x$, für die

$$y_k := \nabla f(x_{k+1}) - \nabla f(x_k) = Q(x_{k+1} - x_k) =: Qs_k$$

gilt. Falls die Suchrichtungen $s_0, \ldots, s_{n-1}$ linear unabhängig sind, ist Q aus der Gleichung

$$y_k = Qs_k, \quad (k = 0, \ldots, n-1),$$

berechenbar und $Q = YS^{-1}$ mit $Y := (y_0 \ldots y_{n-1})$ und $S := (s_0 \ldots s_{n-1})$.

Wir werden auch für andere Funktionen die Gültigkeit dieser Gleichung fordern und entsprechend A_{k+1} aus A_k, s_k, y_k so berechnen, dass die *Quasi-Newton-Gleichung*

$$A_{k+1}s_k = y_k \tag{16.4}$$

gilt. Verfahren, die diese Bedingungen erfüllen, werden als *Quasi-Newton-Verfahren* bezeichnet. Eines der besten Quasi-Newton Verfahren geht auf Broyden, Fletcher, Goldfarb und Shanno zurück und heißt daher BFGS-Verfahren.

BFGS-Ansatz (Broyden, Fletcher, Goldfarb, Shanno)

Zur Darstellung und Diskussion eines Iterationsschritts des BFGS-Ansatzes werden wir der besseren Übersichtlichkeit wegen den Index $k + 1$ durch $+$ ersetzen und den Index k weglassen. Für positiv definite Matrix A berechnet sich A_+ aus der BFGS-Formel

$$A_+ := A - \frac{As(As)^{\mathrm{T}}}{s^{\mathrm{T}}As} + \frac{yy^{\mathrm{T}}}{y^{\mathrm{T}}s}.$$

Wir wollen zeigen, dass auch A_+ positiv definit ist und dass die Quasi-Newton-Gleichung gilt.

Wir betrachten zunächst die aus den beiden ersten Summanden gebildete Matrix $\tilde{A} := A - \frac{As(As)^{\mathrm{T}}}{s^{\mathrm{T}}As}$, für die sich wegen $A = A^{\mathrm{T}}$

$$\tilde{A}s = As - \frac{As(s^{\mathrm{T}}A^{\mathrm{T}}s)}{s^{\mathrm{T}}As} = 0$$

ergibt. Da A positiv definit ist, definiert $x^{\mathrm{T}}Ay$ ein Skalarprodukt mit zugehöriger Norm $\|x\| = \sqrt{x^{\mathrm{T}}Ax}$. Die bekannte Cauchy-Schwarz'sche Ungleichung lautet $(x^{\mathrm{T}}Ax)(y^{\mathrm{T}}Ay) \geq (x^{\mathrm{T}}Ay)^2$, wobei Gleichheit genau dann auftritt, wenn x und y

---

Algorithmus 16.4: BFGS-Verfahren

EINGABE: Zielfunktion f, Abbruchfehler $\varepsilon > 0$.
AUSGABE: x_* mit $\|\nabla f(x)\| \le \varepsilon$.

Wähle $x \in \mathbb{R}^n$; wähle positiv definite Matrix A;
repeat
$\quad$ $Ad := -\nabla f(x)$;
$\quad$ Wähle Schrittweite $\lambda_* > 0$ mit $f(x + \lambda_* d) < f(x)$;
$\quad$ $s := \lambda_* d$; $y := \nabla f(x + s) - \nabla f(x)$; $x := x + s$;
$\quad$ $A := A - \dfrac{As(As)^{\mathrm{T}}}{s^{\mathrm{T}} As} + \dfrac{yy^{\mathrm{T}}}{y^{\mathrm{T}} s}$;
until $\|\nabla f(x)\| \le \varepsilon$;
$x_* := x$;
return x_*;

---

linear abhängig sind. Wir erhalten daher

$$x^{\mathrm{T}} \tilde{A} x = x^{\mathrm{T}} A x - \frac{(x^{\mathrm{T}} As)(s^{\mathrm{T}} Ax)}{s^{\mathrm{T}} As} \ge 0 \,,$$

d. h. $\tilde{A}$ ist positiv semidefinit.

Wir nehmen zunächst einmal an, dass $y^{\mathrm{T}} s > 0$ gilt. Dann folgt $\frac{yy^{\mathrm{T}}}{y^{\mathrm{T}} s} s = y$ und A_+ erfüllt die Quasi-Newton-Gleichung (16.4). Außerdem ergibt sich

$$x^{\mathrm{T}} A_+ x = \frac{(x^{\mathrm{T}} Ax)(s^{\mathrm{T}} As) - (x^{\mathrm{T}} As)^2}{s^{\mathrm{T}} As} + \frac{(x^{\mathrm{T}} y)^2}{y^{\mathrm{T}} s} \,.$$

Der nicht negative erste Summand verschwindet nach Cauchy-Schwarz nur dann, wenn x und s linear abhängig sind, d. h. wenn $x = \gamma \cdot s$ für ein $\gamma > 0$. Aus $x^{\mathrm{T}} y = \gamma \cdot s^{\mathrm{T}} y$ folgt $\frac{(x^{\mathrm{T}} y)^2}{y^{\mathrm{T}} s} = \gamma^2 \cdot y^{\mathrm{T}} s > 0$, d. h. A_+ ist in jedem Fall positiv definit.

Bei optimaler Schrittweite gilt $x_{k+1} = x_k + \lambda_k d_k$, mit $\lambda_k > 0$ und $\nabla f(x_{k+1})^{\mathrm{T}} \cdot d_k = 0$. Da d_k eine Abstiegsrichtung ist, gilt weiterhin $\nabla f(x_k)^{\mathrm{T}} d_k < 0$ und wir finden

$$\begin{aligned}
y^{\mathrm{T}} s &= \nabla f(x_{k+1})^{\mathrm{T}}(x_{k+1} - x_k) - \nabla f(x_k)^{\mathrm{T}}(x_{k+1} - x_k) \\
&= -\lambda_k \nabla f(x_k)^{\mathrm{T}} d_k > 0
\end{aligned}$$

Zumindest für optimale Schrittweite liefert die BFGS-Formel positiv definite Matrizen A_k, die die Quasi-Newton-Gleichung erfüllen. Das resultierende BFGS-Verfahren ergibt sich unmittelbar.

Satz 16.3.1. *Für positiv definite, quadratische Funktionen und mit positiv definiter Startmatrix A_0 ist das BFGS-Verfahren bei optimaler Schrittweite endlich. Wenn*

$\nabla f(x_j) \neq 0$ für alle $0 \leq j \leq k < n$, so gilt

$$(a) \qquad s_i^{\mathrm{T}} Q s_j = 0, \quad (0 \leq i < j \leq k),$$

$$(b) \qquad A_{k+1} s_i = Q s_i, \quad (0 \leq i \leq k).$$

Wenn $\nabla f(x_j) \neq 0$ für alle $0 \leq j < n$, so ist $A_n = Q$ und x_n globales Minimum.

Beweis. Wir setzen voraus, dass $\nabla f(x_j) \neq 0$ für alle $0 \leq j \leq k < n$. Dann folgt

$$y_k = \nabla f(x_{k+1}) - \nabla f(x_k) = Q(x_{k+1} - x_k) = Q s_k, \quad (0 \leq j \leq k < n),$$
$$(16.5)$$

$$A_{k+1} s_k = Q s_k, \quad (0 \leq j \leq k < n),$$
$$(16.6)$$

wobei wir für (16.6) die Quasi-Newton-Gleichung $A_{k+1} s_k = y_k$ genutzt haben. Wir beweisen die Gleichungen (a) und (b) per Induktion über k. Für $k = 0$ ist nichts zu zeigen, da (a) keine Aussage enthält und (b) nach (16.6) erfüllt ist.

Wir schließen von $k - 1$ auf k. Für $0 \leq i < k$ ist wegen (16.5)

$$\nabla f(x_k) = \nabla f(x_{i+1}) + Q(s_{i+1} + \cdots + s_{k-1}),$$

woraus wir mit Hilfe der Induktionsvoraussetzung $s_i^{\mathrm{T}} \nabla f(x_k) = s_i^{\mathrm{T}} \nabla f(x_{i+1}) = 0$ folgern. Die letzte Gleichung ergibt sich aus der optimalen Suchstrategie. Einschub von $A_k A_k^{-1}$ liefert $0 = (s_i^{\mathrm{T}} A_k)(A_k^{-1} \nabla f(x_k))$. Nach Induktionsvoraussetzung (b) ist $s_i^{\mathrm{T}} A_k = s_i^{\mathrm{T}} Q$. Also ergibt sich zusammen mit $(A_k^{-1} \nabla f(x_k)) = -d_k = -\frac{1}{\lambda_k} s_k$, dass $0 = -\frac{1}{\lambda_k} s_i^{\mathrm{T}} Q s_k$ gilt, d. h. (a) ist auch für $j = k$ gültig.

Für $i < k$ berechnen wir

$$A_{k+1} s_i = A_k s_i - \frac{A_k s_k [(A_k s_k)^{\mathrm{T}} s_i]}{s_k^{\mathrm{T}} A_k s_k} + \frac{y_k [y_k^{\mathrm{T}} s_i]}{y_k^{\mathrm{T}} s_k}$$
$$= Q s_i - 0 + 0.$$

Der erste Summand ergibt sich aus der Induktionsvoraussetzung für (b), die im zweiten Summanden die Vereinfachung $(A_k s_k)^{\mathrm{T}} s_i = s_k^{\mathrm{T}} Q s_i$ ermöglicht. Ähnlich liefert (16.5) im dritten Summanden die Vereinfachung $y_k^{\mathrm{T}} s_i = s_k^{\mathrm{T}} Q s_i$. Die beiden so vereinfachten Summanden verschwinden wegen der bereits nachgewiesenen Gleichung (a). Also gilt auch (b) für $i < k$.

Abschließend setzen wir voraus, dass $\nabla f(x_j) \neq 0$ für alle $0 \leq j < n$. Dann bilden die Suchrichtungen $s_0, \ldots, s_{n-1}$ im $\mathbb{R}^n$ bereits ein vollständiges Orthogonalsystem zum Skalarprodukt $x^{\mathrm{T}} Q y$. Die zugehörige Basismatrix $S = (s_0 \ldots s_{n-1})$ erfüllt wegen (b) die Gleichung $A_n S = Q S$, d. h. $A_n = Q$. Wegen (a) gilt $s_n^{\mathrm{T}} Q S = 0$, d. h. $0 = s_n = \lambda_n d_n$. Eine Richtung $d_n \neq 0$ wäre eine Abstiegsrichtung mit $\lambda_n \neq 0$ im Widerspruch zu $s_n = 0$. Aus $d_n = 0$ folgt $\nabla f(x_n) = -A_n^{-1} d_n = 0$. Letzteres impliziert die globale Minimalität von x_n. $\qquad\square$

Für beliebige konvexe Funktionen kann man keine endliche Konvergenz erwarten.
Andererseits lässt sich für gleichmäßig konvexe Funktionen und eine Variante der
Armijo-Suche zeigen, dass die im BFGS-Verfahren erzeugte Folge x_k superlinear gegen ein globales Minimum x_* konvergiert (siehe etwa im Buch von Spellucci [65]). Bei geeigneter nummerisch stabiler Implementation ist das BFGS-Verfahren eines der besten bekannten Verfahren zur Lösung der Minimierungsaufgabe (16.1).

Kapitel 17
Quadratische Optimierung

In diesem Abschnitt untersuchen wir quadratische Minimierungsaufgaben

$$\min \{ f(x) \mid g(x) \leq 0, h(x) = 0 \} \qquad (17.1)$$

mit streng konvexer Zielfunktion unter linearen Restriktionen. Dementsprechend sind $f \colon \mathbb{R}^n \to \mathbb{R}$ durch $f(x) = \frac{1}{2}x^\mathrm{T}Ax - b^\mathrm{T}x + \gamma$ mit positiv definiter Matrix A sowie $g \colon \mathbb{R}^n \to \mathbb{R}^m$ und $h \colon \mathbb{R}^n \to \mathbb{R}^p$ durch $g(x) = G^\mathrm{T}x + g_0$ und $h(x) = H^\mathrm{T}x + h_0$ gegeben. Wir nehmen an, dass das Polyeder $P := \{x \in \mathbb{R}^n \mid g(x) \leq 0, h(x) = 0\}$ die Slater-Bedingung erfüllt. Dann können wir o. B. d. A. voraussetzen, dass H maximalen Rang rang $H = p$ besitzt.

17.1 Gleichungsbeschränkte quadratische Minimierungsaufgaben

Wir führen die Minimierungsaufgabe (17.1) auf eine Folge quadratischer Minimierungsaufgaben zurück, die nur gleichungsbeschränkt sind. Die Lösung derartiger Aufgaben lässt sich als Lösung eines Gleichungssystems bestimmen.

Satz 17.1.1. *Sei* $x_0 \in \mathbb{R}^n$. x_* *ist Lösung der Minimierungsaufgabe* $f(x_*) = \min \{ f(x) \mid h(x) = 0 \}$ *mit zugehörigem Lagrangeparameter* μ_* *genau dann, wenn gilt*

$$\begin{pmatrix} A & H \\ H^\mathrm{T} & 0 \end{pmatrix} \begin{pmatrix} x_* - x_0 \\ \mu_* \end{pmatrix} = - \begin{pmatrix} \nabla f(x_0) \\ h(x_0) \end{pmatrix}. \qquad (17.2)$$

Beweis. Unter den Voraussetzungen des Satzes ist x_* genau dann eine Lösung der Aufgabe, wenn die Multiplikatorenregel (14.6) erfüllt ist. Wegen $\nabla f(x_*) = Ax_* - b$ und $\nabla h(x_*) = H$ liefern die Multiplikatorenregel und die Zulässigkeit von x_* die

R. E. Burkard, U. T. Zimmermann, *Einführung in die Mathematische Optimierung*   297
DOI 10.1007/978-3-642-01728-5_17, © Springer-Verlag Berlin Heidelberg 2012

Gleichungen

$$(Ax_* - b) + H\mu_* = 0,$$
$$H^{\mathrm{T}}x_* + h_0 = 0.$$

Wenn wir $Ax_0 - b$ von der ersten und $H^{\mathrm{T}}x_0 + h_0$ von der zweiten Gleichung abziehen, erhalten wir die Gleichung (17.2) . $\square$

Dieses Gleichungssystem lässt sich mit Hilfe der QR-Zerlegung der Matrix H nummerisch geschickt lösen. Aus der Numerik der linearen Algebra ist bekannt, dass man eine Matrix H mit maximalem Rang in eine orthonormale Matrix Q und eine obere $(p \times p)$-Dreiecksmatrix R zerlegen kann, d. h.

$$QH = \begin{pmatrix} R \\ 0 \end{pmatrix}.$$

Ein Beweis für diese Aussage findet sich beispielsweise in [68].

Mit Hilfe der QR-Zerlegung von H reduzieren wir das Gleichungssystem (17.2) auf kleinere und einfachere Gleichungssysteme. Zunächst definieren wir die Blockzerlegungen

$$B := QAQ^{\mathrm{T}} = \begin{pmatrix} B_{11} & B_{12} \\ B_{21} & B_{22} \end{pmatrix}, \quad c := Q\nabla f(x_0) = \begin{pmatrix} c_1 \\ c_2 \end{pmatrix},$$

wobei B_{11} eine $(p \times p)$-Matrix und c_1 ein p-Vektor ist. Multiplikation der ersten Gleichungen $A(x_*-x_0)+H\mu_* = -\nabla f(x_0)$ aus (17.2) mit Q liefert $QAQ^{\mathrm{T}}Q(x_*-x_0) + QH\mu_* = -Q\nabla f(x_0)$. Mit $QAQ^{\mathrm{T}} = B$, $s := Q(x_* - x_0)$ und $QH = \begin{pmatrix} R \\ 0 \end{pmatrix}$ ergibt sich das Gleichungssystem

$$Bs + \begin{pmatrix} R \\ 0 \end{pmatrix} \mu_* = -c,$$

also in Blockschreibweise

$$\begin{aligned}
(i)\ & B_{11}s_1 + B_{12}s_2 + R\mu_* = -c_1 \\
(ii)\ & B_{21}s_1 + B_{22}s_2 = -c_2.
\end{aligned}$$

Die weiteren Gleichungen $H^{\mathrm{T}}(x_* - x_0) = -h(x_0)$ aus (17.2) können wir wegen $H^{\mathrm{T}}(x_* - x_0) = H^{\mathrm{T}}Q^{\mathrm{T}}s = (QH)^{\mathrm{T}}s = R^{\mathrm{T}}s_1$ in

$$(iii)\quad R^{\mathrm{T}}s_1 = -h(x_0)$$

umformen. Aus (i), (ii) und (iii) können wir x_* und μ_* schrittweise berechnen:

$$R^{\mathrm{T}} s_1 := -h(x_0),$$
$$B_{22} s_2 := -c_2 - B_{21} s_1,$$
$$R \mu_* := -c_1 - B_{11} s_1 - B_{12} s_2,$$
$$x_* := x_0 - Q^{\mathrm{T}} s$$

Da R und damit auch R^{T} Dreiecksmatrizen sind, können s_1 und μ_* besonders effizient berechnet werden. Mit B ist auch B_{22} positiv definit, so dass s_2 mit Hilfe einer Cholesky-Zerlegung von B_{22} schnell und nummerisch stabil ermittelt werden kann.

17.2 Das Verfahren projizierter Gradienten der Quadratischen Optimierung

Für eine zulässige Lösung $x_c \in P$ heißt eine Ungleichung $g_i(x) \leq 0$ aktiv in x_c, falls $g_i(x_c) = 0$. Die Menge der Indizes der in $x_c \in \mathbb{R}^n$ aktiven Ungleichungen wird mit $I(x_c) = \{i \mid g_i(x_c) = 0\}$ bezeichnet. Die Gleichungen $h_j(x) = 0$ sind in diesem Sinne aktiv in jeder zulässigen Lösung.

Wir betrachten eine Folge gleichungsbeschränkter Minimierungsaufgaben, wobei als Gleichungen jeweils alle in der aktuellen zulässigen Lösung x_c aktiven Restriktionen berücksichtigt werden.

Lemma 17.2.1. Sind in x_c alle aktiven Restriktionen linear unabhängig, dann liefert das Projizierte-Gradienten-Verfahren eine zulässige Abstiegsrichtung $x_+ - x_c$, falls

---

Algorithmus 17.1: Das Verfahren projizierter Gradienten

EINGABE: Zielfunktion f, Restriktionen g, h, Abbruchfehler $\varepsilon > 0$.
AUSGABE: x_*, λ mit $\lambda \geq -\varepsilon \mathbb{1}$.

Bestimme $x_c \in P$ mit Hilfe eines Verfahrens der Linearen Optimierung;
repeat
$\quad f(x_+) := \min \{ f(x) \mid g_{I(x_c)}(x) = 0, h(x) = 0 \}$ mit λ zu $g_{I(x_c)}(x) = 0$, und μ zu h;
$\quad x'_+ := x_+; x'_c := x_c$;
$\quad$ **if** $x'_+ = x'_c$ *und* $\lambda_i := \min \{ \lambda_j \mid j \in I(x_c) \} < -\varepsilon$ **then**
$\quad\quad | \quad f(x_+) := \min \{ f(x) \mid g_{I(x_c) \setminus i}(x) = 0, h(x) = 0 \}$;
$\quad$ **end**
$\quad$ **if** $x_+ \neq x'_c$ **then**
$\quad\quad | \quad \sigma_{\max} := \max \{ \sigma \mid x_c + \sigma(x_+ - x_c) \in P \}$;
$\quad\quad | \quad x_c := x_c + \min(1, \sigma_{\max})(x_+ - x_c)$;
$\quad$ **end**
until $x'_+ = x'_c$ *und* $\lambda \geq -\varepsilon \mathbb{1}$;
$x* := x_c$;
return x_*, λ;

---

entweder ($x'_+ = x'_c$ und $\lambda_i := \min\{\lambda_j \mid j \in I(x_c)\} < 0$) oder $x_+ \neq x'_c$ erfüllt sind. Falls $x'_+ = x'_c$ und $\lambda \geq 0$, so ist x_c ein globales Minimum der quadratischen Aufgabe (17.1).

Beweis. Falls $d := x'_+ - x'_c = 0$ und $\lambda \geq 0$, so erfüllt x_c die Multiplikatorenregel

$$A0 + H\mu + G_{I(x_c)}\lambda = -\nabla f(x_c) \tag{17.3}$$

und ist daher globales Minimum.

Für die zulässige Richtung $d := x'_+ - x_c \neq 0$ gilt $d^\mathrm{T}H = 0$, $d^\mathrm{T}G_{I(x_c)} = 0$. Da A positiv definit ist, folgt

$$0 < d^\mathrm{T}Ad + d^\mathrm{T}H\mu + d^\mathrm{T}G_{I(x_c)}\lambda = -d^\mathrm{T}\nabla f(x_c)\,,$$

d. h. d ist eine zulässige Abstiegsrichtung.

Falls $d = x'_+ - x'_c = 0$ und $\lambda_i < 0$, so wird für weniger Gleichungen, d. h. für die Indexmenge $I(x_c) \setminus i$, eine alternative Richtung $\bar{d} := x_+ - x_c$ untersucht. Die zugehörigen Lagrangeparameter bezeichnen wir mit $\bar{\mu}$ und $\bar{\lambda}$. Der letzte Index von $I(x_c)$ sei o. B. d. A. i. Unter der Annahme $\bar{d} = 0$ ergibt sich

$$A0 + H\bar{\mu} + G_{I(x_c)}\begin{pmatrix}\bar{\lambda}\\ 0\end{pmatrix} = -\nabla f(x_c)\,.$$

Subtraktion von (17.3) führt auf

$$H(\bar{\mu} - \mu) + G_{I(x_c)}\left(\begin{pmatrix}\bar{\lambda}\\ 0\end{pmatrix} - \lambda\right) = 0.$$

Mit $\lambda_i \neq 0$ ergibt sich ein Widerspruch, da die aktiven Restriktionen linear unabhängig sind.

Also ist $\bar{d} \neq 0$ und für die Richtung $\bar{d}$ gelten wieder $\bar{d}^\mathrm{T}H = 0$ und $\bar{d}^\mathrm{T}G_{I(x_c)\setminus i} = 0$, so dass $\bar{d}$ ebenfalls eine Abstiegsrichtung ist. Es bleibt zu zeigen, dass $\bar{d}$ eine zulässige Richtung ist. Da $\bar{d}$ eine Abstiegsrichtung und $d = 0$ ist, folgt mit (17.3)

$$0 < -\bar{d}^\mathrm{T}\nabla f(x_c) = \bar{d}^\mathrm{T}H\mu + \bar{d}^\mathrm{T}G_{I(x_c)}\lambda = \bar{d}^\mathrm{T}G_i\lambda_i$$

Also gilt $\bar{d}^\mathrm{T}G_i < 0$, d. h. $\bar{d}$ ist eine zulässige Richtung. □

Endlichkeit des Verfahrens projizierter Gradienten

Satz 17.2.2. *Das Verfahren projizierter Gradienten bricht nach endlich vielen Schritten im globalen Minimum von f auf P ab, falls alle aktiven Restriktion für alle $x \in P$ linear unabhängig sind.*

Beweis. Falls in einer Iteration $d \neq 0$ gilt, so wird der Zielfunktionswert der streng konvexen Funktion echt verbessert.

Falls $\sigma_{\max} \geq 1$, so ist das neue aktuelle x_+ Minimum auf $\{x \mid h(x) = 0, g_I(x) = 0\}$ für ein $I \in \{I(x_c), I(x_c) \setminus i\}$.

Falls $\sigma_{\max} < 1$, dann wurde eine neue Restriktion erreicht, es ist also $|I(x_+)| \geq |I(x_c)|$. Falls die Kardinalität der Indexmengen übereinstimmt, dann wurde auch eine Restriktion verlassen, d. h. $d = 0$ und $\bar{d} \neq 0$. Also war x_c Minimum auf $\{x \mid h(x) = 0, g_{I(x_c)}(x) = 0\}$. Der Fall $|I(x_+)| > |I(x_c)|$ kann wegen der linearen Unabhängigkeit der aktiven Restriktionen höchstens in $n - 1$ aufeinander folgenden Schritten eintreten.

Unter n sukzessive berechneten Iterationspunkten x_c findet sich daher stets einer, der als Minimum einer Menge $\{x \mid h(x) = 0, g_I(x) = 0\}$ charakterisiert ist, wobei $I \subseteq \{1, \ldots, n\}$. Da f auf der Folge dieser Minima streng monoton fällt und es nur endlich viele derartige Indexmengen aktiver Restriktionen gibt, endet das Verfahren nach endlich vielen Iterationen. $\qquad\square$

Die Komplexität des Verfahrens projizierter Gradienten ist vergleichbar zu der des Simplexverfahrens. Quadratische Minimierungsaufgaben mit linearen Restriktionen können daher relativ gut gelöst werden. Darauf aufbauende verbesserte und allgemeiner anwendbare Verfahrensklassen finden sich in der Standardliteratur zur Nichtlinearen Optimierung (siehe etwa in Geiger und Kanzow [35]), z. B. unter der Bezeichnung „Sequential Quadratic Programming" (SQP-Verfahren). Auch innere Punkteverfahren können zur Lösung quadratischer Optimierungsaufgaben herangezogen werden; ähnlich wie in der linearen Optimierung kann man unter geeigneten Annahmen zeigen, dass die Anzahl der Iterationen dieser Inneren Punkte Methoden polynomiell beschränkt bleibt. Für Entwicklung und Analyse Innerer Punkte Verfahren in der Konvexen Optimierung verweisen wir auf die Bücher von Boyd und Vandenberghe [12] sowie Jarre und Stoer [45].

Literaturverzeichnis

1. Adler, I, Megiddo, N.: A simplex algorithm whose average number of steps is bounded between two quadratic functions of the smaller dimension. J. Assoc. Comput. Mach. **32**, 871–895 (1985)
2. Ahuja, R.K., Magnanti, T.L., Orlin, J.B.: Network Flows. Prentice Hall, Englewood Cliffs (1993)
3. Alt, W.: Numerische Verfahren der konvexen, nichtglatten Optimierung. Teubner, Stuttgart (2004)
4. Bachem, A, Kern, W.: Linear Programming Duality. Springer, Berlin (1992)
5. Bartels, R.H.: A stabilization of the simplex method. Num. Math. **16**, 414–434 (1971)
6. Bartels, R.H, Golub, G.H.: The simplex method of linear programming using LU decomposition. Commun. ACM **12**, 266–268 (1969)
7. Birkhoff, G.: Tres observaciones sobre el algebra lineal. Rev. Fac. Cienc. Exactas, Puras Apl. Univ. Nac. Tucuman, Ser. A (Mat. Fis. Teor.), **5**, 147–151 (1946)
8. Bland, R.G.: New finite pivoting rules for the simplex method. Math. of Oper. Res. **2**, 103–107 (1977)
9. Bland, R.G., Goldfarb, D, Todd, M.J.: The ellipsoid method: A survey. Oper. Res. **29**, 1039–1091 (1981)
10. Borgwardt, K.H.: The Simplex Method: A Probabilistic Analysis. Springer, Berlin (1977)
11. Borůvka, O.: O jistém problému minimálním. Pr. Morav. Přír. Spol. **3**, 153–154 (1926)
12. Boyd, S., Vandenberghe, L.: Convex Optimization. Cambridge University Press, Cambridge (2004)
13. Burkard, R, Dell'Amico, M., Martello, S.: Assignment Problems. Revised Reprint. SIAM, Philadelphia (2012)
14. Burkard, R.E.: Methoden der ganzzahligen Optimierung. Springer, Wien (1972)
15. Burkard, R.E., Klinz, B, Rudolf, R.: Perspectives of Monge properties in optimization. Discret. Appl. Math, **70**, 95–161 (1996)
16. Burkard, R.E., Offermann, J.: Entwurf von Schreibmaschinentastaturen mittels quadratischer Zuordnungsprobleme. Math. Methods Oper. Res. B, **21**, 121–132, (1977)
17. Charnes, A, Cooper, W.W., Henderson, A.: An Introduction to Linear Programming. Wiley & Sons, New York (1953)
18. Clarkson, K.L.: Linear programming in $O(n3^{d^2})$ time. Inf. Proc. Letters **22**, 21–24 (1986)
19. Collatz, L.: Some application of nonlinear optimization. In: Hammer, P. L., Zoutendijk, G. (eds.) Math. Progr. Theory Practice, pp. 139–159. North Holland, Amsterdam (1974)
20. Collatz, L, Wetterling, W.: Optimierungsaufgaben. Springer, Berlin, Heidelberg, New York (1971)
21. Dantzig, G.B.: Lineare Optimierung und Erweiterungen. Springer, Berlin (1966)

R. E. Burkard, U. T. Zimmermann, *Einführung in die Mathematische Optimierung*   303
DOI 10.1007/978-3-642-01728-5, © Springer-Verlag Berlin Heidelberg 2012

22. Dantzig, G.B., Wolfe, P.: Decomposition principle for linear programs. Oper. Res. **8**, 101–111 (1960)

23. De Loera, J.A.: New Insights into the Complexity, Geometry of Linear Optimization. Optima **87**, 1–13 (2011)

24. Deza, A, Nematollahi, E, Terlaky, T.: How good are interior point methods? Klee-Minty cubes tighten iteration-complexity bounds. Math. Program. **113**, 1–14 (2008)

25. Dinkelbach, W.: Sensitivitätsanalysen und parametrische Optimierung. Springer, Berlin, Heidelberg, New York (1969)

26. Dyer, M.E.: Linear time algorithms for two-, three-variable linear programs. SIAM J. Comput. **13**, 31–45 (1984)

27. Dyer, M.E.: On a multidimensional search technique, its applications to the Euclidean one-centre problem. SIAM J. Comput. **15**, 725–738 (1986)

28. Farkas, J.: Über die Theorie der einfachen Ungleichungen. J. Reine Angew. Math. **124**, 1–24 (1902)

29. Finkel'shtejn, B.V., Gumenyuk, L.P.: An algorithm for solving parametric programming problems with parameter dependent matrix of constraints. Ehkon. Mat. Metody **13**, 342–347 (1977)

30. Forrest, J.J.H, Tomlin, J.A.: Updated triangular factors of the basis of maintain sparsity in the product form simplex method. Math. Progr. **2**, 263–278 (1972)

31. Frank, A, Tardos, E.: An application of simultaneous diophantine approximation in combinatorial optimization. Combinatorica **7**, 49–65 (1987)

32. Fujishige, S, Hayashi, T, Yamashita, K, Zimmermann, U.: Zonotopes, the LP-Newton method. Optim. Eng. **10**, 193–205 (2009)

33. Gaćs, P., Lovász, L.: Khachyan's algorithm for linear programming. Math. Program. Study **14**, 61–68 (1981)

34. Gass, S.I.: Linear programming: methods, application. McGraw-Hill, New York (1964)

35. Geiger, C, Kanzow, C.: Theorie und Numerik restringierter Optimierungsaufgaben. Springer, Berlin (2002)

36. Goldfarb, D, Reid, J.K.: A practicable steepest edge simplex algorithm. Math. Progr. **12**, 361–371 (1977)

37. Goldman, A.J., Tucker, A.W.: Theory of linear programming. In: Kuhn, H.W., Tucker, A.W. (eds.) Linear inequalities and related Systems, pp. 53–97. Princeton University Press, Princeton, New Jersey, (1956)

38. Gordan, P.: Über die Auflösung linearer Gleichungen mit reellen Coeffizienten. Math. Ann. **6**, 23–28 (1873)

39. Heller, I, Tompkins, C.B.: An extension of a theorem of Dantzig. In: Kuhn, H.W., Tucker, A.W., (eds.) Linear Inequalities and Related Systems, pp. 247–254. Princeton University Press, Princeton, New Jersey (1956)

40. Hestenes, M.: Conjugate Direction Methods in Optimization, volume 12 of Applications of Mathematics. Springer, Berlin (1980)

41. Hitchcock, F.L.: The distribution of a product from several sources to numerous localities. J. Math. Phys. **20**, 224–230 (1941)

42. Ho, J.K., Loute, E.: An advanced implementation of the Dantzig-Wolfe decomposition algorithm for linear programming. Math. Progr. **20**, 303–326 (1981)

43. Hoffman, A.J., Kruskal, J.B.: Integral boundary points of convex polyhedra. In: Kuhn, H.W, Tucker, A.W. (eds.) Linear Inequalities and Related Systems, pp. 223–246. Princeton University Press, Princeton, New Jersey (1956)

44. Jacobi, C.G.J.: De investigando ordine systematis aequationum differentialium vulgarium cujuscunque. Ex. ill. C. G. J. Jacobi manuscriptis posthumis in medium protulit C. W. Borchardt. J. Reine Angew. Math. **64**, 297–320 (1850)

45. Jarre, F, Stoer, J.: Optimierung. Springer, Heidelberg (2004)

46. Judin, D.B., Nemirovskii, A.S.: Informational complexity, efficient methods for the solution of convex extremal problems (russisch). Ekon. Mat. Metody **12**, 357–369 (1976)

47. Kantorowicz, L.V.: Mathematical methods in the organization, planning of production. Englische Übersetzung des Originals von 1939. Manag. Sci. **6**, 366–422 (1960)

48. Karmarkar, N.: A new polynomial-time algorithm for linear programming. Combinatorica **4**, 373–397 (1984)

49. Khachyan, L.G.: A polynomial algorithm in linear programming (russisch). Dokl. Akad. Nauk SSSR **244**, 1093–1096 (1979)

50. Klee, V., Minty, G.L.: How good is the simplex algorithm? In Shisha, O. (ed.) Inequalities III, pp 159–175. Academic Press, New York, (1972)

51. Knödel, W.: Lineare Programme und Transportaufgaben. MTW, Z. Mod. Rechentechn. Autom. **7**, 63–68 (1960)

52. Korte, B, Vygen, J.: Combinatorial Optimization, Theory, Algorithms, Springer, 3rd edn (2002)

53. Kuhn, H.W., Quandt, R.E.: An experimental study of the simplex method. Proc. Symp Appl. Math. **15**, 107–124 (1963)

54. Kuhn, H.W., Quandt, R.E.: On upper bounds for the number of iterations in solving linear programs. Op. Res. **12**, 161–165 (1964)

55. Künzi, H.P.: Die Simplexmethode zur Bestimmung einer Ausgangslösung bei bestimmten linearen Programmen. Unternehmensforschung **2**, 60–69 (1958)

56. Marshall, K.T., Suurballe, J.W.: A note on cycling in the simplex method. Naval Res. Log. Quat. **16**, 121–137 (1969)

57. Megiddo, N.: Linear-time algorithms for linear programming in $\mathbb{R}^3$ and related problems. SIAM J. Comput. **12**, 759–776 (1983)

58. Megiddo, N.: Linear programming in linear time when the dimension is fixed. J. ACM. **31**, 114–127 (1984)

59. Murty, K.: Linear, Combinatorial Programming. Wiley & Sons, New York, London, Sydney, Toronto (1976)

60. Reid, J.K.: A sparsity-exploiting variant of the Bartels-Golub decomposition for linear programming bases. Math. Progr. **24**, 55–69 (1982)

61. Roos, C, Terlaky, T, Vial, J-P.: Theory, Algorithms for Linear Optimization, Wiley & Sons, Chichester, 2nd edn (2005)

62. Schrader, R.: Ellipsoid methods. In: Korte, B. (ed.) Modern Applied Mathematics, pp. 265–311. North Holland, Amsterdam (1982)

63. Schrijver, A.: Theory of linear, integer programming. Wiley & Sons, Chichester (1986)

64. Seymour, P.D.: Decomposition of regular matroids. J. Comb. Theory (B) **28**, 305–359 (1980)

65. Spellucci, P.: Numerische Verfahren der nichtlinearen Optimierung. Birkhäuser, Basel (1993)

66. Stiemke, E.: Über positive Lösungen homogener linearer Gleichungen. Math. Ann. **76**, 340–342 (1915)

67. Stigler, G.J.: The cost of subsistence. J. Farm. Econ. **27**, 303–314 (1945)

68. Stoer, J.: Einführung in die Numerische Mathematik I.: Springer, Berlin (1989)

69. Stoer, J, Bulirsch, R.: Introduction to Numerical Analysis. Springer, New York, Berlin, Heidelberg (1980)

70. Stoer, J, Witzgall, C.: Convexity, Optimization in Finite Dimensions I. Springer, Berlin (1970)

71. Tardos, E.: A strongly polynomial minimum cost circulation problem. Combinatorica **5**, 247–255 (1985)

72. Taylor, R, Wiles, A.: Ring-theoretic properties of certain Hecke algebras. Ann. Math. **142**, 553–572 (1995)

73. Terlaky, T.: An easy way to teach interior point methods. Eur. J. Oper. Res. **130**, 1–19 (2001)

74. Tucker, A.W.: Dual systems of homogeneous linear relations. In: Kuhn, H.W., Tucker, A.W. (eds.) Linear Inequalities and Related Systems, pp. 3–18. Princeton University Press, Princeton, New Jersey (1956)

75. Väliaho, H.: A procedure for one-parametric linear programming. BIT **19**, 256–269 (1979)

76. Veinott, Jr., A.F., Dantzig, G.B.: Integral extreme points. SIAM Rev. **10**, 371–372 (1968)

77. Wagner, H.M.: The dual simplex algorithm for bounded variables. Naval Res. Log. Quart. **5**, 257–261 (1958)

78. Weickenmeyer, E.: Ein Algorithmus zur systematischen und vollständigen Lösung eines parametrischen Linearen Programms mit einem Parameter in allen Koeffizienten. Math. Methods Op. Res. **22**, 131–149 (1978)
79. Whitney, H.: On the abstract properties of linear dependence. Amer. J. Math. **57**, 509–533 (1935)
80. Wiles, A.: Modular elliptic curves, Fermat's last theorem. Ann. Math. **142**, 443–551 (1995)
81. Wolfe, P.: The simplex method for quadratic programming. Econometrica **27**, 382–398 (1959)
82. Zadeh, N.: A bad network problem for the simplex method, other minimum cost flow algorithms. Math. Progr. **5**, 255–266 (1973)

Algorithmen

R. E. Burkard, U. T. Zimmermann, *Einführung in die Mathematische Optimierung* 307
DOI 10.1007/978-3-642-01728-5, © Springer-Verlag Berlin Heidelberg 2012

Autorenverzeichnis

R. E. Burkard, U. T. Zimmermann, *Einführung in die Mathematische Optimierung*
DOI 10.1007/978-3-642-01728-5, © Springer-
Verlag Berlin Heidelberg 2012

R. E. Burkard, U. T. Zimmermann, *Einführung in die Mathematische Optimierung*   311
DOI 10.1007/978-3-642-01728-5, © Springer-
Verlag Berlin Heidelberg 2012

Symbolverzeichnis

$f'_\pm(x)$, *einseitige Ableitungen, $x \in \mathbb{R}$*, 257
$f'(x)$, *Ableitung von $f : \Omega \to \mathbb{R}$*, 258
$\alpha_\pm$, max $\{0, \pm\alpha\}$, 126
$\alpha_+ - \alpha_-$, *Differenzdarstellung, $\alpha \in \mathbb{R}$*, 126

$|z|$, *Betrag der Zahl z*, 20

$\mathrm{diag}(x)$, *Diagonalmatrix zu Vektor x*, 191

E, *Einheitsmatrix*, 30
E_i, *i-ter Einheitsvektor*, 30
$\mathbb{1}$, *Einsvektor*, 42
epi f, *Epigraph von f*, 253

$\langle u, v \rangle$, *Gerade durch u, v*, 17
$\langle z \rangle$, *Größe der Zahl z*, 173
$\nabla f(x)$, *Gradient von $f : \Omega \to \mathbb{R}$*, 258
$O(g(x))$, *Groß-O-Funktionen*, 57

aff S, *Affine Hülle von S*, 243
cone S, *Konische Hülle von S*, 243
conv S, *Konvexe Hülle von S*, 243
lin S, *Lineare Hülle von S*, 243
$H_\leq$, *abgeschlossener Halbraum*, 18
$H_<$, *offener Halbraum*, 18
$F(x)$, *Hesse-Matrix von $f : \Omega \to \mathbb{R}$*, 258
$f''(x)$, *Hesse-Matrix von $f : \Omega \to \mathbb{R}$*, 258
$H_=$, *Hyperebene*, 18

$[u, v]$, *abgeschlossenes Intervall u, v*, 18
$[u, v\rangle$, *Halbgerade von u aus durch v*, 18
(u, v), *offenes Intervall u, v*, 18

$\nabla g(x)^\mathrm{T}$ *Jacobi-Matrix von $g : \Omega \to \mathbb{R}^m$*, 267

$g''(x)$, *Jacobi-Matrix von $g : \Omega \to \mathbb{R}^m$*, 267

cone S, *Kegelkombinationen von S*, 125
$o(\delta)$, *Klein-o-Funktionen*, 258
conv S, *Konvexkombinationen von S*, 125

$v \succ 0$, *v lexikographisch positiv*, 44
$v \succeq u$, *v lexikographisch $\geq u$*, 44
lexmax S, *lexikographisches* max S, 45
lexmin S, *lexikographisches* min S, 49
lin S, *Linearkombinationen von S*, 165

A_j, *Spalte j der Matrix A*, 16
A_J, *Teilmatrix der A_j, $j \in J$*, 32
a_i^T, *Zeile i der Matrix A*, 16
rang A, *Rang der Matrix A*, 31
cl S, *Abschluss der Menge S*, 245
int S, *Inneres der Menge S*, 244
rd S, *Rand der Menge S*, 245
$x \cdot y$, *Vektor mit Komponenten $x_i \cdot y_i$*, 191

$\|x\|_\infty$, *Maximumnorm von x*, 20

$P(A, b)$, *Polyeder zu $Ax \leq b$*, 19

vol P, *Volumen von P*, 181

$x_+ - x_-$, *Differenzdarstellung, $x \in \mathbb{R}^n$*, 126

$\mathbb{Z}$, *Ganze Zahlen*, 173
$\mathbb{N}$, *Natürliche Zahlen*, 57
$\mathbb{Q}$, *Rationale Zahlen*, 173
$\mathbb{R}$, *Reelle Zahlen*, 15

R. E. Burkard, U. T. Zimmermann, *Einführung in die Mathematische Optimierung*, 315
DOI 10.1007/978-3-642-01728-5, © Springer-Verlag Berlin Heidelberg 2012